Helmuth Plessner: Die Stufen des Organischen und der Mensch

𝓀𝓪

Klassiker Auslegen

Herausgegeben von
Otfried Höffe

Band 65

Helmuth Plessner: Die Stufen des Organischen und der Mensch

Herausgegeben von
Hans-Peter Krüger

DE GRUYTER

ISBN 978-3-11-055181-5
e-ISBN (PDF) 978-3-11-055296-6
e-ISBN (EPUB) 978-3-11-055304-8
ISSN 2192-4554

Library of Congress Cataloging-in-Publication Data
A CIP catalog record for this book has been applied for at the Library of Congress.

Bibliografische Information der Deutschen Nationalbibliothek
Die Deutsche Nationalbibliothek verzeichnet diese Publikation in der Deutschen Nationalbibliografie; detaillierte bibliografische Daten sind im Internet über
http://dnb.dnb.de abrufbar.

© 2017 Walter de Gruyter GmbH, Berlin/Boston
Druck und Bindung: CPI books GmbH, Leck
♾ Gedruckt auf säurefreiem Papier
Printed in Germany

www.degruyter.com

Vorwort

Die Philosophische Anthropologie von Helmuth Plessner (1892–1985) beschäftigt sich in naturphilosophischer Hinsicht mit der Frage nach den wesentlichen Gemeinsamkeiten und Unterschieden zwischen der personalen Lebenssphäre von Menschen und den Lebenssphären anderer Lebewesen. Diese Frage hat in den letzten Jahrzehnten erneut eine große praktische und theoretische Relevanz gewonnen. Sie betrifft nicht nur ökologische Zusammenhänge, insbesondere unser Verhältnis zu Pflanzen und Tieren, sondern vor allem auch die rasante Entwicklung der bio-medizinischen Lebenswissenschaften, deren praktische Folgen in Technologie, Ökonomie, Gesellschaft und Kultur erst schrittweise sichtbar werden. Plessners Philosophische Anthropologie ist nicht allein reflexiv auf interne Wissenschaftsprobleme hin entworfen, sondern im Hinblick auf die Lebensführung von Personen konzipiert worden, wodurch sie in den letzten Jahrzehnten eine Renaissance erfahren hat. Zudem entspricht sie nicht dem Bild, das sich postmoderne und poststrukturalistische Kritiken – oft im Anschluss an Heidegger – von einer philosophischen Anthropologie gemacht haben. Dies zeigt sich sowohl an ihrer naturphilosophisch originären Anlage, deren phänomenologischer, hermeneutischer und dialektischer Methodenkombination, als auch an ihren sozial-, kultur- und geschichtsphilosophischen Anschlüssen, weshalb sie ebenso für die Sozial- und Kulturwissenschaften, die Geschichtswissenschaften und die Philosophie im Ganzen interessant sein kann. Das Thema des Lebens in der Vielfalt seiner Dimensionen übersteigt die historische Aufteilung in Wissenschaftsdisziplinen.

Dem Herausgeber der hochgeschätzten Reihe *Klassiker Auslegen*, Herrn Otfried Höffe, sei für seine Initiative gedankt, Plessners Buch *Die Stufen des Organischen und der Mensch. Einleitung in die philosophische Anthropologie* in den – gegen Beliebigkeiten nötigen – Kanon der Philosophie aufzunehmen. Ich danke auch allen Autorinnen und Autoren, die sich an diesem ersten systematischen Kommentar zu Plessners *Stufen* sofort beteiligt haben, für ihre konstruktive und streitbare Zusammenarbeit. Frau Katharina Günther, Erbin Plessners, danke ich sehr herzlich dafür, ein unveröffentlichtes Privatfoto von ihm, das bald nach dem Erscheinen der *Stufen* entstanden ist, für das Cover zur Verfügung gestellt zu haben. Schließlich danke ich Herrn Moritz von Kalckreuth für seine redaktionellen Arbeiten und die Erstellung der Register.

Berlin, im Februar 2017   Hans-Peter Krüger

Inhalt

Zitierweise

In dem vorliegenden Buch verweisen alle in Klammern gesetzten Seitenzahlen (XX) auf die gebräuchlichste Ausgabe von

Helmuth Plessner, Die Stufen des Organischen und der Mensch. Einleitung in die philosophische Anthropologie, Berlin – New York, Walter de Gruyter Verlag 1975.

Dabei handelt es sich um die dritte, gegenüber der zweiten unveränderte Auflage. Die Erstausgabe war 1928 erschienen. Die zweite Auflage von 1965 enthielt gegenüber der Erstausgabe neu ein „Vorwort zur zweiten Auflage" (VII-XXVI) und einen „Nachtrag" (349–361).

Andere Zitate und Verweise auf Plessners Schriften erfolgen in Klammern, die zunächst eine der unten angegebenen Siglen und sodann die darauf bezogene Seitenangabe enthalten.

Siglen

Plessner-Ausgaben

GS   Gesammelte Schriften. Band I–X, hrsg. v. Günter Dux, Odo Marquard und Elisabeth Ströker unter Mitwirkung v. Richard W. Schmidt, Angelika Wetterer u.
Michael-Joachim Zemlin, Frankfurt am Main, Suhrkamp Verlag 1980–1985.

PAP   Politik – Anthropologie – Philosophie. Aufsätze und Vorträge, hrsg. v. Salvatore Giammusso u. Hans-Ulrich Lessing in Zusammenarbeit mit dem Istituto Italiano per gli Studi Filosofici Napoli, München, Wilhelm Fink Verlag 2001.

Plessner-Texte

APA   Die Aufgabe der Philosophischen Anthropologie (1937), in: GS VIII, Frankfurt a. M. 1983, S. 33–51.

AS   Anthropologie der Sinne (1970), in: GS III, Frankfurt a. M. 1980, S. 317–393.

ASCH Zur Anthropologie des Schauspielers (1948), in: GS VII, Frankfurt a. M. 1982, S. 399–418.

DMA   (unter Mitarbeit v. F. J. J. Buytendijk), Die Deutung des mimischen Ausdrucks. Ein Beitrag zur Lehre des Bewusstseins des anderen Ichs (1925), in: GS VII, Frankfurt a.M. 1982, S. 67–129.

EM   Elemente der Metaphysik. Eine Vorlesung aus dem Wintersemester 1931/32, hrsg. v. Hans-Ulrich Lessing, Berlin, Akademie Verlag 2002.

EMA   Emanzipation der Macht (1962), in: GS V, Frankfurt a. M. 1981, S. 259–282.

ES   Die Einheit der Sinne. Grundlinien einer Ästhesiologie des Geistes (1923), in: GS III, Frankfurt a. M. 1980, S. 7–321.

FCH   Die Frage nach der Conditio humana (1961), in: GS VIII, Frankfurt a. M. 1983, S. 136–217.

GG   Grenzen der Gemeinschaft. Eine Kritik des sozialen Radikalismus (1924), in: GS V, Frankfurt a. M. 1981, S. 7–134.

IPA   Immer noch Philosophische Anthropologie? (1963), GS VIII, Frankfurt a. M. 1983, S. 235–246.

KP   Josef König/Helmuth Plessner, Briefwechsel 1923–1933. Mit einem Briefessay von Josef König über Helmuth Plessners „Die Einheit der Sinne", hrsg. v. Hans-Ulrich Lessing und Almut Mutzenbecher, Freiburg/München, Verlag Karl Alber 1994.

LW   Lachen und Weinen. Eine Untersuchung der Grenzen menschlichen Verhaltens (1941), in: GS VII, Frankfurt a. M. 1982, S. 201–387.

ML   Der Mensch als Lebewesen. Adolf Portmann zum 70. Geburtstag (1967), in: GS VIII, Frankfurt a. M. 1983, S. 314–327.

MNA   Macht und menschliche Natur. Ein Versuch zur Anthropologie der geschichtlichen Weltansicht (1931), in: GS V, Frankfurt a. M. 1981, S. 135–234.

MPA   Über einige Motive der Philosophischen Anthropologie (1956), in: GS VIII, Frankfurt a. M. 1983, S. 117–135.

NG   Ein Newton des Grashalms? (1964), in: GS VIII, Frankfurt a. M. 1983, S. 247–266.

PEV   (gemeinsam mit F. J. J. Buytendijk) Die physiologische Erklärung des Verhaltens. Eine Kritik an der Theorie Pawlows (1935), in: GS VIII, Frankfurt a. M. 1983, S. 7–32.

UKU   Untersuchungen zu einer Kritik der philosophischen Urteilskraft (1920), in: GS II, Frankfurt a. M. 1981, S. 7–321.

VN   Die verspätete Nation. Über die Verführbarkeit bürgerlichen Geistes (1935/1959), in: GS VI, Frankfurt a. M. 1982, S. 7–223.

WUM   Über das Welt- Umweltverhältnis des Menschen (1950), in: GS VIII, Frankfurt a. M. 1983, S. 77–87.

Hans-Peter Krüger

1 Einführung in *Die Stufen des Organischen und der Mensch. Einleitung in die philosophische Anthropologie* (1928)

1.1 Zum Thema des Lebens

Das *Leben* ist heute nicht mehr wie im ersten Drittel des 20. Jahrhunderts ein Zauberwort, in dessen Zeichen man sich eine quasi mythologische Einheit gegen die dualistischen Trennungen in Materie und Geist, in Physisches und Psychisches versprechen konnte. Das Thema des Lebens war schon damals Gegenstand von vergleichsweise begrenzten Rationalisierungsprozessen und wurde in seiner unmittelbaren Mobilisierung sogleich aufgeteilt in arten-, rassen-, klassen- und kulturantagonistische Auslegungen. Der Kampf der je eigenen Interpretation gegen andere ideologische Deutungen des Lebens ging in Kriegen und im Zivilisationsbruch unter. Am Ende des 20. Jahrhunderts schien es so, als könne das Leben mehr und mehr zu fließen und zu gedeihen kanalisiert werden. Die neoliberale Globalisierung versprach allgemeine Prosperität im Leben früher oder später überall. Die biologische Rationalisierung des Lebens wurde – unter dem medizinischen Vorzeichen, zu helfen – akzeptabel gemacht. Die Demokratie schien sich von selbst auszubreiten, und die nachwachsenden Generationen begeisterten sich an der Utopie, in der digitalen Community der Transparenz wie in einer Schwarmintelligenz aufgehen zu dürfen.

Nachdem im letzten Jahrzehnt diese Versprechen einer allgemeinen Verbesserung des Lebens in die Permanenz von Krisenmodi geführt haben, liegt die Frage erneut nahe, was es mit dem Thema des Lebens in seinen vielfältigen Dimensionen grundsätzlich auf sich hat. Leben als Objekt zu rationalisieren und – an es appellierend – es als Subjekt zu mobilisieren, beides hat Grenzen, die einzusehen einen anderen philosophischen Weg als den dualistisch trennenden oder den einheitsmythologischen Zugang erfordert. Die Grundüberzeugung von Helmuth Plessner (1892–1985) bestand darin, Lebensphänomene gerade dann qualitativ erfahren, differenziert verstehen und in ihren kritischen Veränderungen begreifen zu können, wenn sie weder in dualistische Trennungen noch in Einheitsmythen aufgelöst werden. Er sah die philosophische Aufgabe darin, die Lebensmannigfaltigkeit so zu explizieren, wie sie Personen in ihrer Lebensführung schon immer implizit begegnen kann. Diese „naive" Art und Weise von Personen, ihr Leben in der Welt zu führen (27, 331), wird in der Moderne durch die selbstbewusste Re-

DOI 10.1515/9783110552966-001

flexion auf Individualität und die erfahrungswissenschaftlich-technischen Handlungsmöglichkeiten infrage gestellt. Plessners philosophischer Weg, Lebensphänomene anzuschauen, zu verstehen und in ihrem Prozess zu begreifen, wird angesichts dieser Infragestellungen absolviert. Auf ihm erfolgt mithin eine doppelte Kritik, einerseits an der Naivität einer unkritischen Lebensführung, die sich dem Schein ihrer zufällig eingewöhnten Vorurteile überlässt, andererseits an den überzogenen Ansprüchen, durch reine (lebensfremde) Reflexion und erfahrungswissenschaftliche Bestimmung den Personen ihre Lebensführung abnehmen zu können. Stattdessen zielt Plessner auf eine kritische Artikulation und philosophische Orientierung desjenigen „Common Sense" (XIX, XXII) ab, den auch künftig alle möglichen Spezialisten als Laien ihrer Lebensführung miteinander teilen können, wenn sie sich nicht ihrer Personalität und der Qualität ihres Lebens berauben lassen.

Aus der Vielfalt seines auch sozial-, kultur- und geschichtsphilosophischen Lebenswerkes geht es im Folgenden aber vor allem um seine naturphilosophische Thematisierung von Leben in der unbelebten und belebten Natur. Plessner hatte nicht nur als Philosoph die damals berühmtesten philosophischen Paradigmen vom Neukantianismus (Wilhelm Windelband) über den Neovitalismus (Hans Driesch), die Phänomenologie (Edmund Husserl) und die lebensphilosophisch-geschichtliche Hermeneutik (Wilhelm Dilthey in Georg Mischs Interpretation) bis hin zu dem sozialphilosophischen Begründungsproblem der Soziologie (bei Max und Alfred Weber) durchlaufen. Er war auch Biologe, so dass er in teilnehmender Beobachtung rekonstruieren konnte, welche Qualitäten lebendiger Phänomene von den Biowissenschaften vorausgesetzt werden, wenn sie diese Phänomene durch empirische Reduktion experimentell feststellen und bestimmen. Umso wichtiger war es ihm, bei der Übertragung experimenteller Erfahrungen in die Natur, in andere Handlungsbereiche der Gesellschaft und in die personale Lebensführung empirische Ergebnisse erneut qualitativ in die Lebenssphäre von Personen einzuordnen.

Seine Naturphilosophie *Die Stufen des Organischen und der Mensch* (1928) enthält am Anfang den Arbeitsplan einer „Neuschöpfung der Philosophie unter dem Aspekt einer Begründung der Lebenserfahrung in Kulturwissenschaft und Weltgeschichte" (30) und mündet im Schlusskapitel über „Die Sphäre des Menschen" (288) in die naturphilosophische Fundierung der Philosophischen Anthropologie, worauf nicht nur „der Mensch" im Haupttitel, sondern auch der Untertitel des Werks „Einleitung in die philosophische Anthropologie" verweist. Die zentrale Frage des Buchs lautet insofern: Wie ist das personale Leben von Menschen in die unbelebte und belebte Natur derart gestellt, dass der geschichtliche Aufgabencharakter dieses Lebens verständlich wird? *Geistig* gesehen ist dieses Leben auf Abstand von Körperbestimmungen (in Raum und Zeit) und auf

Distanz zu leiblichen Verhaltensrichtungen (in Raum- und Zeithaftigkeit) gestellt. Dank dieses Abstandes und jener Distanz können Körper und Leibesrichtungen bestimmt werden. Aber zugleich muss sich personales Leben als Leben in Körperlichkeit (vertretbar, austauschbar, ersetzbar) und in Leiblichkeit (unvertretbar, nicht austauschbar, unersetzbar für die Betroffenen) verwirklichen können. Die von Plessner berühmten Ausdrücke am Ende des Buchs von der *natürlichen Künstlichkeit*, der *vermittelten Unmittelbarkeit* (bzw. *indirekten Direktheit*) und dem *utopischen Standort* (zwischen Nichtigkeit und Transzendenz) in den Beziehungen der *exzentrischen Positionalität* deuten auf seine originäre Lösungsrichtung hin. Statt in Natur und Kultur, statt in Vermitteltheit und Unmittelbarkeit, statt in Nihilismus und Religion auseinanderfallen zu müssen, kommt es im personalen Leben auf die geschichtliche Verschränkung dieser Gegensätze im Vollzug an.

Plessner denkt kategorial weder die Differenzialität von Phänomenen unter dem Primat ihrer Identität (wie Hegel) noch die Identität von Phänomenen unter dem Primat ihrer Differenzialität (wie Derrida). Vielmehr expliziert er für die Überwindung vollständiger Disjunktionen (etwas sei *entweder* materiell *oder* geistig, *entweder* physisch *oder* psychisch) Drittheiten, die in der personalen Lebensführung implizit in Anspruch genommen werden. Sie bezeichnen strukturell einen Bruch („*Hiatus*", 292), der schon immer eine Aufgabe für die Verhaltensbildung stellt. Seine Überbrückung muss von den Betroffenen in ihrem Tun und Lassen auf eine bestimmte Weise *vollzogen* werden, ohne dass sie aber die Funktion der Überbrückung in ihrer Generationenfolge für alle Zukunft, d. h. absolut, wirklich festlegen können. Für die von dieser Lage Betroffenen übersteigt die Fraglichkeit, in den Bruch gestellt zu sein, ihre Möglichkeit, darauf abschließend zu antworten, obgleich sie hier uns jetzt zu antworten haben. Daher bleibe personales Leben auch in Zukunft geschichtlich offen, allerdings nicht auf beliebige, sondern die Not des Bruches wendende Weise.

Plessners scharfe Kritik an den Ideologien vom Ende der Geschichte, sei es durch den Dogmatismus der Vernunft, sei es durch den Fanatismus eines Glaubens, sei es durch ein Menschenbild, das den Menschen durch Wissenschaft und Technik zu Gott machen will, ist Kants Einsicht in die Antinomien der reinen Vernunft verpflichtet, aus denen schon immer und stets von Neuem dieser Dogmatismus oder jener Fanatismus einen notwendig scheinhaften Ausweg verspricht. Dabei enthält Plessners ungewöhnliche Figur vom Bruch in der Natur und seiner in Grenzen verwirklichbaren, daher erneut ergänzungsbedürftigen Verschränkung ein Naturverständnis, wie es innerhalb reduktiver Naturalismen und innerhalb des dualistischen Mainstreams der westlichen Moderne nicht möglich ist. Es erfordert eine Kombination aus der phänomenologischen Deskription von Qualitäten der Lebenserfahrung, „Anschauung" genannt, mit dem hermeneutischen Erschließen, wie verschieden die beschriebenen Lebensphänomene gedeutet werden können, und mit der dialektischen Ordnung von Kategorien, die qualitativ verschiedene Phänomenbereiche im Hinblick auf die Ermöglichung lebendiger Ganzheiten durch Negativität darstellen. Kurzum: Es handelt sich hier um eine phänomenologische und dialektische Hermeneutik der Natur.

Dieser naturphilosophische Zugang zum Leben ist nicht nur aktuell, weil sich die biomedizinischen Lebenswissenschaften das Thema des Lebens angeeignet haben, während ein großer Teil der Sozial- und Kulturwissenschaften es seit dem *linguistic turn* in einer Vielzahl weiterer *turns* geräumt hat. Plessners Naturphilosophie bleibt auch als Alternative zu Heideggers Existenzphilosophie interessant. Heidegger hatte 1927 in seinem Buch *Sein und Zeit* eine zu erwartende philosophische Anthropologie vorab dem Primat seiner Fundamentalontologie der Existenzialität unterstellt. Darauf antwortete Plessner im Vorwort seiner *Stufen* 1928, er könne Heideggers Grundsatz nicht anerkennen, „dass der Untersuchung außermenschlichen Seins eine Existentialanalytik des Menschen notwendig vorhergehen müsse. Diese Idee zeigt ihn [Heidegger – HPK] noch im Banne jener alten Tradition (die sich in den verschiedensten Formen des Subjektivismus niedergeschlagen hat), wonach der philosophisch Fragende sich selbst existentiell der Nächste und darum der sich im Blick auf das Erfragte Liegende ist. Wir verteidigen im Gegensatz dazu die These – die der Sinn unseres naturphilosophischen Ansatzes und seine Legitimation ist –, dass sich der Mensch in seinem Sein vor allem anderen Sein dadurch auszeichnet, *sich weder der Nächste noch der Fernste zu sein*, durch eben diese Exzentrizität seiner Lebensform sich selber als Element in einem Meer des Seins vorzufinden und damit trotz des nichtseinsmäßigen Charakters seiner Existenz in eine Reihe mit allen Dingen dieser Welt zu gehören" (V–VI).

Die dann noch Jahrzehnte anhaltende Heidegger-Plessner-Kontroverse trifft das Grundproblem modernen Philosophierens. Wie verhält sich die Frage danach, ein Selbst sein oder nicht sein zu können, zu der Unterscheidung zwischen Eigenem, Anderem und Fremdem? Woher kommt in der westlichen Moderne die Ermächtigung dazu, es für primär zu halten, das *eigene* Selbst sein zu können? Es wird zumeist für so primär gehalten, dass man nicht nur das Andere und Fremde an einem selbst, das nicht selbst sein kann oder soll, zu beherrschen sucht, sondern auch das Andere und Fremde außer dem eigenen Selbst, das Selbst sein kann, sich nicht von selbst zeigen und nicht selbst sein lässt. Charles Taylor unterscheidet heute dieses von Anderem und Fremdem „abgepufferte Selbst" von einem für Anderes und Fremdes „porösen Selbst" (Taylor 2009, 899 ff.). Plessner geht im 2. Kapitel der *Stufen* sehr genau der ontologischen und erkenntnistheoretischen Problemlage nach, die zur dualistischen Verfestigung der Privilegierung des *eigenen* Selbst führt. Das erkenntnistheoretische Hauptargument dafür bestand in dem zweifellos selbstreferentiellen Charakter personalen Bewusstseins, der im 20. Jahrhundert auf die ebenso zweifellos gegebene Selbsreferenz in der Sprache erweitert wurde. Für Plessner ist spezifisch, dass er die selbstreferentielle „Immanenz des Bewusstseins" (328–331) gerade für denjenigen Vollzug hält, der die Referenz auf Anderes und Fremdes ermöglicht, statt ins Eigene abzuschließen. Die „Selbsteinsperrung" ins vermeintlich Eigene und „Selbstaussperrung" (48, 50) vom vermeintlich Anderen und Fremden komme durch die Verdinglichung des Bewusstseins zu einem „Kasten" oder einer „Kammer" (67) zustande, statt Bewusstsein als den Vollzug der Verschränkung zu begreifen (70–71). Ähnlich gehört für Plessner der idiomatische Selbstausdruck in der Vielfalt der Sprachen zu den geschichtlich pluralen Verwirklichungsbedingungen, um in der Sprache propositionale Aussagen machen zu können statt diese zu verunmöglichen (340–341). Mit John L. Austin gesprochen: Performativität ermöglicht Konstativität, statt sie zu vereiteln (Krüger 2001, 1. Kap.).

1.2 Die naturphilosophische Originalität der *Stufen*

Die berühmte amerikanische Philosophin der Biologie Marjorie Grene hat die naturphilosophische Originalität von Plessners *Stufen* bereits herausgearbeitet. Sie stellte dieses Werk in eine Reihe mit den Naturphilosophien von Alfred North Whitehead und Maurice Merleau-Ponty. Im Unterschied zu *Wissenschaftstheorien* der Naturwissenschaften stünden oder fielen die modernen *Naturphilosophien* des 20. Jahrhunderts mit ihrer Antwort auf die Frage, worin die Spezifik des Lebens *im* Leben, nicht allein in einem Labor oder in einer Selbstreflexion expliziten Wissens, bestehe. Naturphilosophien stellten das alte Problem, wie lebendige Gegenstände nicht nur im physikalischen Sinne räumlich und zeitlich bestimmt sein können, sondern ihren eigenen Ort und ihre eigene Zeit haben können, auf neue Weise, da cartesianische Entweder-oder-Alternativen an der Lebendigkeit von Gegenständen scheitern (Grene 1966, 252–254). Solche Gegenstände *leben* nicht dadurch, dass sie *entweder* psychisch *oder* physisch *sind*, sondern indem sie *sich* verhalten. *Lebewesen* stellten sich in ihrem Verhaltens*vollzug* sowohl physisch als auch psychisch dar, weshalb sie eines anschauenden und verstehenden Zuganges bedürfen. Erst in diesem Rahmen würden die Methoden der Reduktion spezifisch lebendiger Phänomene auf physikalische und chemische Tatsachen sinnvoll (Grene 1974, Kap. XVI–XVIII).

Das Besondere an Plessners Naturphilosophie zeige sich zunächst darin, so Grene, dass er den folgenden klassischen Gegensatz überwinde: Leben bestehe entweder aus einem *Mechanismus* oder aus einer *Teleologie* der Selbstzweckhaftigkeit. Demgegenüber handle Plessners Naturphilosophie von signifikanten *Formen* des Lebens, d. h. von unterschiedlichen Arten und Weise zu *leben*, mithin

Leben zu *vollziehen*. In solchen Formen können mechanische und immanent te-
leologische Zusammenhänge ineinandergreifen. Merleau-Ponty habe in seiner
Leibesphänomenologie diese Orientierung an der signifikanten Lebensform von
Plessner indirekt übernommen (Grene 1966, 251). In der Tat verweist Merleau-
Ponty in seinen Hauptwerken nicht direkt auf Plessners *Stufen*, wohl aber auf
kleinere Arbeiten Plessners. So übernimmt Merleau-Ponty von Plessner das Ver-
ständnis des Leibes als „Umweltintentionalität" (Merleau-Ponty 1966, 272 mit
Verweis auf DMA) und die „Verständlichkeit" des Zusammenhangs zwischen Si-
tuation und Reaktion als „Sinn" (Merleau-Ponty 1976, 148 mit Verweis auf PEV).
Gleichwohl wird das Defizit von Merleau-Ponty an einer Rezeption von Plessners
Stufen durch einen der bekanntesten Neopragmatisten der Gegenwart, Richard
Shusterman, bestätigt, wenn er Merleau-Pontys Leibesphänomenologie nicht nur
gegenüber cartesianischen Trennungen würdigt, sondern auch dafür kritisiert,
dass ihr der reflexive Abstand gegenüber dem Leib vom Standpunkt der „Person"
(293) und ihrer „Mitwelt" (300–305) fehle, den aber Plessner in seinen *Stufen*
entwickelt hat (Shusterman 2008, Kap. 2; Shusterman 2010, 207–212).

Das zweite Besondere an Plessners Naturphilosophie, so Grene weiter, bestehe darin, dass sie einen weiteren alten Gegensatz in der Thematisierung des
Lebens überwinde: Leben sei entweder als ein Organismus, der sich selbst organisiert (*Organizismus*), oder als determiniert durch die Umwelt, an die sich
Organismen anpassen und von der sie selegiert werden (*Milieu-Theorien*), zu begreifen. Diese Überwindung gelinge Plessner dadurch, dass er die Lebendigkeit
von Körpern in dem anschaulichen Tatbestand manifestiert sieht, wie solche
Körper ihre *eigene Grenze realisieren* (100–105). Einem lebendigen Körper komme
der Übergang zwischen ihm und seinem Medium bzw. seinem Umfeld selbst zu,
insofern er sich nach außen und nach innen sowohl öffnen als auch schließen
kann. Indem ein Körper dadurch lebt, dass er sich über ihn hinaus und in ihn
zurück zu setzen vermag, sich auf diese Weise nicht nur raumhaft, sondern auch
zeithaft in seinen Verhaltensrichtungen vorweg und hinterher sein kann (128–130,
176–180), werde von Anfang an das Zusammenspiel zwischen der Binnenglie-
derung des Organismus und seinem Verhaltenspotential in der Umwelt eben als
Grenzfrage aufgerollt (Grene 1966, 268). Die Stärke des Ansatzes liege in der
Durchführung des Grenzzusammenhanges zwischen den Organisationsformen
(Binnengliederungen der Organismen) und den Positionalitätsformen (Verhaltensweisen in der Umwelt) in beide Richtungen, aber auf eine kontingentere
Weise, als es die biologische Rede von Anpassung und Selektion gestatte (Grene
1966, 268). Durch die Öffnung und Schließung der Organisationsformen, durch die
Dezentralisierung und Zentralisierung der geschlossenen Organisationsform in
Positionalitätsformen werde das seit Aristoteles klassische Thema der pflanzli-
chen und tierlichen Lebensformen auf neue Weise für die moderne Lebenswelt

eingeholt, ohne nämlich einen letzten Beweger oder eine höchste Substanz im Kosmos annehmen zu müssen.

Schließlich treibe Plessner seinen Grundgedanken der je eigenen Grenzrealisierung lebendiger Körper nicht nur durch funktional nötige Korrelationen zwischen Organisations- und Positionalitätsformen hindurch, sondern auch bis in diejenige Grenze hinein, die er eine *exzentrische Positionalität* nennt (292–295, 300–302). Damit trete in der Positionalitätsform höher entwickelter Tiere ein Strukturbruch in der leiblichen Konzentrik hervor, d. h. ein Hiatus in der leiblichen Einheit von Organismus und Umwelt, in dem die personale Lebenssphäre von Menschen möglich werden kann. Dieser Bruch in der leiblichen Konzentrik erfordere allerdings, sich aus der leiblichen Einheit des eigenen Organismus mit seiner Umwelt heraus setzen zu können, aber wohin und in welche Zeitlichkeit?: In ein Ex-Zentrum des „Nichts" (294) an raumzeitlichen Bestimmtheiten, in eine „Negativität der Sinne", die das hier und jetzt Anwesende vom Abwesenden her beurteilt (Grene 1966, 274). Plessner hatte anhand von Wolfgang Köhlers Schimpansen-Versuchen herausgearbeitet, dass es ihrer zweifellos vorhandenen Intelligenz nicht an leiblich positivem Sinn mangele, sondern an dem „Sinn für das Negative" (270), d. h. an der Leere des Raumes und an der Unerfülltheit der Zeit. Plessners Entdeckung des Hiatus, so Grene, der personales Leben ermögliche, wenn er geistig überbrückt werden kann, werde erst durch eine soziokulturelle Formierung der *Mitwelt* bestimmbar (Grene 1966, 274).

Damit überschreite Plessners Projekt die *Philosophie der Biologie* in eine *Philosophische Anthropologie* für alle möglichen Humanwissenschaften, unter deren Titel Plessner berühmt und zum wichtigsten Konkurrenten von Martin Heidegger geworden ist. Marjorie Grene hatte nach einem Zoologie-Studium selbst 1931–1933 bei Heidegger und Karl Jaspers in Deutschland studiert, sich in den USA über Existentialismus promoviert und unter dem Eindruck von Michael Polanyi eine Wende in die Philosophie der Biologie vollzogen, in der sie sich von Plessner, Adolf Portmann und Erwin Strauss inspirieren ließ. Sie arbeitete der synthetischen Theorie der Evolution (Ernst Mayr) vor, ohne fälschlicher Weise das Wissen als Gewusstes mit seinem realen Gegenstand zu verwechseln (Grene 2002). Die Vermeidung des schlechten Zirkels, auf Grund dieser Verwechselung im Namen der wahren Evolution sprechen zu können, brachte ihr die seltene Ehre ein, dass ihr Werk in der berühmten *Library of Living Philosophers* 2002 diskutiert wurde. Umso interessanter ist ihre frühe Analyse der Gründe dafür, warum Heideggers Existenzialphilosophie zunächst für den Zeitgeist in Kriegszeiten resonanzreicher als Plessners Philosophische Anthropologie sein konnte, sich dies aber auch ändern könne. Was Heidegger seiner dramatischen Reflexion auf die je eigene Existenzialität vorbehalten habe, nämlich dem Schicksal zu trotzen, dem die je eigene Individualität in ihrem Zukunftsbezug auf ihre eigene Sterblichkeit ausgesetzt ist, all dies rekonstruiere Plessner als Strukturmomente, die bereits in den vorpersonalen Lebensformen für eine Dynamik im Lebensprozess als Ganzem sorgen, bevor Personen darüber auch noch als über ihre Eigentlichkeit reflektieren können (Grene 1966, 260, 267). Durch Plessners philosophische Einsicht in die lebendige Natur und unsere Stellung in ihr könne sich die Haltung im Lebensprozess zu ihm im Ganzen ändern. Die persönliche Reflexion auf die je eigene Existenzialität gestalte sich gegenüber anderen viel offener als in Heideggers *Sein und Zeit*, wenn man mit Plessner einsehe, inwiefern alle Lebewesen schon vorreflexiv ihrer Individualisierung, Sterblichkeit und ihrem Zukunftsbezug im Lebensprozess ausgesetzt sind (Grene 1966, 250, 276). Die eigene Existenzialität müsse nicht wie bei Heidegger durch die Angst vor dem eigenen Tod entdeckt werden, sondern könne wie bei Plessner im Lachen und Weinen als den Erfahrungen der eigenen Verhaltensgrenzen einsetzen (LW; für eine englischsprachige Übersetzung siehe Plessner 1970).

Plessner beginnt die *Stufen* mit einem Verweis auf den damals, im ersten Drittel des 20. Jahrhunderts, noch virulenten Zaubercharakter, der im epochal angerufenen *Leben* zum Ausdruck gekommen (3–4) und in Henri Bergsons Philosophie der kreativen und intuitiven Evolution ausformuliert worden sei (8–9). Plessners phänomenologisch anschauender und hermeneutisch verstehender Zugang zum Lebendigen zielt auf die philosophische Erkenntnis der irreduziblen Qualitäten in der Erfahrung des Lebendigen, die selbst eine lebendige ist, ab. Er, der selbst auch Zoologe war und lange mit dem niederländischen Verhaltensforscher Frederik Jacobus Johannes Buytendijk zusammengearbeitet hat, bejaht, dass der biologisch-naturwissenschaftliche Zugang empirisch durch Methoden der Reduktion solcher Qualitäten auf messbare und feststellbare Tatsachen erfolgt, da so präzise reproduzierbare und verwertbare Erfahrungserkenntnisse entstehen. Daraus ergebe sich aber gerade die Aufgabe einer „Kooperation" (70) zwischen den Biowissenschaften und der Philosophie der lebendigen Natur, in der nicht die eine Seite die andere ersetzen kann. Auch Biologen bewältigen ihre personale Lebensführung nicht durch ihre reduktiven Methoden. Sie setzen eine qualitative Spezifik lebendiger Kontexte nicht nur in ihrem Leben, sondern auch in ihrem Beruf voraus, um sinnvoll reduzieren zu können. Ebenso könne es nicht umgekehrt die Aufgabe der modernen Naturphilosophie sein, unabhängig von und vor jeder biowissenschaftlichen Erfahrungsart die Wesensspezifik lebendiger Phänomene rein spekulativ aus metaphysischen Annahmen deduzieren zu wollen. Vielmehr habe eine solche naturphilosophische Deduktion sowohl im Hinblick auf die biologisch fassbare Erfahrungsart (Ontik) als auch unter dem Gesichtspunkt der Realisierung der angeschauten Qualitäten zu erfolgen (122). Diese Deduktion sei so zu leisten, dass sich *zwischen* der empirisch nötigen Einschränkung auf Mess- und Feststellbares einerseits und der angeschauten Qualität

der lebendigen Phänomene andererseits diejenige *Ontologie* des Lebendigen erschließen lasse, die den anschaulichen Tatbestand *wirklich* machen, also von
einem bloßen Schein unterscheiden kann (118, 126; vgl. Edinger 2017). Dabei sei
zwar das Einschalten der vorwissenschaftlichen, sogenannt naiven Weltsicht und
Lebenserfahrung, die alle möglichen Spezialisten als Laien ihrer Lebensführung
miteinander im *Common Sense* teilen, hilfreich, aber auch nicht das letzte Wort in
der Sache (XXII, 26, 51, 118). Die Naturphilosophie lege in ihrem Kategoriennetz
jene irreduziblen Erfahrungsqualitäten frei, die sich als die bleibenden „Vorbedingungen" bzw. nicht ableitbaren „Voraussetzungen" der Forschung und der
Lebensführung auch künftig erweisen können (72, 88, 114, 301). Daher unterscheidet Plessner klar philosophische Kategorien von empirischen Begriffen.
„Kategorien sind keine Begriffe, sondern ermöglichen sie, weil sie Formen der
Übereinstimmung zwischen heterogenen Sphären, sowohl zwischen Denken und
Anschauen wie zwischen Subjekt und Objekt, bedeuten" (116, vgl. 65–66).

1.3 Die Theorie der weltoffenen Fraglichkeit personalen Lebens und ihre Methodenkombination

Auf das geschichtsphilosophische Thema einer offenen Zukunft, das Plessner
ausdrücklich gegen alle Ideologien von einem Ende der Geschichte vertritt, kommt
er in seinem Buch *Macht und menschliche Natur. Ein Versuch zur Anthropologie der
geschichtlichen Weltansicht* (1931) ausführlich zu sprechen, in dem er das Prinzip
der Unergründlichkeit des auch künftig geschichtlichen Lebens für seine Philosophische Anthropologie als verbindlich erklärt (MNA, 161, 181–184, 222). Seine
Begrenzung der *Verabsolutierung* positiver Erkenntnisse, ganz gleich, ob sie aus
der Erfahrungswissenschaft oder aus der metaphysischen Spekulation kommen,
ist jedoch auch schon in den *Stufen* in der Kritik an dem traditionellen „Generalnenner" für „alles Sein" präsent (152), weshalb es sich für die Lektüre empfiehlt,
die Plessner originäre Integration von Phänomenologie, Hermeneutik und Dialektik als *Methoden*, nicht als abschließende *Theorien* im Auge zu behalten.
Plessners *Theorie* steht und fällt mit dem Offenhalten der Fraglichkeit des Menschen. In aller Gemeinsamkeit personalen Lebens mit non-personalen Lebensformen unterscheide es sich von diesen in der Erschließung einer Weltoffenheit,
aus der heraus die Schaffung der eigenen Umwelt zur stets ergänzungsbedürftigen
Aufgabe werde (293–294, 310–311). Personales Leben nimmt *öffentlich* die „Negativität des Absoluten" als seine Zukunft ermöglichende Funktionsstruktur in
Anspruch. Insofern öffentlich keine positive Ausmalung eines bestimmten Absoluten für alle und ewig vorgeschrieben werde, könne privat die Freiheit der
Religionen und Weltanschauungen in ihrer Pluralität ermöglicht werden. In der

gottgleichen Realisierung eines positiven Absoluten für alle fiele sich das personale Leben selbst zum Opfer (Krüger 1999, 30 – 32, 266; Krüger 2001, 108–109, 154–155; Krüger 2006a, 26 – 29). Diese theoretisch konsequente Ausrichtung an der öffentlichen (nicht privaten) Negativität des Absoluten und damit einer offenen Fraglichkeit teilt keine andere der genannten philosophischen Richtungen, die daher oft durch Unverständnis oder falsche Erwartung auf Plessners Instrumentierung ihrer Methoden zu einem anderen als dem ihnen geläufigen Zweck reagiert haben. So fehlte Hans-Georg Gadamer, in dessen Hermeneutik Sein, das verstanden werden kann, Sprache ist, der Zugang zur Thematisierung des Menschen in der lebendigen Natur (Gadamer 1990, 448–460; 478), als ob sich Menschen nicht verhalten würden. Jürgen Habermas (in seiner mittleren Schaffensperiode) fehlte bei Plessner die Ableitung der Spezifik des Menschen aus der sprachlichen Intersubjektivität, die man auch als den normativen Maßstab des geschichtlichen Fortschritts verwenden könne, so als gäbe es doch ein Telos der Geschichte (Habermas 1987, 138 – 140).

Plessners Philosophische Anthropologie konnte tatsächlich nicht solche sprach- und geschichtsidealistischen Ansprüche befriedigen, ebenso wenig die szientistische Auffassung, durch erfahrungswissenschaftliche Reduktionen einer freien Gesellschaft die Lösung ihrer Probleme vorschreiben zu können. Reduktive Naturalismen verfallen oft dem schlechten metaphysischen Zirkel, sich selbst für die beste aller selegierten Anpassungen der Natur zu halten, d. h. „die Natur wird bei dieser Erklärung bereits als das vorausgesetzt, was erst kraft der Kategorien möglich" werden soll (7). Plessners Philosophische Anthropologie dient dagegen der öffentlichen Beratung in einer pluralen Gesellschaft, in der niemand den Anderen ihre personal freie Lebensführung abnehmen kann. Seine *theoretisch originäre Integration* der folgenden vier philosophischen Methoden (Krüger 2006b;) – nimmt man nur öffentlich an ihr teil – hilft, durch Skepsis wider ein positives Absolutum für alle und ewig (346) selbst in der Lebensführung mündig und urteilsfähig zu werden (Krüger 1999; Schürmann 2014):

A) In der Thematisierung geschichtlicher Lebenserfahrung ist es nötig, den *qualitativen Anschauungs*charakter dieser Erfahrung zu erfassen, der in seiner Fülle über dasjenige hinausgeht, was man nach erfahrungswissenschaftlichen Schemata von der *Erfahrung* feststellen und messen kann (78, 118–119). Plessner funktioniert daher die *Phänomenologie* für die Rekonstruktion der Anschauung des Qualitativen in der Lebenserfahrung methodisch um, ohne theoretisch in Edmund Husserls Dualismus zurückzufallen (V, 28, 30, 118–119). Plessner bleibt aber der Devise verpflichtet, dass sich eine *ursprüngliche Qualität* von Lebenserfahrung für diejenigen, die von ihr in ihrer Lebensführung betroffen sind, nicht einfach ersetzen oder ungeschehen machen lässt, indem diese unmittelbare Qualität aus einer anderen Erkenntnis *abgeleitet* wird oder als *vermittelt reflektiert* wird. Leben fügt sich keinem solchen intellektuellen Fehlschluss. Liebe und Kunstgenuss sind nicht ersetzbar, und wie schwer es wird, mit einem Trauma umzugehen, davon berichtet jede darauf bezogene Psychotherapie (vgl. 37).

B) Fragliche Anschauungen können im Verhalten verschieden verstanden und dem gemäß verschieden beantwortet werden, was zu verschiedenen geschichtlichen Konsequenzen führt. Plessner schließt in dieser Hinsicht an Wilhelm Diltheys lebensphilosophisch-historische *Hermeneutik* an, wie sie von Georg Misch systematisiert wurde (Schürmann 2011, 4. Kap.), von dem er das Prinzip der Unergründlichkeit des geschichtlichen Lebens übernimmt. Hier handelt es sich nicht wie bei Gadamer um eine sprachzentrierte, sondern auf alle möglichen Verhaltensweisen des Ausdrucks und Verstehens erweiterte Hermeneutik (23), in die Plessner die interkulturell universellen Ausdrucksweisen des Lachens und Weinens (LW) einbringt. Sie führt auch aus dem bloßen Relativismus aller Kulturepochen und Soziokulturen von Menschen heraus, denn die jeweilige historische Relativität, insbesondere die des Westens, wird auf eine weltgeschichtlich gemeinsame und offene Zukunft bezogen und dafür neu bewertbar (vgl. Krüger 2013).

C) Was man in der personalen Lebensführung (phänomenologisch) angeschaut und (hermeneutisch) verstanden hat – diesen Zusammenhang von Frage und Antwort –, gilt es in der Philosophie *kategorial* zu explizieren (113 – 114). In den philosophischen Kategorien wird dieser Zusammenhang derart rekonstruiert, dass einerseits die erfahrungswissenschaftlich eingeschränkte Interpretation von Erfahrung ermöglicht wird, andererseits aber zugleich die Qualität der Lebenserfahrung für die personale Lebensführung eine unvertretbare Aufgabe bleibt. Plessner schließt in der Systematisierung der Kategorien an Formen Hegelscher *Dialektik* (115, 305) an, wie sie Josef König in seinem Verständnis der Intuition als einer Verschränkung (Schürmann 2011, 43, Kap. 5.2.) und Nicolai Hartmann in dem Stufenbau seiner Neuen Ontologie (Wunsch 2015) entwickelt haben, ohne Hegels systematischer Aufhebung in ein positiv wissbares Absolutes zu folgen. Plessners offene Fraglichkeit transformiert statt eines solchen Endes der Geschichte seit seiner Habilitationsschrift (UKU) von 1920 Kants Agnostizismus (in der Behandlung der Antinomien reiner Vernunft) in eine Negativität des Absoluten, um nicht wie die meisten seiner Zeitgenossen einem ideologischen Fanatismus oder Dogmatismus anheim zu fallen.

D) Die kategoriale Rekonstruktion von „Lebenserfahrungen" (28, 30, 37) legt in ihrer systematischen Vernetzung zu einem offenen Ganzen frei, was man für diese qualitativen Erfahrungen an Ermöglichungsstrukturen und Ermöglichungsfunktionen in Anspruch genommen hat. Dieses Verfahren folgt einem *„quasi-transzendentalen"* Philosophieverständnis (Krüger 2001, 30–31, 44, 48, 88–89, 92–93, 289–290; Krüger 2006b, 204 – 212). Es ist insofern noch *transzendental*, als es die

Aufgabe der Philosophie in der Rekonstruktion der Ermöglichungsbedingungen von Erfahrung sieht. Aber es ist nur *quasi* transzendental, insofern es sich nicht mehr wie bei Kant auf die naturwissenschaftliche Erfahrungsart beschränkt, sondern auf geschichtliche Lebenserfahrung umgestellt wird. Auch die Antwort auf die Frage nach den Ermöglichungsbedingungen wird nicht mehr auf das Selbstbewusstsein begrenzt, sondern auf die Strukturen und Funktionen der Ermöglichung geschichtlicher Lebensprozesse erweitert. Berücksichtige man andere Lebensformen als humane in der Natur, brauche Bewusstsein „nicht Selbstbewusstsein zu sein" (67). „Auf jeden Fall brauchen Bedingungen der Möglichkeit der Erfahrung nicht Erkenntnisbedingungen zu sein. Es kann auch um die Möglichkeit von Gegenständen und Substraten, an denen die Erfahrung ansetzt, gestritten werden" (75).

Plessners Werk *Die Stufen des Organischen und der Mensch* enthält einen „Arbeitsplan" (26) für die Neuentwicklung der Philosophie und die naturphilosophische Fundierung seiner Philosophischen Anthropologie. Der Plan folgt dem Zweck der „Neuschöpfung der Philosophie unter dem Aspekt einer Begründung der Lebenserfahrung in Kulturwissenschaft und Weltgeschichte" (30). Analog sei Kant sein Ziel, den Weltbegriff von Philosophie, unter dem Aspekt der naturwissenschaftlichen Erfahrung angegangen, um den Weg der Vernunftkritik beschreiten zu können. Die Etappen auf Plessners Weg und sein neues Mittel sind: „Grundlegung der Geisteswissenschaften durch Hermeneutik, Konstituierung der Hermeneutik als philosophische Anthropologie, Durchführung der Anthropologie auf Grund einer Philosophie des lebendigen Daseins und seiner natürlichen Horizonte; und ein wesentliches Mittel (nicht das einzige), auf ihm weiterzukommen, ist die phänomenologische Deskription" (30). Der Aspekt, unter dem diese Etappen durchlaufen werden, beinhaltet die folgende neue Fokussierung: „In seinem Mittelpunkt steht der Mensch. Nicht als Objekt einer Wissenschaft, nicht als Subjekt seines Bewusstseins, sondern als Subjekt und Objekt seines Lebens, d. h. so, wie er sich selbst Gegenstand und Zentrum ist" (31).

Die Frage, inwiefern zwischen dem Menschen und dem Lebenshorizont der Welt eine „Wesenskoexistenz" und nicht allein Zufall sich einspielen kann, sei in unserer kulturellen Lage in zwei Richtungen zu erforschen. Sie kann „*horizontal*" aufgerollt werden, d. h. in geschichtlicher Richtung auf die „Taten und Leiden" des Menschen „als Subjekt-Objekt der Kultur", oder „*vertikal*, d. h. in der Richtung, die sich aus seiner naturgewachsenen Stellung in der Welt als Organismus in der Reihe der Organismen", also als „Subjekt-Objekt der Natur" (32) ergibt. Die horizontale Untersuchungsrichtung war Plessner in kulturell-symbolischer Hinsicht bereits in seinem Buch „Die Einheit der Sinne. Grundlinien einer Ästhesiologie des Geistes" (1923) und im Hinblick auf Soziales in seinem Essay „Grenzen der Gemeinschaft. Eine Kritik des sozialen Radikalismus" (1924) angegangen, worauf er in geschichtlich-politischer Hinsicht 1931 in „Macht und menschliche Natur. Ein Versuch zur Anthropologie der geschichtlichen Weltansicht" und der dazu gehörigen Fallstudie „Die verspätete Nation" (1935/1959) über die Rolle Deutschlands in Europa zurückkam. Die wichtigste Vorarbeit zum vertikalen Vergleich, der in den *Stufen* durchgeführt wird, bestand in dem großen Aufsatz „Die Deutung des mimischen Ausdrucks. Ein Beitrag zur Lehre vom Bewusstsein des anderen Ichs" (1925), in dem Plessner gemeinsam mit Buytendijk die Leiblichkeit des Verhaltens als Ausweg aus dualistischen Fehlalternativen freilegte, woran Merleau-Ponty, wie oben bereits erwähnt, seine Leibesphänomenologie angeschlossen hat. Die wichtigste Ergänzung der *Stufen* stellt das Buch „Lachen und Weinen" (1941) dar, da es die exzentrische Positionalität nicht mehr nur in dem Ansprechen der zeitgenössischen Leserinnen als Menschen (*ad hominem*), sondern anhand dieses Anschauungsbestandes von Grenzerfahrungen personaler Lebewesen erläutert (vgl. zum systematischen Zusammenhang im Plessners Gesamtwerk Krüger 1999).

1.4 Zur neueren Rezeption der *Stufen*

Die Semantik des Lebens ist heute eine andere als vor einem ganzen oder vor einem halben Jahrhundert. Im Lebendigen schwingt noch ein Rest von Spontaneität, Freiheit und Spielerischem mit, aber nicht mehr jener Zauber, der die Kraft und „Freude an der Dämonie der unbekannten Zukunft" (4) zum Ausdruck brächte und zum Symbol machen würde, eine ursprünglich Nietzscheanische Dämonie, die Heidegger in die Semantik der Existenzialität zu übertragen versucht hat. Das Leben selbst ist inzwischen ökonomischen, biologischen und politischen Rationalisierungsprozessen unterworfen worden, deren Produktivität im Vergleich mit früheren Jahrhunderten Michel Foucault herausgearbeitet hat, ohne allerdings eine eigene Naturphilosophie entwickelt zu haben (Krüger 2009, 40 – 53). Plessner selbst sah neue Formen von „Lebensmacht" im „Hochkapitalismus" (4) entstehen, so exemplarisch in der Verknüpfung einer rein naturwissenschaftlichen statt lebensweltlichen Krankheitsdefinition mit den neu geschaffenen Absatzmärkten der Pharmaindustrie und den neuen Institutionen sozialer Hygiene (VN, 97– 101). Gegen Heidegger bewahrheitet sich Plessners These, dass primär der geschichtliche Lebensprozess die Existenz der Einzelnen fundiert und nicht umgekehrt die individuelle Existenz den ökologischen, ökonomischen, politischen und geistig-kulturellen Lebensprozess (XIII). Auch mit Karl Löwith gesprochen, auf den Plessner verweist: Nicht in der Teilnahme an der öffentlichen Gestaltung des Lebensprozesses, auf die Plessner politisch orientiert, ist man „privativ", sondern umgekehrt: Man beraubt sich in der Flucht in die je eigene Privatexistenz der für personales Leben nötigen Selbstverdopplung in eine pri-

vate und eine öffentliche Person (XII; vgl. FCH, ASCH). Auch der private Rück-
zugsort ist längst nicht mehr sicher inmitten der Vernetzung neuer Informations-
mit neuen Lebenstechnologien wie der synthetischen Biologie. Wer der ökonomischen und etatistischen Verwertung solcher synthetischen Machbarkeit keinen
wirksamen demokratisch-gewaltenteiligen, rechtsstaatlichen Rahmen setzt, in
dem das öffentlich-private Doppelgängertum von Personen qualitativ gesichert
werden kann, verliert auch das Asyl seiner respektive ihrer Eigentlichkeit.

Als charakteristisch für die neue Rezeptionslage, in die Plessners Werk
während der letzten Jahrzehnte geraten ist, kann der Rückgriff des späten (im
Unterschied zum mittleren) Habermas auf Plessners Körper-Leib-Differenz von
Personen gelten, um in der folgenden fraglichen Lage philosophisch-anthropologische Orientierung finden zu können. Worin bestehen die absehbaren Folgen
der marktliberalen Freigabe von Technologien der Genveränderung? Noch steht
die Verhütung von Erbkrankheiten (negative Eugenik) im Vordergrund, aber es
handelt sich auch schon um ein weit darüber hinausgehendes *Enhancement*
(positive Eugenik) nach welchen Kriterien? Kann noch eine Identität der Gattung
bewahrt werden, oder müssen wir uns auf alle möglichen Chimären nach neuen
Klassen- und Schichtenbildungen einstellen, die mit dem gerechten Ausgleich und
der Wahrung der Verhältnismäßigkeit der Grundwerte von Freiheit und Gleichheit
nichts mehr zu tun haben werden (Habermas 2001)? Angesichts solcher Fragen
aktualisiert Habermas Plessners Unterscheidung zwischen dem *Leibsein* und dem
Körperhaben, in der Personen leben.

Obgleich Personen (als Glieder einer Mitwelt, 304) in einer exzentrischen
Distanz von ihrer leiblichen Konzentrik stehen, fallen sie doch im lebendigen
Vollzug ihrer Personalität mit ihrer Leiblichkeit zusammen. Sie *sind lebendig* ihr
Leib, den sie nur in Grenzen als Körper wie andere Körper auch haben können. Sie
haben ihren Leib als Körper, insofern sie ihn instrumentieren und als Medium
verwenden können, was aber in der personalen Lebensführung nicht vollständig
gelingt. Lachen und Weinen als Grenzreaktionen dafür, dass die Person in Beantwortung einer Situation nicht mehr angemessen, d. h. nach üblicher Be-
wandtnis handeln und variabel gestalten kann, sind dafür die besten Beispiele. In
ihnen antwortet der auseinanderfallende Körperleib für die situationsbezogen
nicht mehr selbst beherrschte Person (vgl. LW, 238 – 243, 372 – 384). Plessner führt
diese Körper-Leib-Differenz am Ende der *Stufen* als zwei Verhaltensweisen der
Person zu ihrem Organismus (demselben Substrat) eben *als* Leib (Seele) und *als*
Körper ein (292 – 294), was in der körperlich-leiblichen Doppelstruktur der Außen-,
Innen- und Mitwelt seiner stabilen Ermöglichung nach genauer erschlossen wird.
Der leibliche Teilaspekt betrifft das in der personalen Lebensführung hier und jetzt
Unvertretbare, nicht Austauschbare, nicht Ersetzbare, während sich der körper-
liche Teilaspekt auf das in ihr Vertretbare, Austauschbare oder Ersetzbare bezieht

(Krüger 2011). Schon vor Habermas hat auch Bernhard Waldenfels in seiner responsiven Phänomenologie auf die Aktualität der Plessnerschen Körper-Leib-Differenz mit dem Fokus auf Lachen und Weinen verwiesen (Waldenfels 1994).

Plessner wird aber nicht nur von anderen Strömungen erneut rezipiert. Die Philosophische Anthropologie selber hat während des letzten Vierteljahrhunderts eine Renaissance erfahren, in deren Zentrum nun Helmuth Plessners Werk, nicht mehr das von Max Scheler oder Arnold Gehlen, steht. Bei der Philosophischen Anthropologie, wie sie Plessner in seiner Antrittsrede im Groninger Exil 1936 begründet hat (APA, der Schnädelbach 1983, 8. Kap. folgte), handelt es sich, über die gleichnamige Subdisziplin der Philosophie hinausgehend, um eine eigenständige philosophische Richtung, die sich von anderen Strömungen wie den Existentialismen, Marxismen, den verschiedenen Lebensphilosophien, den Neukantianismen und Neohegelianismen, der Phänomenologie, dem logischen Positivismus und Kritischen Rationalismus deutlich unterscheidet (Krüger 2001, Fischer 2008). Plessner teilt mit Scheler die Einsicht, dass die Thematisierung von Personen in natürlichen und soziokulturellen Lebensprozessen erfordert, das philosophische Verfahren gegen die dualistischen Vorentscheidungen, etwas könne entweder nur physisch oder psychisch sein, zu neutralisieren (32, 36, 244, 92). Insofern sich etwas sowohl physisch als auch psychisch in seinem Vollzug zeigt, kandidiert es – der phänomenologischen Anschauung nach –, dafür zu leben. Aber Plessner hat die Philosophische Anthropologie auch von ihrer geistesmetaphysisch positiven Begründung durch Scheler befreit, ohne sie wie später Arnold Gehlen in eine empirische Philosophie aufzulösen (Krüger 2006a u. 2009, 6. Kap.). Als *Anthropologie* stellt sie die Frage nach dem *einheitlich erfahrbaren* Zusammenhang zwischen dem Natur-, Sozial- und Kulturwesen des Menschen im geschichtlichen Prozess. Als *Philosophie* rekonstruiert sie die lebens- und forschungspraktischen *Ermöglichungsbedingungen* für solche anthropologischen Untersuchungen in einer offenen Zukunft, in der die menschlichen Lebensformen nicht das einzig bekannte Beispiel für die personale Lebenssphäre bleiben müssen.

Plessner hat die Spezifik seiner Philosophischen Anthropologie dadurch markiert, dass er sie deutlich von „anthropologischen Philosophien" unterschieden hat, die meinen, das Wesen des Menschen abschließend bestimmen zu können, statt es für künftige geschichtliche Veränderungen aufzuschließen (APA, 36–39; IPA, 242–245). So definiere Ernst Cassirer das Wesen des Menschen als das *animal symbolicum* in einem funktionalen, nicht substantiellen Sinne (Cassirer 1990, 51, 110) oder unterstelle die *Linguistic Analysis*, dass sich die Natur des Menschen durch Sprache auszeichne. Darin besteht zwar ein weitgehender Konsens der verschiedensten Philosophien seit der griechischen Antike, aber warum gilt Sprachlichkeit als Wesensmerkmal des Menschen, ist es doch nicht

immer nur dieselbe Sprache und allein diese, die ihn unterscheidet? Dagegen
hatte Cassirer schon zu Recht die Vielfalt der Symbolformen herausgearbeitet, war
dann aber nicht mehr mit dem Problem ihrer historischen Abfolge und Gleich-
zeitigkeit zurande gekommen. Die Sprache allein reicht nicht aus, weder empirisch
noch theoretisch, schon aus Sicht der evolutionären, vertikal und horizontal
vergleichenden Anthropologie, wie in der Gegenwart Michael Tomasello gegen
solche anthropologischen Philosophien einwendet (vgl. zum Verhältnis dieser zur
Philosophischen Anthropologie Krüger 2010, 3. Kap.). Weder die Humanontoge-
nese noch die Humanphylogenese lasse sich aus der Sprache ableiten, weil sie
ihrerseits erst in beiden Prozessen durch eine rekursive Veränderung des Ent-
wicklungszusammenhanges zwischen Kooperations- und Kommunikationsfor-
men fortlaufend neu ermöglicht werde (Tomasello 2014, 5. Kap.). Man hat der
Philosophischen Anthropologie Plessners immer wieder zu Unrecht die Position
einer anthropologischen Philosophie unterstellt, obwohl man es besser hätte
wissen können (Rölli 2015). Demgegenüber hat Plessners fruchtbare Unterscheidung, die in den Büchern von Schnädelbach (1983) und Fischer (2008) keine Rolle
spielt, eine andere, weder anthropologisch-philosophische noch dekonstrukti-
vistische Problemgeschichte seit dem 18. Jahrhundert und insbesondere einen
neuen Zugang zu dem systematischen Verhältnis der Philosophien von Plessner,
Heidegger, Cassirer und Hannah Arendt angestoßen (Krüger 2009, II. Teil; Wunsch
2014).

Die Renaissance der Philosophischen Anthropologie hat sich nicht nur auf die
soziokulturelle Problemgeschichte dieser Strömung bezogen (Fischer 2008),
sondern wegen der reflektierten und synthetisierenden Stellung Plessners zwischen den verschiedenen deutschen und französischen Philosophierichtungen
eine Vielfalt problemgeschichtlicher und aktuell systematischer Vergleiche erfordert, auf die ich oben nur selektiv verweisen konnte. Es steht eine freie Rekonstruktion einer ganzen diskursiven Formation europäischen Philosophierens
an, das aus der heute selbstverständlich gewordenen Aufteilung sowohl der
Philosophie als auch der Biowissenschaften in lauter Spezialisierungen nur
schwer zugänglich geworden ist. Eine besondere Rolle spielen dabei Arbeiten, die
die verschiedenen deutschen und französischen Philosophien füreinander
übersetzbar werden lassen, um angesichts ihrer Grenzen systematisch neu einsetzen zu können (vgl. Plas/Raulet 2011; Raulet/Plas 2014). So hat exemplarisch
Ebke die historische Epistemologie von Georges Canguilhem und Plessners Philosophische Anthropologie im Hinblick auf die dialektische Struktur des selber
lebendigen Wissens vom Leben untersucht, um aus den Aporien heraus zu gelangen, von denen die zeitgenössischen Biowissenschaften ebenso heimgesucht
werden wie deren philosophische Standardkritiken (Ebke 2012). Zu den bekanntesten reduktiv-naturalistischen Kategorienfehlern der letzten beiden Dekaden

gehört zweifellos die Auflösung der Personalität des Lebens in ihre neurophysischen Hirnkorrelate und im Gegenzug die philosophisch idealistische Beschwörung der autonomen Subjektivität und der autonomen Sprache, wodurch sich die Aktualität cartesianischer Entweder-oder-Alternativen wieder bestätigt hat (Krüger 2010, 2. Kap.).

1.5 Zum aktuellen Interpretationsstreit über die *Stufen*

Für die neue Lektüre speziell der *Stufen* galt es in der angesprochenen Renaissance vor allem, Plessners biophilosophische „Wende zum Objekt" (V, 31, 72) richtig zu verstehen, die in ihrer Darstellung vom lebendigen im Unterschied zum unbelebten Körper bis zur exzentrischen Positionalität führt. Laut Fischer (2000) kam und kommt der exzentrischen Positionalität das biophilosophische Primat der Schlüsselkategorie für die ganze Strömung zu (Fischer 2008, 520–521, 549). Beaufort zeigte demgegenüber parallel, dass schon die Anschauung und feststellbare Erfahrung lebendiger Körper, also der biophilosophische Anfang der *Stufen*, eine bestimmte Art und Weise von exzentrischer Positionalität, also das Ergebnis der *Stufen* am Ende, voraussetze, so in der stets mitlaufenden Referenz auf die biologisch restringierten Erfahrungsarten und auf die sogenannt natürliche Weltsicht im Common Sense aller Beteiligten. Plessners „kritisch-phänomenologische Grundlegung einer hermeneutischen Naturphilosophie" nahm bereits die moderne „gesellschaftliche Konstitution der Natur" (Beaufort 2000) in Anspruch. In der Tat glaubte Plessner nicht, aus dem natürlichen Objekt, das sich im Verlaufe der *Stufen* zu Subjekt-Objekt-Einheiten zu entwickeln schien, am Ende die dem Menschen wesensspezifische Objekt-Subjekt-Einheit *ableiten* zu können, als wäre ein Autor Gott oder die Natur während der *Genesis*. Sein oben erwähnter Arbeitsplan setzte die lebendigen Subjekt-Objekt-*Einheiten* des Menschen in naturphilosophischer (vertikaler) und geschichtsphilosophischer (horizontaler) Richtung voraus, um gegen die philosophisch und erfahrungswissenschaftlich eingebürgerten Subjekt-Objekt-*Trennungen* diese Lebenssphären einsehen, verstehen und systematisieren zu können. Mitscherlich hat daher den dialektischen Zusammenhang zwischen der Natur- und Geschichtsphilosophie in Plessners in sich gebrochener Lebensphilosophie herausgearbeitet und dabei die beiden Seiten sogar als gleichrangig verstanden. Die Eigenart der naturphilosophischen Deduktion bestehe nicht darin, *aus* etwas (entweder einem Faktum oder einem Apriori) *abzuleiten*, als könne man es so herstellen, sondern darin, unter dem Aspekt der neuen Verbindung dieser getrennten Seiten (des Faktischen und des Ermöglichenden) anzuschauen, zu verstehen und kategorial zu systematisieren (Mitscherlich 2007).

Lindemann hat den gesellschaftlich konstitutiven Charakter der exzentrischen Positionalität in ihrer reflexiven Sozialanthropologie weiterentwickelt. Komapatienten können nicht mehr selbst ihre personale Körper-Leib-Differenz gestalten, weshalb es zu diesem Zweck einer „soziotechnischen Konstruktion von Leben und Tod in der Intensivmedizin" (Lindemann 2002) bedarf. Angesichts solcher Grenzfälle hat sie sowohl die theoretische Frage neu aufgerollt, welche sozialtheoretischen Annahmen das Feld sozialer Phänomene begrenzen, als auch die empirische Frage, wie faktisch die Grenze zwischen sozialen Personen und anderen Entitäten gezogen wird (Lindemann 2009). Diesen grenztheoretischen Zugang hat sie in einer „mehrdimensionalen Ordnung des Sozialen" zu verschiedenen „Weltzugängen" fortentwickelt. In dieser Ordnung muss nicht der Kreis legitimer Akteure, d. h. der Personen, wie in der westlichen Moderne mit Menschen zusammenfallen, sondern kann als historisch kontingent begriffen werden. Auch die Natur-Kultur-Unterscheidung muss nicht als vorgegeben vorausgesetzt werden, sondern kann als nur eine mögliche Ordnung konzipiert werden (Lindemann 2014).

Man kann natürlich versuchen, wie Lindemann die exzentrische Positionalität auch als Ausgangspunkt für eine reflexive Sozialanthropologie zu verwenden, insofern in der Konzeption der personalen Lebenssphäre der Übergang der Naturphilosophie in die Philosophische Anthropologie ausdrücklich erfolgt. Aber zunächst folgt das die *Stufen* abschließende 7. Kapitel noch der vertikalen Untersuchungsrichtung. Es expliziert diejenigen Strukturen, die es der modernen „Verstandeskultur" (301) und der modernen Biologie ermöglichen, in vertikaler Richtung Unterscheidungen zu treffen. Im vorangegangenen 6. Kapitel der *Stufen* ging es um das Thema der „Sphäre des Tieres" (237–287). Um die dort gewonnenen kategorialen Unterscheidungen zwischen dem dezentralen (niedriger entwickelte Tiere) und zentralen Typ (höher entwickelte Tiere) im Rahmen der geschlossenen Organisationsform und der zentrischen Positionalitätsform, die anhand von Wolfgang Köhlers Schimpansen-Experimenten untersucht wurde, zu ermöglichen, muss eine Distanz von der zentrischen Organisationsform und von der zentrischen Positionalitätsform in Anspruch genommen werden. Ohne diesen lebens- und forschungspraktischen Abstand könnten diese Organisations- und Positionalitätsformen nicht als solche unterschieden werden. Das Abschlusskapitel behandelt die Frage, wie es möglich war, dass die bisherigen Grenzrealisierungen lebendiger Körper angeschaut, verstanden und begriffen werden konnten. Es expliziert diejenigen modernen lebens- und forschungspraktischen Präsuppositionen, die von Anfang an in der naturphilosophischen Wende zum Objekt immer schon in Anspruch genommen worden sind. Das Abschlusskapitel holt damit die im Arbeitsplan vorausgesetzte Subjekt-Objekt-Einheit des Menschen in der *Natur* (vertikal verstanden) ein. Dieses Kapitel kann also nicht allein dasjenige

Explikationsbedürfnis der ebenfalls im Arbeitsplan vorausgesetzten Subjekt-Objekt-Einheit des Menschen in der Soziokultur (statisch) und deren Geschichtlichkeit (dynamisch) im horizontalen Sinne befriedigen, womit sich Plessner in anderen, oben genannten Schriften beschäftigt hat. Lindemann hat daher stets ihre *Stufen*-Lektüre mit der von Plessners Schrift *Macht und menschliche* Natur kombiniert.

Plessner unterstellt in seinem immanent anhebenden Ansatz das in der westlichen Moderne ausgebildete Selbstverständnis von Menschen *als* Menschen, daher die durchgängige Redeweise *ad hominem*, die Adressierung seines Publikums als Menschen, nicht als Art-, Volks- oder Klassengenossen. „Dass wir Menschen sind und sein sollen, diese Entdeckung oder diese Forderung verdanken wir einer bestimmten Geschichte, der griechischen Antike und der jüdisch-christlichen Religiosität" (APA, 37). Weil wir inzwischen aus historischer Erfahrung, „durch die Kritik der Entwicklungsidee, durch die politische und ideologische Bekämpfbarkeit der Humanitas um die Gewagtheit und Rückhaltlosigkeit des ‚Menschen'-Gedankens wissen, müssen wir das Menschsein in der denkbar größten Fülle an Möglichkeiten, in seiner unbeherrschbaren Vieldeutigkeit und realen Gefährdetheit so zum Ansatz bringen, dass die Gewagtheit eines derartigen Begriffs als Übernahme einer besonderen Verantwortung vor der Geschichte verständlich wird" (APA, 37). Dass man sein Publikum bei dem ihm eigenen Selbstverständnis abholt, das heute als noch umstrittener als zu Plessners Zeit gelten darf, bedeutet natürlich nicht, dass man in diesem hermeneutischen Zirkel einfach verbleibt. Der oben genannte theoretisch-methodische Aufwand an Exzentrierung in dem Untersuchungsverfahren Plessners befreit die Philosophische Anthropologie vom anthropologischen Zirkel (Krüger 2001, 1. Kap.): Nicht die Redeweise „des Menschen", sondern die „Lebenssphäre" (288) der „exzentrischen Positionalität" (292–293) sind die *Kategorien*, in denen die naturphilosophische Rekonstruktion der Ermöglichungsstrukturen endet. Man kann sich in dieser Sphäre auch anders denn als Mensch verstehen. Ob dies besser oder schlechter wäre, ist vor allem eine Frage der geschichtsphilosophischen Fundierung in horizontaler Richtung (Krüger 2013a).

Es bleibt die Frage nach dem Verhältnis zwischen der natur- und der geschichtsphilosophischen Fundierung in Plessners Philosophischer Anthropologie, zwei Fundierungsrichtungen, die sich gegenseitig ergänzen und korrigieren können. Mitscherlich hat gezeigt, inwiefern sie sich gegenseitig ermöglichen, begrenzen und verschränkt sind. Gleichwohl halte ich nicht beide Untersuchungsrichtungen bei Plessner für gleichrangig. Die Naturphilosophie entdeckt den Hiatus, den Bruch mit der leiblichen Einheit des Organismus und seiner Umwelt, das Nichts und seine Manifestationsweisen, in die personale Lebenssphären gestellt sind, bevor (im logischen Sinne) Personen sich dazu stellen können (292–294). Es ist nicht selbstverständlich, dass die Seiten (körperliche versus leibliche) des Bruches in einem Dritten (Personalität, Mitwelt) verschränkt werden können, mithin dass in der Bodenlosigkeit dieses Bruches Boden zum Stehen im Leben gewonnen werden kann. Dafür müssen die drei Aufgaben, die in den anthropologischen Grundgesetzen formuliert werden, gelöst werden können („natürliche Künstlichkeit", 309; „vermittelte Unmittelbarkeit", 321; „utopischer Standort", 341). Bekanntlich sind alle anderen als unsere Homo-Spezies ausgestorben. Und warum sollten wir ewig leben und die einzigen Exemplare der personalen Lebenssphäre bleiben (IPA, 245–246)? Für Plessner hat m. E. die Naturphilosophie den Primat, weil der Hiatus in eine Fraglichkeit von Verhaltensmöglichkeiten führt, welche nicht übergeschichtlich durch eine endgültige Soziokultur beantwortet werden kann, sondern geschichtlich für neue soziokulturelle Antworten offen bleibt. Die Fraglichkeit überschießt die Antwortlichkeit (Krüger 2006a-c), weshalb letztere erstere nicht abschließen kann. Die Fraglichkeit enthält zwar, soll es überhaupt zu einer Antwortmöglichkeit kommen, eine zu wendende Not, nämlich die zur Exzentrierung zentrischer Positionalität, aber womöglich enthält die „Natur selber" (Löwith 1957, 85) eine Exzentrierungsmöglichkeit anderer Art, als sie uns irdisch und bislang vertraut ist (Krüger 2009, 80 – 84). Was wir als Geschichtlichkeit kennen, enthält eine mythische, religiöse oder ideologische Form von Utopie, den Hiatus wirklich zu heilen, ohne dieses Versprechen vollständig und damit ein für alle Mal und für alle realisieren zu können. Es wirkt auf irreale Weise und kann sich, wird dies praktisch nicht beachtet, in seiner Realisierung verkehren, heute womöglich unter dem Banner des Post-Humanismus. Das naturphilosophische Primat des Hiatus bedeutet also nicht das Ende, sondern umgekehrt die offene Fraglichkeit personalen Lebens in seinen geschichtlichen Versuchen, auf sie zu antworten (Krüger 1998). John McDowell hat mit diesem weiten, geschichtlich offenen Natur*verständnis* (im Unterschied zu naturwissenschaftlichen Erklärungen aus Naturgesetzen) sympathisiert, wenngleich sein therapeutisches Anliegen weniger ambitioniert sei (McDowell 1998, 121–125).

Mit diesen kurzen Hinweisen auf eine interessante Forschungslage dürfen wir im Folgenden systematisch spannende Beiträge zur Diskussion der *Stufen*, d. h. des Arbeitsplans zum Neueinsatz der Philosophie und der naturphilosophischen Durchführung ihrer Fundierung in der vertikalen Richtung erwarten. Schließlich ist jüngst auch ein Band erschienen, der speziell den zeithistorischen Kontext der *Stufen* rekonstruiert, in dem Plessners Dialoge sowohl mit Naturwissenschaftlern als auch Philosophen stattgefunden haben (Köchy/Michelini 2015). In dem folgenden Buch geht es nun aber primär um einen systematischen Kommentar und eine systematische Rekonstruktion der *Stufen* selbst. Deren systematische Aktualität spricht Taylor in seinem Verweis auf die exzentrische Positionalität an, in der man die historische Evolution der Flexibilität statt Instinkthaftigkeit des menschlichen Lebens verstehen könne (Taylor 2016, 341–342; vgl. auch Mul 2014; Honenberger 2016). Auch Habermas hat jüngst erneut in einem Interview die Bedeutung von Plessners *Stufen* unterstrichen: „Sie haben völlig Recht, ich hätte von Plessners anthropologischen Grundeinsichten, die mir seit meinem Studium vertraut sind, explizit Gebrauch machen können – und sollen. Ich halte *Die Stufen des Organischen und der Mensch* neben *Sein und Zeit* und *Geschichte und Klassenbewusstsein* für das bedeutendste Werk der 20er Jahre, jenes philosophisch fruchtbarsten Jahrzehnts des 20. Jahrhunderts" (Habermas 2016, 812).

Literatur

Beaufort, Jan 2000: Die gesellschaftliche Konstitution der Natur. Helmuth Plessners kritisch-phänomenologische Grundlegung einer hermeneutischen Naturphilosophie in ‚Die Stufen des Organischen und der Mensch', Würzburg, Königshausen & Neumann.

Cassirer, Ernst 1990: Versuch über den Menschen. Einführung in eine Philosophie der Kultur, Frankfurt a. M., Fischer.

Fischer, Joachim 2000: „Exzentrische Positionalität. Plessners Grundkategorie der Philosophischen Anthropologie", in: Deutsche Zeitschrift für Philosophie 48 (2), S. 265 – 288 (wieder abgedruckt in: Fischer, J. (2016), Exzentrische Positionalität, S. 115 – 145).

Gadamer, Hans-Georg 1990: Wahrheit und Methode. Grundzüge einer philosophischen Hermeneutik, Tübingen, JCB Mohr (Paul Siebeck).

Grene, Marjorie 1966: „Positionality in the Philosophy of Helmuth Plessner", in: The Review of Metaphysics 20 (2) S. 250 – 277. (Erweitert wieder abgedruckt in: Grene, M. 1968: Approaches to a Philosophical Biology, New York, Basic Books).

Grene, Marjorie 2002: „Intellectual Autobiography", in: Hahn, L. E./ Auxier, R. E. (Eds.), The Philosophy of Marjorie Grene. Library of Living Philosophers, vol. 29, Chicago and La Salle, Illinois, Open Court Publishing Company, S. 3 – 28.

Habermas, Jürgen 1987: „Aus einem offenen Brief an Helmuth Plessner (1972)", in: Habermas, J.: Philosophisch-politische Profile, Frankfurt a. M., Suhrkamp, S. 137 – 140.

Habermas, Jürgen 2016: „Kommunikative Vernunft. Interview von Christoph Demmerling und Hans-Peter Krüger", in: Deutsche Zeitschrift für Philosophie 64 (5), S. 806 – 827.

Köchy, Kristian/Michelini, Francesca (Hrsg.) 2015: Zwischen den Kulturen. Plessners „Stufen des Organischen" im zeithistorischen Kontext, Freiburg/München, Alber.

Krüger, Hans-Peter 1998: „The Second Nature of Human Beings: an Invitation for John McDowell to discuss Helmuth Plessner's Philosophical Anthropology", in: Philosophical Explorations. An International Journal for the Philosophy of Mind and Action I (2), Van Gorcum, S. 107 – 119.

Krüger, Hans-Peter 1999: Zwischen Lachen und Weinen. Band I: Das Spektrum menschlicher Phänomene, Berlin, Akademie Verlag.

Krüger, Hans-Peter 2001: Zwischen Lachen und Weinen. Band II: Der dritte Weg der Philosophischen Anthropologie und die Geschlechterfrage, Berlin, Akademie Verlag.

Lindemann, Gesa 2002: Die Grenzen des Sozialen. Zur soziotechnischen Konstruktion von Leben und Tod in der Intensivmedizin, München, Fink.

Lindemann, Gesa 2009: Das Soziale von seinen Grenzen her denken, Weilerswist, Velbrück Wissenschaft.

Lindemann, Gesa 2014: Weltzugänge. Die mehrdimensionale Ordnung des Sozialen, Weilerswist, Velbrück Wissenschaft.

Löwith, Karl 1957: „Natur und Humanität des Menschen", in: Ziegler, K. (Hrsg.): Wesen und Wirklichkeit des Menschen. Festschrift für Helmuth Plessner, Göttingen, Vandenhoeck & Ruprecht, S. 58–87.

McDowell, John 1998: „Comment on Hans-Peter Krüger's paper", in: Philosophical Explorations. An International Journal for the Philosophy of Mind and Action I (2), Van Gorcum, S. 120–125.

Merleau-Ponty, Maurice 1966: Phänomenologie der Wahrnehmung, aus dem Frz. übers. u. eingeführt v. R. Boehm, Berlin, De Gruyter.

Merleau-Ponty, Maurice 1976: Die Struktur des Verhaltens, aus dem Frz. übers. u. eingeführt v. B. Waldenfels, Berlin – New York, De Gruyter.

Mitscherlich, Olivia 2007: Natur *und* Geschichte. Helmuth Plessners in sich gebrochene Lebensphilosophie, Berlin, Akademie Verlag.

Plessner, Helmuth 1970: Laughing and Crying. A Study of the Limits of Human Behavior, translated by Marjorie Grene with J. Sp. Churchill, Evanston, IL, Northwestern University Press.

Raulet, Gérard/Plas, Guillaume (Hrsg.) 2014: Philosophische Anthropologie nach 1945. Rezeption und Fortwirkung, Nordhausen, Bautz.

Schnädelbach, Herbert 1983: Philosophie in Deutschland 1831–1933, Frankfurt a. M., Suhrkamp.

Schürmann, Volker 2011: Die Unergründlichkeit des Lebens. Lebens-Politik zwischen Biomacht und Kulturkritik, Bielefeld, transcript Verlag.

Schürmann, Volker 2014: Souveränität als Lebensform. Plessners urbane Philosophie der Moderne, Paderborn, Wilhelm Fink.

Shusterman, Richard 2008: Body Consciousness. A Philosophy of Mindfulness and Somaesthetics, Cambridge, MA, Cambridge University Press.

Shusterman, Richard 2010: „Soma and Psyche", in: Journal of Speculative Philosophy, New Series, 24 (3), S. 205–223.

Taylor, Charles 2009: Ein säkulares Zeitalter, Frankfurt a. M, Suhrkamp.

Taylor, Charles 2016: The Language Animal. The Full Shape of the Human Linguistic Capacity, Cambridge, MA, The Belknap Press of Harvard University Press.

Tomasello, Michael 2014: Eine Naturgeschichte des menschlichen Denkens, Berlin: Suhrkamp.

Waldenfels, Bernhard 1994: Antwortregister, Frankfurt a. M., Suhrkamp.

Wunsch, Matthias 2014: Fragen nach dem Menschen. Philosophische Anthropologie, Daseinsontologie und Kulturphilosophie, Frankfurt a. M., Vittorio Klostermann.

Für die übrige erwähnte Literatur siehe die Auswahlbibliographie am Ende des Bandes.

Gerard Raulet
2 Vorwort (1928)
und Vorwort (1965) (III–XXIII)

2.1 Diskursive Strategien

Selbst wenn die *Paratexte*, als Texte über den eigentlichen Text, die seine Rezeption steuern, schon seit langem nicht mehr vernachlässigt werden, stellen die zwei Vorworte zu den *Stufen des Organischen* – das kaum vierseitige Vorwort zur ersten Auflage 1928 und das umfangreichere Vorwort zur zweiten Auflage 1965 – wohl einen Extremfall dar. „Es kann nicht die Aufgabe des Vorworts sein, den zeitgeschichtlichen Hintergrund der neuen Fragestellung aufzurollen", schreibt Plessner im Vorwort zur ersten Ausgabe (IV). Es ist aber ganz genau dies, was er tut – ein rhetorischer Topos der Paratexte. In der ersten Auflage skizziert Plessner sehr hellsichtig, wie bündig auch immer, die Landschaft der „Konkurrenz der Paradigmata" (Plas/Raulet 2011). Was man beobachten kann, ist ein diskursstrategisches Dispositiv, eine „Theoriestrategie" (Fischer 2015, 276). Sehr offensiv verteidigt er die Originalität („Eigenwüchsigkeit") seines Werks im Brennpunkt eines Wettbewerbs der Disziplinen: „Im übrigen wird sich in unseren Tagen noch keine Entscheidung darüber fällen lassen, welche Mächte an der Entstehung der neuen philosophischen Disziplinen stärker beteiligt sind, ob die Psychoanalyse oder die Lebensphilosophie, ob die Kultursoziologie oder die Phänomenologie, ob die Geistesgeschichte oder die Krisen in der Medizin" (IV). Das Vorwort zur zweiten Auflage verfolgt ein anderes Ziel. Weil das Werk, mit welchem er sich als Privatdozent behaupten wollte, in seiner Wirkung überdeckt bzw. verdrängt wurde, versucht er sich über den Mangel an Wirkung Klarheit zu verschaffen und knüpft zu diesem Zweck an die offensive Skizze von 1928 retrospektiv an. Er ist dermaßen bemüht, Missverständnisse zu korrigieren oder ihnen vorzubeugen, dass er auch noch einen Nachtrag hinzufügt. Zusammen geben die beiden Vorworte Anlass, „die Konstellationen, in denen die mögliche Wirkung von Plessners philosophischer Anthropologie durch Verdrängung oder Überdeckung ver- oder behindert worden ist" (Fahrenbach 1990–91, 72), zu rekonstruieren. Das Anliegen ist wichtig, weil die miteinander konkurrierenden Theorieansätze in vielen Zügen eine gemeinsame Herkunft, vor allem im Neokantianismus, in Dilthey und im neueren phänomenologischen Trend, hatten. Es ist umso wichtiger, als die Übersicht über das literarische Feld (im Sinne Bourdieus) in der Tat notwendig ist, um die Spezifität von Plessners Ansatz richtig zu erfassen.

DOI 10.1515/9783110552966-002

Der Abstand von fast 40 Jahren, der die beiden Vorworte trennt, hat diesbezüglich die Konturen verschärft, selbst wenn Plessners Philosophische Anthropologie damals noch an Resonanzmangel litt, als das Vorwort zur zweiten Auflage abgefasst wurde. Heute erscheinen die Fronten noch deutlicher, nachdem sich aus der Distanz der theoretische Umbruch genauer überblicken lässt und – andererseits – sich eine Anerkennung der Philosophischen Anthropologie mit einiger Tragkraft angebahnt hat. Während das Werk seinerzeit aus Gründen, die das eigentliche Motiv der beiden Vorworte bilden, der breiten Öffentlichkeit, auch der wissenschaftlich bzw. philosophisch gebildeten hermetisch blieb, enthalten die beiden Texte die Schlüssel zum Programm, das es begründen sollte. Der Untertitel des Buches – „Einleitung in die philosophische Anthropologie" – unterstreicht dies.

Plessner, der ausgebildeter Zoologe war, hegte ursprünglich den Plan einer „philosophischen Biologie", die in den *Stufen* aufging. Wo von Biologie oder gar Anthropologie die Rede ist, wird nachdrücklich präzisiert, dass „eine philosophische Biologie und Anthropologie" (III) gemeint ist, die mit dem Naturalismus etwa der Darwin'schen Evolutionsbiologie nichts zu tun hat. Unter „philosophisch" ist eine reflexive Anthropologie zu verstehen, die der Spezifität des geistigen Lebens – in anderen Worten der „exzentrischen Positionalität" des Menschen, deren Erarbeitung die *Stufen* gewidmet sind – Rechnung tragen soll, während für die Evolutionstheorie seit Darwin die menschliche Subjektivität aus den mechanischen Gesetzen der Anpassung, Vererbung und Selektion erklärbar ist und ein bloßes spezialisiertes Ausgangsprodukt der Naturgeschichte darstellt. Weil er von der evolutionsbiologischen Einsicht ausgeht, dass der Mensch durch und durch ein Naturwesen ist, wendet sich Plessner Fragestellungen zu, die vornehmlich die Naturwissenschaften betreffen; aber weil der Mensch ein geistiggeschichtliches Subjekt und eine sittliche Person ist (6), grenzt er ausdrücklich seinen Ansatz von den Methoden und Resultaten dieser Wissenschaften ab. Aus diesem Grund wirft er, wie wir noch sehen werden, Gehlen vor, Empirist zu bleiben (XV).

Bei der Fülle der Formeln, in welchen Plessner sein Vorhaben zusammenfasst, gerät man freilich leicht in einen Schwindel der Ansätze und ihrer Hierarchisierung. Am Anfang des 3. Abschnitts des 1. Kapitels übernimmt er von seiner *Einheit der Sinne* folgendes Leitwort: „Ohne Philosophie des Menschen keine Theorie der menschlichen Lebenserfahrung in den Geisteswissenschaften. Ohne Philosophie der Natur keine Philosophie des Menschen" (26). Wenige Seiten weiter heißt es: „Die Konstituierung der Hermeneutik als Anthropologie bedarf eines lebenswissenschaftlichen Fundaments, einer Philosophie des Lebens im nüchternen, konkreten Sinne des Wortes" (37). Der Bezug auf Georg Misch, der im Vorwort zur ersten Auflage auf die knappe (aber eindeutige) Danksagung an Dilthey folgt, ist in dieser Hinsicht diskursstrategisch wichtig. Ein ganz ähnliches Dankeswort findet sich unter Gadamers Feder, bei dem es aber sicher nicht denselben Sinn haben kann. Bei Gadamer heißt es: „Wichtiger war uns [dem Heidegger-Kreis – GR] Mischs *Lebensphilosophie und Phänomenologie*, die alle festen Positionen von Husserl, Heidegger und Dilthey immer wieder gegeneinander bewegte und zusammenführte. Die Begründung der philosophischen Hermeneutik ist dadurch entscheidend gefördert worden" (Gadamer 1984, 424). Die sechs Zeilen über Misch fungieren in der Argumentationsstrategie von Plessners Vorwort als Weichenstellung, und zwar sowohl bezüglich Misch selbst, dessen systematisches Projekt auf eine hermeneutische Logik zielt, während Plessner die Hermeneutik eben als Anthropologie konstituieren will, als auch in Bezug auf Heidegger, wie es der nächste Satz bestätigt – darauf wird noch einzugehen sein. Was aber zunächst Dilthey betrifft, so hat Georg Misch im Vorbericht von Diltheys *Gesammelten Schriften* darauf hingewiesen, dass dieser kurz vor seinem Tod seine theoretische Arbeit als „anthropologische Forschung" bezeichnet hat (Misch 1924, L). „Seitdem ich [...] in der Struktur des Lebens die Grundlage der Psychologie erkannte, mußte ich den psychologischen Standpunkt zu dem biologischen erweitern und vertiefen" (Dilthey 1982, 354). In *Macht und menschliche Natur* von 1931 wird Plessner selbst dem Dilthey'schen Ansatz als Verdienst anrechnen, dass er an der „Naturseite der menschlichen Existenz" (MNA, 228) nicht vorbeisieht. Selbst wenn Plessner sein Programm, im Unterschied zu Scheler, geschweige denn Gehlen, in Diltheys Linie explizit einschreibt, darf die Verwandtschaft nicht überstrapaziert werden. Plessner sieht Diltheys Verdienst darin, der Geschichtswissenschaft nicht nur neukantianisch Rechnung getragen zu haben, sondern den Weg zu einer „Wissenschaft der Person" (ES, 19) gebahnt zu haben. Gleichwohl verfolgen Dilthey und Plessner verschiedene Absichten: Am eindeutigsten wird der Unterschied im „Arbeitsplan für die Grundlegung der Philosophie des Menschen" auf den Begriff gebracht: „Eine Theorie der Geisteswissenschaften, welche die Wirklichkeit des menschlichen Lebens in ihrer Spiegelung durch den Menschen begrifflich zu machen sucht, ist nur als philosophische Anthropologie möglich. Denn allein eine Lehre von den Wesensformen des Menschen in seiner Existenz liefert das Substrat und die Mittel zu einer allgemeinen Hermeneutik" (28). Und wenige Seiten weiter wird nochmals betont, in welcher Richtung und Reihenfolge das Begründungsverfahren läuft: „Grundlegung der Geisteswissenschaften durch Hermeneutik, Konstituierung der Hermeneutik als philosophische Anthropologie" – womit aber nur die Hälfte des Programms erfüllt ist: Erfordert ist darüber hinaus die „Durchführung der Anthropologie auf Grund einer Philosophie des lebendigen Daseins und seiner natürlichen Horizonte; und ein wesentliches Mittel (nicht das einzige), auf ihm weiterzukommen, ist die phänomenologische Deskription" (30).

Die Hervorhebung von Schelers „unbestreitbarem Verdienst" zielt in diesem
Zusammenhang auf eine Abgrenzung von der Phänomenologie: „Erhoffen wir also
hinsichtlich der Gegenstände unserer Arbeit eine möglicherweise weitgehende
Übereinstimmung mit den Scheler'schen Forschungen, so dürfen darüber doch
die wesentlichen Unterschiede nicht übersehen werden" (V). Denn Scheler, so
wird schon 1928 unmissverständlich gesagt, ist „in allen Grundlegungsfragen
Phänomenologe" (V) und Plessner spricht sich eindeutig gegen die „Verwendung
der Phänomenologie als grundlagesichernder Forschungshaltung" aus. Was sie zu
leisten hat, ist in seinen Augen ontologischer Natur, wie es der Hinweis auf „den
älteren Münchener und Göttinger Phänomenologenkreis" und vor allem der Name
von Hedwig Conrad-Martius nahelegen (IV).

Der Impuls, den Plessner, wie so viele seiner Zeitgenossen, von Husserls *Logischen Untersuchungen* empfangen hat, besteht in dem Ruf „Zurück zu den Sachen" – wobei es darauf ankam, was man aus diesem Appell machte. Heidegger,
der sich in *Sein und Zeit* auf Husserls „Erschließung der Sachen selbst" *en passant*
beruft, weist in einer anderen Fußnote Hartmanns Ontologie ausdrücklich zurück,
weil sie „gegenüber dem Dasein versagt" und ihre Zuflucht zu einem in Heideggers
Augen schwachen „kritischen Realismus" nimmt (Heidegger 1967, 38, 208). Damit
bezeichnet Heidegger genau das Anliegen der philosophischen Anthropologie
Plessners. Nur dass deren Auffassung des Menschen als psychophysischem Lebewesen sich gerade in diesem Punkt von Heideggers Existenzialanalyse des
Daseins radikal unterscheidet, wie noch gezeigt werden muss.

1928 wird Nicolai Hartmann nicht beim Namen genannt – ein Versäumnis, das
im zweiten Vorwort wiedergutgemacht wird (X). Seit ihrem Kennenlernen 1924
standen Plessner und Hartmann in engem Kontakt und Hartmann spielte in dem
Plagiatskonflikt, der sich zwischen Scheler und Plessner entzündete, eine
schlichtende Rolle. Hartmann hatte für die erste Nummer von Plessners *Philosophischem Anzeiger* einen Beitrag über Ethik in Aussicht gestellt, den er nicht
lieferte. 1926 beteiligte er sich dann an dem zweiten Heft des ersten Jahrgangs mit
einer Abhandlung über „Kategoriale Gesetze", die nichts Anderes ist als die
Keimzelle des „Grundrisses der allgemeinen Kategorienlehre", der 1940 als dritter
Band seiner „Neuen Ontologie" unter dem Titel *Der Aufbau der realen Welt* erschien. Hartmanns *Neue Ontologie*, deren erster Band, *Zur Grundlegung der Ontologie*, allerdings erst 1935 publiziert wurde, beruht auf dem Gedanken der
Schichtung des Seins in kategorial differenzierte Ebenen des Anorganischen, des
Organischen oder Vitalen, des Psychischen und des Geistigen. Mit dieser
Schichtenontologie ist in keinerlei Weise eine bloße Klassifizierung, geschweige
denn Hierarchisierung beabsichtigt. Es geht Hartmann darum, dem unzulässigen
Gebrauch einer Seinsschicht in Bezug auf eine andere vorzubeugen – so wenn man
„z. B. organisches Sein und Lebendigkeit aus mechanistischen Kräften und Kau-

salzusammenhängen erklären will" (Hartmann 1926, 218–219). Der Ontologie schreibt er die Aufgabe zu, „Seinsschichten" zu differenzieren und die „Wesenszüge" der verschiedenen Seinsschichten herauszuarbeiten – ein Programm, das wir bei Plessner unter dem Namen einer „apriorischen Theorie der organischen Wesensmerkmale" (XX) wiederfinden. Auch Plessner versteht unter „Stufen des Organischen" weder eine kosmische Hierarchie noch Stadien einer zielgerichteten Evolution (Teleologie). Das erlaubt ihm, die erkenntnistheoretische Antinomie zwischen dem Mechanismus von Wolfgang Köhler und dem Vitalismus von Hans Driesch zu überwinden. „Plessner sieht, dass es sich um einen ontologischen Streit handelt, [...] ‚eine Trennung im Gegenstande' zwischen verschiedenen ‚Schichten', eine Trennung von ‚verschiedenen ontischen Ebenen des Gegenstandes' [106, 109]" (Wunsch 2015, 256–257). Die Struktur des Buchs zeigt, dass die Entwicklung der Stufenlehre zwar von dem Unterschied zwischen unbelebten und belebten Körpern ausgeht, aber von „Positionalitätsstufen" handelt – bis hin zur „exzentrischen Positionalität" des Menschen, mit der sie im 7. Kapitel kulminiert.

In erkenntnistheoretischer und phänomenologischer Hinsicht folgt daraus, dass die Stufen nicht evolutionär aufgefasst werden, ohne deshalb einem Relativismus des Standpunkts zu verfallen. Nicht um einen bloßen Unterschied der Herangehensweise an den Gegenstand handelt es sich dabei, sondern darum, dass Gegenstände tatsächlich verschiedene Schichten haben. Nur eine derart ontologisch ansetzende Phänomenologie war in der Lage, den bewusstseinsphilosophischen Rahmen der Phänomenologie zu sprengen und den Anschluss an die Naturwissenschaften vom Leben – kurzum: das Projekt der philosophischen Anthropologie selbst zu ermöglichen. Die Plessnersche Kategorie der Positionalität bildet die Antwort auf das scheinbare Dilemma zwischen Ontologie und Relativismus.

Das Verhältnis zu Hartmann betrifft aber nicht nur den Aufbau der Anthropologie in ihrem Verhältnis zur Biologie und zur naturwissenschaftlichen Entwicklungsforschung, sondern auch in ebenso entscheidendem Maße das Verhältnis zur Phänomenologie. Nur diese ist für Hartmann in der Lage, der Spezifität des erkennenden Bewusstseins Rechnung zu tragen. Die Beziehung zwischen Subjekt und Objekt kann nur dann zustande kommen, wenn das erkennende Subjekt aus seiner subjektiven Sphäre heraustritt (Hartmann 1921, 44), wobei dieses Transzendieren auf etwas zielt, was vom Bewusstsein grundverschieden ist. Außerdem sind die Erkenntnisakte nicht nur rein noetisch, sondern auch emotional (Hartmann 1935, 243). Zur Husserl'schen Phänomenologie steht Hartmann ebenso kritisch wie Scheler, auf dessen Buch *Der Formalismus in der Ethik und die materiale Wertethik* aus dem Jahr 1913 er sich in seiner eigenen *Ethik* von 1926 bezieht. 1931 wird Plessner anlässlich einer Diskussion von Hartmanns Beitrag

„Zum Problem der Realitätsgegebenheit" auf der Tagung der Kant-Gesellschaft in Halle a. d. S. sagen, dass Hartmann die „anthropologische Wendung" herbeige-führt habe, indem er die Erkenntnisproblematik vom Begriff eines weltlosen und abstrakten Subjekts auf den Begriff der konkreten Person „mit Haut und Haaren" umgestellt und deren „Einbettung" in die „Seinsbeziehungen von Person zu Person und Welt sichtbar" gemacht habe (zit. bei Wunsch 2015, 267).

2.2 Existenz als Korrelation von Leibform und Umweltform

Ist im Vorwort zur zweiten Auflage das Lob auf Scheler umso nachdrücklicher, als Plessner bemüht ist, unter der Plagiatsaffäre einen endgültigen Strich zu ziehen, so ist zugleich die Darstellung der Leistung Schelers präziser: Scheler hat (nur) Pionierarbeit geleistet. Die Ausdehnung des Kognitiven auf die spezifische Apriorität emotionaler Akte sowie die materiale Wertethik haben sich von der Husserl'schen Reduktion der phänomenologischen Methodik auf das Bewusstsein als „Horizont transzendentaler Konstitution jeden möglichen Phänomens" (IX) emanzipiert. Scheler und Plessner teilen also dieselben Vorbehalte gegenüber der „transzendentalidealistischen" (so Plessner, IX) Bewusstseinsphilosophie. Auf-fallend sind auch äußerlich die Ähnlichkeiten bzw. Verwandtschaften zwischen Plessners *Stufen* und der Spätphase Schelers in *Die Stellung des Menschen im Kosmos:* der Unterschied zwischen Mensch und Tier anhand einer Abgrenzung von Köhler, die Betonung des Milieus aufgrund einer Verwertung von Uexkülls Umweltlehre, die Definition des Menschen als exzentrischem Lebewesen mit der Betonung der „Monopole des Menschen" und – *last but not least* – die Entwicklung einer Reflexion über die Verhältnisse zwischen der philosophischen Anthropo-logie und den empirischen Einzelwissenschaften im Gesamtsystem des Wissens. Aber gerade da, wo die Verwandtschaft den jeweiligen archimedischen Punkt beider Vorhaben betrifft, scheiden sich am deutlichsten ihre Wege. Beide wollen die Phänomenologie überbieten, aber Scheler schreibt der Phänomenologie, die er sich wünscht – der „Wesensphänomenologie" – die Funktion zu, das Sprungbrett einer erneuerten metaphysischen Reflexion zu bilden, während Plessner unter Ontologie eigentlich nichts anderes versteht als eine philosophische Anthropo-logie, die ihr Versprechen hält, der Gesamtheit und Verschiedenheit der seienden Welt durch die Herausarbeitung eines weder naturwissenschaftlich beschränkten, noch transzendental abstrakten kategorialen Rahmens Gerechtigkeit widerfahren zu lassen. Schelers Projekt zielt auf eine Meta-Anthropologie („Metanthropolo-gie"), welche sozusagen die Wissenschaft der Wissenschaften wäre. Seinerseits meint Plessner es ernst mit dem Projekt, die kantisch bzw. neukantianisch als metaphysisch abgestempelte Dimension des Wirklichen einzuholen, aber er enthält sich jeder spekulativen Überbietung.

Der Plan einer „Kosmologie des Lebens", den Plessner um Weihnachten 1924 konzipierte, erinnert nur äußerlich an Schelers Essay. Seinen ersten Teil hat Plessner „Von der Ästhesiologie des Geistes zur Kosmologie des Lebens" programmatisch betitelt und damit einen Punkt unterstrichen, auf den er kennzeichnenderweise 1928 sofort zurückkommt: Die *Stufen* sind die Fortsetzung der *Einheit der Sinne* von 1923 (III). Plessner und Scheler rütteln zwar gemeinsam an der Bewusstseinsphilosophie und beide wollen den Cartesianismus überwinden, aber nur bei Plessner bildet die Auseinandersetzung mit dem Cartesianismus im zweiten Kapitel (das erste beschränkt sich darauf, Ziel und Gegenstand der Studie zu umreißen) tatsächlich *den* Angriffspunkt der Reflexion. Man verfehlt den spezifischen Ansatz Plessners, wenn man nicht sieht, dass es darum geht, „die neuzeitliche Subjektivierung speziell der Sinnesqualitäten wieder aufzuheben und ihre Objektivität wiederherzustellen", und, auf dieser Grundlage, „gegen die cartesianische Weltanschauung der quantifizierenden Naturwissenschaften" anzugehen (Fischer 2000, 55). Plessner gründet seine Philosophie des Geistes auf die Ästhesiologie und reformuliert die Erkenntnistheorie auf der Grundlage der psychophysischen Einheit der menschlichen Person als Lebewesen: „Nach unserer Theorie gehören [...] die Sinnesqualitäten gerade vermöge ihrer Totalrelativität auf die Einheit der Person als Verbindungsweisen von Körper und Seele zum objektiven Sein der Dinge, wenn auch freilich nicht zu ihrem absoluten Sein, weil die Sinnesqualitäten die möglichen Modi der Materie sind" (ES, 21). Diese Materialität der Sinnesmodalitäten, mit welcher das Buch von 1923 gipfelt, unterscheidet zugleich grundsätzlich sein Vorhaben von einer hermeneutischen Reformulierung der Philosophie des Geistes, wie sehr diese auch, bei Dilthey, von einer Reflexion über Erlebtes ausgeht.

Unmittelbar *nach* Scheler wird 1928 Dilthey genannt. Der Grund dafür ist diskursanalytisch in einem wiederkehrenden rhetorischen Mittel zu suchen, das sich im Vorwort zur zweiten Auflage bestätigt: So wie das Lob auf Scheler durch den Hinweis auf Conrad-Martius (und implizit auch Hartmann) ausgeglichen wurde, operiert hier Plessner mit einer Gegenüberstellung von Dilthey und von Heidegger, der den Bruch mit dem anthropologischen Ballast der Dilthey'schen Reflexion zum Gründungsakt der Existenzialanalyse gemacht hat. Plessner, der schon 1928 Heidegger hellsichtig als seinen Hauptrivalen erkennt, widerspricht frontal diesem Gründungsakt und kehrt dessen Gestus um, „weil wir den Grundsatz Heideggers [...] nicht anerkennen können, dass der Untersuchung außermenschlichen Seins eine Existenzialanalytik des Menschen notwendig vorhergehen müsse" (V). Was Heidegger unter dem Terminus „Existenz" anvisiert, wird vom Leben abgetrennt: Damit, wird Plessner im Vorwort zur zweiten Auflage schreiben, „ist jedoch das eigentliche Problem nur ausgeklammert, ob nämlich ‚Existenz' von ‚Leben' nicht nur abhebbar, sondern abtrennbar sei und inwieweit Leben Existenz fundiere" (XIII). Weil Heidegger sich den Weg zum Leibsein des Menschen und zur Materialität menschlichen Daseins versperrt, fertigt Plessner seinen Ansatz als eine weitere Variante des Subjektivismus ab, die noch ganz „im Banne [der] alten Tradition" stehe und sowohl die körperlich-leibliche Natur als auch die Umwelt außer Acht lasse. Existenz sei eben eine Korrelation von Leibform und Umweltform (III). Heideggers Existenzphilosophie wirft er später vor, „die Naturseite im Dunkeln zu lassen" (FCH, 236) und „vor der biologischen Ver-klammerung der menschlichen Existenz die Augen [zu schließen]" (FCH, 324).

Man kann durchaus der Äußerung Plessners Glauben schenken, er habe erst in der Phase der Drucklegung seiner *Stufen* von Heideggers Unternehmen Kenntnis nehmen können. 1928 prallten beide Ansätze mit einer Heftigkeit ge-geneinander, von der nur die Knappheit der gegenseitigen Stellungnahmen ne-gativ Zeugnis ablegt. In vielerlei Hinsicht waren beide Unternehmen ähnlich profiliert: Beide nehmen ihren Ursprung in der Phänomenologie, beide überholen die Phänomenologie in ontologischer Richtung. Erst nachträglich – zunächst ansatzweise 1931 in *Macht und menschliche Natur*, dann explizit in dem Aufsatz „Der Aussagewert einer philosophischen Anthropologie" von 1973 – bemühte sich Plessner seine Position gegenüber der von Heidegger ausführlich darzustellen. Aus diesem Anlass bestätigte er, dass die Konfrontation mit Heidegger – wenn sie auch nicht von vorn herein gewollt worden war – sich als *die* Gegenposition überhaupt erwies, weil „die Existenzontologie Heideggers, die zwar ausdrücklich keine philosophische Anthropologie sein will, sondern eine Fundamentalonto-logie, durch die Art aber, wie sie dieses Ziel verfolgt, nämlich durch die Analyse des ‚Daseins' (Mensch) Anthropologie blockiert und verengt betreibt" (GS X, 328). Die Formulierung ist präzis: Bezeichnet wird eine Alternative, nach welcher die philosophische Anthropologie, um deren Konzept es hier geht, ihren Schwerpunkt entweder im Verhältnis zur Natur (und zu den Naturwissenschaften) oder aber im nicht weiter hinterfragten spezifischen Dasein des Menschen hat – ein Ansatz, dem Plessner, wegen seiner Abgetrenntheit von den Gegebenheiten der Natur und des Lebens, entgegenhält, dass von ihm aus, „kein Weg zur philosophischen Anthropologie führt, vor der Kehre nicht und nach der Kehre auch nicht" (XIV). Einen solchen Anspruch hat Heidegger freilich von vorn herein ausgeschlossen; ihm ging es um die Ontologie des menschlichen Daseins unter dem Gesichtspunkt von dessen Fähigkeit, ein spezifisches Verhältnis zum „Sein" zu pflegen. Eine Fähigkeit, die umgekehrt durchaus in die Kompetenz der Plessner'schen „ex-zentrischen Positionalität" gehört – der Heidegger aber vorwerfen kann, das Verhältnis zum Sein anthropologisch, ja naturalistisch zu bagatellisieren.

In einem Brief an Misch vom 7. März 1928 wird Heidegger Plessners Stellungnahme zu seinem philosophischen Projekt als „sehr dumm" von sich weisen (Nachlass G. Misch, Cod. Ms. G. Misch 146, zit. von Joisten 2015, 307, Fn 6). Wenigstens ein Indiz, dass die hier dargestellte Konkurrenz der Paradigmata nicht ganz affektfrei war. Selbst wenn er davon nichts gewusst hat, empfand Plessner das Bedürfnis, im Vorwort zur zweiten Auflage seinen Einwand nicht nur ausführlicher, sondern vor allem rhetorisch subtiler zu artikulieren: Scheler, dem wie gesagt Pionierarbeit anzurechnen sei, wird unmittelbar Heidegger entgegengesetzt. Anscheinend habe Heidegger „eine Bresche in die alten Fronten von Bewußtseinsidealismus neukantischer und phänomenologischer Observanz, platonisierender Wesensforschung à la Scheler und historischem Relativismus à la Dilthey geschlagen" (X) – und hier scheint Plessner mit dieser Eloge seiner ganzen Herkunft abzuschwören, einschließlich Hartmann, der in diesem Zusammenhang erstmals genannt wird und dessen „Wendung zum Objekt" Heidegger „überholt" hätte. Beim genauen Lesen stellt sich aber schnell heraus, *wie* und um welchen Preis diese Überholung stattgefunden haben soll. Man kann nicht umhin, auf die Charakterisierung des Heidegger'schen Gestus aufmerksam zu werden: „Kraft und Dichte des Gedankens" gepaart mit „Eigenwilligkeit und dunkle[r] Tönung der Sprache" (IX). Und zum Schluss die Pointe, die eindeutig gegen Heideggers Dezisionismus gerichtet ist: „Hier [bei Scheler] war vielleicht eine Welt – dort aber die Not der Existenz. Hier gab es transzendente Stützen, dort war der Einzelne allein. Hier Normen und Werte – dort pure Entscheidung angesichts des Todes, Endlichkeit und Selbstwahl" (X). Nicht genug also, dass bei Heidegger „die Analyse der dem Menschen spezifischen Art zu sein" kein philosophisch-anthropologisches Ziel verfolgt (was schließlich auch ihr Recht ist), der Vorwurf zielt auf die metaphysische Überspanntheit von Heideggers Vorhaben. „Der Theomorphie des Menschen im Sinne Schelers entspricht die Ontomorphie in Heideggers Sinn" (XI). Solcher Überspanntheit setzt Plessner seine Auffassung der exzentrischen Positionalität des Menschen entgegen, die die metaphysische Spannung zwischen ontischem Dasein als Seiendem und ontologischer Öffnung auf das Sein in ein *anthropologisch brauchbares analytisches* Modell übersetzt.

2.3 Die Eigenlogik des Lebendigen

Driesch ist im Vorwort zur ersten Ausgabe kein Thema. Die Lebensphilosophie erfreute sich damals einer breiten gesellschaftlichen Resonanz und galt als Alternative sowohl zum dominierenden Neukantianismus als auch zur Hegemonie der Naturwissenschaften. Wahrscheinlich deshalb war sie 1928 keine diskursstrategische Priorität des sehr knapp gehaltenen Vorworts, das sich auf die Positionierung gegenüber den zwei Komplexen der Naturwissenschaften und der Philosophien des Geistes konzentriert. Driesch wird am Anfang, in Verbindung mit den „Impulsen der neuen Biologie", also in einem Atem mit Uexküll genannt. Die Abgrenzung von ihm war offensichtlich – wenn sie auch im Werk bereits vollzogen wurde – noch kein Muss. Anders verhält es sich im Vorwort zur zweiten Ausgabe: Mit dem Bezug auf die Lebensphilosophie kann sich das Werk nur noch den Vorwurf des Anachronismus zuziehen. „Die Zeiten von Driesch waren vorbei" (VIII; vgl. auch den Nachtrag, 349).

Was nicht nur Plessner, sondern auch Scheler bei Driesch fand, war die Behauptung einer Eigenlogik des Organischen, die auf den Mechanismus nicht reduzierbar war. Aus verschiedenen Anlässen hat Plessner den Einfluss Drieschs auf die Anfänge seiner Reflexion dankend anerkannt (Plessner 1982, 3), aber hinzugefügt, dass ihn Drieschs Vitalismus „nicht überzeugte" (GS X, 305). Die Spezifität seiner Position verdeutlichte er an dem Gegensatz zwischen Driesch und Köhler. Den wesentlichen Unterschied des Organischen sieht Driesch in dem Umstand, dass organische Körper Ganzheiten bilden, deren Ganzheitscharakter sich dadurch bewährt, dass sie einer Selbstregulation und Selbstreparatur (Funktionswiederherstellung) fähig sind. Während er diese Ganzheiten als solche für mechanistisch unerklärbar hält, beharrt Köhler darauf, dass sie „Gestalten und als solche ‚mechanischer ‚Analyse zugänglich" seien (XXI). Über diesen Streit setzt sich die Plessnersche Auffassung durch ihren Anspruch hinweg, Wesensmerkmale des Organischen herauszuarbeiten, die gleichsam apriorischen Charakter haben. (Plessner vergleicht sie ausdrücklich mit Kants Kategorientafel, 113.) Er bezeichnet diese wesentlichen Lebensmerkmale mit Hilfe eines Begriffs von Helmholtz als „Modale" (XX; vgl. auch 107), aber es ist die phänomenologische Methode, die ihm zu dieser Auffassung verhalf. Die Ganzheit entspricht einer „Wesensschau", die nicht auf Wahrnehmung oder Erfahrung beruht (119–120). Insofern ist der Vitalismus für Plessner schließlich keine naturwissenschaftliche Fragestellung, sondern eine philosophische Ansicht, dem nur phänomenologisch Rechnung getragen werden kann. Daraus erklärt sich das scheinbare Paradoxon, dass die apriorischen Modale, um die es bei der Bestimmung des Lebendigen geht, nur in der Erscheinungswelt auszumachen sind, obwohl sie alles andere als empirisch bestimmbare Phänomene sind. Plessner bezeichnet die Lebendigkeit als „eine Qualität der Erscheinung bestimmter Körperdinge, ihrer Bauart, ihres Verhaltens in einem Medium, einem Milieu, wohl gar zu einer ‚Welt'" (XXII).

Die Debatte zwischen Driesch, Köhler und Plessner betraf zugleich das Problem der Teleologie bzw. der Entelechie, die bei Driesch eine Alternative zur Evolution darstellt. Organismen zeichnen sich durch Eigengesetzlichkeit und innere Zweckmäßigkeit aus. 1965 sieht Plessner ein, dass die Fortschritte der Wissenschaften – der Genanalyse, der Virusforschung und nicht zuletzt der Kybernetik und der Systemtheorie – diese Herangehensweise als obsolet erscheinen lassen. Darauf geht er nicht nur im neuen Vorwort, sondern auch im Nachtrag ein. Schließlich erweist sich der Vitalismus als das Gegenstück eines viel zu engen Mechanismus-Begriffs. Wo Driesch in seiner *Analytischen Theorie der organischen Entwicklung* (Driesch 1894) zwischen dem offenen und dem geschlossenen Körperbau, also zwischen Organisationstypen mit unbegrenztem Wachstum – den meisten Pflanzen – und Organismen unterschied, die einen Punkt erreichen, an dem sie fertig sind – den Tieren – (Driesch 1909, I, 48), setzt Plessner der Ganzheitstheorie von Driesch die Kategorie der Grenze entgegen: Das organische Wesen definiert er als ein „grenzrealisierendes Ding", d. h. als ein Ding, das im Verkehr mit seiner Umwelt durch eine Grenzleistung Eigenkomplexität aufbaut. Die Seinsstufen erscheinen dann als Organisationsniveaus der Grenzregulierung. Das Lebewesen setzt sich selbst seine Grenze(n) durch kontrollierte Überschreitung und gezielte Inbezugsetzung zur Umwelt. Plessner bezeichnet diese Dialektik von Selbst- und Außenbeziehung als die „Doppelaspektivität" des Lebewesens und sieht in dieser das fundamentale Modal (siehe Toepfer 2015, 114). „Welches Faktum bildet den Ausgangspunkt für die Theorie der organischen Modale? Die Antwort kann zunächst nur lauten: das Faktum der Begrenzung" (XX).

Wie fundamental diese Kategorie ist, geht daraus hervor, dass die letzten Seiten des zweiten Vorworts längere Passagen aus dem dritten Kapitel heranziehen. Die Kategorie der Grenze bzw. der Begrenzung wird als die „Minimalbedingung" bezeichnet, die es ermöglicht, von einem Lebewesen zu sprechen. Die Begrenzung ist im Falle des Lebewesens nicht bloß eine feststehende Kontur, sondern „eine den Bestand des Körpers gewährleistende Eigenschaft seiner selbst" (XXI). Die Fortschritte der Naturwissenschaften selbst, auf welche Plessner sich bezieht, ihre operative Erklärung der Lebensphänomene auf empirischem Niveau, treiben die Grenze nur weiter zur Grenze, ohne der Lebendigkeit „als Qualität der Erscheinung bestimmter Körperdinge" je vollständig gerecht werden zu können. Das ist nicht die billige Rückzugsposition einer in die Enge getriebenen spekulativen Philosophie, sondern viel eher die offensivste These von Plessners philosophischer Anthropologie: Was das Lebendige im eigentlichen Sinn ausmacht, ist die Fähigkeit zur Inszenierung seiner Grenzen und Begrenzungen: „Lebendigkeit [ist] nicht nur anzusehen, sondern sie wird zu einem Organ, zu einem Mittel seines [des Lebewesens] Daseins" (XXIII).

Nachdem seine Grundlegung der Philosophischen Anthropologie als neuer philosophischer Grundlagenwissenschaft erst nachträglich wiederentdeckt wurde, in einem Kontext, in dem die Brisanz der Debatten der 1920er Jahre verblasst waren und Plessner bestenfalls nur noch zusammen mit Scheler und Arnold Gehlen erwähnt wurde, war es nun 1965 mehr denn je notwendig, den Gegensatz zu Gehlen wissenschaftstheoretisch und philosophisch auf den Punkt zu bringen.

Plessners Kritik, Gehlen orientiere sich seinerseits unbekümmert an den empirischen Wissenschaften, lässt sich durch einen Blick auf die Gliederung des erst 1940 erschienenen Buchs *Der Mensch* verifizieren. Tatsächlich geht Gehlen von einem „Grundbefund" aus: von dem Menschen als „biologischem Sonderproblem", zu dessen Bekräftigung er alle möglichen übereinstimmenden Theorien (vom Anatomen Bolk bis hin zu Freud über die Biologen Portmann und Lorenz) heranzieht. Selbstverständlich verliert die philosophische Anthropologie, wie Plessner sie versteht, die Notwendigkeit empirischer Überprüfung nie aus den Augen. Aber „niemals verwertet sie solche Aussagen zur Stützung ihres Gedankengangs" (XX). Sie verhält sich zu den empirischen Wissenschaften genau so, wie sich ihr „Objekt" – der Mensch – zur Welt und zu sich selbst verhält: durch ein Weder-noch und ein Zugleich von Nah und Fern, das die Exzentrizität ausmacht.

Aus der Ablehnung einer letztlich unkritischen Nähe zur Empirie folgt auch die Absage an den Pragmatismus als deren Konsequenz (XV). Wenn auch gemäßigt und verhalten formuliert, ist die Kritik an Gehlens performativen Widersprüchen unerbittlich: „Das pragmatische Kleid nach behavioristischem Zuschnitt paßt ihm nicht. Menschliches Verhalten läßt sich nicht auf ein Schema bringen, nicht auf das der Kettenreflexe, aber auch nicht auf das des zweckgerichteten Handelns. Diese von Gehlen selbst ermittelte, und zwar durch Festhalten am pragmatischen Gesichtspunkt ermittelte, Emanzipation menschlichen Verhaltens vom biologisch eindeutigen Handeln, ermächtigt die Anthropologie, eben diesen von Gehlen empfohlenen Gesichtspunkt aufzugeben" (XVIII).

Charakteristisch für Gehlens Beugung der Anthropologie in der Richtung des Pragmatismus sind die Seiten im dritten Teil von *Der Mensch*, wo er unter dem Titel „Ausgleichung der inneren und äußeren Welt" auf ein Resümee von Plessners Auffassung der menschlichen Positionalität unmittelbar ein Referat von Meads Theorie der Anpassung durch beherrschte Versetzung in andere und Selbstentfremdung (den Übergang vom *I* zum *Me*) folgen lässt (Gehlen 1940, 260 – 263). Der Vorteil des Handlungsprimats besteht darin, dass er den Blick auf die Institutionen und das soziale Geschehen richtet. Dass Plessner Weber anführt, ist aber kein Zufall: Was bei Weber von Vorteil ist, kehrt sich bei Gehlen in ein Grunddogma um, das schließlich nichts mehr erklärt. Denn wo eine Funktion entlastet wird, wird eine andere, gegebenenfalls. „höhere" belastet (XVI). Plessner schließt sich dem Gedanken der Instinktreduktion und der Ersetzung der Erbmotorik durch andere, erworbene, künstlichere Mechanismen an, aber er weigert sich, die Widerstände und Überbleibsel zu ignorieren. Gerade das Interesse für die Mimik z. B. (XVII) macht die Eigenart seiner anthropologischen Soziologie aus. Auch Lachen und Weinen sind Grenzreaktionen bzw. Reaktionen auf Grenzen, die mit der exzentrischen Positionalität zusammenhängen (XVIII).

Literatur

Becker, Ralf 2015: „Der Sinn des Lebens. Helmuth Plessner und F.J.J. Buytendijk lesen im Buch der Natur", in: Köchy, K./Michelini, F. (Hrsg.): Zwischen den Kulturen. Plessners „Stufen des Organischen" im zeithistorischen Kontext, Freiburg, Alber, S. 65–90.

Conrad-Martius, Hedwig 1916: „Zur Ontologie und Erscheinungslehre der realen Außenwelt", in: Jahrbuch für Philosophie und phänomenologische Forschung 3, S. 345–542.

Conrad-Martius, Hedwig 1923: „Realontologie", Jahrbuch für Philosophie und phänomenologische Forschung 6, 159–333.

Dilthey, Wilhelm 1982: Grundlegung der Wissenschaften vom Menschen, der Gesellschaft und der Geschichte: Ausarbeitungen und Entwürfe zum zweiten Band der Einleitung in die Geisteswissenschaften, Gesammelte Schriften, Bd. 19, Hrsg. von Helmut Johach, Göttingen, Vandenhoeck & Ruprecht.

Driesch, Hans 1894: Analytische Theorie der organischen Entwicklung, Leipzig, W. Engelmann.

Driesch, Hans 1909: Philosophie des Organischen. Gifford-Vorlesungen gehalten an der Universität Aberdeen in den Jahren 1907–1908, Leipzig, W. Engelmann.

Fahrenbach, Helmut 1990: „‚Lebensphilosophische' oder ‚existenzphilosophische' Anthropologie? Plessners Auseinandersetzung mit Heidegger", in: Dilthey-Jahrbuch 7, S. 71–111.

Fischer, Joachim 2000: „Zur Sinneslehre von Helmuth Plessner", Rezension von: Hans-Ulrich Lessing, Hermeneutik der Sinne, Philosophische Rundschau 1, S. 47–58.

Fischer, Joachim 2006: „Neue Theorie des Geistes (Scheler, Cassirer, Plessner)", in: Becker, R./Bermes, Ch./Leonardy, H. (Hrsg.): Die Bildung der Gesellschaft. Schelers Sozialphilosophie im Kontext, Würzburg, Königshausen & Neumann, S. 166–181.

Fischer, Joachim 2012: „Neue Ontologie und Philosophische Anthropologie. Die Kölner Konstellation zwischen Scheler, Hartmann und Plessner", in: Hartung, G./Wunsch, M./Strube, C. (Hrsg.): Von der Systemphilosophie zur systematischen Philosophie – Nicolai Hartmann, S. 131–152.

Fischer, Joachim 2014: „Die ‚Kölner Konstellation': Scheler, Hartmann, Plessner und der Durchbruch zur modernen Philosophischen Anthropologie", in: Allert, T./Fischer, J. (Hrsg.): Plessner in Wiesbaden, Springer, S. 89–121.

Fischer, Joachim 2015: „Helmuth Plessner und Max Scheler. Parallelaktion zur Überwindung des cartesianischen Dualismus. Funktionen und Folgen einer philosophischen Biologie für die Philosophische Anthropologie", in: Köchy, K./Michelini, F. (Hrsg.): Zwischen den Kulturen. Plessners „Stufen des Organischen" im zeithistorischen Kontext, Freiburg, Alber, S. 273–304.

Gadamer, Hans-Georg 1984: „Das Problem Diltheys. Zwischen Romantik und Positivismus", in: Gesammelte Werke, Bd. 4, Tübingen, Mohr, 1999.

Gehlen, Arnold 1940: Der Mensch, 14. Aufl., Wiebelsheim, Aula-Verlag 2004.

Giammusso, Salvatore 1991: „‚Der ganze Mensch'. Das Problem einer philosophischen Lehre vom Menschen bei Dilthey und Plessner", Dilthey-Jahrbuch 7, S. 112–138.

Heidegger, Martin 1967: Sein und Zeit, Frankfurt am Main, Klostermann.

Hartmann, Nicolai 1921: Gründzüge einer Metaphysik der Erkenntnis, Berlin, De Gruyter 1965.

Hartmann, Nicolai 1926: „Kategoriale Gesetze. Ein Kapitel zur Grundlegung der allgemeinen Kategorienlehre", Philosophischer Anzeiger 1 (1), S. 201–266.

Hartmann, Nicolai 1935: Zur Grundlegung der Ontologie, Berlin, Walter De Gruyter, 1948.

Joisten, Karen 2015: „Der Mensch ist ‚sich weder der Nächste noch der Fernste'"? Helmuth
    Plessner und Martin Heidegger – eine Annäherung, in: Köchy, K./Michelini, F. (Hrsg.):
    Zwischen den Kulturen. Plessners „Stufen des Organischen" im zeithistorischen Kontext,
    Freiburg, Alber, S. 305–322.

Köchy, Kristian 2015: „Helmuth Plessners Biophilosophie als Erweiterung des
    Uexküll-Programms", in: Köchy, K./Michelini, F. (Hrsg.): Zwischen den Kulturen. Plessners
    „Stufen des Organischen" im zeithistorischen Kontext, Freiburg, Alber, S. 25–64.

Lessing, Hans-Ulrich 2008: „Helmuth Plessner und Wilhelm Dilthey", in: Neschke, A./Sepp,
    H.-R. (Hrsg.): Philosophische Anthropologie. Ursprünge und Aufgaben, Nordhausen,
    Bautz, S. 88–109.

Lessing, Hans-Ulrich 2013: „Zur Bedeutung Wilhelm Diltheys für Helmuth Plessners
    philosophische Anthropologie", in: D'Anna, G./Johach, H./Nelson, E. S. (Hrsg.):
    Anthropologie und Geschichte. Studien zu Wilhelm Dilthey aus Anlass seines 100.
    Todestages, Würzburg, Königshausen & Neumann, S. 479–493.

Misch, Georg 1924: „Vorbericht des Herausgebers", in: W. Dilthey: Gesammelte Schriften,
    Band V: Die geistige Welt. Einleitung in die Philosophie des Lebens. Erste Hälfte.
    Leipzig/Berlin, Teubner, S. VII–CXVII.

Orth, Ernst Wolfgang 1991: „Philosophische Anthropologie als Erste Philosophie. Ein Vergleich
    zwischen Ernst Cassirer und Helmuth Plessner", in: Dilthey-Jahrbuch 7, S. 250–274.

Plas, Guillaume/Raulet, Gérard (Hrsg.) 2011: Konkurrenz der Paradigmata. Zum
    Entstehungskontext der philosophischen Anthropologie, Nordhausen, Bautz.

Plessner, Helmuth 1982: „Autobiographische Einführung", in: Ders.: Mit anderen Augen.
    Aspekte einer philosophischen Anthropologie, Stuttgart, Reclam.

Rasini, Vallori 2015: „Helmuth Plessner und Viktor von Weizsäcker. Zu den Konvergenzen in
    ihren Theorien der Lebewesen", in: Köchy, K./Michelini, F. (Hrsg.): Zwischen den Kulturen.
    Plessners „Stufen des Organischen" im zeithistorischen Kontext, Freiburg, Alber,
    S. 123–140.

Toepfer, Georg 2015: „Helmuth Plessner und Hans Driesch. Naturphilosophischer versus
    naturwissenschaftlicher Vitalismus", in: Köchy, K./Michelini, F. (Hrsg.): Zwischen den
    Kulturen. Plessners „Stufen des Organischen" im zeithistorischen Kontext, Freiburg,
    Alber, S. 91–122.

Wunsch, Matthias 2015: „Lebensphilosophie und Irrationalismus. Dilthey – Bergson –
    Plessner", in: Asmuth, Ch./Neuffer, S. G. (Hrsg.): Irrationalität, Würzburg, Königshausen &
    Neumann, S. 201–218.

Matthias Wunsch

3 „Ziel und Gegenstand" (Kap. 1, 3 – 37)

„Jede Zeit findet ihr erlösendes Wort. Die Terminologie des achtzehnten Jahrhunderts kulminiert in dem Begriff der Vernunft, die des neunzehnten im Begriff der Entwicklung, die gegenwärtige im Begriff des Lebens" (3). Das sind die ersten beiden Sätze von *Die Stufen des Organischen und der Mensch*. Die thematische Aktualität des Buchs besteht darin, dass die Gegenwart, von der Plessner spricht, auch unsere Gegenwart ist. „Leben" ist immer noch oder wieder ein Schlüsselbegriff. Die Lebenswissenschaften und die betreffenden Technologien dürften sich sogar weit tiefer in die geistige Signatur unserer Zeit eingeschrieben haben, als Plessner es voraussehen konnte. Entsprechend wichtig ist auch die Frage geblieben, wie ein philosophisches Verständnis des Lebendigen beschaffen sein und worin es bestehen könnte.

Die geistesgeschichtlichen Koordinaten haben sich allerdings verschoben. Während Plessner für seine Zeit noch erklären konnte, dass der Lebensbegriff im Unterschied zu den Begriffen der Vernunft und der Entwicklung „das dämonisch Spielende, unbewusst Schöpferische" hervorhebt und seine Konjunktur dem „Rückschlag gegen den Fortschrittsoptimismus" verdankt (3), scheint der Begriff heute sein Mysterium verloren zu haben und im Zentrum des wissenschaftlichen und technologischen Fortschritts selbst zu stehen. Anders als für Plessners Zeit steht der Lebensbegriff daher nicht für die „Sehnsucht nach einem neuen Traum, nach einer neuen Bezauberung", nachdem das Fortschrittsdenken als „Ideologie des expansiven Hochkapitalismus" durchschaut wurde (4), sondern heute eher für eine unerschöpfte, patentierbare und zu optimierende Ressource. Die geistesgeschichtliche Koordinatenverschiebung, die sich auf diese Weise vollzogen hat, ist grob gesagt die von Friedrich Nietzsche zu Craig Venter.

Gleichwohl ist die philosophische Herausforderung, vor die sich Plessner gestellt sieht, in methodischer und struktureller Hinsicht mit einer wichtigen Herausforderung vergleichbar, vor der wir heute stehen. Sowohl für Plessner als auch für uns markiert „Leben" – wenn auch in verschiedener Art und Weise – ein herrschendes Paradigma der jeweils eigenen Zeit. Ein philosophisches Denken, das an ein solches Paradigma nicht anschließen kann, vermag auch nicht zu ihr durchzudringen, muss zugleich aber Distanz zu ihm gewinnen, um für die eigene Zeit Aufschluss über es geben zu können. Plessner schreibt daher in Bezug auf die im herrschenden Paradigma stehende „Philosophie des Lebens", sie sei „ursprünglich dazu bestimmt [gewesen], die neue Generation zu bannen, wie noch jede Generation von einer Philosophie im Bann einer Vision gehalten worden ist", aber „nunmehr dazu berufen, sie zur Erkenntnis zu führen und damit aus der

DOI 10.1515/9783110552966-003

Verzauberung zu befreien" (4; vgl. dazu Mitscherlich 2007, 55). Das Paradigma wird von Plessner also nicht verlassen, sondern fortgeschrieben. Der Gegenstand bleibt das Leben. Unterhalb dieser Kontinuität verbirgt sich aber ein folgenreicher Bruch. Denn das Ziel ist nicht nur eine andere Art von Philosophie des Lebens, sondern eine „Neuschöpfung der Philosophie" (30).

3.1 Gegenstand

Zunächst erläutert Plessner die Aporie, in der sich das neuzeitliche Fragen nach dem Menschen befindet. Im Menschen scheinen sich eine physische und eine geistige Dimension zu verbinden. Doch ihre Verbundenheit bleibe für beide der sich traditionell gegenüberstehenden philosophischen Großkonzeptionen unerklärlich. Weder die „materialistisch-empiristische" noch die „idealistisch-aprioristische Philosophie" biete hier eine tragfähige Lösung. Beide weisen sogar dasselbe Defizit auf. Sie verabsolutieren eine der beiden Sphären, die physische oder die geistige, und machen die jeweils andere von ihr abhängig, ohne erläutern zu können, „wie gerade diese Sphäre in Abhängigkeit von der anderen auftritt" (5).

In diese systematische Pattsituation ist durch Darwins epochemachende Überlegungen zur Entstehung der Arten und der Abstammung des Menschen Bewegung geraten (Darwin 1859 u. 1871). Denn nun zeigte sich, dass Menschen mit all ihren geistigen Fähigkeiten aus einer weit zurückreichenden „vormenschlichen Stammesgeschichte der Lebewesen" hervorgegangen sind (6). In diesem Sinne sind Menschen durch und durch Naturwesen bzw. Lebewesen ohne außernatürliche Zutat. Plessner bezeichnet dies als eine „natürliche, vorproblematische Anschauung" (6, 12), um zu betonen, dass wir heute hinter diese Einsicht, die einmal unplausibel oder problematisch gewesen sein mag, nicht mehr zurück können, auch im philosophischen Fragen nach dem Menschen nicht. Was damit zugleich anerkannt wird, ist, dass naturwissenschaftliche Resultate philosophisch bedeutsam sein können (vgl. 70).

Dass Menschen durch und durch Naturwesen sind und einige naturwissenschaftliche Erkenntnisse über sie philosophisch relevant sind, ist eine im weiten Sinn *naturalistische* Auffassung. Plessner grenzt sich allerdings von einem starken Naturalismus ab, indem er daran festhält, dass es genuin philosophische Fragen, Methoden und Belege gibt. Um die philosophische Disziplin zu bezeichnen, die mit dem Anspruch auftritt, dass es mehr über den Menschen und die Natur zu wissen gibt, als die Naturwissenschaften (auch bei größtmöglichem Erfolg) in Erfahrung bringen können, verwendet Plessner den Ausdruck „Naturphilosophie". Seine Naturphilosophie ist kein Konkurrenzprojekt zu den Naturwissenschaften, weist aber diejenige metaphysische Position zurück, die den Naturwissenschaften das Monopol über die Naturerkenntnis zuspricht, d. h. den Szientismus.

Wenn Menschen eine physische und eine geistige Dimension besitzen, deren Einheit die traditionellen philosophischen Konzeptionen nicht begreifen konnten, zugleich aber durch und durch Naturwesen sind, dann stellt sich aus der Sicht von Plessners Naturphilosophie die Frage: „Unter welchen Bedingungen läßt sich der Mensch als Subjekt geistig-geschichtlicher Wirklichkeit, als sittliche Person von Verantwortungsbewusstsein *in eben derselben* Richtung betrachten, die durch seine physische Stammesgeschichte und seine Stellung im Naturganzen bestimmt ist?" (5). Ich nenne dies die „Ausgangsfrage" von *Die Stufen des Organischen*. Es geht in ihr um die Betrachtung des Menschen in einer bestimmten Hinsicht, und zwar, kurz gesagt, als Person (vgl. 12, 24, 28, 37). Welche Richtung der Betrachtung des Menschen als Person ist nun durch seine Stammesgeschichte festgelegt? Die Evolution vollendet sich nicht im Menschen. Er ist auch nicht ihr vorläufiger Höhepunkt. Aber er bildet den (vorläufigen) Endpunkt eines ihrer Zweige. Die Stammesgeschichte des Menschen ist, bildlich gesprochen, der Weg durch den Stammbaum des Lebens bis zu diesem Punkt. Dieser Weg führt über eine lange Reihe von tierlichen Lebensformen, dann über die Vormenschen, Urmenschen und Frühmenschen bis zum modernen Menschen (vgl. Schrenk 2008).

Plessner orientiert seine Untersuchung des Menschen als Person in der Richtung des aufgewiesenen Weges an der „körperliche[n] Natur" (12). Denn alle Lebensformen vom Anfang dieses Weges an sind darin vergleichbar, körperlich gebunden zu sein. Plessners Ausgangsfrage betrifft, wie zitiert, die „Bedingungen" dieser Betrachtung. In formaler Hinsicht lassen sich zwei solcher Bedingungen herausstellen. Erstens wird eine *theoretische Ordnung* benötigt, in die sich die Lebensformen auf dem genannten Weg mit Blick auf ihre körperliche Natur bringen lassen. Plessner konzipiert diese Ordnung, wie im Titel seines Buchs angezeigt, als eine ontologische Stufenordnung des Organischen bzw. als eine naturphilosophisch vorgehende Stufenontologie der Person (vgl. dazu Wunsch 2013). Zweitens ist ein *integrativer Zugang* erforderlich, der sicherstellt, dass die Betrachtung des Menschen als Person und damit als geistig-geschichtliches Subjekt nicht mit ihrer Orientierung an der körperlichen Natur in Konflikt gerät. Plessner trägt dem Rechnung, indem er betont, es müsse „*ein* Grundaspekt" identifiziert werden (6), von dem her die Einheit der physischen und der geistig-geschichtlichen Dimension des Menschen begreiflich wird, ohne die evolutionsbiologische Einsicht aufzugeben, dass Menschen durch und durch Naturwesen sind. Diese Überlegung führt auf das erlösende Wort „Leben" zurück. Denn es ist der Lebensbegriff, von dem her Plessner den gesuchten „Einen Grundaspekt [...]"(6) zu verstehen sucht.

3.2 Abgrenzung

Plessner entwickelt sein philosophisches Programm im Kontrast zu den damals dominanten Formen des Lebensparadigmas, das heißt in einer kritischen Auseinandersetzung mit den seines Erachtens in „Verzauberung" durch den Lebensbegriff befangenen (4) und damit irrationalistischen (12), zumindest aber „spekulativen Lebensphilosophie[n]" (XXV). Als deren Hauptvertreter sieht er für das Naturdenken Henri Bergson und für das Geschichtsdenken Oswald Spengler (XXV). Spenglers *Der Untergang des Abendlandes* (1918 u. 1922) war ein Bestseller der wissenschaftlichen Literatur und Bergson wurde für sein philosophisches Hauptwerk *L'évolution créatrice* (1907) im Jahr vor dem Erscheinen von Plessners Buch, d. h. 1927, sogar mit dem Nobelpreis für Literatur ausgezeichnet.

Der Maßstab von Plessners Auseinandersetzung mit der „spekulativen Lebensphilosophie" besteht weniger in einem hermeneutischen Ideal ausgewogener Textinterpretation als vielmehr in der Ausgangsfrage von *Die Stufen des Organischen*. In diesem Kontext ist Bergsons Kritik an der evolutionistischen Philosophie Herbert Spencers aufschlussreich. Denn von Spencer her schien folgende Beantwortung der Ausgangsfrage nahezuliegen. Die evolutionistische Philosophie kann die Bedingungen formulieren, unter denen sich der Mensch als Person, insbesondere aber die ihn charakterisierenden apriorischen Denkformen, in der durch die Stammesgeschichte festgelegten Richtung begreifen lässt. Dazu muss sie diese Kategorien als evolutionäre Ergebnisse der Anpassung an die Natur, das heißt an deren Gegenständlichkeit und allgemeine Gesetzlichkeit, konzipieren. Bergson hält diese Überlegung für zirkulär. Denn sie legt einen Naturbegriff zugrunde, in den bereits investiert wird, was erst ihr Ergebnis sein sollte: Kategorialität (vgl. Bergson 1907, 177, 217, 414).

Bergson ist für Plessner aber nicht nur als Kritiker von Spencer von Interesse, sondern auch als Autor einer anspruchsvollen und in naturwissenschaftlichen Fragen gut informierten Naturphilosophie, die selbst eine Antwort auf die Ausgangsfrage von *Die Stufen des Organischen* vorschlägt, und zwar indem sie eine bestimmte Konzeption des Lebens entwickelt. Für Bergson ist die Natur, wie sie von der mechanistisch orientierten Naturwissenschaft verstanden wird, nicht der Ursprung des Intellekts (*intelligence*), sondern dessen Korrelat und Gegenstück. Sein Projekt eines gegen Spencer (aber auch gegen Darwin) gerichteten „echten Evolutionismus" möchte „bis zur Wurzel von Natur und Geist hinabsteigen" und „die Wirklichkeit in ihrer Entstehung und ihrem Wachstum" verfolgen (Bergson 1907, 8). Als diese Wurzel gilt bei Bergson ein metaphysisch konzipiertes Leben, dessen spezifische Temporalität (*durée*) sich mit intellektuellen Mitteln nicht erfassen lässt und dessen ursprünglicher Schwung (*élan vital*) von einer Generation zur nächsten weitergegeben wird und sich in viele Evolutionslinien und Arten zersplittert.

Plessner zieht in seiner Lektüre von Bergson eine scharfe Trennlinie zwischen der Intuition (*intuition*), die Bergson zufolge den epistemischen Zugang zum Leben eröffnet, auf der einen Seite und dem Intellekt (*intelligence*), der Erfahrung sowie der Wissenschaft auf der anderen Seite. Auf die Frage der Angemessenheit seines Bergson-Verständnisses kann ich hier nicht eingehen (siehe dazu Fitzi 2008, Delitz 2015). Für Plessner stellt sich Bergsons lebensphilosophische Position so dar, dass die Korrelation und Konformität von Intelligenz und Materie, von rationaler Wissenschaft und mechanischer Natur ein Produkt des schöpferischen Lebens ist und daher nicht mit Hilfe solcher Wissenschaft, das heißt intellektualistisch oder mechanistisch, sondern nur mit den Mitteln der Intuition begreifen lässt.

Dasselbe lebensphilosophische Erklärungsschema findet sich Plessner zufolge, der damit zur Position Spenglers überleitet, in Teilen der „Kultur- und Geschichtsphilosophie" (9). Dort gehe es um die Frage nach den Konformitätssystemen zwischen solchen Seelen- oder Lebensformen, die von der unsrigen verschieden sind, und den ihnen entsprechenden historischen Kulturen bzw. geistigen Welten. Die Entstehung solcher Systeme lasse sich nicht, so die parallele Erklärung, mit den nur für unsere wissenschaftliche Lebensform kennzeichnenden kategorialen Grundzügen von „Objektivität, Anwendung des Kausalprinzips und des Satzes vom zureichenden Grunde" begreiflich machen. Um das Konformitätssystem der eigenen „Kulturseele" (Spengler) zu verlassen, sei auch im kultur- und geschichtsphilosophischen Kontext der Rückgriff auf „die Intuition [erforderlich], die den Lebensuntergrund und eruptive Quelle aller [...] Kulturseelen bildet" (10).

Plessner bezeichnet es „geradezu als das Konstruktionsprinzip" der Konzeptionen von Bergson und Spengler, eine zirkelhafte Argumentation wie die bei Spencer ausgemachte zu vermeiden. Das Ergebnis sei in beiden Fällen eine „intuitionistische Lebensphilosophie" – mit einem bestimmten Bild der Natur im Falle Bergsons oder der Geschichte im Falle Spenglers (11). Aus Plessners Sicht weist die intuitionistische Lebensphilosophie jedoch systematische Schwächen von dreierlei Art auf. Diese lassen sich mit den Stichworten „Leben", „Intuition" und „Erfahrung" benennen (vgl. 12).

– Leben. Die intuitionistische Lebensphilosophie ist in *ontologischer* Hinsicht irrationalistisch, denn sie macht mit dem Lebensbegriff ein irrationales ontologisches Prinzip zum Prinzip ihrer Überlegungen. In diesem Sinne spricht Plessner schon in *Die Einheit der Sinne* (1923) von Bergsons „Irrationalismus des erschauten Wesens" (ES, 109).

– Intuition. Die intuitionistische Lebensphilosophie ist *methodologisch* unklar. Sie beruft sich auf die Intuition als maßgebliche Erkenntnisquelle, kann

Plessner zufolge aber nur eine „eigenartig unbestimmte Anschauung vom schöpferischen Wesen des Lebens" anbieten (12).

– Erfahrung. Die intuitionistische Lebensphilosophie ist in *epistemologischer* Hinsicht unbefriedigend. Sie entwerte den Intellekt als Erkenntnisquelle, indem sie ihn wie Bergson neben dem Instinkt nur für eine Variante des Lebens halte oder wie Spengler auf die abendländisch-faustische Kultur relativiere. Da es ohne den „Intellekt jedoch keine echte Erfahrung" gebe, wendet sie sich auf diese Weise gegen die naive und die wissenschaftliche Erfahrung (13, 12).

3.3 Weg

Der für Plessner wichtige Punkt ist, dass die Schwächen der intuitionistischen Lebensphilosophie nur eine bestimmte Ausgestaltung des philosophischen Lebens-Paradigmas betreffen, dieses aber nicht insgesamt in Misskredit bringen können. Plessner plant, das Paradigma im Sinne einer Lebensphilosophie von „nicht intuitionistischer und nicht erfahrungsfeindlicher Art" auszugestalten, um dessen Potential auszuloten, „Leben" als den *einen* Grundaspekt zu etablieren, der eine Beantwortung der Ausgangsfrage von *Die Stufen des Organischen* ermöglicht. Die Grundlagen für diese „neue Lebensphilosophie" (14) findet er bei Wilhelm Dilthey und Georg Misch.

Dilthey hat insbesondere seit den 1920er Jahren eine starke philosophische Wirkung entfaltet. Das zeigt sich in so heterogenen Werken wie Ernst Cassirers *Philosophie der symbolischen Formen* (1923/1925/1929), Martin Heideggers *Sein und Zeit* (1927) und Plessners *Die Stufen des Organischen* (1928) sowie *Macht und menschliche Natur* (1931). Die Basis dafür war die Publikation einiger neuer Bände von Diltheys *Gesammelten Schriften:* 1924 erschienen die erste und die zweite Hälfte von *Die geistige Welt. Einleitung in die Philosophie des Lebens*, herausgegeben von Georg Misch, und 1927 *Der Aufbau der geschichtlichen Welt in den Geisteswissenschaften*, herausgegeben von Bernhard Groethuysen.

Was Diltheys Konzeption aus Plessners Sicht „scharf von aller intuitiv-ontologischen Lebensmetaphysik" unterscheidet, „das ist der *erfahrungs*mäßige Sinn des Lebensbegriffs. Leben bedeutet für Dilthey nicht eine durch Abkehr von der Erfahrung zu erschauende Allmacht wie für Bergson oder Spengler, sondern eine durch Anschauung und Intellekt und Phantasie und Einfühlungsfähigkeit erfahrbare und selbst wieder die Erfahrung von sich ermöglichende, erzwingende Größe" (22). Dilthey beschränke den epistemischen Zugang zum Leben also nicht auf eine dezidiert nicht-intellektuelle und damit von wissenschaftlicher Erfahrung entkoppelte Erkenntnisweise, sondern meine vielmehr: „Alle unsere Kräfte sind aufgerufen, [...] das Leben in seinem Wesen zu erforschen, denn ‚Leben versteht Leben'" (22). Das Verhältnis dieser Kräfte wird von Dilthey nicht antagonistisch konzipiert wie seines Erachtens das Verhältnis von Intuition und Intellekt bei Bergson (vgl. dazu Misch 1924b, CVI), sondern als Verhältnis der Ergänzung in Hinblick auf ein gemeinsames Ziel: das geisteswissenschaftliche Verstehen (zum Verhältnis zwischen Dilthey und Plessner siehe Lessing 2008 und Giammusso 2012).

Ausgehend von Diltheys Überlegungen und ihrer Aneignung bzw. Weiterentwicklung durch Georg Misch, aus dessen Aufsatz „Die Idee der Lebenswissenschaften in der Theorie der Geisteswissenschaften" (Misch 1924a) in *Die Stufen des Organischen* umfangreich zitiert wird, entwickelt Plessner sein eigenes philosophisches Programm. An einer für das gesamte erste Kapitel des Buchs zentralen Stelle gliedert er es in drei Etappen: „Grundlegung der Geisteswissenschaften durch Hermeneutik, Konstituierung der Hermeneutik durch philosophische Anthropologie, Durchführung der Anthropologie auf Grund einer Philosophie des lebendigen Daseins und seiner natürlichen Horizonte" (30). Der Weg, den diese Etappen bilden, wird in dem Zitat vom Ende zum Anfang hin skizziert. Denn grundlegend für die Geisteswissenschaften kann allenfalls eine konstituierte Hermeneutik sein; und diese tatsächlich konstituierend kann allenfalls eine solche philosophische Anthropologie sein, die auch durchgeführt wird. Am Anfang des Weges steht daher, was den Grund dieser Durchführung bilden soll, das heißt die genannte Philosophie des lebendigen Daseins. Trotzdem empfiehlt es sich für die *Erläuterung* der Etappen, der Reihenfolge des Zitats zu folgen. Denn sie bestimmt Plessners eigene Darstellung und erleichtert dem Kommentar damit das Verfolgen von dessen Gedankengang.

3.4 Etappen

a) *Grundlegung der Geisteswissenschaften durch Hermeneutik.* Plessner führt Diltheys Ansatz über den Vergleich mit Immanuel Kant ein. Sein Einstiegspunkt ist dabei, dass die von Kant initiierte „Revolution der Philosophie nur die exakten Wissenschaften [...] zum Ansatzpunkt der Untersuchung macht" (15). Nach dem Aufkommen der Geisteswissenschaften im 19. Jahrhundert tritt dem „Problem der Möglichkeit naturwissenschaftlicher Erkenntnis" die „Frage nach der Möglichkeit geisteswissenschaftlicher Erkenntnis an die Seite" (18). Es zeigt sich, dass die „geistige Welt" (15), das kulturelle und historische Sein der Personen, Handlungen, Artefakte, Texte und kulturellen Tatsachen, sich nicht mit mathematisch-physikalischen Verfahren begreifen lässt, sondern spezifische Untersuchungsverfahren erfordert, die sich unter dem Begriff des Verstehens sammeln lassen (20). In diesem Sinne ist Verstehen die Erfahrung des geistigen Lebens.

Im Unterschied zu den Dingen der Natur ist für die kulturellen und historischen Dinge zweierlei fundamental. Erstens erscheinen sie nicht schon dadurch, dass sie in die Sinne fallen, sondern erst dort, wo es „Resonanz" für sie gibt (16). Zweitens besitzen sie selbst „Ausdruckscharakter" (19), drücken also einen gestalteten und vernehmbaren Sinn aus. Die „Wissenschaft des Ausdrucks, des Ausdrucksverstehens und der Verständnismöglichkeiten", das heißt die „Hermeneutik" (23), wird dann, wie Plessner Misch zitierend erklärt, zur „Grundlegung der Geisteswissenschaft" (20).

Dilthey hat sein Projekt in einer terminologischen Parallele zu Kant als eine „Kritik der historischen Vernunft" bezeichnet. Im Unterschied zu den beiden Schulen des Neukantianismus, also der Marburger Schule (Hermann Cohen, Paul Natorp) und der Südwestdeutschen Schule (Wilhelm Windelband, Heinrich Rickert), ging es ihm aber nicht einfach um „eine Pendantkonstruktion zur Kritik der Naturwissenschaften" oder um eine „Gebietserweiterung der Logik" (19). Dilthey zufolge war es nicht damit getan, neben der „Transzendentallogik der Natur" in einem „Erweiterungsbau der kritischen Philosophie" auch Platz für eine „Transzendentallogik der Geschichte" zu schaffen, „weil die Entdeckung der geschichtlichen Welt den Boden selbst in Bewegung zeigte, auf dem ihn das 18. Jahrhundert errichtet hatte (MNA, 170–171). Als „historisch" gilt für die „Kritik der historischen Vernunft" nicht nur das, womit sich diese Vernunft beschäftigt, sondern die Vernunft selbst. Diese Einsicht rührt aber, wie Plessner zu Recht und ohne Übertreibung festhält, „an die Wurzeln der ganzen Philosophie" (19).

b) *Konstituierung der Hermeneutik als philosophische Anthropologie.* Die Hermeneutik, die für eine Grundlegung der Geisteswissenschaften benötigt wird, muss daher philosophischer Art sein. „Philosophische Hermeneutik" ist Plessner zufolge „die systematische Beantwortung der Frage nach der Möglichkeit des Selbstverstehens des Lebens im Medium seiner Erfahrung durch die Geschichte" (23). Das Leben, um dessen Selbstverstehen es dabei geht, ist das menschliche. Wegen des Ausdruckscharakters menschlichen Lebens und mit Blick auf die Resonanz, die es auf Seiten der Verstehenden erzeugt, erfordert die philosophische Hermeneutik die „Erforschung der Strukturgesetze des Ausdrucks" (23) und die Untersuchung der „Grundschicht des Menschlichen", die „das Fundament für ein Verstehen fremden Geistes" bildet (16). Die Hermeneutik ist daher zu fundieren in einer „philosophischen Anthropologie", verstanden als „Lehre vom Menschen und den Aufbaugesetzen seiner Lebensexistenz" (24).

Dieser Gedanke spiegelt sich auch in Plessners Rede von dem „menschlich-existentielle[n] Apriori der Geisteswissenschaft" wider (wie sie sich in den Kopfzeilen der Seiten 16 u. 17 von *Die Stufen des Organischen* findet). Obwohl diese

Formulierung einen anderen Eindruck erwecken könnte, geht es Plessner gerade nicht darum, der Geisteswissenschaft eine zeitlose anthropologische Basis zu verschaffen. Was die Rückbindung der Hermeneutik an eine mit dem Existenzbegriff operierende philosophische Anthropologie bzw. an eine „Philosophie der menschlichen Existenz" (18) leistet, ist vielmehr eine Reorientierung des Bezugs auf die Geschichte. Denn „Existenz" wird von Plessner mit der „Perspektive auf das Kommende, im Bewußtsein, vor einer Zukunft zu stehen" (17), in Verbindung gebracht. Er knüpft damit an Kierkegaards Verständnis vom Leben als dem „zu lebenden Leben" an (GS VIII, 386). Geschichte ist demnach nicht als bloße Vergangenheit oder als diejenige Vergangenheit, die uns zu einer „zweite[n] Natur" geworden ist, von Interesse, sondern „aus der Perspektive auf das Kommende" (17). Hans-Peter Krüger hat das passend als Plessners „zukünftige Geschichtlichkeit" bezeichnet (Krüger 2008).

Plessner zufolge gelingt es in der Dilthey'schen Linie der Lebensphilosophie durch die Konstituierung der Hermeneutik als philosophische Anthropologie, „den unfruchtbaren Dualismus zwischen einer Philosophie als bloßer Wissenschaftslehre", wie sie für den Neukantianismus kennzeichnend ist, und einer im Gefolge von Friedrich Nietzsche stehenden „Philosophie als freier Lebensdeutung zu überwinden" (19). Offen bleibt an dieser Stelle jedoch, worin das der philosophischen Anthropologie zugerechnete „menschlich-existentielle Apriori" bestehen soll, wenn nicht als zeitloses Fundament? Die Antwort auf diese Frage kann nicht schon im ersten Kapitel von *Die Stufen des Organischen* entwickelt werden. Doch sie klingt hier bereits an. Es besteht in einer bestimmten „Existenzweise des Menschen" (25), in der dieser „sich selbst Gegenstand und Zentrum ist" (31) und die durch einen „Existenzkonflikt, ohne den der Mensch [...] nicht Mensch ist" (32), bestimmt ist. Dem korrespondiert im Schlusskapitel des Buchs die Einführung der „Exzentrizität" und ihre Bestimmung als „unaufhebbarer Doppelaspekt der Existenz" sowie „wirklicher Bruch" der menschlichen Natur (292). Das „menschlich-existentielle Apriori" besteht demnach in dem genannten Konflikt oder Bruch, der mit Krüger gesprochen „nicht anders als auf künftig geschichtliche Art und Weise lebbar" ist (Krüger 2008, 116).

c) *Durchführung der Anthropologie aufgrund einer Philosophie des lebendigen Daseins und seiner natürlichen Horizonte.* Die philosophische Anthropologie kam über das Problem der Möglichkeit des Selbstverstehens des menschlichen Lebens ins Spiel. Denn zu dem von ihr umfassten Fragenkreis gehören Plessner zufolge auch Fragen der „Ausdrucksfähigkeit und Ausdrucksgrenzen" von menschlichen Personen und „der Bedeutung des Leibes für Art und Reichweite des Ausdrucks", wodurch man auf Probleme verwiesen sei, „die in die sinnlich-stoffliche, körperliche Sphäre des ‚Lebens' hineinreichen" und letztlich „eine Philosophie der Natur" erfordern (24). Anders gesagt: „Die Konstituierung der Hermeneutik als

Anthropologie bedarf eines lebenswissenschaftlichen Fundaments, einer Philosophie des Lebens im nüchternen, konkreten Sinne des Wortes" (37).

Damit eröffnet sich für die Anthropologie eine zweite philosophische Dimension. Zu der soeben skizzierten, mit dem Begriff der *Existenz* verknüpften geschichtsphilosophischen Dimension kommt eine an den Begriff des körperleiblichen *Lebens* anknüpfende naturphilosophische Dimension hinzu. Beide Dimensionen werden zusammengebracht, wo Plessner darauf hinweist, dass „das Problem der Anthropologie [...] das Problem der Existenzweise des Menschen und seiner Stellung im Ganzen der Natur" umfasst (25). Beide Dimensionen schlagen sich sogar in einem einzigen Begriff – „Lebensexistenz" – nieder, und zwar an der bereits zitierten Stelle, an der Plessner die philosophische Anthropologie als „Lehre vom Menschen und den Aufbaugesetzen seiner Lebensexistenz" einführt (24). Lebensexistenz ist im Kontrast zu Kierkegaard und insbesondere zu Heidegger eine von ihrer Lebensgebundenheit her konzipierte Existenz. In diesem Sinn betont Plessner, dass die Natur den Menschen „als Fundament und Rahmen seiner Existenz von der Geburt bis zum Tode trägt" und selbst als „Sphäre der Existenz" gelten kann (27; vgl. auch GS VIII, 388). Woran die Existenz gebunden bleibt, ist allerdings nicht nur das natürliche, sondern auch das geschichtliche Leben. Entsprechend stellt Plessner in *Macht und menschliche Natur* gegen einen puren Dezisionismus, wie ihn die Existenzphilosophie konzipiert (vgl. Krockow 1958), die geschichtliche Gebundenheit jeder Entscheidung heraus (MNA, 192). Dies ist es auch, was – gegen Kramme 1989 – einen Keil zwischen Plessner und Carl Schmitt treibt (vgl. Schürmann 2014, 42–43, 48).

Vor dem Hintergrund seiner lebensgebundenen Existenz kann das „Menschliche" daher als die „wahre Verklammerungsstelle" von Natur und geistig-geschichtlicher Welt gelten (21). Plessners Ausgangsfrage war, unter welchen Bedingungen sich der Mensch als Person von seiner biologischen Stammesgeschichte her untersuchen lässt. In formaler Hinsicht bestehen diese Bedingungen, wie bereits erläutert, in einer bestimmten theoretischen Ordnung (Stufenordnung des Organischen) und einem bestimmten integrativen Zugang (Identifikation *eines* Grundaspekts). In inhaltlicher Hinsicht, so lässt sich nun zusammenfassen, werden diese Bedingungen durch eine philosophische Anthropologie gegeben, deren „zentraler Teil von den Wesensgesetzen der [...] Person" – gemeint sind hier vor allem die drei im Schlusskapitel von *Die Stufen des Organischen* entfalteten anthropologischen Grundgesetze (vgl. 309–346) – nur durchführbar ist „auf Grund einer Wissenschaft von den Wesensformen der lebendigen Existenz" (28), das heißt aufgrund der im zweiten Kapitel von Plessner sogenannten „philosophischen Biologie" (66, vgl. schon III–IV).

3.5 Ziel

Damit ist ein Überblick über die drei Etappen gewonnen, in die Plessner sein an Dilthey und Misch anknüpfendes und naturphilosophisch fundiertes Programm gliedert. Um nun ein vertieftes Verständnis des Programms zu gewinnen, muss man in den Blick nehmen, worauf es abzielt. Dazu gilt es, sich die Passage im Zusammenhang vorzunehmen, in die die Rede von den drei Etappen eingebettet ist: „Der *Zweck* heißt: Neuschöpfung der Philosophie unter dem *Aspekt* einer Begründung der Lebenserfahrung in Kulturwissenschaft und Weltgeschichte. Die Etappen auf diesem *Wege* sind: Grundlegung der Geisteswissenschaften durch Hermeneutik, Konstituierung der Hermeneutik als philosophische Anthropologie, Durchführung der Anthropologie aufgrund einer Philosophie des lebendigen Daseins und seiner natürlichen Horizonte; und ein wesentliches Mittel (nicht das einzige), auf ihm weiterzukommen, ist die phänomenologische Deskription" (30 – Hervorhebung M.W.). Wegen seiner systematischen Bedeutung werde ich dieses Zitat im Folgenden als die „Schlüsselstelle" des ersten Kapitels von *Die Stufen des Organischen* bezeichnen.

Plessner trifft hier eine dreifache Unterscheidung zwischen dem Zweck bzw. Ziel, dem Aspekt und dem Weg seines Vorhabens. Vor dem Hintergrund der gegebenen Erläuterung des Weges anhand seiner Etappen sind im Folgenden vor allem Zweck bzw. Ziel und Aspekt zu klären. Dafür ist eine Analogie hilfreich, die Plessner zwischen seiner Dreier-Unterscheidung und Kants philosophischem Projekt herstellt. Für Kant, so Plessner, bildeten „die Philosophie in ihrem Weltbegriff das Ziel seiner Arbeit, die Vernunftkritik den Weg zu diesem Ziel und der Ausgang von der naturwissenschaftlichen Erfahrung den Aspekt […], unter dem der Weg beschritten wurde" (30–31). Ihrem Weltbegriff nach ist Philosophie bei Kant „die Wissenschaft von der Beziehung aller Erkenntniß auf die wesentlichen Zwecke der menschlichen Vernunft" (Kant, *Kritik der reinen Vernunft*, B 867). Das Feld dieser Wissenschaft wird in diesem Zusammenhang durch die vier berühmten Fragen nach dem, was ich wissen kann, tun soll, hoffen darf und dem, was der Mensch ist, bestimmt (Kant, *Logik*, AA 9, 24–25). Dass Plessner das Ziel nicht in der „Philosophie in ihrem Weltbegriff", sondern in der „Neuschöpfung der Philosophie" sieht, liegt in dem schon angesprochenen Umstand begründet, dass er der „menschlichen Vernunft" keinerlei außergeschichtliches Wesen zumisst. Während es bei Kant um die Selbsterkenntnis des Menschen durch eine im Kern ahistorische Vernunft geht, ist Plessners Punkt mit Dilthey: „Geistesgeschichte, Kultur- und politische Geschichte wird das Medium der Selbsterkenntnis" (22).

3.6 Aspekt

Plessner legt großen Wert darauf, dass der Zweck bzw. das Ziel seines Vorhabens nicht mit dem Aspekt der Durchführung verwechselt wird. So wenig das Ziel bei Kant in einer Begründung der naturwissenschaftlichen Erfahrung besteht, zielt Plessner auf die „Begründung der Lebenserfahrung in Kulturwissenschaft und Weltgeschichte" ab. Der Lebenserfahrung kommt vielmehr die entscheidende Rolle in dem Aspekt zu, unter dem die Neuschöpfung der Philosophie erfolgen soll. Worin genau besteht aber dieser Aspekt? Plessner schreibt: „In seinem Mittelpunkt steht der Mensch. Nicht als Objekt einer Wissenschaft, nicht als Subjekt seines Bewußtseins, sondern als Objekt und Subjekt seines Lebens, d. h. so, wie er sich selbst Gegenstand und Zentrum ist" (31). Der *terminus technicus* für die Art und Weise, in der der Mensch sich selbst Gegenstand und Zentrum ist, ist, wie bereits angedeutet, „exzentrische Positionalität", Plessners „Grundkategorie der Philosophischen Anthropologie" (siehe Fischer 2000). Er steht inhaltlich für die lebensgebundene sowie mitweltlich gegründete Abständigkeit des menschlichen Lebens von sich selbst und bezeichnet in formaler Hinsicht die Grundbestimmung der Lebensform des Menschen. Explizit wird er erst im Schlusskapitel von *Die Stufen des Organischen* thematisch, weil alle vorausgehenden Kapitel des Buchs nicht zuletzt dazu dienen, die begrifflichen und naturphilosophischen Grundlagen dafür zu schaffen. Implizit kommt die Kategorie der Exzentrizität aber bereits hier ins Spiel, wo es darum geht, den Aspekt der Durchführung von Plessners Vorhaben zu bestimmen. Daher lässt sich in leicht zugespitzter Weise festhalten: Plessners Neuschöpfung der Philosophie erfolgt unter dem Aspekt der Exzentrizität (vgl. Wunsch 2014, 175 ff.).

An dieser Stelle sei nur ein einziger weiterer Beleg zur Unterstützung dieses Verständnisses des Aspekts angeführt. Schon im Vorwort zur ersten Auflage von *Die Stufen des Organischen* wird „Exzentrizität" einmal ausdrücklich erwähnt. Im Kontext einer Reverenz an Josef König erklärt Plessner dort, dass die „Situation der Exzentrizität", und zwar „als Lebensform", „Boden und Medium der Philosophie" sei (VI). An dieser Stelle lässt sich die Reflexivität von Plessners philosophischem Projekt fast mit Händen greifen (vgl. zu dieser Reflexivität auch Lindemann 2005 und mit Bezug auf König Schürmann 2011, 216 ff.). Wird die im naturphilosophischen Aufstieg der Stufenordnung des Organischen letztlich erreichte menschliche Lebensform durch die Kategorie der Exzentrizität begriffen, so muss, wenn dieses Resultat zutreffend sein soll, die Situation der Exzentrizität bereits als Boden und Medium dieser Philosophie und damit als Aspekt von deren Durchführung verstanden werden.

Während Kant immer wieder vorgeworfen wurde, er markiere die Erkenntnis- und Sinngrenzen in der *Kritik der reinen Vernunft* von einem Standpunkt aus, der außerhalb dieser Grenzen liegt und den es nicht geben kann, wenn die Grenzen richtig markiert sind (vgl. bspw. Strawson 1966, 12), vermeidet es Plessner, einen solchen Vorwurf auf sich zu ziehen, indem er seine Neuschöpfung der Philosophie der Situation der Exzentrizität unterstellt. Eine Konsequenz daraus ist, dass die Geschichtlichkeit der Philosophie, auch die der eigenen transparent wird. Eine andere Konsequenz ist, dass auch der Mensch als Gegenstand anthropologischen Wissens nur im Medium der Geschichte begreiflich ist, die lediglich „die ausgeführte Weise ist, in der er über sich nachsinnt und von sich weiß" (31). In der gleichen Ursprünglichkeit, in der Menschen durch und durch Naturwesen sind, sind sie durch und durch Geschichtswesen.

Den Grundaspekt von Naturwesen und Geschichtswesen bildet für Plessner die Person. Wenngleich von „Exzentrizität" im ersten Kapitel von *Die Stufen des Organischen* noch nicht ausdrücklich die Rede ist, widmet Plessner hier dem Personbegriff, der dann im Schlusskapitel eng mit „Exzentrizität" verwoben wird (293), bereits große Aufmerksamkeit. Er knüpft an die Errungenschaft der Moderne an, dass das Wesen des Menschen in seinem Personsein besteht (zu Plessners Wesenskonzeption siehe MNA, 152–153). Personalität wird von ihm aber nicht (wie seit John Locke und vielfach bis heute üblich) durch bestimmte konstitutive Eigenschaften erklärt, sondern als eine relationale Struktur gefasst. Die Glieder dieser Struktur – die menschliche Person selbst, andere Personen (zweite und dritte), die Welt, die Natur, inklusive des Körpers, und der eigene Leib – stehen in „Wesensformen der Koexistenz" (24), „einem strukturgesetzlichen Zusammenhang" (32), „Wesenskoexistenz" (32, 37, vgl. 33) bzw. „Wesenskorrelationen" (27, 31, 36). Die philosophische Anthropologie ist insofern eine „Lehre von den Wesensformen des Menschen in seiner Existenz" (28), als sie diese relationale Struktur auf systematische Weise entwickelt.

3.7 Methode

Dass im „Mittelpunkt" des Aspekts der Neuschöpfung der Philosophie „der Mensch" in seiner Doppeltheit „als Objekt und Subjekt seines Lebens" steht (31), bedeutet für Plessner, dass es dabei um den Menschen als „psychophysisch indifferente" bzw. als „personale Lebenseinheit" geht (32). Wo der Gedanke der menschlichen Person als Ausgangspunkt gilt, lässt sich die Spannung, die mit den oben erläuterten Begriffen des menschlich-existentiellen Apriori und der Lebensexistenz verknüpft ist (s. o. 3. 4), mit in den philosophischen Ansatz aufnehmen, sodass man der in cartesianisch geprägten Wissenschafts- und Philosophiekontexten üblichen „fraktionierenden Betrachtungsweise des Menschen" entgehen kann (37). Methodisch möchte Plessner das dadurch realisieren, dass er zwei Untersuchungsrichtungen etabliert und verfolgt – eine „horizontal" und eine „vertikal" genannte (32) –, die sich aufeinander beziehen lassen und dadurch wechselseitig Kontroll- und Korrekturinstanzen füreinander darstellen, die naturalistische oder kulturalistische Verabsolutierungen verhindern helfen.

Mit den genannten Richtungen spricht Plessner zwei Dimensionen an, in denen man nach dem Verhältnis zwischen menschlicher Lebensform und Lebenssphäre fragen kann. In der vertikalen Dimension geht es um „die naturgewachsene Existenz des Menschen in der Welt als Organismus in der Reihe der Organismen" (36). Worauf Plessner damit abzielt, hat er im Vorwort als eine „Korrelationsstufentheorie von Lebensform und Lebenssphäre" bezeichnet, „die den pflanzlichen, tierischen und menschlichen Lebenstyp umfaßt" (IV). Schwieriger – und in der Plessnerforschung umstritten – ist die Bedeutung der horizontalen Dimension, in der es „um den Menschen als Träger der Kultur" geht (32). Zwar ist (a) in philologischer Hinsicht klar, dass Plessner diese Dimension in *Die Stufen des Organischen* von den Überlegungen seines Werks *Die Einheit der Sinne* (1923) her erläutert (vgl. Delitz 2005, 933–934, und zu diesem Werk umfassend Lessing 1998). Doch (b) in systematischer Absicht scheint eher eine geschichtsphilosophische Interpretation der horizontalen Dimension nahezuliegen (dazu Mitscherlich 2007, 259–261). Oder in Frageform: Sollte es in der horizontalen Dimension, wie Plessner tatsächlich ausführt, (a) um die interne Beziehung zwischen unserer physischen und sinnlichen Organisation und den verschiedenen Objektivationen der Kultur bzw. geistigen Sinngebungsweisen gehen (vgl. 32–35)? Oder sollte man für die Konzeption dieser Dimension eher (b) an denjenigen Strang des ersten Kapitels von *Die Stufen des Organischen* anknüpfen, der die mit Natürlichkeit gleichursprüngliche Geschichtlichkeit des Menschen betont und dann in Plessners folgender Schrift *Macht und menschliche Natur* (1931) weiter entfaltet wird? In diesem Fall wäre die horizontale Untersuchungsrichtung durch den Vergleich zwischen Lebensform-Lebenssphäre-Beziehungen verschiedener historischer und gegenwärtiger Soziokulturen bestimmt (vgl. Krüger 2006, 18).

Ein weiteres wichtiges Moment für das Verständnis von Plessners methodischem Vorgehen betrifft sein Verhältnis zu der von Edmund Husserl begründeten Phänomenologie. An der „Schlüsselstelle" (siehe oben Abschnitt 3.5) bringt Plessner die „phänomenologische Deskription" als ein „wesentliches Mittel" für sein Projekt ins Spiel (30). Allerdings hatte er schon in der Vorrede von *Die Stufen des Organischen* erklärt, die Phänomenologie bedürfe „für die Philosophie einer bestimmten methodischen Führung, die weder aus der Empirie noch aus der Metaphysik stammen kann" (V). Worin diese Führung besteht, hat sich zuletzt bereits angedeutet. Sie entspringt dem Ausgang von der psychophysischen Indifferenz der menschlichen Person und ihrer Doppelheit „als Subjekt-Objekt der Kultur und als Subjekt-Objekt der Natur" (32), die der Unterscheidung zwischen horizontaler und vertikaler Untersuchungsrichtung entspricht. Wogegen Plessner sich damit wendet, ist die Theorie, die Husserl seit den *Ideen zu einer reinen Phänomenologie und phänomenologischen Philosophie* (1913) für die Praxis der phänomenologischen Deskription konzipiert hatte. Denn diese Theorie, so Plessner, „spannte die phänomenologische Praxis in den Horizont des Bewußtseins ein" (GS IX, 350) und führte in einen transzendentalen Idealismus. Demgegenüber gelte es daran festzuhalten, dass sich „[p]hänomenologisches Tun [...] in der Sphäre natürlich-ursprünglichen Weltverhaltens diesseits von Idealismus und Realismus" bewegt (GS IX, 360 Anm. 2). Plessner hat diese Sphäre in Anknüpfung an Max Scheler als eine der psychophysischen Indifferenz verstanden und bereits in der *Einheit der Sinne* horizontal (ES, 21) und in dem gemeinsam mit F.J.J. Buytendijk verfassten Aufsatz „Zur Deutung des mimischen Ausdrucks" (1925) in Bezug auf das tierliche Verhalten vertikal untersucht. Die phänomenologische Deskription wird von Plessner aber nicht nur anders verstanden als von dem Husserl der *Ideen*. Sie gilt Plessner auch nicht als *die* philosophische Methode, sondern nur als „*ein* wesentliches Mittel (nicht das einzige)" (30 – Hervorhebung M.W.). Die damit aufgeworfene Frage nach weiteren Methodenelementen wird im ersten Kapitel von *Die Stufen des Organischen* nicht mehr behandelt. Sie spielt dann im Zuge von Plessners Konzeption der „Deduktion der Kategorien des Lebens" im dritten Kapitel des Buchs eine wichtige Rolle (vgl. dazu Mitscherlich 2007, 81). Letztlich erfordert sie eine Klärung des komplexen Methodengefüges von Plessners Philosophischer Anthropologie insgesamt (siehe dazu Krüger 2005, 908 – 913).

Literatur

Bergson, Henri 1907: Schöpferische Evolution (L'évolution créatrice), Hamburg, Meiner, 2013.

Delitz, Heike 2005: „Spannweiten des Symbolischen. Helmuth Plessners Ästhesiologie des Geistes und Ernst Cassirers Philosophie der symbolischen Formen", in: Deutsche Zeitschrift für Philosophie 53, S. 917 – 937.

Delitz, Heike 2015: „Helmuth Plessner und Henri Bergson. Das Leben als Subjekt und Objekt des Denkens", in: Köchy, K./Michelini, F. (Hrsg.): Zwischen den Kulturen. Plessners „Stufen des Organischen" im zeithistorischen Kontext, Freiburg/München, Verlag Karl Alber, S. 193 – 214.

Fischer, Joachim 2000: „Exzentrische Positionalität. Plessners Grundkategorie der Philosophischen Anthropologie", in: Deutsche Zeitschrift für Philosophie 48 (2), S. 265 – 288.

Fitzi, Gregor 2008: „Zur Überwindung des Widerspruchs zwischen Intimität und ‚iron cage'. Plessners Rezeption der Lebensphilosophie Henri Bergsons", in: Accarino, B./Schloßberger, M. (Hrsg.): Expressivität und Stil. Helmuth Plessners Sinnes- und Ausdrucksphilosophie, Berlin, Akademie Verlag, S. 139 – 149.

Giammusso, Salvatore 2012: Hermeneutik und Anthropologie, Berlin, De Gruyter.

Kramme, Rüdiger 1989: Helmuth Plessner und Carl Schmitt. Eine historische Fallstudie zum Verhältnis von Anthropologie und Politik in der deutschen Philosophie der zwanziger Jahre, Berlin, Duncker & Humblot.

Krockow, Christian Graf von 1958: Die Entscheidung. Eine Untersuchung über Ernst Jünger, Carl Schmitt, Martin Heidegger, Frankfurt a. M./New York, Campus Verlag, ²1990.

Krüger, Hans-Peter 2005: „Ausdrucksphänomen und Diskurs. Plessners quasitranszendentales Verfahren, Phänomenologie und Hermeneutik quasidialektisch zu verschränken", in: Deutsche Zeitschrift für Philosophie 53 (6), S. 891–915.

Krüger, Hans-Peter 2006: „Die Fraglichkeit menschlicher Lebewesen. Problemgeschichtliche und systematische Dimensionen", in: Krüger, H.-P./Lindemann, G. (Hrsg.): Philosophische Anthropologie im 21. Jahrhundert. Berlin, De Gruyter, S. 15–41.

Krüger, Hans-Peter 2008: „Expressivität als Fundierung zukünftiger Geschichtlichkeit. Zur Differenz zwischen Philosophischer Anthropologie und anthropologischer Philosophie", in: Accarino, B./Schloßberger, M. (Hrsg.): Expressivität und Stil. Helmuth Plessners Sinnes- und Ausdrucksphilosophie, Berlin, Akademie Verlag, S. 109–130.

Lessing, Hans-Ulrich 1998: Hermeneutik der Sinne. Eine Untersuchung zu Helmuth Plessners Projekt einer „Ästhesiologie des Geistes" nebst einem Plessner-Ineditum, Freiburg, Verlag Karl Alber.

Lessing, Hans-Ulrich 2008: „Helmuth Plessner und Wilhelm Dilthey", in: Neschke, A./ Sepp, H. R. (Hrsg.): Philosophische Anthropologie. Ursprünge und Aufgaben, Nordhausen, Verlag Traugott Bautz, S. 88–109.

Lindemann, Gesa 2005: „Der methodologische Ansatz der reflexiven Anthropologie Helmuth Plessners", in: Gamm, G./Gutmann, G./Manzei, A. (Hrsg.): Zwischen Anthropologie und Gesellschaftstheorie. Zur Renaissance Helmuth Plessners im Kontext der modernen Lebenswissenschaften, Bielefeld, transcript, S. 83–98.

Misch, Georg 1924a: „Die Idee einer Lebensphilosophie in der Theorie der Geisteswissenschaften", in: Ders.: Vom Lebens- und Gedankenkreis Wilhelm Diltheys. Frankfurt a. M., Schulte-Bulmke, 1947, S. 37–51

Misch, Georg 1924b: „Vorbericht des Herausgebers", in: Wilhelm Dilthey: Gesammelte Schriften, Band V. Die geistige Welt. Einleitung in die Philosophie des Lebens. Erste Hälfte. Abhandlungen zur Grundlegung der Geisteswissenschaften, Hrsg. v. Georg Misch, ⁸1990, Stuttgart/Göttingen, Teubner/Vandenhoeck & Ruprecht, S. VII–CXVII.

Mitscherlich, Olivia 2007: Natur und Geschichte. Helmuth Plessners in sich gebrochene Lebensphilosophie. Berlin, Akademie Verlag.

Plessner, Helmuth 1959a: „Bei Husserl in Göttingen", in: Gesammelte Schriften, Bd. IX, Frankfurt a. M., Suhrkamp, 1985, S. 344–354.

Plessner, Helmuth 1959b: „Husserl in Göttingen", in: Gesammelte Schriften, Bd. IX, Frankfurt a. M., Suhrkamp, 1985, S. 355–373.

Plessner, Helmuth 1973: „Der Aussagewert einer Philosophischen Anthropologie", in: in: Gesammelte Schriften, Bd. VIII, Frankfurt a. M., Suhrkamp, 1983, S. 380–399.

Schrenk, Friedemann 2008: Die Frühzeit des Menschen. Der Weg zum Homo sapiens, Orig.-Ausg., 5., neubearb. und erg. Aufl., München, C.H. Beck.

Schürmann, Volker 2011: Die Unergründlichkeit des Lebens. Lebens-Politik zwischen Biomacht und Kulturkritik, Bielefeld, transcript Verlag.

Schürmann, Volker 2014: Souveränität als Lebensform. Plessners urbane Philosophie der Moderne, Paderborn, Wilhelm Fink.

Strawson, Peter F. 1966: The Bounds of Sense. An Essay on Kant's Critique of Pure Reason, London, Routledge.

Wunsch, Matthias 2013: „Stufenontologien der menschlichen Person", in: Römer, I./Wunsch, M. (Hrsg.): Person. Anthropologische, phänomenologische und analytische Perspektiven, Münster, mentis, S. 237 – 256.

Wunsch, Matthias 2014: Fragen nach dem Menschen. Philosophische Anthropologie, Daseinsontologie und Kulturphilosophie, Frankfurt a. M., Vittorio Klostermann.

Volker Schürmann

4 Der Cartesianische Einwand und die Problemstellung (Kap. 2, 38 – 79)

Einer der zentralen Aspekte des 2. Kapitels liegt darin, auch eine mitlaufende Abhandlung zum Verhältnis von Philosophie und Einzelwissenschaften zu sein. Plessner führt hier anhand der grundlegenden „Problemstellung" der *Stufen* vor, was eine zeitgemäße und der Moderne gerecht werden könnende Klärung von „Bedingungen der Möglichkeit von Erfahrung" – ein Konzept „materialer Apriori" (65, 79, 119), das nicht zum Apriorismus bzw. „Transzendentalismus" (49) gerät – sein kann. Plessner gibt die kritisch-transzendentalphilosophische Position nicht auf, sondern insistiert darauf, dass an *jeder* Erfahrung der Erfahrungsgehalt von dessen „apriorischer" Ermöglichungsstruktur zu unterscheiden ist. Über Kant hinausgehend, kennt Plessner aber nicht nur transzendentale Bedingungen der Möglichkeit von Erfahrung *überhaupt*, sondern auch transzendentale Bedingungen der Möglichkeit von Erfahrungen *bestimmter* Art, z. B. Apriori des Hörens oder des Sehens (vgl. ES), von ihm *materiale Apriori* genannt. Mit Kant, aber gegen eine vielfältige Wirkungsgeschichte, situiert Plessner solche Ermöglichungsstrukturen von Erfahrung jedoch nicht *vor* der Erfahrung (wie die gängige Übersetzung von *apriorisch* will) – und zwar weder zeitlich noch logisch. Kritische Philosophie kann die Ermöglichungsstrukturen nicht *aus* der Erfahrung nehmen, aber sie ist ein Unterscheiden eines Zusammengesetzten (vgl. Kant KrV, B 1–2). Der „Transzendentalismus" macht daraus ein Zusammensetzen zweier eigenständiger Gehalte, indem er Ermöglichungsstrukturen schlechthin vor und logisch unabhängig von Erfahrungsgehalten thematisiert.

Im 2. Kapitel wird daher grundlegend methodisch hergeleitet, warum eine „apriorische Theorie der organischen Wesensmerkmale" bzw. eine „Theorie der organischen Modale" (XX, 107) notwendig ist und was eine so verstandene „philosophische Biologie" zu leisten habe, nämlich ein Konzept von „Vitalkategorien" (64, 66, 76) bereitzustellen. Die zentrale Figur eines solchen nicht-aprioristischen materialen Apriori ist die der „Grundlosigkeit der Kritik", die Plessner in der Krisis-Schrift von 1918 (GS I) entwickelt hatte und später in *Macht und menschliche Natur* (MNA) unter dem Namen der „Bodenlosigkeit" (MNA, 229) ebenfalls im Hinblick auf eine nichtaprioristische Transzendentalphilosophie (MNA, 151– 175) wieder aufgreift (vgl. Meyer-Hansen 2013, Kap. I–III).

DOI 10.1515/9783110552966-004

4.1 Sinnvolle Unterscheidungen und falsche Fundamentalisierungen

Plessner spielt überdeutlich auf die auch für die *Stufen* fundamentale Rolle dieser Grundfigur an: „Echtes Fundament trägt, ohne selbst getragen zu sein" (38). Dieser Satz leistet die Grundstrukturierung des 2. Kapitels, weil er die Aufgabenstellung formuliert. Das Kapitel beginnt mit einem zunächst unscheinbaren Verweis auf „undisziplinierte Erfahrung"; schon nach den ersten Absätzen, erst recht nach der Lektüre des gesamten 2. Kapitels kann man hier getrost einsetzen: „eine nicht durch eine philosophische Untersuchung disziplinierte Erfahrung". Schon hier ist zu betonen, dass eine philosophisch disziplinierte Erfahrung immer noch eine Erfahrung ist; Plessner bedient schon hier gerade nicht das Bild von Philosophie als einer aprioristischen Vor-Übung des dann faktischen Überflugs über alle Erfahrung. „Nichts in der Welt spricht gegen eine Erfahrung als wieder eine Erfahrung" (70). Sein Einwand gegen undisziplinierte Erfahrung ist schon rein terminologisch nicht zugleich ein Einwand gegen die „naive Anschauung" (53, vgl. 51–52), die im Gegenteil durchgehend ernst genommen, wenn auch nicht so belassen wird, wie sie sich gibt.

Für undisziplinierte Erfahrung sei es nun charakteristisch, dass sie das Wort „fundamental" ausschließlich im Alltagsverständnis gebraucht, also ohne sich von Prinzipienfragen stören zu lassen. In alltäglicher Erfahrung ist das durchaus ein „Vorzug", der aber „für den wissenschaftlichen Ausbau der Erfahrung" nicht ausreiche. „Etwas kann sehr wichtig für die Entwicklung unserer Einsichten sein, fundamental wichtig, wie man sagt, ohne gleich den Charakter eines echten Fundamentes zu haben" (38). Ein Beispiel wäre: Wir müssen zählen können, um den Begriff der Zahl zu bilden, aber ein mathematisches Axiomensystem etwa der natürlichen Zahlen sagt nichts zum Zählen. Plessner nennt u. a. Darwins Zuchtwahlgedanke, Marx' Überbauidee und Einsteins Relativitätsprinzip als Beispiele für fundamental wichtige Einsichten, die dann falsch werden, wenn sie fundamentalisiert werden (38).

Wissenschaftliche Erfahrung ist dann minimal dadurch ausgezeichnet, sich reflexiv darüber verständigt zu haben, ob eine empirisch tragende, ja fundamental wichtige Unterscheidung auch den Charakter eines Fundamentes hat, oder gerade nicht. „Ob etwas für die Erfahrung tragfähig ist, darüber steht zweifellos dem Empiriker das Urteil zu. Ob es aber nicht selbst auch andere Träger für sich braucht, dazu bedarf es einer mit dem Wesen von Fundament und Prinzip sich abgebenden, einer philosophischen Untersuchung" (38).

Eben dies exemplarisch für das Thema der *Stufen* zu leisten, ist das Programm des 2. Kapitels. Dazu greift er die Unterscheidung physisch/psychisch auf (zu den Gründen Kap. 1 der *Stufen*, vgl. ergänzend Haucke 2000; Redeker 1993). „Niemand bezweifelt die außerordentliche Zweckmäßigkeit und Anschaulichkeit der Unterscheidung von physisch und psychisch" (39). Das enthebt nicht der Notwendigkeit zu klären, ob diese Unterscheidung nicht ihrerseits getragen wird. Dazu verfährt Plessner zunächst negativ, indem er akribisch analysiert, dass und wodurch jene Unterscheidung fundamentalisiert worden sei und was die harten und hartnäckigen Konsequenzen solcher Fundamentalisierung seien.

Der zentrale Punkt dieser akribischen Analyse besteht wohl darin, dass sie es sich nicht (zu) leicht mit dem Cartesianismus macht. Gegen eine allzu laxe, und heutzutage beinahe zum guten wissenschaftlichen Ton gehörende, Ablehnung *des* „cartesianischen Dualismus" hält Plessner an der „außerordentliche[n] Zweckmäßigkeit und Anschaulichkeit der Unterscheidung" fest und betont gar, dass man daran nicht zweifeln könne (39). Seine eigene Rede von „Doppelaspekt" greift diesen Aspekt entschieden auf; sie will auf eine sinnhafte Unterscheidung nicht deshalb verzichten, weil diese in der Gefahr steht, fundamentalisiert zu werden. Die erste Vorsichtsmaßnahme besteht darin, Descartes' Unterscheidung von *res extensa* und *res cogitans* nur „in großen Umrissen" der Unterscheidung von *physisch* und *psychisch* zuzuordnen. Beide Unterscheidungen zielten, ohne miteinander identisch zu sein, jeweils „auf die gleiche[n] Sphäre[n]" (39). Die cartesianische Unterscheidung sei „ursprünglich zwar [...] ontologisch gemeint", aber dies ist gleichsam nicht der springende Punkt. Die spezifische Interpretation, die das Physische durch die Charakterisierung als *res extensa* erhält, ist die darin „von selbst" liegende und fortwirkende *methodologische* Bedeutung: „Mit der Gleichsetzung von Körperlichkeit und Ausdehnung ist die Natur ausschließlich der messenden Erkenntnis zugänglich gemacht." Was zugleich heißt: „Alles, was an ihr [der Natur] zur intensiven Mannigfaltigkeit der Qualitäten gehört, muß als solches für cogitativ gehalten werden" (39). Diese methodologische Bestimmung der Unterscheidung von *res extensa* und *res cogitans* „[entzieht] sie in gewissem Sinne der ontologischen Kritik" (39).

Gegen modische Anti-Cartesianismen beharrt Plessner somit geradezu darauf, dass jede Kritik am Cartesianismus zu kurz greift, die meint, ihm einen ontologischen Dualismus vorwerfen zu sollen. So sehr es auch zutreffen mag, dass die Unterscheidung von *physisch* und *psychisch* keine absolute, also keine unbedingte, sondern eben eine zweckmäßige Unterscheidung ist, so viel wichtiger ist, dass man einen ontologischen Dualismus kritisieren kann, ohne dadurch schon bei der eigentlich problematischen methodologischen Gleichsetzung von Körperlichkeit, Ausdehnung und Messbarkeit angekommen zu sein. Und auch umgekehrt: Die Zweckmäßigkeit der ontologischen Unterscheidung von *res cogitans* und *res extensa* liegt exakt darin, dass mit ihr „sicher wesentliche Differenzen im Sein der Wirklichkeit" getroffen sind (39).

Gleichwohl liege bereits in der cartesisch-ontologischen Fassung der Unterscheidung ein erster Schritt zur falschen Fundamentalisierung. Descartes belässt es sozusagen nicht bei der Zweckmäßigkeit einer Unterscheidung im Sein der Wirklichkeit, sondern er „erklärte den Unterschied von *res extensa* und *res cogitans* für prinzipiell und gab ihm zugleich den Charakter einer vollständigen Disjunktion" (39).

Schon hier ist damit deutlich, dass Plessner a) an der (Zweckmäßigkeit der) Unterscheidung von *physisch* und *psychisch* festhält, und dass er sie auch so, wie sie ursprünglich von Descartes gemeint sei, nämlich als ontologische Unterscheidung, festhält. Seine eigene Rede von „Außenwelt" und „Innenwelt" ist nicht bereits als solche ein Ausdruck einer falsch fundamentalisierten Unterscheidung. Ganz im Gegenteil: Diese Rede ist mindestens zweckmäßig, vermutlich „in gewissem Sinne" unhintergehbar. Plessner vermeidet freilich akribisch jeden cartesianischen Sprachgebrauch, weil er unterlaufen will, diese ontologische Unterscheidung für eine „prinzipielle" (Vorschlag: für eine absolute = unbedingte) oder für eine vollständige zu halten. Deshalb übersetzt er die Unterscheidung von *physisch* und *psychisch* in die Unterscheidung von *Körperlichkeit* und *Innerlichkeit*, mit der doppelten Betonung, dass die Unterscheidung jener Sphären kein bloßes *labeling* ist, sondern ontologisch gemeint ist und also den Übergang zur Substantivierung (das Psychische, die Körperlichkeit) verträgt – gleichwohl aber so, dass jede Vorentscheidung zur Logik dieses Unterschieds und „über die Wesenheiten des Psychischen, des Bewußtseins, des Subjekts vermieden wird" (39).

Diesen Punkt herauszustellen, ist in heutiger Zeit einigermaßen wichtig, in der *jede* Rede von Ontologie, erst recht außerhalb der akademischen Philosophie, des philosophischen Teufels zu sein scheint. Für Plessner selbst war dies zwar der Bemerkung wert, aber schon wieder einigermaßen unaufgeregt sagbar. Eine „Wendung zum Objekt", zur gegenständlichen Seite, eine Rede von „Ontologie" war, so Plessners Wahrnehmung (vgl. 72, 79, 42), wieder möglich, ohne gleich des Rückfalls hinter Kant bezichtigt zu werden. Die Arbeiten von Nicolai Hartmann können exemplarisch dafür stehen. Allerdings musste Plessner auch schon zeitgenössisch, und zwar ausgerechnet einem seiner besten Freunde und Kenner seiner Philosophie, Josef König, gegenüber, den Verdacht einer kritiklosen Ontologisierung ausräumen (KP, 175–177). Heute stehen die Arbeiten von Weingarten und Gutmann (vgl. etwa ihre Beiträge in Gamm et al. 2005) für solch wenig überzeugende Vorbehalte.

4.2 Des Pudels Kern: die Vorgeordnetheit des Ich

Der für Plessner viel wesentlichere Schritt zur nachhaltigen Fundamentalisierung der cartesischen Unterscheidung war jene methodologische Bestimmung dieser Unterscheidung, die „die Fundamentalisierung der mathematischen Naturwissenschaft ohne weiteres nach sich [zieht]" (39). Auch hier muss man heutzutage betonen, dass dies *keine* Abwertung der Naturwissenschaft ist (vgl. 42), und erst recht keine Abwertung der Objektivierungsleistungen messender Wissenschaften (dazu Borzeszkowski/Wahsner 1989; Wahsner 1998), sondern eine Kritik an dominanten wissenschaftsphilosophischen Interpretationen, die die Naturwissenschaften für den Bereich des Körperlichen für allzuständig erklären, indem sie offen oder klammheimlich jene Gleichsetzung von Körperlichkeit, Ausdehnung und Messbarkeit mitmachen.

Diese methodologische Fundamentalisierung der Unterscheidung von Körperlichkeit und Psychischem unterläuft von vornherein die Möglichkeit, dass es mehr in der Welt *geben* könnte, als an ihr mittels Messung feststellbar ist, denn alles andere muss dann subjektive Vorstellung sein – „ein direkter Weg zu Mach, den jeder Naturforscher noch heute geht" (43). Einen ersten, und in der Tat wichtigen, Beitrag dazu leistet bereits die ontologische Version, die Descartes dieser Unterscheidung gibt. Weil sie als vollständige Disjunktion genommen wird, deshalb gehöre ich als Ich zu dieser Sphäre des Innerlichen; und weil es neben der Ausdehnung „nicht die Intensität", sondern nur noch die Innerlichkeit gibt, deshalb „legt [die Unterscheidung von *res extensa* und *res cogitans*] (noch ontologisch) den Grund für die Subjektivierung der nichtausdehnungshaften Bestandteile in der Natur" (40). Die „weitergehende Behauptung" der Einschränkung alles „Cogitansseins auf den Umfang des eigenen Ichs" ist erst dem berühmten Argument der Unbezweifelbarkeit des Ich geschuldet. Darin wiederum ist dann eingeschlossen, dass andere Iche „vor Anzweifelung nicht geschützt sind" (40), womit das sog. Problem des Fremdpsychischen geschaffen ist, das einen Reparaturbetrieb in Gang setzt und Beispiele liefert „für die Überwindung eines selbstgeschaffenen Hindernisses" (27). Aber das „zunächst Wichtige" (41) liegt noch gar nicht in dieser Konsequenz, sondern in der Konstruktion (des eigenen Ich) selbst: „Aus der ontologischen Konzeption einer *res cogitans* ist unter Beachtung des Weges, auf dem man zu ihr kommt, eine methodologische Konzeption geworden. Der Satz, daß das Ich in der ihm eigentümlichen Selbststellung zur Innerlichkeit gehöre, hat die Umkehrung erfahren, daß die Innerlichkeit nur zu mir selbst gehört" (40).

Damit wiederum „[haben] zwei ineinander nicht überführbare Erfahrungsrichtungen Urteilskompetenz bekommen, das Selbstzeugnis der inneren und das Fremdzeugnis der äußeren Erfahrung" (41). Plessners lapidares Urteil lautet: Weil der eine Grundaspekt, aus dem heraus nicht ineinander überführbare Erfahrungsrichtungen urteilen können, gar nicht mehr thematisierbar ist, deshalb gilt: „Die Erscheinung als solche bleibt unbegreiflich" (41). Dies gilt gerade nicht nur in Bezug auf das Folgeproblem des erscheinenden anderen Ichs, sondern für Erscheinungen ganz grundsätzlich, also auch und gerade für das erscheinende lebendige Ich, das innere und äußere Erfahrungen hat oder macht.

Was Plessner hier leider zu wenig explizit macht, ist der wirkgeschichtlich fatale Umstand, dass die Rede von *Doppelaspekt* auch noch dort, wo sie nicht falsch fundamentalisiert ist, extrem unglücklich und fehlleitend ist, denn gerade ein nicht fundamentalisierter *Doppel*aspekt ist eine *Drei*heit von zwei Aspekten *und* jenem Grundaspekt, vermittels dessen jene beiden Aspekte nicht zu einem Dualismus geraten (vgl. 74). Plessner insistiert (mit Josef König) darauf, dass dieses dritte Moment nicht zu einem eigenständigen Dritten neben und zusätzlich zum Doppelaspekt gerät; aber dieses Argument darf nicht so weit getrieben werden, dass die Eigenbedeutsamkeit des Dritten geleugnet wird, denn dann *ist* der Doppelaspekt ein Dualismus.

Diese Passage ist zentral für eine Gesamtinterpretation der *Stufen*. Die hier herausgestellte Triplizität des Doppelaspekts gilt z. B. auch für das Verhältnis der sog. vertikalen und der sog. horizontalen Richtung (32, 8, 21); sie macht aus, dass der Hiatus, der Exzentrizität charakterisiert, kein Mangel ist, der auszugleichen wäre; sie macht aus, dass die Bodenlosigkeit dessen, „wahrhaft auf Nichts gestellt" (393) zu sein, seinerseits ein eigenbedeutsamer, wenn auch ein bodenloser, ein nicht eigenständiger Boden ist. Plessner hat an prominenter Stelle (VI) zu Protokoll gegeben, dass *Exzentrizität* mit Königs *Verschränkung* übereinkommt. Die Wirkgeschichte dieser Bemerkung ist nach wie vor blass; *Verschränkung* ist eine *Drei*heit, wenn auch eine solche, die das eigenbedeutsame Moment des „sich Forderns" von Heterogenem nicht essentialisiert, aber auch nicht ausschließt (KP, 131, vgl. 168–169). König wird später *solche* Triplizitäten auf die Formel bringen, dass jenes sich Fordern von Heterogenem, bei Strafe eines Dualismus, nicht Nichts sei, aber deshalb kein eigenes Drittes, sondern „nichts als" das sich Fordern von Heterogenem (exemplarisch König 1937, 24; König 1978, 25, 310–311; König 1994, 169–170; ausführlicher Schürmann 1999, insb. Kap. 2 und 3.5).

Plessners Konsequenz dieser Analyse der cartesianischen Fundamentalisierung einer ontologisch zweckmäßigen Unterscheidung ist so klar wie unerbittlich: Mit der cartesianischen Fassung dieser Unterscheidung sind „unlösbare Fragen" verknüpft, auf die man, wenn überhaupt, nur dann eine Antwort findet, wenn man den Mut aufbringt, „die *ausschließliche* Sachdienlichkeit der exakten Methoden für die Naturerkenntnis zu bestreiten" (41, vgl. 42). Für solch Mutige *gibt* es dann „viel mehr in der Welt, als an ihr feststellbar ist" (119).

Zur Diagnose aus heutiger Sicht gehört wohl dazu, dass „die Losung: ‚Los von Descartes' [...] heute schon eine [zu] große Anhängerschaft" (42) hat, um die Kleinschrittigkeit der Analyse Plessners noch präsent halten zu können.

4.3 Körperlichkeit und Innerlichkeit als falscher Dualismus

Der Abschnitt *Die Zurückführung der Erscheinung auf die Innerlichkeit* dient der Ergebnissicherung: „Eine anticartesianische Bewegung" hat sich, wohlverstanden, gegen „die Identifizierung von Körperlichkeit und Ausdehnung, physischem Dasein und Meßbarkeit" zu richten (42). Alle „meßfremden qualitativen Eigenschaften" (43) müssten sonst der Sphäre der Innerlichkeit „zugerechnet" werden. Das heißt dann dort (im Cartesianismus) auch, dass es einer *res extensa* äußerlich ist, einem Jemand zu erscheinen. Was einen Körper eigentlich ausmache, wird dann „von dem Kontakt mit der *res cogitans* nicht berührt" (43). Wohlgemerkt: Die Qualitäten werden im Cartesianismus nicht (zwingend) geleugnet, aber sie gibt es dort nur als Nur-Erscheinungen. Der objektivierte Körper gilt als eine res außerhalb seines Erscheinens, und das, „was am Körper mechanisch-rechnerisch unverständlich bleibt, wird nunmehr aus der *Situation* der Erscheinung" (43) hergeleitet. Hinsichtlich *beider* Aspekte – sowohl hinsichtlich des Messbaren als auch hinsichtlich des Nicht-Messbaren – liegt damit eine fundamentalisierte Nicht-Identität von *Körper* und *Körper als Erscheinung* zugrunde. Hinsichtlich des Ausgedehnten resp. Messbaren gilt das Erscheinen des Körpers diesem als äußerlich, hinsichtlich des Nicht-Messbaren gilt das Erscheinen des Körpers als Nur-Erscheinung. Daher kann man den obigen Satz auch in die andere Richtung hin zuspitzen: Nicht nur die Erscheinung als solche bleibt unbegreiflich (s. o.), sondern auch der Körper als solcher bleibt verborgen, weil der Cartesianismus einen Kern-Körper ‚hinter' dem *Körper als Erscheinung* kennt, der selbst nicht zur Erscheinung kommt. Es bleibe eine sich ausschließende Entgegensetzung von Oberfläche und Tiefe. „Auf unbegreifliche Weise" wird „die Frontstellung zum Selbst" der „Grund für die Erscheinung, wohlgemerkt nicht nur für die Faßbarkeit der Erscheinung" (44). Die cartesianische Konstruktion setzt eine nackte Körperlichkeit, die freilich „als solche in ihrer Nacktheit" nie gegeben ist, „sondern nur in dem ‚Mantel' der Erscheinung", also nur durch ein *vor*gelagertes Selbst (44).

Auch im dritten Abschnitt verfolgt Plessner weiter das Interesse, klären zu wollen, wieso genau aus einer zweckmäßigen Unterscheidung eine falsch fundamentalisierte Unterscheidung wird. Dazu nimmt er noch einmal das bis dato schon Herausgearbeitete unter die Lupe, und noch einmal unter dem Aspekt, welche Beiträge die ontologische Unterscheidung als solche, die spezifisch cartesianische Fassung dieser ontologischen Unterscheidung sowie die methodologische Konsequenz zu der Fundamentalisierung leisten. Auch in diesem Teilkapitel geht es nicht um eine eigene Lösung, sondern nur um eine möglichst kleinteilige Analyse des Problems, wie Plessner in einem Einschub (48–49) eigens hervorhebt.

Der Abschnitt beginnt mit zwei Sätzen, von denen deshalb offen bleiben muss, ob eine Zustimmung zu ihnen selbst bereits das Problem der falschen Fundamentalisierung – „die Selbstabsperrung gegen die ‚äußere' Welt und die Selbsteinsperrung des Ichs" – „unvermeidlich" macht (48), oder ob diese Sätze eine unhintergehbare Bedingung allen Erfahrens aussprechen: „Gegenständlich ist ein Ding nur, wenn es einem gegenständlich ist. Zur Gegenständlichkeit gehört ein Wogegen, wie eine Front nur Front gegen etwas, gegen eine Sphäre ist, nach der sie hinschaut" (45). Plessner geht es jetzt, wie gesagt, nicht um die Frage, ob *jede* Idee von Gegenständlichkeit zum fundamentalisierten Dualismus von gegenständlichem Ding und dem Wogegen geraten muss, sondern um die wiederholte Analyse, warum die *res cogitans* als Wogegen einer *res extensa* zu solcherart Selbstausschlüssen führt.

Als bloß ontologische Unterscheidung, die dem Zwecke der Vergegenständlichung von etwas dient, also „*ohne* die eigentümlichen methodischen Konsequenzen betrachtet", nimmt die Unterscheidung von Körperlichkeit und Innerlichkeit keinerlei Auszeichnung vor: Gegenständlichkeit ist, so gesehen, schlicht eine Relation zwischen zwei „Seinssphären", gekennzeichnet durch „gleichwertig" gegenüberliegende Relationsglieder, „beide dem umgreifenden Sein angehören[d]". In dieser Hinsicht einer bloßen „Gegenstellung sind die Glieder noch vertauschbar, die Relation richtungslos" (45).

Genau deshalb handelt es sich bei einer bloßen Gegenstellung auch noch nicht um die Relation der Gegenständlichkeit. Erst die Relation zwischen einem gegenständlichen Etwas und einem *Wogegen* „besitzt eine *nichtumkehrbare* Richtung". Vorausgesetzt ist eine „polare Gegensätzlichkeit der Relationsglieder", denn „ein Ding sieht nur ‚von ihm her', nicht ‚zu ihm hin' so und so aus" (45). Um einen Körper zu vergegenständlichen, darf die Innerlichkeit nicht als bloße Innerlichkeit auftreten, denn in dieser bloßen Gegenstellung wäre noch der gemeinsame und austauschbare Charakter des Seins gegeben, nicht aber die Notwendigkeit polarer Gegensätzlichkeit (45–46).

Aus der bloßen Gegenstellung wird die vorgelagerte Selbstheit der *res cogitans*, denn nur dadurch verliert die *res cogitans* ihren mit der *res extensa* gleichwertigen Seinscharakter und erfüllt damit (erst) die Bedingung eines polar entgegengesetzten Wogegen (46). Aber auch diese vorgelagerte Selbstheit ist nicht als solche schon die Fundamentalisierung der cartesianisch konzipierten Gegenständlichkeit zu einer dualistischen Ich-Außenwelt-Relation. Der „verhängnisvolle Schritt" liegt im Übergang von der vorgelagerten Selbstheit zur vorgegebenen

Ichigkeit der *res cogitans*. Cartesianisch konzipiert, „bin ich nur in der mir vor-behaltenen Selbststellung die Bedingung, nach welcher Dinge gegenständlich erscheinen können" (46). In bloßer Selbstheit könnte *res cogitans* kein polar entgegengesetztes Wogegen sein, denn dann wäre es gleichsam bloß ein beson-deres *res extensa*. Aber nur als sozusagen innerliche Innerlichkeit kann sie im Rahmen einer *disjunkten* Unterscheidung ein Wogegen sein. Deshalb gilt über die vorgelagerte Selbstheit der Innerlichkeit hinaus: „Was also erscheint, ist Inhalt meines Selbst, Bewußtseinsinhalt, Vorstellung." Gegenständlichkeit heißt „plötzlich" nicht mehr lediglich, mir gegeben zu sein, sondern „durch mich selbst modifiziert" zu sein (46).

Diese Vorgegebenheit des Selbst als Ich ist nicht die Konsequenz der Dop-pelung und Spaltung des Ich als solcher. Die nämlich ist ganz unvermeidbar und ist lediglich ein Beispiel für jenen Modus von Identität – sowohl der Identität des „Selbst, genauso gut wie jedes Etwas" –, der an den „Doppelaspekt" des Mit-sich-identisch-seins gebunden ist. Auch das Selbst ist dann und nur dann identisch, wenn es „im Doppelaspekt des Fortgangs ‚von' ihm (Akt, reiner Blick, cogitatio) als des Rückgangs ‚zu' ihm (Ich als Vollzugszentrum der Akte, Blicksender, *res co-gitans*) [steht]" (47). Die „Schärfe dieser Bestimmung" liegt gerade darin, dass dies nicht nur der *Betrachtungsweise* geschuldet ist, sondern gerade die Lebendigkeit der Einheit ausmacht, weshalb die „Unmittelbarkeit der *Icherfassung*" nur als vermittelte zu haben ist wie die „Einunddieselbigkeit des *Ichseins*" nur „kraft seiner Spaltung möglich und wirklich" ist (47–48).

Die Vorgegebenheit des Selbst als Ich drückt sich also nicht in jener Doppe-lung, sondern im Satz der Immanenz aus: „Über sich und seine Sphäre greift das Subjekt nicht hinaus" (49). Auch und gerade im transzendentalen Idealismus Kants reproduziert sich diese falsch fundamentalisierte Fassung von Gegen-ständlichkeit, wie „sublimiert" und wie „weitreichend verändert" gegenüber der cartesianischen Ausgangsposition auch immer (49). Auch Kant jedenfalls repro-duziere das Szenario, dass das Erscheinen des Körperlichen halb Wahrheit, halb Schein ist: „Die Gegenstände erschöpfen eben nicht das Sein und nicht einmal das Dasein. Sie sind Welt in Frontstellung zum Betrachter und damit Erscheinungen, deren eigenes Sein verborgen, wenn auch nicht – sonst wären sie bloßer Schein – verloren ist" (50). Hier wäre Hegel, auf den Plessner sich „hätte berufen müssen" (XXIII), eine Alternative – trotz des gängigen Verdikts eines dort angeblich zu findenden objektiven Idealismus (vgl. etwa Stekeler-Weithofer 2009, insb. 105–107).

Die Fundamentalisierung der cartesianischen Unterscheidung von Körper-lichkeit und Innerlichkeit liegt somit (erst) in der Vorgegebenheit des Selbst als Ich. „Durch eben diese Funktion legt sich das Selbst notwendig zwischen sich und die Dinge, ganz wie die Erscheinung zwischen dem Sein und dem Blick liegt, der es sieht." Hierin liegt der Dualismus: „Das Selbst greift also nur in der Intention, nicht faktisch über seine eigene Sphäre hinaus. [...] Einzig als [Ichigkeit des] Selbst kann die *res cogitans* die ihr aus der Identifikation von Körperlichkeit und Ausdehnung zufallende Aufgabe einer Rettung der Erscheinung erfüllen. Und sie erfüllt die Aufgabe nur um den Preis ihrer Selbstabsperrung gegen die physische Welt" (50).

Plessner beharrt bekanntlich darauf, dass es Dilthey ist, an den es philosophisch anzuknüpfen gelte (25), ja dass er „der einzige" Denker gewesen sei, der Kants *Kritiken* nicht einfach nur erweitern, sondern jeglichen dort angelegten Dualismus überwinden wollte (19). Nicht zufällig zitiert Plessner dort Georg Misch (und nicht Dilthey selber), denn es ist Dilthey in der Lesart von Georg Misch, der gemeint ist, und der exakt jenes Dazwischen-geschoben-Sein der Erscheinungen zwischen Sein und es sehendem Blick unterlaufen will: „Es besteht hier nicht der Unterschied zwischen einem Gegenstande, der erblickt wird, und dem Auge, welches ihn erblickt" (Dilthey, zit. n. Misch 1924, LXXX).

4.4 Natürlicher Realismus gegen die Ichigkeit der Welt

Anliegen des Abschnitts *Ausdehnung als Außenwelt, Innerlichkeit als Innenwelt* ist es, den schmalen Grat zwischen der hilfreichen Unterscheidung von Körperlichkeit und Innerlichkeit einerseits und der falschen Fundamentalisierung dieser Unterscheidung andererseits in den schmalen Grat zwischen der berechtigten Rede von Welten (Innen-, Außenwelt) einerseits und der falsch-trennenden „Kluft [von] zwei nicht ineinander überführbare[n] *Erfahrungs*stellungen" (51) andererseits zu übersetzen. Als Kontrollfolie gilt der „natürliche Realismus" der naiven Weltanschauung, der gegen jede Version des „Satzes der Immanenz" an der Verträglichkeit und letztlichen Überführbarkeit beider Erfahrungsstellungen festhält.

Man kann die Wichtigkeit dieses Punktes nicht genug betonen. Selbstverständlich ist bei Plessner der Verweis auf einen gelebten Lebensvollzug seinerseits methodisch geleitet. Das kritische Moment, dem Volk auf's Maul zu schauen, wird keineswegs einfach darin aufgelöst, den Leuten nach dem Munde zu reden. Fundamental aber ist hier in den Spuren Hegels und Diltheys die Einsicht, dass Philosophie nur das kritisch artikulieren kann, was schon miteinander gelebt ist. Philosophie findet keinen Standort außerhalb des miteinander Gelebten und kann insofern dem Leben nichts *vor*schreiben. Später wird sich Plessner dann entschieden gegen alle Versuche wenden, dem Menschen „sozusagen buchmäßig die Not seines Lebens abzunehmen" (MNA, 206). Es ist deshalb beredt und entscheidend, dass die Anthropologie Hans-Peter Krügers, die sich der Anthropologie

Plessners verpflichtet weiß, mit der Idee beginnt und durch sie grundgelegt ist, „Anwalt des Common Sense" zu sein (Krüger 1999, Einleitung).

Plessner fragt, wie es zu „jener berühmten Binnenlokalisation der Innerlichkeit im eigenen Körper" kommt, und er kommt im Ergebnis zu einer strikt formalen Differenz, die es zu beachten, aber eben nicht zu fundamentalisieren gelte. Das Selbst sei „das Hier und nicht im Hier"; das Hier sei durch keine Raumstelle vertretbar, konstituiere aber „als absolute Mitte die anschauliche Struktur des Raumes". Anders der Körper, von dem „ich ein Gleiches nicht sagen [kann]. Er ist nicht das Hier." Das gilt auch noch für *meinen* Körper, denn der ist zwar „immer hier, trotzdem nie das Hier selbst" (53).

Die Philosophie habe, so dann im fünften Abschnitt, diese Gratwanderung in der Regel nicht erfolgreich zu Ende gebracht. Die „so plausible Lokalisation des Ichs im eigenen Körper" sei ihr in der Regel zum Legitimationsgrund eines „mehr oder weniger durchdachten Idealismus und Anthropozentrismus" geraten, der keinen Sinn mehr habe „für die elementarsten Fragen, welche die Erscheinung der Natur an uns stellt" (55). In dieser Regel gilt: „Die Erscheinung ist zur Vorstellung geworden" (57). Es bleibt beim Zwei-Säulen-Konzept der Erscheinung: atomistisch gegebene Daten plus hinzukommende Einheitsfunktionen (60–61).

Das Maximum, zu dem sich ein solcher Idealismus vorarbeiten kann, ist das Konzept von *Empfindung*. In der Regel ist zwar selbst die *Empfindung* dort noch ersetzt durch psychische Daten, die für das Empfinden stehen; immerhin gibt es dort Ausnahmen von dieser Regel, der die Empfindung (und nur die Empfindung) als „Grenzdatum" dienen (58–59). Aber auch dann noch muss methodisch ein hoher Preis gezahlt werden, denn nunmehr ist das, „was als gegeben gelten darf", notwendig eingegrenzt auf sinnliches Material (60).

Im nächsten Abschnitt betont Plessner wiederum die „methodische Seite der Fundamentalisierung", nun des Empfindungsbegriffs. Methodisch ist die Folge, dass alle kategorialen Gehalte nicht mehr als gegeben, sondern bloß als aufgegeben gelten – sie „fallen aus dem ‚eigentlich' Vorhandenen heraus. Gegeben kann dann nur Sinnliches sein" (60).

Alle „einheitsstiftenden Funktionen" müssen dann subjektiviert bzw. psychologisiert werden (60). Dann und dadurch ist der andere Mensch, erst recht ein Tier oder eine Pflanze primär „ein physischer Gegenstand", der das dann unlösbare Problem des Fremdpsychischen aufwirft (61– 63). Selbst noch das Uexküll-Programm ist diesem methodischen Sensualismus *ex negativo* verhaftet, wenn eine reine Verhaltenslehre zur einzigen Alternative gegen schlechten Anthropomorphismus gerät, wenn das „uns sichtbare [...] Gebahren [...] der Tiere aus sinnlich wahrnehmbaren Faktoren" erklärt werden soll bzw. nur noch erklärt werden kann (63).

Die Fragen der sog. Tierpsychologie sind aber, so Plessner im siebten Abschnitt, nicht als „Probleme der Reiz- und Bewegungsphysiologie" erledigt (63). Die Lebensplanforschung hat an sich selbst „eine nichtempirische Seite an dem Problem dieser eigentümlichen Eintracht zwischen Lebewesen und Umwelt" (65). Dieses Moment ist sogar noch mit Uexküll gegen ihn (gegen den „Kantianer" Uexküll, 69) zu gewinnen. Die Idee des Lebensplans besagt zunächst nicht mehr und nicht weniger als der Umstand, dass die „Einheit der Reize, die erkennbar vom Organismus beantwortet werden, *und* eben sein Antwortcharakter" nicht auf eine „Summe der ihn realisierenden Faktoren" bzw. auf eine „Summe derartiger wahrnehmbarer Vorgänge" reduzierbar ist (64). Das Wort *Plan* ist insofern unglücklich, da es teleologische Assoziationen weckt. Das ist aber nicht gemeint (64). Mit Lebensplan ist ausschließlich jenes holistische, nicht auf Summenhaftigkeit reduzierbare Moment gemeint: „Der Tatbestand der Planmäßigkeit ist schon erfüllt, wenn ein Ganzes sich in der Ordnung von Elementen ausprägt" (64).

4.5 Vitalkategorien: Triplizität statt Dualismen

An dieser Stelle formuliert Plessner das alles entscheidende, gleichsam das definierende Moment dessen, was eine Vitalkategorie ist. Eine Vitalkategorie ist das, was die Erfahrbarkeit des Verhältnisses „lebendiger Organismus-Umwelt" ermöglicht, in diesem Sinne nicht auf die Summe der erfahrbaren Aspekte dieses Verhältnisses reduzierbar ist, gleichwohl aber – anti-aprioristisch – nicht *vor* der Erfahrung dieses Verhältnisses angesiedelt ist, sondern das gleichursprüngliche dritte Moment, ohne dass das Verhältnis nicht als dieses Verhältnis dieses Organismus zu dessen Umwelt erfahrbar ist, also „diese *an* den Vorgängen sichtbar werdende, selbst unsichtbare Einheit der Sphäre, die den vorgegebenen Rahmen für Reize *und* Reaktionen bedeutet", und die „damit weder dem Körper des Organismus noch der ihn umgebenden Welt allein an[gehört]. Sinnes- und Bewegungsorgane können, wenn es solche ‚Pläne' gibt, nicht ‚vor' der Welt der Dinge sein, *für* die sie da sind – und umgekehrt" (64). Vitalkategorien sind die bestimmten Medien, in denen sich das bestimmte Verhältnis bestimmter Organismen in deren bestimmten Umwelten erfahrbar realisiert.

Auch Exzentrizität ist eine solche Vitalkategorie und in diesem Sinne eine „selbst unsichtbare Einheit einer Sphäre". Hier, in Kap. 2 der *Stufen*, findet sich daher die Regieanweisung zur Lektüre jener Passage, in der Plessner charakterisiert, was *Geist* und *Mitwelt* meint: „Wir, d.h. nicht eine aus der Wirsphäre ausgesonderte Gruppe oder Gemeinschaft, die zu sich Wir sagen kann, sondern die damit bezeichnete Sphäre als solche ist das, was allein in Strenge Geist heißen darf" (302–306, hier: 303). Damit ist die gängige Lesart außer Kraft gesetzt, exzentrisch positionierte Wesen seien solche Zentriker, die über die Möglichkeit verfügen, sich gelegentlich (oder normalerweise) zu exzentrieren. Exzentrizität ist eine spezifische Lebensform, nicht aber ein Vermögen gewisser besonders begabter Zentriker. Hier teilen sich die Lager der Plessner-Interpretationen. Brillant verdichtet findet sich die mainstream-Vermögens-Konzeption von Exzentrizität bei Eßbach (2008); die Gegenkonzeption der Exzentrizität als Lebensform wird vertreten z. B. von Schürmann (2014, insb. Kap. 4 und 7.1) und Wunsch (2016).

Dass keines jener beiden Glieder „den Vorrang vor dem anderen hat", ist nicht durch Empirie ausweisbar, sondern hier beginnt „die Analyse der Vitalkategorien" (65). Der Grat ist daher eng, der zwischen der Skylla des Anthropomorphismus und „der Charybdis des Uexküllprogramms" (68) hindurchführt. Köhler, Katz und Buytendijk haben diesen Weg beschritten, insofern sie der Mindestanforderung Rechnung getragen haben, da sie um die „rein bildmäßige[..] Natur der Basis dieser Wissenschaft", also um den „reinen Phänomencharakter des ‚Verhaltens'" wussten. Der „Gestaltcharakter des Verhaltens" ist ohne Vitalkategorien nicht zu haben, sondern wird „sofort zerstört, wenn man physikalisch-physiologische Begriffe zu seiner Beschreibung verwendet" (69). Gegen alle *Reduktion* auf empirische Analyse beharrt Plessner auf dem symbolischen, und insofern der Möglichkeit nach anschaulich gegebenem (78–79) Wert dessen, was *Verhalten* ist und bedeutet: „Das lebendige Verhalten und Benehmen ist nur im Habitusbild gegeben" (69).

Hier wird insbesondere exemplarisch deutlich, dass die geforderte Kooperation von Philosophie und Einzelwissenschaften nicht nur den Charakter von Philosophie ändert – hin zu einem nicht-aprioristischen Konzept materialer Apriori –, sondern auch die Einzelwissenschaften nicht unberührt lässt. Wenn man von Vitalkategorien anstelle einer falschen Fundamentalisierung des Doppelaspektes ausgeht, dann wird man z. B. den Bewusstseinsbegriff reformulieren müssen. Bewusstsein kann dann keine „unsichtbare Kammer oder Sphäre" mehr sein, kein „unräumliches Pendant zum räumlichen Gehirn", sondern „ist nur diese Grundform und Grundbedingung des [leiblich vermittelten] Verhaltens eines Lebewesens in Selbststellung zur Umgebung"; insbesondere braucht Bewusstsein „nicht Selbstbewußtsein zu sein" (67). Das wiederum macht nicht Psychologie obsolet, aber doch jede Psychologie, die mit jenem „unhaltbaren Bewußtseinsbegriff" operiert (67).

4.6 Formulierung der Ausgangsfrage in methodischer Hinsicht

In diesem Abschnitt spitzt Plessner die für ihn alles entscheidende Frage des methodischen Vorgehens zu, operationalisiert anhand der Leitfrage des Verhältnisses von philosophischer und einzelwissenschaftlicher Analyse eines Phänomens. Es geht um das Konzept einer nicht-aprioristischen Kategorialanalyse, und darum, was das sein könnte und wogegen es sich abgrenzt. Bisheriges Ergebnis sei die Forderung einer „nichtnaturwissenschaftliche[n] Betrachtungsweise", die ebenso „selbstverständlich" die „naturwissenschaftlichen Ergebnisse in ihrer Wahrheit anerkenn[t]"; zu realisieren sei eine „Kooperation [...] bei völliger Wahrung ihrer Autonomie" (70). Noch einmal bekräftigt Plessner, dass es gerade nicht um Außerkraftsetzung des Doppelaspektes von Körperlichkeit und Innerlichkeit zu tun sei, sondern um Entkräftung einer falschen Fundamentalisierung bzw. eines „zerreißenden Prinzips". Deshalb komme alles darauf an, zunächst einmal den fraglichen Fundmentalcharakter des Doppelaspekts zu prüfen, was nur „auf neutralem Boden möglich" sei (71). Es darf daher insbesondere noch nicht vorentschieden sein, was im Doppelaspekt erscheint (70–71), und auch nicht, wem es so erscheint. Es handelt sich in diesem Sinne um eine neutral zu verstehende „Wendung zum Objekt" (72, 78–79), was nach zwei Seiten hin besonders zu betonen sei. Zum einen gegen einen unbekümmerten Objektivismus, dem die Vermitteltheit des Erscheinens der Objekte nicht zum Problem gerät, also gegen einen Intuitionismus, der „unbelastet und distanzlos dem Unmittelbaren die Wahrheit zu stehlen" sich anschickt (71). Plessner will hier „mit aller erdenklichen Schärfe betont" wissen, dass Philosophie streng methodisch zu verfahren habe. Wenn „sogar Gelehrte dieser intuitiven Direktheit verfallen", dann sei das zwar nicht „unbedingt ohne Tiefe", aber doch ohne „echte Objektivität" (71). Zum anderen richtet sich jene Wendung zum Objekt gegen eine ungewollte „Verewigung des Idealismus" all derjenigen „Richtungen, die dem Primat des Subjekts verfallen waren" und die methodische Strenge nicht von einem „Methodismus" unterscheiden wollen (71–72): „Bedingungen der Möglichkeit der Erfahrung [brauchen] nicht Erkenntnisbedingungen zu sein" (75).

Auch „Neutralität" ist hier möglichst neutral zu verstehen: Die Wendung zum Objekt ergebe sich „aus dem Zwang der Problemlage heraus"; gegen einen Primat des Subjekts werde gerade nicht nunmehr ein „Primat des Objekts" postuliert, sondern eine „frei aufgegriffene Schwierigkeit" der „Weltbetrachtung" (72). Im Briefwechsel mit Josef König ist das explizit und überdeutlich formuliert und bestätigt: Weder Primat des Subjekts noch Primat des Objekts, sondern die „ganze Weite dessen, was hier Natur bedeutet und naturphilosophischer Ansatz" betont sehr entschieden „die in und mit der Exzentrizität gegebene Irrelevanz des Ansatzes und der Untersuchungsrichtung, die Primatlosigkeit in dieser Situation, das Gefragtsein jeder *gestellten* Frage" (KP, 177). Die in den *Stufen* wenig später verwendete Formulierung, den Mut zu einem „philosophischen Primat des Objekts" aufzubringen (79), ist damit völlig verträglich, denn es meint dort einfach jene Wendung zum Objekt, die sich mutig gegen allen Idealismus stellt und dabei in Kauf nimmt, als Rückfall hinter Kant missverstanden zu werden (72).

Der Rest dieses Abschnitts ist dann eine höchst aufschlussreiche systematische Verortung in der Reihe all der Vorarbeiten zu einer Entfundamentalisierung des Doppelaspekts von Körperlichkeit und Innerlichkeit (72–79). Besonders hervorzuheben ist das Loblied auf Hegel; der Hinweis auf die Rolle Diltheys; der Umstand, die Anthropologie mit Scheler als eine Wissenschaft der Person zu fassen; das Insistieren auf der transzendentalphilosophischen Unterscheidung von Erfahrung und Grundlegung der Erfahrung und damit einhergehende Einordnungen und Abgrenzungen in Bezug auf Metaphysik und eine philosophische Biologie.

Literatur

Borzeszkowski, Horst-Heino v./Wahsner, Renate 1989: Physikalischer Dualismus und dialektischer Widerspruch. Studien zum physikalischen Bewegungsbegriff, Darmstadt, Wissenschaftliche Buchgesellschaft.

Eßbach, Wolfgang 2008: „Auf Nichts gestellt. Max Stirner und Helmuth Plessner", in: Kast, B./Lueken, G.-L. (Hrsg.): Zur Aktualität der Philosophie Max Stirners. Seine Impulse für eine interdisziplinäre Diskussion der kritisch-krisischen Grundbefindlichkeit des Menschen, Leipzig, Max-Stirner-Archiv, S. 57–78.

Gamm, Gerhard/Gutmann, Mathias/Manzei, Alexandra (Hrsg.) 2005: Zwischen Anthropologie und Gesellschaftstheorie. Zur Renaissance Helmuth Plessners im Kontext der modernen Lebenswissenschaften, Bielefeld, transcript.

Haucke, Kai 2000: Plessner zur Einführung. Hamburg, Junius.

König, Josef 1937: Sein und Denken. Studien im Grenzgebiet von Logik, Ontologie und Sprachphilosophie, Tübingen, Niemeyer ²1969.

König, Josef 1994: Der logische Unterschied theoretischer und praktischer Sätze und seine philosophische Bedeutung (Vorlesungen, aus dem Nachlaß). Hrsg. v. F. Kümmel, Freiburg/München, Karl Alber.

König, Josef 1978: Vorträge und Aufsätze. Hrsg. v. G. Patzig, Freiburg/München, Karl Alber.

Krüger, Hans-Peter 1999: Zwischen Lachen und Weinen. Bd. I: Das Spektrum menschlicher Phänomene, Berlin, Akademie Verlag.

Meyer-Hansen, Ralf 2013: Apostaten der Natur, Tübingen, Mohr Siebeck.

Misch, Georg 1924: „Vorbericht des Herausgebers", in: Dilthey, Wilhelm: Gesammelte Schriften, Band V: Die geistige Welt. Einleitung in die Philosophie des Lebens. Erste Hälfte. Leipzig und Berlin, Teubner, S. VII–CXVII.

Pietrowicz, Stephan 1992: Helmuth Plessner. Genese und System seines philosophisch-anthropologischen Denkens, Freiburg/München, Karl Alber.

Plessner, Helmuth 1918: „Krisis der transzendentalen Wahrheit im Anfang", in: Gesammelte Schriften, Bd. I, Frankfurt a. M., Suhrkamp, 1980, S. 143–310.

Redeker, Hans 1993: Helmuth Plessner oder die verkörperte Philosophie, Berlin: Duncker & Humblot.

Schürmann, Volker 1999: Zur Struktur hermeneutischen Sprechens. Eine Bestimmung im Anschluß an Josef König, Freiburg/ München, Karl Alber.

Schürmann, Volker 2014: Souveränität als Lebensform. Plessners urbane Philosophie der Moderne, München, Wilhelm Fink.

Stekeler-Weithofer, Pirmin 2009: „Teleologie als Organisationsprinzip. Zu Hegels Kritik an Kants (Krypto-)Physikalismus." in: Sandkaulen, B. et al. (Hrsg.) (2009): Gestalten des Bewusstseins. Genealogisches Denken im Kontext Hegels (Hegel-Studien. Beiheft 52), Hamburg, Meiner, S. 102–134.

Wahsner, Renate 1998: Naturwissenschaft, Bielefeld, transcript, [2]2002.

Wunsch, Matthias 2016: „Personale Lebensform – Der Personbegriff in der Philosophischen Anthropologie", in: Zeitschrift für Kulturphilosophie 10 (2), S. 233–250.

Jan Beaufort

5 Die These (Kap. 3.1–3.5, 80–122)

Die Überschrift des dritten Kapitels lautet *Die These*. Wo sich aber diese These im
Kapitel findet, weiß der Leser frühestens dann, wenn er nach Lektüre des ganzen
Kapitels wieder zurückgeblättert und gezielt gesucht hat. Und wenn er sie dann
gefunden hat, darf bezweifelt werden, dass er sie auch gleich versteht, denn sie ist
überaus voraussetzungsreich und bedarf einer ausführlichen Erläuterung. Das
Kapitel beginnt mit einigen Fragen, die die Antwort mehr oder weniger nahe legen
und deshalb als rhetorisch beziehungsweise als Formulierungen der angekündigten These aufgefasst werden könnten. Präzise und prägnant formuliert erscheint diese jedoch erst im vierten Abschnitt, ohne deshalb extra hervorgehoben
oder mit dem Hinweis versehen zu werden, dass es sich hier um die in der Ka-
pitelüberschrift gemeinte These handelt: „Körperliche Dinge der Anschauung, an
welchen eine prinzipiell divergente Außen-Innenbeziehung als zu ihrem Sein
gehörig gegenständlich auftritt, heißen *lebendig*" (89). Zum Verständnis dieser
These braucht der Leser vor allem das Wissen, warum bzw. in welchem Argu-
mentationszusammenhang sie aufgestellt wird. Dieser wird im Folgenden in fünf
Abschnitten dargestellt: Zuerst wird der übergreifende Zusammenhang des ganzen Werkes (der *Stufen*) kurz skizziert, um vor diesem Hintergrund in vier weiteren
Abschnitten die Argumentation des dritten Kapitels nachzuvollziehen. Der sechste
Abschnitt zeigt die Abhängigkeit der Begrifflichkeit und der Überlegungen des
dritten Kapitels von Fichte und benennt, was bei Plessner anders ist als bei Fichte.

5.1 Der Argumentationsrahmen: Das Anliegen der *Stufen*

Das Grundproblem, auf das die *Stufen* antworten, ist mit der cartesianischen
Aufteilung der Welt in Materie und Geist bzw. in Physisches und Psychisches
gegeben. Das allgegenwärtige Vorhandensein dieses *Doppelaspekts* wird von den
empirischen Wissenschaften, die sich jeweils mit Teilgebieten der Wirklichkeit
befassen, ein ums andere Mal bestätigt. Gleichwohl nehmen – wie allen voran
Dilthey gezeigt hat – die empirischen Geisteswissenschaften, insbesondere die
Geschichte, den Menschen grundsätzlich als Einheit von Physischem und Psychischem in den Blick, das heißt als Person, die als leibseelische Ganzheit in einer
zugleich materiellen und geistigen, eben geschichtlichen Welt steht.

Die Frage stellt sich, wie sich die beiden Perspektiven – die natur- und die
geisteswissenschaftliche – zueinander verhalten. Der Neukantianismus hatte
versucht, dieses Verhältnis erkenntnistheoretisch zu klären, das heißt durch

DOI 10.1515/9783110552966-005

Herausarbeiten der Beziehung der wissenschaftlichen Disziplinen zueinander. Plessner hingegen besteht darauf, dass das *Objekt* der betreffenden Wissenschaften so verfasst sein muss, dass es beide Perspektiven auf den Menschen ermöglicht – die konvergente der Geisteswissenschaften und die divergente der übrigen empirischen Disziplinen. Die Herausarbeitung dieser Verfasstheit hat sich Plessner in den *Stufen* zum Ziel gesetzt.

Dabei geht es ihm nicht an erster Stelle um die Frage, wie sich ein Objekt überhaupt für die Sinne konstituiert, denn das ist ein Problem, das in der *Einheit der Sinne* bereits implizit gelöst wurde (ES, 300 ff.). Vielmehr geht es darum zu verstehen, wie sich der Mensch, sofern er nicht nur Subjekt ist, sondern zugleich als Objekt erscheint, in den Zusammenhang anderer Objekte einfügt. In gewisser Weise ist das die Scheler'sche Frage nach der Stellung des Menschen im Kosmos, nur dass diese bei Scheler unter der leitenden Frage des Tier-Mensch-Verhältnisses steht, während Plessner die verschiedenen Stufen der doppelaspektiven Verfasstheit aller in der Welt begegnenden Objekte rekonstruieren möchte (siehe zum Verhältnis Scheler–Plessner sehr gut Fischer 2008). Denn – wie wir sehen werden – nicht nur der Mensch erscheint im Doppelaspekt eines wahrnehmbaren Außen und eines nicht wahrnehmbaren Innen, sondern auch Pflanze und Tier und in gewisser Weise noch die nicht-lebendigen Dinge.

Methodisch ergibt diese genuin philosophische, genauer gesagt naturphilosophische Aufgabe nur Sinn als Reflexion bzw. Reaktion auf das Vorgehen der empirischen Wissenschaften, durch die das Problem überhaupt entsteht. Philosophie ist insofern nicht erste, sondern letzte Wissenschaft. Allerdings bezieht sie sich auf einen Objektbereich, der der Wahrnehmung bzw. deren systematischem Einsatz in der empirischen Wissenschaft vorgelagert ist. Insofern hat sie es mit einem „vorerfahrungsmäßigen" Gegenstandsbereich zu tun (75).

Für das Verständnis der *Stufen* ist ganz wichtig, Plessners begriffliche Einordnung der Wahrnehmung/Erfahrung bzw. der auf ihr gründenden empirischen Wissenschaft zu verstehen. Wahrnehmung ist nach Plessner ein Zugang zur Wirklichkeit, der methodisch reguliert jeweils einen Teilaspekt des Seins erfasst. Sie blendet also Vieles aus, um Einiges gezielt besser sehen zu können. So erlaubt sie die Feststellung von Tatsachen bzw. von Realität, indem sie auf einer Weise sinnlich Gegebenes mit sinnlich anders gegebenen Daten verbindet (etwa Temperatur durch Messung visualisiert). Empirische Wissenschaft hat eine eigene Legitimität, einen eigenen Erkenntniswert, der allerdings nicht verabsolutiert werden darf: „Romantische Flucht vor dieser Erfahrung ist [...] nicht weniger unangebracht wie positivistische Überschätzung ihrer Methode und Resultate" (75).

Das nicht methodisch begrenzte, unverstellte Auffassen der Welt nennt Plessner *Anschauung*. Anschauung ist nicht auf Wahrnehmbares beschränkt, sondern umfasst auch alles Einmalige oder nur in einer einzigen Gegebenheitsweise Erscheinende (das heißt alles nur *Intuier-* oder *Erschaubare*, 118 ff.). Naturphilosophie ist auf Anschauung angewiesen, ist jedoch nicht schlichtes (ungeordnetes) Festhalten dessen, was Anschauung gibt, sondern geht anhand eigener Fragestellungen vor, auf die sie mit Hilfe von Anschauung und Wahrnehmung Antworten sucht. So lässt sich etwa die Frage, was Leben ist, nicht empirisch klären, die Biologie setzt ein erstes Wissen vom Leben „immer schon" voraus. Also ist es Aufgabe einer Naturphilosophie, diese Frage zu beantworten. Wie sie dabei methodisch verfahren könnte, zeigt Plessner in den drei letzten Abschnitten des dritten Kapitels, weshalb ich unten auf die Methodenproblematik zurück komme (s. u. 5. 5).

Vor diesem methodischen Hintergrund sind die Eingangsfragen des dritten Kapitels der *Stufen* zu verstehen. Plessner hatte sie kurz zuvor schon ganz ähnlich gestellt (78). Die in eckigen Klammern hinzugefügten Antworten werden aus dem Folgenden erhellen: „Hat für Gegenstände, welche im Doppelaspekt erscheinen, deren anschaulicher Habitus also durch den Zerfall in ein Inneres und ein Äußeres ausgezeichnet ist, dieser Zerfall die Bedeutung alternativer Blickstellung gegenüber den Gegenständen oder nicht? [Antwort: Nein] Haben diejenigen Gegenstände, welche als Einheiten von Innerem und Äußerem erscheinen, nur alternative Bestimmtheiten, so daß die Einheit des Gegenstandes nicht bestimmt gegeben, sondern nur in der Idee als bestimmbar aufgegeben ist, [Nein] oder sind bestimmte Einheitscharaktere dem Doppelaspekt bereits eingelagert bzw. vorgegeben, mitgegeben? [Ja] Ist der Doppelaspekt vielleicht sogar von solchen vorgegebenen Einheitscharakteren bedingt und in ihrer Wesensstruktur mitangelegt? [Ja] Verträgt sich der Zerfall in zwei nicht in einander überführbare Aspekte noch mit der anschaulichen Einheit eines Gegenstandes [Ja] und unter welchen Bedingungen ist das der Fall? [Die Bedingungen sind für unbelebte Gegenstände und Lebewesen unterschiedlich] Welchen Gegenständen gegenüber gibt es eine konvergente Blickhaltung auf prinzipiell divergente Gegenstandsspären? [Allen dinglich strukturierten Gegenständen gegenüber]"

5.2 Die Argumentation der ersten drei Abschnitte des dritten Kapitels: Die unsichtbare Doppelaspektivität des Dinges

Im ersten Abschnitt des dritten Kapitels (*Das Thema*) wird das Thema der nun folgenden Untersuchung kurz umrissen. Inneres und Äußeres als die beiden Pole doppelaspektiver Gegenstände sind „divergente Sphären". Sind die Sphären nur räumlich divergent, kann man vom Inneren zum Äußeren gelangen und umgekehrt – indem man etwa eine Oberfläche entfernt, den Gegenstand aufbricht oder ihn wie einen Handschuh umstülpt.

Bei „prinzipiell divergenten" Sphären, wie sie am vollständigsten ausgebildet Physis und Psyche des Menschen sind, ist ein solcher Übergang unmöglich. Die Sphären sind „nicht ineinander überführbar". Wo eine solche absolute Divergenz vorliegt, spricht Plessner von Doppelaspekt. Um den Unterschied zur bloß relativen Divergenz möglichst scharf herauszuarbeiten, beginnt Plessner die Analyse mit dem räumlich erscheinenden Ding, um an ihm die prinzipielle Divergenz aufzuzeigen.

Das Raumding wird im zweiten Abschnitt (*Der Doppelaspekt in der Erscheinungsweise des Wahrnehmungsdinges*) analysiert: „Der Baum vor meinem Fenster [...]" Schon am Raumding lässt sich eine „prinzipielle Divergenz" von einem bloß räumlichen Außen-Innen-Verhältnis unterscheiden. Jedes Raumding weist ja die beiden Aspekte „Tiefenhaftigkeit" und „Seitenhaftigkeit" auf, das heißt es hat ein Zentrum, einen Substanzkern, das seine Eigenschaften trägt. Dass diese Struktur Substanzkern–Eigenschaft nicht mit dem räumlichen Innen-Außen-Verhältnis zusammenfällt, beweist der Vergleich mit dem unräumlichen, etwa bloß vorgestellten Ding, das jene Struktur ebenfalls zeigt (87).

Beide Dingaspekte weisen über das der Wahrnehmung reell gegebene Phänomen (das Wahrnehmungsbild, die Wahrnehmungsgestalt) hinaus, sie überschreiten es in zwei Richtungen: einmal „in das Ding hinein" und dann „um das Ding herum". Dank diesem „Tranzgredienzcharakter" ist das Phänomen nicht mehr nur ein „Aspekt *auf* das Ding", sondern ein „Aspekt, eine Seite *des* Dinges". Erst diese „doppelte Blickführung" bzw. diese „doppelt gerichtete Blickgebung" (83) macht aus dem bloßen Phänomen eine „kernhaft geordnete Einheit von Seiten" – eben ein Ding. Das Phänomen bekommt Tiefe, aber eine Tiefe, die von der räumlichen Dreidimensionalität zu unterscheiden ist, denn gemeint ist jene Tiefe, die aus den vielen Einzelaspekten etwa des Baumes eben das „eigenständig gegründete Baumding selbst" macht (82). Dank des Dingcharakters des Baumphänomens bzw. der dieses bildenden Einzelphänomene können wir sagen: „die Rinde des Baumes *ist* rissig, sein Blatt *ist* grün" (82).

Die Möglichkeit doppelter Blickrichtung ändert nichts an der grundlegenden Einheit des Dinges, die der Wahrnehmung „in konvergenter Blickstellung" immer gegeben ist, so lange das Ding räumlich erscheint (88). Denn das Erscheinende erscheint zwar dank der Divergenz Substanzkern-Eigenschaft als Ding. Aber das Ding bleibt innerhalb der Grenzen seiner räumlichen Erscheinung, und seine beiden „Gegenstandssphären" (Tiefenhaftigkeit und Seitenhaftigkeit) fallen in der Anschauung zusammen: Das Ding hat Tiefe, weil es Seiten, und Seiten, weil es Tiefe hat. Dieses schwierige Verhältnis: der Anschauung als einheitliches Ding gegeben zu sein, aber nur kraft eines der Anschauung verborgenen prinzipiellen Aspektunterschiedes, wird im dritten Abschnitt näher erläutert.

Der dritte Abschnitt (*Gegen die Missdeutung dieser Analyse. Engere Fassung des Themas*) vertieft das bisher Erörterte. Hervorgehoben wird der gegenständliche Charakter der Struktur „substantielle Kernigkeit", ihr Verhaftetsein am Ding selbst. Sie ist der Anschauung gegeben und wird nicht in diese hineingedeutet, sie ist auch kein bloßer Verstandesbegriff; denn die Struktur Substanz–Eigenschaft *konstituiert* das Objekt als Ding, dieses erscheint „kraft des Doppelaspekts" als Ding (89). Sie ist allerdings nur der Anschauung und nicht auch der Wahrnehmung gegeben, denn die Wahrnehmung erfasst Eigenschaften, das heißt Qualitäten, Gestalten oder raumzeitliche Strukturen, nicht aber die Struktur Substanz–Eigenschaft.

So sehr nun die substantielle Kernigkeit des Dinges (freilich nicht der Substanzkern selbst) der Anschauung gegeben ist, so wenig zeigt sich ihr die Richtungsdivergenz des Verhältnisses Kern–Eigenschaft qua Divergenz. Denn in der Ding-Anschauung ist die Struktur Kern–Eigenschaft mit der räumlichen Dingerscheinung quasi verschmolzen. Wir sehen das Ding hier, jetzt, als soliden Gegenstand mit diesen Eigenschaften, mit jenen Abmessungen. Erst die philosophische Analyse des Anschauungsdinges trennt den konstituierenden Doppelaspekt von der räumlichen Erscheinung und erkennt die prinzipielle Aspektdivergenz von Kern und Eigenschaft.

Anders gesagt: das doppelaspektiv konstituierte Ding bietet sich der Wahrnehmung in „konvergenter Blickstellung" als räumliche Einheit dar, während die Anschauung seine substantielle Kernigkeit erfasst. Die Doppelaspektivität, will sagen die prinzipielle Aspektdivergenz, bleibt Anschauung und Wahrnehmung als solchen verborgen. Gleichwohl ist mit der Rekonstruktion dieser Verhältnisse bereits gezeigt worden, dass als solide Einheit erscheinenden Gegenständen eine absolute Richtungsdivergenz anhaftet, die eine philosophische Analyse aufdecken kann – oder auch umgekehrt, dass doppelaspektive Gegenstände Einheitscharaktere aufweisen, die Anschauung und Wahrnehmung gegeben sind. In der Sprache des Idealismus, dem Plessner so viel verdankt, ist das Ding eine Einheit von Identität und Differenz, an der nur die Identität, noch nicht die Differenz erscheinungsmäßig hervortritt.

Abschließend sei auf eine Schwierigkeit der Plessner'schen Terminologie hingewiesen, die sich daraus ergibt, dass Plessner das Wort „Doppel*aspekt*" des Öfteren für die beiden „Sphären" Außen und Innen bzw. Körper und Seele benutzt (z. B. 78). Das ist insofern problematisch, als das Innere eines Dinges oder auch – wie wir gleich sehen werden – eines anderen Lebewesens nie selbst *Aspekt* werden kann, das heißt es ist der Anschauung nie direkt gegeben. Was eventuell gegeben sein kann, ist die „Außen-Innen-*Beziehung*" (z. B. 89), die eine oder auch eine doppelte *Richtung* hat: von Außen nach Innen bzw. von Innen nach Außen. Plessner benutzt den Terminus „Doppelaspekt" deshalb auch für die *Richtung*sdivergenz, die Dinge und Lebewesen auszeichnet. So ist es – wie oben gezeigt – die Richtungsdivergenz von Tiefenhaftigkeit (Richtung von Außen nach Innen) und Seitenhaftigkeit (Richtung von Innen nach Außen), die das Ding zum Ding macht. Das ist im Folgenden zu beachten, wenn es um die Eigenart des am Lebewesen erscheinenden Doppelaspekts gehen wird.

5.3 Belebte Dinge, Köhler und Driesch, Gestalt und Ganzheit

„Körperliche Dinge der Anschauung, an welchen eine prinzipiell divergente Außen-Innenbeziehung als zu ihrem Sein gehörig gegenständlich auftritt, heißen *lebendig*" (89): So beginnt der vierte Abschnitt (*Die Doppelaspektivität des belebten Wahrnehmungsdinges. Köhler contra Driesch*). Das ist die These, um die es im dritten Kapitel geht und die im Verlauf der Untersuchung der *Stufen* bewiesen werden soll.

Am unbelebten Ding bleibt die Aspektdivergenz unsichtbar, sowohl für die Wahrnehmung (die nur Eigenschaften, nicht aber deren Bezug auf den Substanzkern erfasst), als auch für die Anschauung (der sich nur die ungetrennte Einheit von Substanzkern und Eigenschaften darbietet). Am Lebewesen dagegen ist die Trennung eines Inneren von einem Außen anschaulich gegeben, weil sich hier in der äußeren Gestalt ein Innenleben bemerkbar macht. Mit dieser These positioniert sich Plessner im Streit zwischen (Neo-)Mechanisten und (Neo-)Vitalisten, als deren jeweils bedeutendste Vertreter ihm Wolfgang Köhler und Hans Driesch gelten (siehe zu diesem Streit sowie zum Verhältnis von Plessner und Driesch ausführlicher Bühler 2004 und neuerdings Toepfer 2015).

Der Gestaltpsychologe Köhler war der Ansicht, dass die Gesetze der Gestaltbildung auch die Erscheinung des Lebens erklären können. Ähnlich wie die *Gestalt* mehr ist als die Summe ihrer Teile, ist das Lebewesen mehr als die Summe der physikalischen und chemischen Prozesse, die in ihm ablaufen. Somit gäbe es keinen grundsätzlichen Unterschied zwischen unbelebten Dingen und Lebewesen, denn beide sind gestalthaft organisiert; Köhler bezieht also die mechanistische Position.

Gegen diese Auffassung hatte Plessners Heidelberger Lehrer Hans Driesch eingewandt, dass die Gestalt unbelebter Dinge nicht mit der *Ganzheit* eines Lebewesens zu verwechseln sei. Lebewesen weisen ein Übergewicht typischer Lebensmerkmale (Restitution, Entwicklung, Vererbung) über die dinglichen Eigenschaften auf, sie seien teleologisch organisiert. Physische Gestalten wie die Form einer elektrischen Ladung oder eines Wassertropfens zeigen zwar ebenfalls eine

Tendenz zur Gestaltentwicklung, -erhaltung und -wiederherstellung, täten dies aber umgebungsabhängig und nicht „spontan aus innerer Dynamik" (95).

Plessner teilt nun Drieschs Auffassung vom Übergewicht der Lebensmerkmale über die Dingcharaktere; Lebewesen sind auch für Plessner „übergestalthaft" organisiert. Nur sieht Plessner hier keine eigene Lebenskraft am Werk, denn anders als Driesch gesteht er Köhlers physischen Gestalten durchaus dieselbe spontane innere Dynamik zu, die Driesch den Lebewesen vorbehalten wollte (96). Vielmehr sei der Unterschied zwischen Dinggestalt und lebendiger Ganzheit ein *struktureller*. Denn Lebewesen sind komplexer strukturiert als Dinge, sie sind nicht mehr nur wie diese kernig-substantiell organisiert, sondern besitzen eine zweite, die erste überlagernde Organisationsform. Diese besteht ebenfalls in einer doppelaspektiven Struktur, sie weist genauso wie die erste eine absolute Innen-Außen-Divergenz auf, nur drängt sich diese Divergenz der Anschauung auf und verliert sich nicht länger in der einheitlichen Dinggestalt.

Was aber genau zeigt sich der Anschauung, bzw. wie genau zeigt sich der Doppelaspekt am Lebewesen? Die Frage stellt sich, weil das Innere des Lebewesens nicht anders als das Innere des Dinges (als dessen Substanzkern) *per definitionem* etwas ist, das sich der Wahrnehmung wie der Anschauung entzieht. Gemeint ist ja nicht das nur räumlich Innere des Lebewesens, also etwa dessen Organe, die operativ freigelegt werden könnten und der Wahrnehmung durchaus zugänglich wären. Vielmehr geht es um den Prozess, der sich an diesen Organen abspielt und der sowohl räumlich als auch zeitlich begrenzt ist.

Und noch genauer geht es um die Kraft, die diesen Prozess bestimmt. Zwar vermeidet Plessner hier den expliziten Rekurs auf den Kraft-Begriff. Aber er ist trotzdem überall latent vorhanden. Die lebenserzeugende und -erhaltende Kraft ist keine andere als die Kraft, die das Ding konstituiert. Plessner bleibt wie Driesch Vitalist, aber anders als dieser ist er kein „Kraftvitalist", sondern Vertreter eines „Strukturvitalismus". Das Leben unterscheidet sich nicht durch empirisch feststellbare Kräfte, sondern durch eine anders geartete, nur *erschaubare* Struktur vom Nicht-Lebendigen (s. o. 5. 1, s. u. 5. 5).

An anderer Stelle habe ich gezeigt, wie nahe Plessner Schopenhauer in mehrfacher Hinsicht kommt (Beaufort 2003; siehe auch Haucke 2007). Plessner unterscheidet die gleichen Stufen der Natur wie Schopenhauer, der ebenfalls ein „Strukturvitalist" war, denn für Schopenhauer ist es derselbe Wille, der sich auf den verschiedenen Naturstufen je anders manifestiert. Möglicherweise vermeidet Plessner den Kraft-Begriff, um sowohl die Distanz zu Driesch als auch die Nähe zu Schopenhauer nicht zu sehr ins Auge springen zu lassen. Schopenhauers „Wille" als treibende Kraft des Weltgeschehens war ja noch ein Produkt jener Frühphase der Lebensphilosophie, die „verzaubert" hat, während Plessner mit seinem Werk „aus der Verzauberung befreien" möchte (4).

Später (166 ff.) wird Plessner den Unterschied zu Driesch nochmal anhand des Begriffs der *Potenz* genauer darlegen. Ich komme darauf am Ende des nächsten Abschnitts zurück. Vorerst bleibt festzuhalten, dass das Innere des (anderen) Lebewesens der Anschauung so wenig direkt zugänglich ist wie das Innere der Dinge. Es ist die am Ding noch verborgene (absolute) *Richtungs*divergenz, die am Lebewesen zur anschaulich gegebenen Eigenschaft wird. Mit der Frage, wie eine absolute Richtungsdivergenz gegenständlich auftreten kann, befasst sich der nächste Abschnitt.

5.4 Gestalt und Grenze

Der fünfte Abschnitt des dritten Kapitels – *Wie ist Doppelaspektivität möglich? Das Wesen der Grenze* – ist der entscheidend wichtige, denn in ihm geht es um die Frage, ob es überhaupt möglich ist, dass sich der Anschauung eine absolute Richtungsdivergenz (in konvergenter Blickstellung) *gegenständlich* zeigt. Wie lässt sich eine im Innern des Lebewesens wirkende Kraft am Lebewesen aufweisen, wo sich diese Kraft und dieses Innere selbst der Anschauung entziehen?

Bevor wir uns an die Beantwortung dieser Frage machen, ist zuerst noch einmal an die Gemeinsamkeiten zwischen der Anschauung von Dingen einerseits und von Lebewesen andererseits zu erinnern. Denn in mindestens zweifacher Hinsicht sind sich leblose Dinge und dinglich strukturierte Lebewesen ähnlich. So sind beide doppelaspektiv konstituiert, sie bilden beide eine Einheit von *prinzipiell* divergenten Gegenstandssphären. Zugleich ist diese Einheit in beiden Fällen an der raumzeitlichen Erscheinung des Gegenstandes gebunden, und zwar so, dass sie sich in beiden Fällen nur analytisch, das heißt nur in der philosophischen Reflexion, von dieser Erscheinung trennen lässt. Worin also liegt der von der These gemeinte Unterschied zwischen nicht-lebendigen Dingen und Lebewesen?

Der gemeinte Unterschied liegt im *gegenständlichen* Erscheinen der Divergenz. Am Lebewesen tritt die Divergenz von Innen und Außen, bzw. genauer (s. o. 5. 2) die Divergenz der *Richtungen* von Innen nach Außen und von Außen nach Innen, *gegenständlich* auf, oder wie Plessner auch sagt: *in Eigenschaftsstellung* (100). Wie also ist das möglich? Wie kann eine nicht-räumliche, nur strukturelle Richtungsdivergenz *qua Differenz* in Erscheinung treten? Plessners Lösung, die es im Folgenden zu verstehen gilt, besteht in der weiteren These, dass die *Grenze* zwischen Innen und Außen der Anschauung gegeben sein muss.

Hier gilt es ganz genau hinzuschauen, denn die begrifflichen Festlegungen, die Plessner in diesem Abschnitt trifft, sind grundlegend für alles Weitere. Die Grenze, die Plessner meint, ist nicht die räumliche Grenze des Dinges, die seine Gestalt bestimmt. Denn diese räumliche Grenze (Plessner nennt sie auch „Kontur" oder „Begrenzung") ist strenggenommen gar keine reale Grenze, sie ist keine Realität zwischen dem Ding und dem umgebenden Raum, sondern bildet nur den Übergang vom einen zum andern. Die räumliche Grenze wird auch nicht aus dem Ding selbst heraus bestimmt, sondern lediglich durch das räumliche Verhältnis des Dinges zu seiner Umgebung. So kann ein Künstler oder Handwerker die räumliche Grenze eines dinglichen Gegenstandes umgestalten, das Ding selbst bleibt dabei ganz passiv.

Ganz anders die Grenze eines Lebewesens. Diese ist zwar für die Wahrnehmung von der räumlichen Grenze, also von der äußeren Gestalt des Lebewesens nicht zu unterscheiden. Wer etwa ein Lebewesen zeichnen will, zeichnet dessen Kontur nicht anders als die Kontur eines beliebigen Dinges. Die Grenze eines Lebewesens hat aber eine ganz andere Bedeutung als die Grenze eines nicht-lebendigen Dinges. Sie ist eine Grenze *am* Lebewesen selbst. Sie wird primär nicht von der Umgebung, sondern vom Lebewesen selbst bestimmt (und von der Umgebung nur indirekt, indem diese auf das Innere des Lebewesens einwirkt). Zumindest gilt das im Normalfall, solange das Lebewesen nicht beschädigt, also verletzt wird, oder mechanisch gezwungen, sich in eine bestimmte Richtung zu bewegen. Im Falle von Verletzung oder Zwang wird das Lebewesen genau im Maße der äußeren Gewaltanwendung auf seine bloße Dinglichkeit reduziert. Es zeigt sich dann, dass es nicht nur ein Lebewesen ist, sondern immer zugleich auch ein Ding.

Die Grenze eines Lebewesens ist eben nicht nur der räumliche Übergang zwischen Körperinnern und äußerer Umgebung. Denn ein Lebewesen, das sich zur Umwelt verhält, hat noch ein anderes Innen, ein anderes Zentrum als nur der Substanzkern, den es als materielles Wesen auch hat. Während die Richtungsdivergenz Innen–Außen („Seitenhaftigkeit") bzw. Außen–Innen („Tiefenhaftigkeit") am Ding noch nicht gegenständlich hervortritt, tut sie es beim Lebewesen wohl. Plessner wird im zweiten Abschnitt des vierten Kapitels die beiden Richtungen, sofern sie vom lebendigen Innern ausgehen, als das „Über-ihm-hinaus-" und „Ihm-entgegen-Sein" bezeichnen. Wie ist das zu verstehen?

In der Zeichnung auf S. 104 reichen die Pfeile im „Fall II" nur bis zur Grenze. Plessner wird die beiden Fälle im vierten Kapitel auf eine Formel bringen: „Bezeichnet K den Körper, M das angrenzende Medium, so gilt für Fall I die Formel: K ← Z → M. Die Grenze ist zwischen (Z) K und M. Fall II dagegen hat die Formel: K ← K → M. Die Grenze gehört dem Körper selbst an, der Körper ist die Grenze seiner selbst und des Anderen und insofern sowohl ihm als dem Anderen entgegen. Der Terminus ‚sich' wird hier noch vermieden, da er später eine besondere Bedeutung zu übernehmen hat." (Später, am Anfang des sechsten Kapitels, wird Plessner den Terminus „sich" für das rückbezügliche Selbst des Tieres einführen.)

Entscheidend für das Verständnis des von Plessner Gemeinten ist der Halbsatz „der Körper ist die Grenze seiner selbst und des Anderen und insofern sowohl ihm als dem Anderen entgegen". In diesem Satz begegnet das „Ihm-entgegen-Sein" als Richtung von Außen nach Innen direkt, während das „Über-ihm-hinaus" als Richtung von Innen nach Außen sich hinter dem „dem Anderen entgegen" verbirgt. Diese Verhältnisse sind zunächst einmal genau so allgemein und abstrakt zu verstehen, wie sie von Plessner dargestellt werden: Die Grenze als bloßes (nicht reales, nur virtuelles) Zwischen begrenzt den Körper nicht anders als das Medium, sie steht zu beiden im gleichen Verhältnis. Die Grenze *am* Körper introduziert dagegen eine Asymmetrie: Sie steht dem Körper als etwas Eigenem und dem Medium als Anderem entgegen. Weil aber nicht die Grenze, sondern der Körper bzw. das Lebewesen hier das Tätige ist, ist es das Lebewesen, das „ihm entgegen" und „über ihm hinaus" ist.

Am besten zu verstehen sind diese Verhältnisse, wenn die Grenze als Wirkungsgrenze aufgefasst wird: Die Kräfte im „belebten Ding" wirken zunächst bis zur Körpergrenze und dann von dort zurück in das Ding hinein und zugleich über die Grenze hinaus in die Umgebung hinein. Plessner verwendet den Kraftbegriff hier nicht, um das Missverständnis zu vermeiden, es ginge ihm um einen „Kraftvitalismus" im Sinne Drieschs (s.o. 5. 3). Im siebten Abschnitt des vierten Kapitels wird er den Begriff der *Potenz* einführen und zugleich klarstellen, dass es sich dabei um Kräfteverhältnisse und Wirkungen auf der Ebene (in der „Seinsschicht") der *Anschauung* handelt (166 ff.). Damit er das tun kann, müssen vorher die Auffassungsebenen bzw. Seinsschichten Wahrnehmung, Anschauung und Begriff (Theorie) unterschieden worden sein. Diese Unterscheidung nimmt Plessner in den letzten Abschnitten des dritten Kapitels vor.

5.5 Methodisches

In den letzten drei Abschnitten des dritten Kapitels erörtert Plessner Methodenfragen. Bis hierher war nur die These der *Stufen* aufgestellt und in Grundzügen entwickelt worden: Eine prinzipiell divergente Außen-Innen-Beziehung, die am Ding gegenständlich auftritt, zeichnet dieses als Lebewesen aus; ein solches gegenständliches Auftreten bedeutet, dass das Ding eine Grenze an ihm selbst hat und deshalb „über ihm hinaus" und „ihm entgegen" ist; das Ding ist deshalb nicht länger lediglich eine wahrnehmbare Gestalt, sondern eine „übergestalthafte" Ganzheit.

Diese Bestimmungen sind begriffliche Festlegungen, die als solche noch nichts darüber aussagen, ob und wie sie materiell der Anschauung und der Wahrnehmung gegeben sind (z.B. die Grenze des Lebewesens als Zellwand oder

Haut). Die Wahrnehmung als methodisch auf empirisch Feststellbares und Messbares beschränkte Anschauung erfasst nur mehr oder weniger gestaltete Phänomene. Sie erkennt die Gestalt und die Bewegungen eines Lebewesens und kann durch Vivisektion oder Nekropsie mehr über seine inneren materiellen und funktionellen Verhältnisse in Erfahrung bringen. Ihr bleibt aber die eigentümliche Lebendigkeit des Lebewesens verborgen.

Der voll entwickelten, „methodisch nicht restringierten Anschauung" ist dagegen diese Lebendigkeit gegeben. Sie sieht nicht messbare Gestalten, sondern Dinge und Lebewesen. Diese sieht sie *unmittelbar:* Es verhält sich nicht so, dass wir aus den wahrgenommenen Phänomenen und Gestalten anhand theoretischer Überlegungen auf die Dinglichkeit und Lebendigkeit der Dinge und Lebewesen *schließen*. Die Anschauung ist neben Wahrnehmung und Denken ein drittes Vermögen eigener Art. Sie *intuiert* oder *erschaut* jenen Teil bzw. jene Aspekte der Wirklichkeit, die sich nur in einer Gegebenheitsweise darbieten und somit nicht durch Vergleich mit anderen Gegebenheitsweisen empirisch überprüft werden können (s. o. 5. 1).

Nun sind die Merkmale, die Lebendiges *unmittelbar* anzeigen, zunächst einmal bloß *indikatorischer* Natur: Sie können auch täuschen (Papierschlange, Kunstblume). Gleichwohl sind sie Hinweise auf diejenigen Merkmale, die für Lebewesen *konstitutiv* sind. Plessner nennt diese konstitutiven Merkmale auch „(konstitutive) Wesensmerkmale", „Kategorien des Lebendigen" oder „organische Modale".

Der Begriff „Modal" bezeichnet dabei eine Gruppe von Phänomenen, deren empirisch erforschbare physikalisch-chemisch-biologische Kausalbedingungen zwar umfassend angebbar sein mögen, die aber nicht mit diesen Bedingungen, auch nicht mit der Summe der Bedingungen, gleichzusetzen sind; sie haben eben einen Eigenwert und sind als solche nicht weiter analysierbare „qualitative Letztheiten". So sind anorganische Modale etwa die Farbqualitäten, die zwar eine bestimmte Wellenlänge und eine bestimmte Beschaffenheit des Auges als Bedingung ihrer Erscheinung voraussetzen, aber nicht auf diese reduziert werden können: Rot ist eine Farbe und keine Frequenz. Beispiele für organische Modale sind Stoffwechsel, Vermehrung, Entwicklung, Vererbung, Wachstum, Reizbarkeit. Auch ihr Auftreten mag vollständig physikalisch-chemisch bedingt sein; das ändert aber nichts daran, dass sie irreduzible Anschauungsgehalte bleiben (die ebenso wenig begrifflich auflösbar sind).

Die Anschauungsebene bildet neben der empirischen und der theoretischen Ebene eine „Seinsschicht" *sui generis*. Ihre Erforschung ist dank Husserls Phänomenologie möglich geworden. Naturerkenntnis bedarf neben den empirischen Naturwissenschaften auch der Phänomenologie, wenn sie begründete Erkenntnis sein will. Neokantianische, auf Methodologie verkürzte Begründungen reichen dazu nicht aus. Allerdings bilden Theorie und methodische Reflexion bei Plessner den dritten Pfeiler naturphilosophischer Erkenntnis. Ihr Verhältnis zu den empirischen und phänomenologischen Verfahren erläutert der letzte Abschnitt des dritten Kapitels (*Charakter und Gegenstand einer Theorie der organischen Wesensmerkmale*):

Die Theorie der organischen Wesensmerkmale, die in den *Stufen* erarbeitet wird, ist eine apriorische Theorie. Der Begriff „apriori" ist hier aber missverständlich, denn das Apriori bildet nicht den Ausgangspunkt, sondern das Ziel der Untersuchung. Es geht nicht darum, aus einem vorgegebenen Begriff oder einer vorgegebenen Begrifflichkeit die Stufen des Lebendigen schlicht zu *deduzieren*. Sondern es gilt, eine These, die allerdings ein Apriori formuliert (Lebewesen sind erschaubare Ganzheiten), dadurch zu beweisen, dass geprüft wird, ob vorgefundene, also empirische und zunächst nur *indikatorische* Merkmale und Wesensmerkmale des Lebendigen aus der These ableitbar sind. Gelingt das umfassend für alle Wesensmerkmale, dann ist damit zweierlei bewiesen: einmal, dass die These richtig war und zweitens, dass es sich bei den Wesensmerkmalen nicht bloß um indikatorische Merkmale handelte, sondern um organische Modale. Die Theorie der organischen Wesensmerkmale wird also auf dem Weg eines offenen Verfahrens erarbeitet, dessen Ergebnisse so lange vorläufig bleiben, bis die richtige These gefunden und die Wesensmerkmale vollständig abgeleitet wurden.

Abschließend ein Wort zur Ontologie der *Stufen:* Das kombinierte empirische, phänomenologische und konstitutionstheoretische oder -analytische Vorgehen bewegt sich auf drei Ebenen, die von Plessner als „Seinsschichten" angesprochen werden. Plessner ist – wie alle Lebensphilosophen – auch Ontologe. Aber seine Ontologie ist eine kritische (Lüdtke/Fritz-Hoffmann 2012; Wunsch 2015), die auf jeder Ebene an den jeweiligen Erkenntnismodus (Wahrnehmung, Anschauung, Denken) zurückgebunden bleibt.

Dieses auf apriorisches, also absolutes Seinswissen lediglich (aber auch immerhin) abzielende Erkennen findet seinerseits nicht im luftleeren Raum statt, sondern ist vielfach vermittelt. Plessner thematisiert kulturelle (Orth 1991), politische (Arlt 1996), gesellschaftliche (Beaufort 2000) und historische (Mitscherlich 2007) Bedingungen der Konstitution von Natur und Naturerkenntnis. Diese gesellschaftliche Vermittlung bildet als konstituierender Faktor eine weitere Grundlage wissenschaftlichen Wissens. Sie macht ein hermeneutisches Vorgehen zur Vorbedingung jeder Wissenschaftlichkeit. Dilthey, an den Plessner hier anknüpft, hat das für die Geisteswissenschaften gezeigt.

Gleichwohl führt Hermeneutik bei Plessner nicht in den historischen Relativismus, den man Dilthey zum Vorwurf gemacht hat, und auch nicht in den perspektivistischen oder pluralistischen Relativismus jenes anderen großen Lebensphilosophen Friedrich Nietzsche. Denn Erkenntnis bleibt bei Plessner streng an methodischen Prinzipien orientiert. Plessner möchte, wie oben (Abschnitt 3) gesehen, nicht verzaubern, sondern aus der Verzauberung befreien. Das unterscheidet ihn sowohl von heutigen postmodernen Autoren als auch von zeitgenössischen Hermeneutikern wie Heidegger und Gadamer. Sein ist für Plessner letztendlich – wie für Hegel (Hegel 1976, 548 ff.) – nicht nur Wahrheit, sondern auch Methode.

5.6 Fichte

Plessner übernimmt die beiden Begriffe „Grenze" und „Setzen" – Grundbegriffe des dritten Kapitels wie der *Stufen* überhaupt – von Fichte, weshalb in diesem letzten Abschnitt in aller Kürze zu zeigen ist, was die Begriffe bei Fichte leisten und was Plessner anders macht als Fichte (siehe dazu ausführlicher Pietrowicz 1992, 91 – 117; Beaufort 2000, 174 – 198).

Die Begriffe „Grenze" und „Setzen" begegnen bei Fichte in der *Grundlage der gesamten Wissenschaftslehre* (Fichte 1979). Fichte leitet dort alles Wissen unter Einschluss des Objekts des Wissens aus un- und vorbewussten „Tathandlungen" des Ich ab. Die ersten drei Tathandlungen sind die Selbstsetzung des Ich, die Entgegensetzung des Nicht-Ich sowie die Selbsteinschränkung des Ich durch das Nicht-Ich. In den drei Grundsätzen der Wissenschaftslehre werden sie auf eine Formel gebracht: (1) *Das Ich setzt ursprünglich schlechthin sein eignes Sein*, (2) *Dem Ich wird schlechthin entgegengesetzt ein Nicht-Ich* und (3) *Ich setze im Ich dem teilbaren Ich ein teilbares Nicht-Ich entgegen*. Der dritte Grundsatz folgt einem „Machtspruch der Vernunft", der notwendig sei, um die „Identität des Bewusstseins, das einzige absolute Fundament unseres Wissens", zu gewährleisten. (Zur Bedeutung des *kantischen* Begriffs „Machtspruch der Vernunft" siehe Richter 2008, insb. 538 ff.)

Der Rückschluss auf diese jedem Wissen vorausgehenden Tathandlungen gelingt dadurch, dass das Bewusstsein sich auf jene Setzungen und Entgegensetzungen besinnt, die „ohne allen weiteren Grund" gültig sind. Dazu zählen insbesondere der Satz der Identität (A = A), der Satz des Widerspruchs (A nicht = ¬ A) und der Satz des Grundes (es gibt ein Drittes, in dem A und ¬ A entweder sich gleich sind [Beziehungsgrund] oder sich unterscheiden [Unterscheidungsgrund]). Diese logischen Operationen ergeben sich aus den ersten drei Tathandlungen, wenn man von deren Inhalt (dem Ich) absieht.

Die ersten drei Tathandlungen begründen alles Wissen, bzw. dieses lässt sich in einem Verfahren, das zugleich analytisch (antithetisch) und synthetisch vorgeht, aus den drei Grundsätzen ableiten. So enthält der dritte Grundsatz die beiden weiteren Urteile: „[D]*as Ich setzt das Nicht-Ich, als beschränkt durch das Ich*" und

„das Ich setzt sich selbst, als beschränkt durch das Nicht-Ich". Ersteres Urteil definiert den Bereich des praktischen Wissens, während das zweite Urteil alles theoretische Wissen begründet. Im theoretischen Teil der Wissenschaftslehre findet sich der uns interessierende Begriff der Grenze.

Aus dem Hauptsatz der theoretischen Wissenschaft folgen zwei sich widersprechende Urteile: Denn wenn sich das Ich als bestimmt durch das Nicht-Ich setzt, bedeutet das zuerst einmal: *„das Nicht-Ich bestimmt* (tätig) *das Ich* (welches insofern leidend ist)". Zugleich aber *bestimmt das Ich sich selbst* („durch absolute Tätigkeit"). Dieser Widerspruch lässt sich nur dadurch lösen, dass wir das Verhältnis von Ich und Nicht-Ich als ein *„Wechselbestimmen"* denken. Im weiteren Verlauf der Begriffsentwicklung wird die „Substantialität" als Unterart der Wechselbestimmung abgeleitet.

Substantialität ist Wechselbestimmen von Substanz und Akzidenz. Das Akzidenz ist Akzidenz, weil eine *Grenze* es von der Substanz trennt: „Die Grenze, welche diese besondere Sphäre von dem ganzen Umfange abschneidet, ist es, welche das Akzidenz zum Akzidenz macht. Sie ist der Unterscheidungsgrund zwischen Substanz und Akzidenz. Sie ist im Umfange; daher ist das Akzidenz in, und an der Substanz: sie schließt etwas vom ganzen Umfange aus; daher ist das Akzidenz nicht Substanz." Wir erkennen hier Plessners Gegensatzpaar „Eigenschaft" und „Substanzkern" wieder (s.o. 5. 2). Bereits dieser das Ding konstituierende Doppelaspekt hat – bei Fichte explizit, bei Plessner unausgesprochen – die am Ding als solchem noch nicht erscheinende *Grenze* zwischen den beiden Aspekten zur Bedingung.

Fichte wird dann argumentieren (die Darstellung der einzelnen Schritte muss hier unterbleiben), dass das Ich sich nicht im Wechselbestimmen von Substanz und Akzidenz erschöpft, sondern daneben (als selbstbestimmend) „unabhängige Tätigkeit" bleibt. Diese unabhängige Tätigkeit nennt Fichte *Einbildungskraft*. Die Einbildungskraft ist eine vom Subjekt in alle Richtungen ausstrahlende Kraft, die vom Objekt einen Gegenstoß oder *Anstoß* erfährt. Wo ausstrahlende Kraft und Gegenstoß *zusammentreffen*, entsteht eine Grenze.

Solange zwei „Entgegengesetzte" nur zusammentreffen, ohne dass dieses Zusammentreffen durch eines der beiden Entgegengesetzten einseitig bedingt ist, ist diese Grenze „weder durch das Setzen des einen, noch durch das Setzen des andern gesetzt [...] – Aber die Grenze ist denn auch weiter nichts, als das beiden Gemeinschaftliche": also Plessners „Kontur". Wird dagegen eins der Zusammentreffenden als Subjekt gedacht, dann entsteht ein Verhältnis, bei dem das Subjekt innerhalb seiner Begrenzung tätig ist, aber zugleich als tätige Einbildungskraft über die Begrenzung „in das Unendliche" hinausgeht und einen Anstoß in die Gegenrichtung erfährt: bei Plessner das „Über-ihm-hinaus" und „Ihm-entgegen" der Lebewesen.

Plessner bezieht sich in den *Stufen* mehrfach auf Fichte, meist anerkennend, vereinzelt auch sich abgrenzend. Die Identität des in seiner Exzentrizität verdoppelten Ich des Menschen versteht Plessner wie Fichte: Es gibt sie nur, „sofern sie von demjenigen, der mit sich als identisch angenommen werden soll, vollzogen wird. Dieses sich selber Setzen allein konstituiert das Lebenssubjekt als Ich oder die exzentrische Positionalität" (325).

Dennoch fallen die Unterschiede stärker ins Gewicht. Denn Plessner beginnt seine Untersuchung nicht wie Fichte mit der Identität des geteilten menschlichen Subjekts; auch wird diese Identität von Plessner nicht verabsolutiert. Vielmehr setzt Plessner beim Objekt an und geht von dort den umgekehrten Weg über den exzentrischen Menschen bis hin „zur Idee des Weltgrundes, des in sich ruhenden notwendigen Seins, des Absoluten oder Gottes" (341). Dabei macht die klar vollzogene Trennung von menschlichem und absolutem Subjekt dieses zu einem Anderen und Fremden. Insofern lässt sich sagen, dass Plessner Fichte „vom Kopf auf die Füße" stellt.

Diese Umkehrung des Verfahrens ist mehr als nur eine Aktualisierung Fichtes unter verändertem Vorzeichen. Plessners Primat des Objekts ist kein methodischer Kunstgriff, sondern ein Versuch zur Beantwortung der Frage, „wie aus dem Sein Bewußtsein werden kann" – eine Frage, die der „Subjektsidealist" Fichte als Nonsens zurückweisen würde (159). Plessner dagegen besteht auf den guten Sinn der die Untersuchung der *Stufen* leitenden Fragestellung: Denn „es gibt den einen Übergang aus dem Ausdehnungssein in das Innensein, aus der Welt des Seins in die Welt des Habens, nicht nur beim Menschen, soweit er sich philosophisch vornimmt und in sich geht, sondern ebenso überall da, wo Leben ihm entgegentritt. Auch dem nach außen gewandten Auge, der greifenden Hand zeigt sich die Welt von außen und von innen. Denn es gibt übergreifende Gesetze der Konstitution, die im Außen das Innen erkennen lassen" (159).

Literatur

Arlt, Gerhard 1996: Anthropologie und Politik. Ein Schlüssel zum Werk Helmuth Plessners, München, Fink.

Beaufort, Jan 2000: Die gesellschaftliche Konstitution der Natur. Helmuth Plessners kritisch-phänomenologische Grundlegung einer hermeneutischen Naturphilosophie in ‚Die Stufen des Organischen und der Mensch', Würzburg, Königshausen & Neumann.

Beaufort, Jan 2003: „Dialektische Lebensphilosophie. Schopenhauers und Plessners Naturphilosophie im Vergleich", in: Schopenhauer-Jahrbuch 84, S. 57–74.

Bühler, Benjamin 2004: Lebende Körper. Biologisches und anthropologisches Wissen bei Rilke, Döblin und Jünger, Würzburg, Königshausen & Neumann.

Fichte, Johann Gottlieb 1979: Grundlage der gesamten Wissenschaftslehre als Handschrift für seine Zuhörer, Hamburg, Meiner.

Fischer, Joachim 2008: Philosophische Anthropologie. Eine Denkrichtung des 20. Jahrhunderts, Freiburg, Alber.

Haucke, Kai 2007: Leben & Leiden. Zur Aktualität und Einheit der schopenhauerschen Philosophie, Berlin, Parerga.

Hegel, Georg Wilhelm Friedrich 1976: Wissenschaft der Logik, Bd. 2., Frankfurt a. M., Suhrkamp.

Lüdtke, Nico/Fritz-Hoffmann, Christian 2012: „Historische Apriori. Zur Methodologie Helmuth Plessners und Michel Foucaults", in: Ebke, T./Schloßberger, M. (Hrsg.): Dezentrierungen. Zur Konfrontation von philosophischer Anthropologie, Strukturalismus und Poststrukturalismus, Berlin, Akademie Verlag, S. 91–112.

Mitscherlich, Olivia 2007: Natur und Geschichte. Helmuth Plessners in sich gebrochene Lebensphilosophie. Berlin, Akademie Verlag.

Orth, Ernst Wolfgang 1991: „Philosophische Anthropologie als Erste Philosophie. Ein Vergleich zwischen Ernst Cassirer und Helmuth Plessner", in: Dilthey-Jahrbuch 7, S. 250–271.

Pietrowicz, Stephan 1992: Helmuth Plessner. Genese und System seines philosophisch-anthropologischen Denkens, Freiburg/München, Karl Alber.

Richter, Michael 2008: Das narrative Urteil: Erzählerische Problemverhandlungen von Hiob bis Kant, Berlin, De Gruyter.

Scheler, Max 1947: Die Stellung des Menschen im Kosmos, München, Nymphenburger Verlagshandlung.

Schopenhauer, Arthur 1977: Die Welt als Wille und Vorstellung, Bd. 1, Zürich, Diogenes.

Toepfer, Georg 2015: „Helmuth Plessner und Hans Driesch. Naturphilosophischer versus naturwissenschaftlicher Vitalismus", in: Köchy, K./Michelini, F. (Hrsg.): Zwischen den Kulturen. Plessners „Stufen des Organischen" im zeithistorischen Kontext, Freiburg/München, Verlag Karl Alber, S. 91–122.

Wunsch, Matthias 2015: „Anthropologie des geistigen Seins und Ontologie des Menschen bei Helmuth Plessner und Nicolai Hartmann", in: Köchy, K./Michelini, F. (Hrsg.): Zwischen den Kulturen. Plessners „Stufen des Organischen" im zeithistorischen Kontext, Freiburg/München, Verlag Karl Alber, 243–272.

Olivia Mitscherlich-Schönherr

6 Zu Programm, Anlage und Anfang der doppelseitigen Deduktion (Kap. 3.6 – 4.5, 123 – 154)

6.1 Einleitung

In meinem Text geht es mir um einen möglichst textnahen Kommentar der Abschnitte 3.6 bis 4.5 der *Stufen*, deren innerer Zusammenhang meinem Verständnis nach von Plessners Deduktionsvorhaben gebildet wird. Das Programm seiner Deduktion entwirft Plessner in der zweiten Hälfte des dritten Kapitels (in 3.6 bis 3.8), ihren Anfang skizziert er in den ersten beiden Abschnitten des vierten Kapitels (in 4.1 und 4.2). In Anschluss daran bemüht er sich in den Kapiteln vier bis sieben – in Gestalt seiner philosophischen Auseinandersetzung mit dem lebendigen Dasein und den unterschiedlichen Formen der Positionalität – um die Durchführung der Deduktion. Im Sinne dieser Interpretation verstehe ich die Zeittheorie, die Plessner in der Mitte des vierten Kapitels – in 4.3 bis 4.5 – vertritt, im Gesamtzusammenhang der *Stufen* als ersten Schritt zur Durchführung seines Deduktionsunternehmens.

6.2 Das Programm der doppelseitigen Deduktion in 3.6 bis 3.8

Über die Bedeutung der Deduktion lässt Plessner am Ende des dritten Kapitels der *Stufen* keinen Zweifel. „Eine derartige Deduktion der Kategorien oder Modale des Organischen – wohlgemerkt nicht *aus* dem Sachverhalt der Grenzrealisierung, denn den gibt es ja für sich nicht, sondern *unter dem Gesichtspunkt* seiner Realisierung – bildet den Zentralteil der Philosophie des Lebens" (122). Dabei zeichnet sich Plessners Deduktionsunternehmen, das die Architektonik seiner – in den Kapiteln vier bis sieben der *Stufen* naturphilosophisch entfalteten – Lebensphilosophie bestimmt, philosophiegeschichtlich durch das Bestreben aus, „das Verfahren der traditionellen Philosophie" zu unterlaufen, „mit einem Generalnenner zu arbeiten, auf den alles Sein (sic!), alle Gegebenheit (!) zu bringen ist" (152). In diesem Sinne bemüht sich Plessner in seiner Naturphilosophie darum, die Verabsolutierung sowohl des begrifflichen Denkens als auch der Phänomenschau zur alleinigen Erkenntnisquelle zu unterlaufen. Um unter den Bedingungen der

DOI 10.1515/9783110552966-006

modernen Reflexion auf die Entzogenheit eines archimedischen Wahrheits-
standpunkts den Wissensanspruch seiner lebensphilosophischen Erkenntnisse
einholen zu können, legt Plessner seine Deduktion doppelseitig an: als wech-
selseitige Rechtfertigung der begrifflichen und geschauten Erkenntnisse *durch-
einander*.

Die inhaltliche Ausrichtung von Plessners doppelseitig angelegter Deduktion
bekommt Plessner – in den Abschnitten 3.6 und 3.7 – vor Augen, indem er auf den
ungeklärten Status der philosophischen Einsichten in das Wesen lebendiger
Körper blickt, die sich mittels begrifflicher Erkenntnis bzw. Phänomenschau erreichen lassen. In der Mitte des dritten Kapitels – in 3.5 – führt Plessner seine
berühmte Grenzhypothese als begriffliche Antwort auf die Frage nach der Einheit
des lebendigen Körpers ein, der empirisch als physische Gestalt da ist und zugleich
lebensweltlich als selbstbezügliche – und d. h.: übergestalthafte – Ganzheit in
Erscheinung tritt (vgl. 99 – 105). Mit der Grenzhypothese gelingt ihm ein begriff-
liches Verständnis der Einheit lebendigen Seins, das einen „Generalnenner" (152)
unterläuft und lebendige Dinge weder – mechanistisch – auf ihr Dasein als
physische Körper noch – vitalistisch – auf ihre Erscheinung als selbstbezügliche
Ganzheiten reduziert. An die Stelle eines „Generalnenner[s]" (152) setzt Plessner –
in Anschluss an Josef König – den Gedanken der „Verschränkung" lebendigen
Seins *per hiatum* (vgl. 154, Fn.; siehe auch Mitscherlich 2007, 49 ff.): dass lebendige
Körper physische Dinge sind, die *zugleich* als selbstbezügliche Ganzheiten erscheinen, da sie ihre Grenzen zugleich als räumliche Konturen ihrer Gestalt haben
und realisieren – worin sie sich in sich und gegen Anderes besondern. Indem
Plessner die Hypothese von der „erscheinende[n], anschauliche[n] Grenze" (100)
lebendiger Dinge im Denken erreicht, steht der Nachweis ihrer Wirklichkeit allerdings noch aus. „Zunächst bleibt alles" – wie Plessner selbst zu Beginn von 3.6
schreibt – „hypothetisch" (105). Der Status der Begrenzung lebendiger Dinge im
Raum scheint unproblematisch. Offen ist jedoch, ob die Grenzrealisierung und
damit zugleich der Umschlag der Begrenzung in Grenzrealisierung – als Ver-
schränkungsgeschehen *per hiatum* – tatsächlich an lebendigen Dingen oder „nur
in den Köpfen der Philosophen" (105) stattfinden. Angesichts ihres prekären
Wirklichkeitsstatus sieht sich Plessner – wie er insb. in 3.6 ausführt (vgl. 105 – 111)
– zu einer Deduktion des „Sachverhalts der Grenzrealisierung" (122) an den lebendigen Dingen gezwungen, die tatsächlich begegnen. Wenn nämlich der
Nachweis der Grenzrealisierung gelingt, dann kann – vor dem Hintergrund des
empirisch gegebenen Stattfindens von Begrenzung – auch die innere Verschränkung von Begrenzung *und* Grenzrealisierung in der „erscheinende[n], anschauliche[n] Grenze" (100) und damit die innere Verschränkung des physischen
Daseins *und* der ganzheitlichen Erscheinung lebendiger Dinge als gesichert angenommen werden.

Wenn man sich nun fragt, wo der über-gestalthafte Sachverhalt der Grenz-realisierung am lebendigen Ding stattfinden kann und woran die philosophische Deduktion also ansetzen muss: ob an seinem empirisch gegebenen Dasein als einem physischen Körper oder an den Eigenschaften, in denen seine lebendige Ganzheitlichkeit für die lebensweltliche Anschauung in Erscheinung tritt – so kommen offensichtlich nur letztere infrage (vgl. 128). Freilich darf Plessners De-duktionsvorhaben nun nicht darin bestehen, die Merkmale lebendigen Seins „*aus* dem Sachverhalt der Grenzrealisierung" (122) abzuleiten. Solch ein „idealisti-sches" Deduktionsverständnis widerspräche der „Hiatusgesetzlichkeit" (151), für die die Grenzhypothese in inhaltlicher Hinsicht steht: die Verabsolutierung eines „Generalnenner[s]" (152) zu unterlaufen. Damit zugleich wäre den rationalisierten Lebensmerkmalen die Rückbindung an die tatsächlichen Dinge genommen (vgl. 122) – und infolgedessen das Ziel der Deduktion verfehlt. Im Sinne einer Abgrenzung gegen diese idealistische Selbstabschließung ist Plessners affirma-tiver Bezug auf das Kantische Deduktionsverfahren zu verstehen. Plessner stimmt Fichtes und Hegels als Einwand gemeinter Darstellung zu, dass Kant die Ver-standeskategorien nur aufgelesen und nicht abgeleitet habe, wendet diese Dar-stellung jedoch ins Positive. Indem er die Verstandeskategorien aufgelesen habe, habe Kant – mit der transzendentalen Deduktion – ein Deduktionsverfahren entwickelt, das die Bindung an die Tatsächlichkeit nicht durchtrennt (vgl. 113). In Anschluss an Kants Deduktionsverfahren macht Plessner es sich zur Aufgabe, seinerseits die Lebensmerkmale – wie Kant die Urteilsformen – aus der Erfahrung aufzulesen, um sie als Ermöglichungsbedingungen der Grenzrealisierung aufzu-weisen. Wenn sich die Ordnung, die zwischen den Lebensmerkmalen besteht, nämlich unter Bezugnahme auf den „Sachverhalt der Grenzrealisierung" (122) einsehen lässt, dann können erstere als die Modi angesehen werden, in denen es lebendigen Dingen möglich ist, ihre Grenzen zu vollziehen – und in der Konse-quenz das tatsächliche Stattfinden der Grenzrealisierung als nachgewiesen gelten.

Komplementär zum prekären Wissensstatus der Grenzhypothese steht aller-dings auch – wie Plessner insb. in 3.7 zeigt – der Erkenntnisanspruch der ge-schauten Merkmale infrage, in denen lebendiges Sein in Erscheinung tritt (vgl. 111–118). In seiner Suche nach den Lebensmerkmalen, in denen die Grenz-realisierung stattfinden soll, wendet sich Plessner an die empirisch nicht re-stringierte Alltagserfahrung. Für die lebensweltliche Anschauung sind „indika-torische Wesensmerkmale der Lebendigkeit" (123) – wie Altern oder Wachstum – gegeben, die auf das lebendige Sein belebter Körper hinweisen. Dabei verfügt die empirisch nicht restringierte Anschauung allerdings über keinen Maßstab, um zwischen Sein und Schein zu unterscheiden: zwischen den „Lebensmodalen" (107), in denen sich lebendiges Sein wahrhaftig ausdrückt, und solchen Er-scheinungen, die es lediglich vorgaukeln. Hier sind Plessner zufolge die Grenzen der Phänomenologie erreicht (vgl. 115). Zugleich können nach Plessner auch die empirischen Wissenschaften in Bezug auf die Frage nach dem Status eines anschaulich gegebenen Merkmals lebendigen Seins nicht weiterhelfen. Die empirische Biologie zehrt nämlich ihrerseits von der Alltagserfahrung, ihre „Kategorien [...] wurzeln in den Kategorien des Lebens selbst" (114; siehe auch Krüger 1999, 22ff.; 2009, 134 – 139). Damit ergibt sich für Plessner eine Schwierigkeit, vor der Kant – aus der Perspektive Plessners – nicht stand. Während Kant – nach Plessner – nämlich noch meinte, auf die wissenschaftlich verbürgte Dignität der Urteilsformen vertrauen zu können, sieht Plessner sich selbst gezwungen, die aufgelesenen Merkmale lebendigen Seins ihrerseits zu rechtfertigen.

Plessner vertritt nun die These, dass die Grenzhypothese den philosophischen Maßstab ausmacht, an dem die alltagsweltlich aufgelesenen, indikatorischen Wesensmerkmale in Bezug auf ihren Erkenntnisstatus zu überprüfen sind. Diese Behauptung wird dann verständlich, wenn man sich fragt, welcher Status einer bestimmten Eigenschaft am lebendigen Ding zukommen muss, damit sie von der Alltagserfahrung als Bürge seiner Lebendigkeit angesehen werden darf. Vor dem Hintergrund seiner Überlegungen zum Doppelaspekt lebendiger Körper tritt Plessner dafür ein, dass eine anschaulich gegebene Eigenschaft lebendiges Sein dann verbürgt, wenn sie eine konstitutive Bedingung dafür darstellt, dass ein physischer Körper als lebendig in Erscheinung treten kann. Insofern die Grenzrealisierung als „Grund [...] der Lebenserscheinungen" (106) bestimmt wurde, können folglich allein solche Merkmale als Ausdruck lebendigen Seins angenommen werden, die deren Stattfinden ermöglichen. Die Grenzrealisierung macht damit den Maßstab aus, um die „konstitutiven" von den bloß „indikatorischen" Merkmalen lebendigen Seins abzuheben (vgl. 114). „Wesensnotwendig für das Leben heißt für es möglichkeitsbedingend zu sein. Wenn sich also herausstellt, daß ein physisches Ding das in Fall II bezeichnete Verhältnis zu seiner Grenze [d. h. seine Grenze zu realisieren – OMS] nur dann hat, wenn es die Weise der Entwicklung, der Reizbarkeit, der Vermehrung annimmt, so ist damit der Modalcharakter von Entwicklung, Reizbarkeit, Vermehrung erwiesen" (122).

Damit ist ersichtlich geworden, dass sich die beiden Deduktionsaufgaben verschränken. Der Wissensstatus von beiden Erkenntnissen ist gleichermaßen prekär: die erdachte Grenzhypothese steht in Bezug auf ihr faktisches Stattfinden, die geschauten Lebensmerkmale stehen in Bezug auf ihre Zugehörigkeit zum Wesen lebendigen Seins infrage. Zugleich sind beide Erkenntnisse jedoch in Bezug auf den Aspekt gesichert, der der je anderen entzogen ist. Der Gedanke der Grenzrealisierung bezeichnet den „Grund [...] der Lebenserscheinungen" (106). Folglich dürfen die Eigenschaften, in deren Modus die Grenzrealisierung stattfindet, in ihrem Status als ein Lebensmodal als gerechtfertigt angenommen werden, das lebendiges Sein – für die lebensweltliche Anschauung – zum Ausdruck bringt. Komplementär dazu ist das Stattfinden der Lebensmerkmale an den lebendigen Dingen gewiss. Folglich darf das Stattfinden der Grenzrealisierung dann als eingeholt gelten, wenn sich die Lebensmodale als Bedingungen ihrer Möglichkeit aufweisen lassen. Vor diesem Hintergrund zieht Plessner – in 3.8 – die Konsequenz, das Programm seiner Deduktion doppelseitig anzulegen (vgl. 118 – 122). Mit seinem Deduktionsunternehmen, um das er sich in den *Stufen* mit Beginn des vierten Kapitels bemüht, verfolgt er das doppelte Ziel, das tatsächliche Stattfinden der Grenzrealisierung und die Notwendigkeit der Lebensmerkmale *aneinander* zu rechtfertigen – um auf diese Weise den Erkenntnisanspruch sowohl der gedachten Grenzhypothese als auch der geschauten Lebensmodale einzuholen: dass erstere Wissen von der Verschränkung vermittelt, die lebendige Dinge *per hiatum* eint, und dass letztere geschautes Wissen von den Qualitäten eröffnen, in denen sich lebendiges Sein ausdrückt.

Vor dem Hintergrund dieser Rekonstruktion kann ich solche Interpretationsvorschläge nicht teilen, die Plessners Deduktionsprogramm – in zu großer Nähe zur Hegelschen Dialektik – als Unternehmen rekonstruieren wollen, „die für alles Leben charakteristischen Funktionen aus ihm [dem Sachverhalt der Grenzrealisierung – OMS] *abzuleiten* [Herv. OMS]" (Rohmer 2016, 237) – um entweder den kategorischen Status der Grenzrealisierung (vgl. Rohmer 2016, 237) oder den apriorischen Status der Lebensmodale (vgl. Holz 2003, 124) nachzuweisen. Demgegenüber möchte ich Mathias Gutmann darin zustimmen, dass Plessner das Verhältnis von Grenzrealisierung und lebendigem Sein nicht „begrifflich bestimmt". Wie ich versucht habe zu zeigen, bedeutet dies meiner Ansicht nach nun allerdings gerade nicht – wie Gutmann meint –, dass Plessner den Zusammenhang von Grenzrealisierung und lebendigem Sein „schlicht behauptet" habe (vgl. Gutmann 2005, 139).

6.3 Der Anfang der doppelseitigen Deduktion in 4.1 und 4.2

Bevor sich Plessner an die Durchführung der doppelseitigen Deduktion machen kann, hat er ein letztes konzeptionelles Problem zu lösen: wie ihr Anfang zu machen ist. Zu diesem Zweck blickt er zu Beginn des vierten Kapitels nochmals – in 4.1 – auf die Merkmale lebendigen Seins und – in 4.2 – auf den Sachverhalt der Grenzrealisierung (vgl. 123 – 126 bzw. 127 – 132). Von den anschaulich gegebenen Merkmalen lebendigen Seins gehen für die Plessner'sche Deduktion keine weiteren Schwierigkeiten aus. An den lebendigen Dingen treten diese Merkmale unmittelbar in Erscheinung und müssen aus der lebensweltlichen Erfahrung nur aufgelesen werden. Wenn Plessner seine Deduktion beginnt, indem er – in 4.1 – einige indikatorische Lebensmerkmale wie Plastizität oder Rhythmik vorstellt, so verfolgt er mit diesem Anfang nach eigenen Angaben denn auch „nur einen pädagogischen Zweck" (126).

Vor weit größere Schwierigkeiten wird die Durchführung der Deduktion dagegen durch den Sachverhalt der Grenzrealisierung gestellt. Wie oben gesehen kann die Deduktion allein an der Ebene der Eigenschaften des lebendigen Dings ansetzen, um das Stattfinden des übergestalthaften Geschehens der Grenzrealisierung aufzuweisen. Dies bedeutet nun aber nicht nur – wie bisher suggeriert –, dass die Grenzrealisierung allein *an den* Lebensmerkmalen, sondern auch, dass sie ihrerseits allein *als* eine Eigenschaft nachgewiesen werden kann, die am lebendigen Ding vorkommt. Zum Zweck ihrer Nachweisbarkeit sucht Plessner dementsprechend – in 4.2 – die Eigenschaften des lebendigen Dings auf, in denen sich die Grenzrealisierung für die lebensweltliche Anschauung unmittelbar zeigt (vgl. 128) – und findet sie in dessen *positionalen* Eigenschaften: über den Ort, an dem es sich (für die lebensweltliche Anschauung) befindet, hinaus *und* in ihn hinein zu sein und „in seinem Sein zu einem gesetzten" Sein zu werden (129; vgl. dazu Fischer 2000, 274 ff.). Als – allein für die lebensweltliche Anschauung gegebene – Merkmale unterscheiden sich die Positionalitätscharakteristika zunächst nicht von den anderen „indikatorischen Merkmalen der Lebendigkeit" (123). Die Deduktion des „Sachverhalt[s] der Grenzrealisierung" (122) konkretisiert sich damit zu dem Unternehmen, Positionalität als Ordnungsprinzip der übrigen Lebensmerkmale auszuweisen.

Für die Interpretation stellt sich nun die Frage, ob die solcherart konkretisierte Anlage der Deduktion noch deren ursprünglichen Anspruch einzulösen vermag, das Stattfinden der Grenzrealisierung als „Grund [...] der Lebenserscheinungen" (106) aufzuzeigen. Sollte dies nicht gelingen, wäre die Deduktion sowohl des „Sachverhalt[s] der Grenzrealisierung" (122) als auch der Lebensmodale gescheitert. Die Schwierigkeit besteht nun darin, dass auf der einen Seite die „Hiatusgesetzlichkeit" verlangt, die Deduktion in der Ebene der Eigenschaften anzusiedeln, und auf der anderen Seite die Aufgabe, die Grenzrealisierung als „Grund [...] der Lebenserscheinungen" (106) nachzuweisen, zu fordern scheint, „hinter" die Ebene der Eigenschaften zurückzufragen. Der letztere Anspruch ist jedoch trügerisch. Er entsteht, wenn man von einem falschen Verständnis der Erscheinung lebendiger Dinge ausgeht – und sich in Bezug auf den Status von deren „Lebenserscheinungen" an dem Doppelaspekt von Kern und Eigenschaft orientiert, *kraft* dessen jedes Ding als Ding in Erscheinung tritt. Lebendige Dinge zeichnen sich nach Plessner im Unterschied zu unbelebten Dingen jedoch gerade dadurch aus, dass ihr In-Erscheinung-Treten seinerseits nochmals als eine seine Qualitäten in Erscheinung tritt – so dass sie „nicht nur kraft des Doppelaspekts, sondern *im* Doppelaspekt erscheinen" (89). Dabei „bedingt" – so Plessner – „das besondere Wesen gerade dieser Eigenschaft das seltsame Überwiegen über die anderen Eigenschaften, indem es sie alle durchdringt und sich somit ihnen allen aus dem Dingkern heraus mitzuteilen scheint" (130). Die selbstbezügliche Ganzheitlichkeit bildet mit anderen Worten die Eigenschaft der lebendigen Dinge, die ihre anderen Qualitäten durchdringt und ordnet. Vor diesem Hintergrund wird verständlich, wie Plessner, indem er Positionalität – in der Ebene der Eigenschaften – als Ordnungsprinzip der Lebensmodale vorführt, den „Sachverhalt der Grenzrealisierung" (122) als „Grund [...] der Lebenserscheinungen" (106) nachweisen kann. Zu diesem Zweck muss er in der Ebene der Eigenschaften zeigen, dass der „positionale Charakter" (129) die Lebensmerkmale so ordnet, dass das lebendige Ding in ihnen als selbstbezügliche Ganzheit in Erscheinung tritt. Er muss anschaulich vorführen, dass der Kern des in es gesetzten, lebendigen Dings in seinen Lebensmerkmalen als Träger seiner Eigenschaften und seine Lebensmerkmale damit zugleich als die Lebensmodale auftreten, die sein lebendiges Sein ausdrücken. Wenn Plessner dieser Nachweis glückt, kann er zeigen, dass der „Sachverhalt der Grenzrealisierung" (122) an lebendigen Dingen als Grund ihrer Lebenserscheinungen stattfindet: nämlich als Grund dafür, dass lebendige Dinge nicht nur kraft des Doppelaspekts von Kern und Eigenschaften als Dinge erscheinen, sondern darüber hinaus in der Ordnung ihrer Lebensmerkmale als selbstbezügliche Ganzheiten in Erscheinung treten, die auf ihr dinghaftes Dasein ausgreifen. Damit hätte er das Ziel der doppelseitigen Deduktion erreicht: den Wissensanspruch der – gedachten – Grenzhypothese und der – geschauten – Lebensmerkmale einzuholen.

Vor dem Hintergrund dieser Rekonstruktion überzeugt mich Ebkes Forderung nach einer transzendentalen Deduktion nicht. Ebke wendet gegen Plessners Deduktion ein, dass darin „zwar der gesamte Kanon der Vitalkategorien freigelegt, nicht aber dessen objektive Gültigkeit deduziert wird" (Ebke 2012, 291). Dies könne nach Ebke allein eine „transzendentale Deduktion" leisten, die „nicht umhin" käme, „die Brücken zwischen Subjekt und Objekt [...] in den subjektiven Ursprung aller Subjektivität und Objektivität zu verlegen" (Ebke 2012, 290). Meiner Ansicht nach muss Plessner diese Schlussfolgerung, die er – wie Ebke selbst betont – „gerade aus den Angeln heben will" (Ebke 2012, 9), nicht ziehen, um die objektive Gültigkeit der Lebensmodale aufzuweisen. Vielmehr hat er die objektive Gültigkeit der Lebensmodale nachgewiesen, indem er ihre Ordnung als durch die Positionalität bzw. den „Sachverhalt der Grenzrealisierung" (122) bestimmt vorführt. Im Verhältnis zum anschauenden Subjekt steht folglich allein der Nachweis ihres *Zu*- bzw. *Füreinander* aus: ob das Erkenntnissubjekt so verfasst ist, dass es die – in der Grenzrealisierung gründende – Erscheinung des lebendigen Dings zu erfahren vermag. Zu diesem Zweck ist nach meinem Verständnis in Anschluss an Orth und Beaufort die *Korrelation* zwischen der Verfasstheit des Dings auf Seiten des Erkenntnisobjekts und der exzentrischen Positionalität auf der Seite des Erkenntnissubjekts in den Blick zu nehmen. Im Sinne der „Hiatusgesetzlichkeit" (151) darf von dieser Korrelation meiner Ansicht nach nun jedoch gerade nicht – wie von Orth und Beaufort unternommen – auf die „konstruktive Geschlossenheit seines [Plessners – OMS] Systems" (Beaufort 2000, 215) geschlossen werden. Wenn der Anfang der *Stufen* nur „ein präparierter Anfang" wäre, in dem „ihre Pointe [der exzentrischen Positionalität – OMS] schon vorausgesetzt werden" muss (Orth 1991, 266), wäre die Gleichursprünglichkeit von Denken und Schauen aufgegeben und die „Brücke zwischen Subjekt und Objekt" (Ebke 2012, 290) tatsächlich in das erkennende Subjekt verlegt. Solch ein Schritt ist jedoch zum Zwecke der Deduktion der Grenzrealisierung und der Vitalkategorien gerade nicht verlangt.

6.4 Die Zeittheorie als erster Schritt in der Durchführung der doppelseitigen Deduktion in 4.3 bis 4.5

6.4.1 Problemstellung und Aufbau der Plessner'schen Zeittheorie

Die Abschnitte 4.3 bis 4.5, in denen Plessner die Grundgedanken seiner Zeittheorie entwickelt, gehören zu den dunkelsten Passagen der *Stufen*. Meiner Ansicht nach lässt sich der Aufbau der Argumentation, die Plessner hier entfaltet, allerdings im Rückgriff auf sein Deduktionsvorhaben verstehen. Inhaltlich macht sich Plessner in seiner Zeittheorie zum Anwalt der lebensweltlichen Erfahrung, dass lebendige Dinge „in die Zeit hinein" (183) leben und ihr Dasein „zeithaft" (183) verfasst ist – so dass die chronologisch ablaufende Zeit, in der sie sich wie alle Dinge vorfinden, von ihrem lebendigen Sein durchdrungen wird und in Gestalt ihrer Entwicklung „aus der Stellung [einer] bedingte[n] äußere[n] Form[...] in die Stellung [eines] bedingte[n] ‚innere[n]' Seinscharakter[s]" (183) rückt. Am Ende des vierten Kapitels bringt Plessner die lebensweltliche Erfahrung, um deren Verteidigung ihm zu tun ist, genauer vor Augen (vgl. 180 – 184). Im Unterschied zum unbelebten Körper, der für die lebensweltliche Erfahrung „gleichgültig [...] gegen die Zeit" (182) sei, sei die Zeit dem organischen Körper „an ihm selber [...] *bemessen.* Weshalb man z. B. sagen darf, eine dreijährige Ratte sei so alt wie ein sechzigjähriger Mensch. Und es unmöglich ist zu sagen (wie in Popularisierungen der Relativitätstheorie geschehen ist) ein mit Lichtgeschwindigkeit gegen die Umdrehungsrichtung der Erde bewegter Organismus verjünge sich. Auch der Kristall wächst und altert und wie vieles gibt es nicht in der unbelebten Natur, das im Lauf der Zeit an Umfang zunimmt oder an Widerstandsfähigkeit abnimmt, sich abnutzt. [...] Wachsen und Altern sind hier rein extensiver Natur. Sie bedeuten die allmähliche Veränderung, welche der anfangs vorhandene Körper durch Anlagerung oder durch Eingriff anderer Stoffe erfährt und ihn selbst zu einem anderen macht.

[...] Ein außersprachlicher Grund zur Gegenüberstellung eines Trägers der Prozesse und der Prozesse selber besteht hier nicht" (182–183).

Mit seinem Eintreten für das zeithafte Dasein lebendiger Dinge widersetzt sich Plessner der dualistischen Auflösung des Phänomens der Entwicklung, die lebendige Dinge für die lebensweltliche Erfahrung durchleben. Auf der einen Seite stellt er sich mechanistischen Ansätzen entgegen, die „das Evolutions*phänomen*" durch „kausale[...] Bedingtheiten" (144) erklären wollen. „Hier wie in allen Fällen geht das Phänomen in seiner spezifischen qualitas der naturwissenschaftlichen Erklärung durch die Finger" (144). Auf der anderen Seite erhebt er Einspruch gegen vitalistische Ansätzen, die die Entwicklung des lebendigen Dings im Ausgang von einem vorausgesetzten *telos* verstehen wollen und dabei nicht nur mit der empirischen Forschung in Konflikt geraten, sondern darüber hinaus das Phänomen der konkreten Gegenwart des lebendigen Einzeldings in ein bloßes „Abziehbild" der vorausgesetzten Bestimmung auflösen (vgl. 143–144). Gleichwohl haben beide Ansätze nach Plessner richtige Aspekte an der Zeit lebendiger Dinge aufgefasst – diese dann allerdings zu deren „Generalnenner" (152) verabsolutiert und sich auf diese Weise den Zugang zu dem Wissen verstellt, das die lebensweltliche Erfahrung vermittelt. Auf der einen Seite sind lebendige Dinge empirisch nämlich wie „alle Dinge [...] in der Zeit" (178) gegeben – so dass es nahezuliegen scheint, die Entwicklung lebendigen Seins im Ausgang von vorgängigen Ursachen zu erklären (vgl. 144, 178). Auf der anderen Seite begegnen sie lebensweltlich als solche Dinge, die in ihrer Entwicklung einem Ziel entgegen streben (vgl. 141 ff.) – so dass es vor diesem Hintergrund nahezuliegen scheint, die Entwicklung lebendiger Dinge als durch vorgängige Zweckkausalität motiviert verstehen zu wollen (vgl. 143). In Überwindung dieser Dualismen macht es sich Plessner in seiner Zeittheorie zur Aufgabe, das Dasein lebendiger Dinge in seinen beiden Aspekten – zeitlich bzw. „in der Zeit" (178) *und* zeithaft bzw. „in die Zeit hinein" (183) zu sein – in den Blick zu nehmen und nach ihrer Einheit zu fragen: nach der zeithaften Durchdringung ihres Daseins in der Zeit.

Die Herausforderungen, denen sich Plessner mit seinem Einstehen für die lebensweltliche Erfahrung stellt – dass das zeitliche Dasein lebendiger Ding zeithaft durchformt sei –, lassen sich weiter präzisieren, wenn man mit in den Blick nimmt, warum er den Lösungsvorschlag, den sein Lehrer Driesch für das Problem der Entwicklung anbietet, für nicht gangbar hält. Als „strenge[r], jede Zweckursache ausschaltende[r] Forscher" (143) käme Driesch – nach Plessner – „um dem Evolutions*phänomen* gerecht zu werden, an der Annahme eines Lenkfaktors nicht vorbei" (143). Im Unterschied zum traditionellen Verständnis der *causa finalis* ist die „Entelechie" bei Driesch allein für die lebendige „Formbildung" (Driesch 1921, 138) innerhalb der Entwicklung verantwortlich. Sie ordnet nach Driesch die Kausalprozesse, die am lebendigen Ding ablaufen, so dass das kausal verursachte „Mannigfaltigerwerden [...] zur Ganzheit des in Rede stehenden Dinges [führt]" (Driesch 1921, 552; vgl. dazu Ebke 2012, 41; Toepfer 2015, 26–27). In Gestalt der Entelechie hypostasiert Driesch nach Plessner den vorwegseienden Typus, dem sich die Entwicklung für die lebensweltliche Anschauung entgegen zuneigen scheint, allerdings zu einem „Naturfaktor" (146) – der „mit den feststellbaren und berechenbaren Faktoren der Energie *in Konkurrenz*" (146) trete. Mit dem Gedanken des Entelechiefaktors sei Driesch – wie Ebke Plessners Kritik pointiert zusammenfasst – ein „Kategorienfehler" unterlaufen (Ebke 2012, 44): er habe darin „den Übergang von den Quantitäten zu den Qualitäten" – und d. h. in unserem Fall: den Übergang vom physischen Dasein in der Zeit zur zeithaften Erscheinung – „ontologisiert" (Ebke 2012, 44). Damit wird Driesch nach Plessner aber beiden Dimensionen an der Zeit lebendiger Dinge nicht gerecht: weder ihrem – empirisch erforschbaren – Dasein in der Zeit, noch der – erschaubaren – Erscheinung ihres In die Zeit hinein-Seins (vgl. 142). Vor dem Hintergrund der Schwierigkeiten, mit denen Plessner Driesch konfrontiert sieht, tritt die eigentliche Herausforderung hervor, mit der sich Plessner in seiner Zeittheorie auseinandersetzt: zu verstehen, wie lebendige Dinge als solche Dinge in Erscheinung treten können, deren zeitliches bzw. prozessuales Dasein zeithaft durchdrungen ist – ohne hierfür auf einen „Naturfaktor" zurückzugreifen, der ihre Entwicklung von außen lenkt. Unter der Bedingung, dass eine Ontologisierung des Übergangs von zeitlichem Dasein in zeithafte Erscheinung vermieden werden kann, ließe sich nämlich die zeithafte Erscheinung lebendiger Dinge angesichts ihrer Relativierbarkeit auf ihr Dasein in der Zeit „als trotzdem Wirkliches" (MNA, 163) festhalten.

Mit ihrer Durchführung als doppelseitiger Deduktion verschafft Plessner seiner Zeittheorie nun eine solche Anlage, mit deren Hilfe es ihm möglich wird, im Unterschied zu Driesch auf die Hypostasierung eines „von außen lenkenden Faktors" (142) zu verzichten. Diese Anlage erlaubt es ihm nämlich, das Phänomen der zeithaften Durchdringung ihres Daseins in der Zeit an den lebendigen Dingen in der Ebene ihrer erscheinenden Eigenschaften zu halten. Zu diesem Zweck hebt er innerhalb der Zeitqualitäten des lebendigen Dings – entsprechend seines Deduktionsprogramms – zwei Eigenschaftstypen voneinander ab: die Charaktere der Zeithaftigkeit als den positionalen Eigenschaften und die „dynamischen" Lebensmerkmale (vgl. 155). Seine philosophische Verteidigung des lebensweltlichen Wissens, dass lebendige Dinge auf ihre Zeit ausgreifen, kann er auf diese Weise als Nachweis anlegen, dass die Charaktere der Zeithaftigkeit die dynamischen Lebensmodale so ordnen, dass die lebendigen Dinge in ihnen als Träger ihres Lebensprozesses in Erscheinung treten. Im Sinne seiner Positionalitätstheorie gliedert er seine Zeittheorie in drei Abschnitte. Zunächst blickt er – in 4.3 – auf die positionale „Doppeltranszendierung" (139), die das lebendige Ding über sein „Jetzt" (133) hinaus und in es hinein vollzieht; in Anschluss daran fasst er – in 4.4 –

dessen in sich gesetzte Eigenzeit und im letzten Schritt – in 4.5 – den Übergang *per hiatum* der zeithaft geformten Eigenzeit des lebendigen Dings in dessen zeitliches Vergehen ins Auge.

6.4.2 Die zeithaften Vollzüge der „Doppeltranszendierung"

Den Anfang seiner Zeittheorie macht Plessner, indem er – in 4.3 – die dynamischen Wesenscharaktere aus der lebensweltlichen Erfahrung aufklaubt, in denen die positionale Durchformung des Daseins in der Zeit stattfindet (132–138). Hierfür geht Plessner von den Eigenschaften aus, in denen die positionale „Doppeltranszendierung" (139) des lebendigen Dings, über sein „Jetzt" hinaus *und* in es hinein gesetzt zu werden, in Erscheinung tritt: sein Werden *und* Beharren (vgl. 132–133). Dabei dürfen Werden und Beharren als positionale Eigenschaften nach Plessner nicht gegeneinander isoliert werden (vgl. 133). Nur in ihrem Aufeinander-bezogen-Sein lassen sich Werden und Beharren nämlich als die Vollzüge verstehen, in denen lebendige Dinge „in die Zeit hinein" sind (183). Die Vorstellungen von verabsolutiertem Werden bzw. verabsolutiertem Beharren überantworteten bzw. entzögen das Dasein lebendiger Dinge demgegenüber ihrem Sein in der Zeit. Dementsprechend sucht Plessner genauer die dynamischen Lebensmerkmale auf, in deren Modus das Werden *als* Beharren und das Beharren *als* Werden stattfinden können (vgl. 133–136): die Prozessualität und Typizität des lebendigen Seins, die Dynamik der lebendigen Gestalt und die Individualität des lebendigen Einzeldings (vgl. 136–137).

Plessner entwickelt seine Theorie über die Lebensvollzüge, in denen lebendige Dinge für die lebensweltliche Anschauung „in die Zeit hinein" (183) sind, indem er anschaulich aufzeigt, dass die genannten dynamischen Lebensmodale von der „Doppeltranszendierung" (139) des Werdens *und* Beharrens durchdrungen bzw. geordnet werden. Den Prozess stellt Plessner als das Lebensmodal vor, das es dem lebendigen Ding ermöglicht, sein Etwas- bzw. Anderes-Werden als Beharren auszuüben. Die einzelnen Phasen des Prozesses unterscheiden sich nach Plessner nämlich nicht prinzipiell voneinander, sondern stellen sich vielmehr als „Variablen" des sich durchhaltenden Typus dar – so dass der Prozess die „Dieselbigkeit" des in ihn begriffenen Dings nicht zersetzt (vgl. 136). Dynamik der Gestalt, Individualität des Einzeldings und Typizität des lebendigen Seins versteht Plessner komplementär dazu als die Lebensmodale, unter denen es dem lebendigen Ding möglich wird, sein Beharren im zeitlichen Wandel auszuüben. Unter dem Spielraum, dem ihm sein Typus eröffnet, tritt das lebendige Ding nach Plessner nämlich als besonderes Individuum in Erscheinung, indem es sich der prozessualen Veränderung seiner Gestalt überlässt (vgl. 137). Lebendige Dinge

begegnen der lebensweltlichen Erfahrung damit als Individuen, die im Lebensprozess eine Veränderung ihrer Gestalt bzw. eine „Umgestaltung" (137) durchlaufen. Auf diese Weise hat Plessner den Nachweis erbracht, dass lebendige Dinge
„erlebnismäßig" (182) als solche Dinge begegnen, die „in die Zeit hinein" sind,
indem sie im Lebensprozess zugleich über ihr „Jetzt" hinaus sind und anders
werden *und* in ihr „Jetzt" hinein sind und als dieselben beharren.

6.4.3 Die qualitative Ausrichtung der Eigenzeit lebendiger Dinge

Im Gesamtzusammenhang von Plessners Einstehen für die lebensweltliche Erfahrung, dass lebendige Dinge ihr Dasein zeithaft vollziehen, stellt sich nun die
Frage nach der qualitativen Ausrichtung des zeitlichen bzw. prozessualen Wandels, den lebendige Dinge durchleben: wie sich die Positionalität von lebendigen
Dingen als Grund dafür einsehen lässt, dass sich diese als „Träger" ihres Lebensprozesses (183) bzw. letzterer als durch ihr lebendiges Sein vermittelt darstellen. Vor dem Hintergrund des ersten Argumentationsschritts stellt sich damit
jetzt die Frage, wie der prozessuale Wandel in seiner qualitativen Ausrichtung
durch die positionale „Doppeltranszendierung" (139) über sein Jetzt hinaus und in
es hinein – bzw. durch sein Werden und Beharren – orientiert werden kann. Wenn
der zeitliche Wandel, den das lebendige Ding erfährt, im Prozess zeithaft durchformt werden soll, dann darf der Lebensprozess von seiner Ausrichtung her weder
als chronologisches Ablaufen bzw. „reines Übergehen" (140) noch als ein bloßes
„Treten auf der Stelle" (138) bestimmt sein. In ersterem Fall wäre der „lebendige
Körper [...] sein Totenhaus, aus dem das Leben entflohen ist" (140), in letzterem
Fall führte das Individuum eine „Eigenexistenz neben dem Prozeß", in dem es
nicht „real begriffen" wäre (138). Um den prozessualen Wandel als durch das
lebendige Sein vermittelt aufzuweisen, fragt Plessner in seinem zweiten Deduk-
tionsschritt – in 4.4 – dementsprechend nach den dynamischen Lebensmerkmalen, in denen das Werden *und* das Beharren des lebendigen Dings bzw. seine
Transzendierungsvollzüge über sein „Jetzt" hinaus *und* in es hinein eine „echte
synthetische Verbindung" (138) bilden (vgl. 138–146). Plessner findet die gesuchten dynamischen Lebensmerkmale im Entwicklungscharakter des Lebensprozesses, in der Unfertigkeit des lebendigen Dings, dem Typus als dessen vor-
wegseiendem Ziel sowie dem Wachstum und der Differenzierung des lebendigen
Körpers (vgl. 140–143).

„Unter dem Gesichtspunkt" (122) seiner Positionalität stellt sich der Lebensprozess des lebendigen Dings als Entwicklung (140) dar: als der Prozess, den das
wesentlich „unfertige" (141) Ding unter dem ihm „vorwegseienden" (141) Typus
durchläuft und in dem es „immer fertiger" (142) wird, und der sich seinerseits

durch „jene bedeutsame *Deklination*" auszeichnet, „nach welcher jede der auf-einander folgenden Phasen auf höherem Niveau als die vorhergegangene liegt" (142). „Entscheidend" ist dabei für Plessner „die Wesenszugehörigkeit des Vor-wegseienden zu dem Ding, dem es vorweg ist" (142). Nur unter der Bedingung, dass der vorwegseiende Typus als dem lebendigen Ding in seiner Unfertigkeit – und nicht als dessen Entwicklung – zugehörig eingesehen wird, lässt sich der Lebensprozess nämlich als durch ihn selbst gelenkt verstehen. Jetzt zeigt sich, dass der Lebensprozess seine Ausrichtung durch den Ausgleich erfährt, den das lebendige Ding immer aufs Neue zwischen seiner Unfertigkeit und dem ihm vorwegseienden Typus herstellt (vgl. 142). Indem sich das lebendige Ding dabei auf seine jeweils aktuelle Unfertigkeit bezieht, stellt sich der Lebensprozess als Ent-wicklung dar, die höher steigt (vgl. 143). Wenn die Deklination der Entwicklung isoliert in den Blick genommen wird, dann nimmt der Typus an ihr „notgedrungen die Charaktere der Zweckursache an" (143), die ihren Lauf motiviert. „Unter dem Gesichtspunkt" (122) der Positionalität darf diese „Neigung gegen das Ziel" (143) nach Plessner nun allerdings nicht zu einem die Entwicklung „von außen len-kenden Faktor" (142) erhöht werden (vgl. 142–143). Vielmehr tritt Plessner tritt – im Rahmen seiner doppelseitigen Deduktion – gegen Driesch dafür ein, dass die Entelechie nicht als „Naturfaktor" (146), sondern allein als „Seinsmodus ent-sprechend jener Grenzbedingung" (146) zu verstehen ist: als eines der dynami-schen Lebensmerkmale, in deren Modus die „Zeitform" des lebendigen Dings „aus der Stellung [einer] bedingende[n] äußere[n] Form [...] in die Stellung [eines] bedingte[n] ‚inneren' Seinscharakter[s]" rückt (183). Die durch seine Positionalität bzw. sein lebendiges Sein vermittelte Eigenzeit lebendiger Körper tritt nach Plessner schließlich auch an ihrer organischen Verfasstheit hervor: in den Ei-genschaften des Wachstums und der Selbstdifferenzierung (vgl. 145–146).

6.4.4 Das In der Zeit-Sein von lebendigen Dingen

In seinem zweiten Argumentationsschritt ist es Plessner gelungen, – mit der Entwicklung, die lebendige Dinge unter dem ihnen vorwegseienden Typus als Ausgleich ihrer aktuellen Unfertigkeit vollziehen – den Komplex der Lebens-merkmale aufzuzeigen, in denen sich der prozessuale Wandel, den lebendige Dinge erleben, als von ihrem zeithaften Dasein durchdrungen darstellt, und in denen die lebendigen Dinge auf diese Weise als „Träger" ihres Lebensprozesses in Erscheinung treten (183). In Plessners Einstehen für das lebensweltliche Wissen von der Zeithaftigkeit lebendiger Dinge steht ein letzter Argumentationsschritt noch aus. Bisher hat Plessner nämlich noch nicht in den Blick genommen, dass lebendige Dinge wie „alle Dinge [...] in der Zeit [sind]" (178). Von der lebensweltlich gegebenen Entwicklung – als der durch ihr lebendiges Sein vermittelten Eigenzeit – lebendiger Dinge muss Plessner folglich abschließend zeigen können, wie sie mit deren In-der-Zeit-Sein zusammenbestehen kann. Plessner rollt dieses Problem – in 4.5 – als Frage nach der Notwendigkeit des Todes für das lebendige Ding auf (vgl. 146–154). Die antagonistische Fragerichtung, die Hannah Arendt unter dem Stichwort der „Natalität" verfolgt, übersieht er: dass die Geburt eines Lebewesens einen prinzipiellen Neuanfang in der Zeit – nämlich den Einbruch von zeithaften Leben in die Zeit – bedeutet (vgl. Arendt 1981, 216). Im Sinne der „Hiatusgesetzlichkeit" (151) darf Plessner in diesem letzten Schritt seiner Argumentation weder die Zeithaftigkeit noch die Zeitlichkeit lebendiger Dinge zu einem „Generalnenner" (152) lebendigen Seins überhöhen. Der Tod darf dem zeithaft verfassten Leben folglich weder als zugehörig noch als fremd, aufgefasst werden (vgl. 147–148). Das Verhältnis des zeithaften Lebens zum seinem Vergehen in der Zeit muss vielmehr als Verschränkung *per hiatum* eingesehen werden: „der Tod ist dem Leben unmittelbar äußerlich und unwesentlich, wird jedoch durch die lebenswesentliche Form der Entwicklung mittelbar zum unbedingten Schicksal des Lebens" (148).

Um diesem Erkenntnisanspruch zu entsprechen, klaubt Plessner gemäß dem Methodenprogramm seiner doppelseitigen Deduktion die Lebensmerkmale auf, in denen die Entwicklung als Eigenzeit hervortritt, die dem lebendigen Ding „bemessen" (182) ist, und in deren Gestalt sie schließlich mit dem Tod das Ereignis vorbereitet, in dem das individuelle Leben in der Zeit vergeht: ihre „Reifestadien" (148). An den Reifestadien seiner Entwicklung bzw. an seinem „Älterwerden" (182) verfügt das lebendige Ding – wie Plessner aufweist – über ein „absolutes Zeitmaß" (182). In ihnen „tritt der Entwicklungsprozeß unter das Formgesetz des Anstiegs, der Höhe und des Verfalls" (148). Zugleich „reift" das Leben „*unter* oder in den Formen der Jugend, der Reife und des Alters [...] dem Tod entgegen." (151). „Jugend, Reife und Alter" versteht Plessner solcherart als die „Schicksalsformen des Lebens, weil sie dem Entwicklungsprozess wesentlich sind. Schicksalsformen sind nicht Formen *des* Seienden, sondern *für* das Seiende; das Sein tritt unter sie und erleidet sie" (154).

Vor dem Hintergrund dieser Rekonstruktion möchte ich Rohmers Einspruch gegen Grenes skeptischer Nachfrage zustimmen, ob Plessner den Tod logisch herleiten könne (vgl. Grene 1966, 253). Meiner Ansicht nach weist Rohmer zurecht darauf hin, dass „diese Dunkelheit [...] genau das zu sein [scheint], auf das Plessner im Gegensatz zu Hegel hinaus will: Die Erweisung des Todes des Endlichen als rational nachvollziehbare logische Notwendigkeit ist genau der Standpunkt, die den Hegelianismus als solchen zentral prägt. Aus Plessners Sicht kann man aber nur begreifen, dass das Leben die strukturellen Bedingungen aufweist, aus denen heraus es den Tod empfangen kann" (Rohmer 2016, 248).

In seiner Auseinandersetzung mit der Zeit der lebendigen Dinge ist es Plessner meiner Ansicht nach möglich geworden, einen „Generalnenner" (152) zu unterlaufen und die positionale Ordnung der dynamischen Lebensmerkmale als Grund dafür aufzuweisen, dass lebendige Dinge der lebensweltlichen Erfahrung als solche Dinge begegnen, die „in die Zeit hinein" (183) sind und deren Dasein in der Zeit von ihren zeithaften Lebensvollzügen durchdrungen ist, so dass ihre „Zeitform" „aus der Stellung [einer] bedingende[n] äußere[n] Form [...] in die Stellung [eines] bedingte[n] ‚innere[n]' Seinscharakter[s]" rückt (183). Im Gesamtzusammenhang seiner „Philosophie des Lebens" (122) ist ihm damit ein erster Schritt in der Durchführung seiner doppelseitigen Deduktion gelungen. Die Gliederung der Zeit fasst Plessner im Zusammenhang seiner Theorie der lebendigen Organisation ins Auge, die er in der zweiten Hälfte des vierten Kapitels entwirft. Hier stellt er Gegenwart, Vergangenheit und Zukunft als die Zeitmodi von organisch verfassten Dingen vor (vgl. 171–184). Die unterschiedlichen Weisen, in denen lebendigen Dinge ihre Eigenzeit erleben und sich bewusst auf sie beziehen, nimmt er im Horizont der unterschiedlichen Modi der Positionalität in den Blick. So gehört es nach Plessner „zum Wesen eines geschlossen organisierten Lebendigen [...], daß es seine – Vergangenheit erlebt oder Gedächtnis hat" (280) und „zur Grundstruktur der exzentrischen Positionalität" (318), „in der Zukunft" (319) zu leben, „seinem Vorwegsein vorweg" zu sein (319) und sich solcherart um das eigene Dasein zu sorgen und den Tod zu fürchten.

Literatur

Arendt, Hannah 1981: Vita activa oder Vom tätigen Leben, München, Piper.

Beaufort, Jan 2000: Die gesellschaftliche Konstitution der Natur. Helmuth Plessners kritisch-phänomenologische Grundlegung einer hermeneutischen Naturphilosophie in ‚Die Stufen des Organischen und der Mensch', Würzburg, Königshausen & Neumann.

Driesch, Hans 1921: Philosophie des Organischen. Grifford-Vorlesungen gehalten an der Universität Aberdeen in den Jahren 1907–1908, Leipzig, Engelmann.

Ebke, Thomas 2012: Lebendiges Wissen des Lebens. Zur Verschränkung von Plessners Philosophischer Anthropologie und Canguilhems Historischer Epistemologie, Berlin, Akademie Verlag.

Fischer, Joachim 2000: „Exzentrische Positionalität – Plessners Grundkategorie der Philosophischen Anthropologie", in: Deutsche Zeitschrift für Philosophie 48 (2), S. 265–288.

Grene, Majorie 1966: „Positionality in the Philosophy of Helmuth Plessner", in: The Review of Metaphysics 20 (2) S. 250–277.

Gutmann, Mathias 2005: „Der Lebensbegriff bei Helmuth Plessner und Josef König. Systematische Rekonstruktion begrifflicher Grundprobleme einer Hermeneutik des Lebens", in: Gamm, G./Gutmann, M./Manzei, A. (Hrsg.) 2005: Zwischen Anthropologie und Gesellschaftstheorie. Zur Renaissance Helmuth Plessners im Kontext der modernen Lebenswissenschaften, Bielefeld, transcript, S. 125–157.

Holz, Hans Heinz 2003: Mensch – Natur. Helmuth Plessner und das Konzept einer dialektischen Anthropologie, Bielefeld, transcript.

Krüger, Hans-Peter 1999: Zwischen Lachen und Weinen. Bd. I: Das Spektrum menschlicher Phänomene, Berlin, Akademie Verlag.

Krüger, Hans-Peter 2009: Philosophische Anthropologie als Lebenspolitik. Deutsch-jüdische und pragmatistische Modernekritik, Berlin, Akademie Verlag.

Mitscherlich, Olivia 2007: Natur *und* Geschichte. Helmuth Plessners in sich gebrochene Lebensphilosophie, Berlin, Akademie Verlag.

Orth, Ernst Wolfgang 1991: „Philosophische Anthropologie als Erste Philosophie. Ein Vergleich zwischen Ernst Cassirer und Helmuth Plessner", in: Dilthey-Jahrbuch 7, S. 250–274.

Rohmer, Stascha 2016: Die Idee des Lebens. Zum Begriff der Grenze bei Hegel und Plessner, Freiburg/München, Verlag Karl Alber.

Toepfer, Georg 2015: „Helmuth Plessner und Hans Driesch. Naturphilosophischer versus naturwissenschaftlicher Vitalismus", in Köchy, K./Michelini, F. (Hrsg.) (2015): Zwischen den Kulturen. Plessners „Stufen des Organischen" im zeithistorischen Kontext, Freiburg/München, Verlag Karl Alber, S. 91–122.

Georg Toepfer

7 Systemcharakter, Selbstregulierbarkeit und Organisiertheit des lebendigen Einzeldinges und die harmonische Äquipotenzialität seiner Teile (Kap. 4.5 – 4.9, 154 – 184)

In den letzten fünf Abschnitten des vierten Kapitels der *Stufen des Organischen und der Mensch* verfolgt Plessner sein Projekt der „Deduktion" der Lebensmerkmale nach Maßgabe des zuvor phänomenologisch gewonnenen „Grundsachverhalts" (115) der „Grenzrealisierung". Nachdem die Grenzrealisierung als Grund dafür erkannt wurde, dass ein Ding als Lebewesen erscheint, geht es jetzt um die Frage, welche Merkmale es einem Lebewesen in seiner Tatsächlichkeit ermöglichen, seine Grenze zu „vollziehen". Der phänomenologische Grundsachverhalt, der zunächst nur hypothetisch angenommen wurde, soll durch die schrittweise Darstellung der Wesensbestimmungen von Lebewesen und ihres Zusammenhangs selbst bestätigt werden (115). Wegen der Verschränkung von Grenzrealisierung und Lebensmerkmalen stellt Plessners Vorgehen keine Deduktion aus gesicherten ersten Prinzipien dar, sondern ist ein Prozess der wechselseitigen Stützung der anschaulich gegebenen Grenzrealisierung und ihren ontologischen Ermöglichungsbedingungen. In diesem Sinne ist von einer „doppelseitigen Deduktion" gesprochen worden: einerseits geht es darum, die Wirklichkeit der Grenzrealisierung an der „Faktizität des lebendigen physischen Dinges auszuweisen", andererseits um die „begriffliche Entfaltung der Grenzrealisierung" (Mitscherlich 2007, 102, 111). Die Herleitung der Lebensmerkmale soll sich dabei „unter dem Gesichtspunkt" der Grenzrealisierung vollziehen (122) und gleichzeitig diese als nicht nur phänomenologisch begründeten Sachverhalt rechtfertigen („reziproke Herleitung von Grenzrealisierung und empirischen Bestimmungen [...] *auseinander*"; Ebke 2012, 73). Aufgrund dieser Doppelseitigkeit der Deduktion erscheint der Vorwurf verfehlt, die Deduktion der Modale greife auf empirisches Wissen zurück und sei daher zirkulär (Gutmann 2005, 140). Programmatisch verfolgt Plessner die Deduktion als eine Bewegung, die apriorische und empirische Momente miteinander verbindet (Ebke 2012, 77).

Ich danke Hans-Peter Krüger und Olivia Mitscherlich-Schönherr für wertvolle Anmerkungen zu einer früheren Fassung dieses Kommentars!

DOI 10.1515/9783110552966-007

Die zentralen Lebensmerkmale, die Plessner in diesen Abschnitten thematisiert, hält er für „qualitative Letztheiten", die nicht auf andere Qualitäten reduziert werden können und deren qualitativer Charakter nicht durch empirische Forschung aufzulösen sei. Die physikalisch-chemische Grundlage dieser „Wesensmerkmale" oder „Modale" könne zwar untersucht werden. Als Momente, die den „Wasbestand des Lebens in der Erscheinung festlegen" (118), würden die Qualitäten aber von der empirischen Forschung immer vorausgesetzt (111). In dieser erkenntnisermöglichenden Funktion verfügen die Modale über einen transzendentalen Charakter. Im Gegensatz zum Ansatz Kants sucht Plessner die Transzendentalität aber nicht allein im Erkenntnisvermögen des Subjekts, sondern in den ontologischen Bedingungen des Objekts.

Die Begriffe, die Plessner ausdrücklich als Modale, als „Letztheiten einer Wesenscharakteristik des Lebendigen" bezeichnet, lauten „Vererbung", „Wachstum", „Entwicklung", „Ernährung" und „Regulation" (110). Nachdem in den Abschnitten 4.3 bis 4.5 die *dynamischen* Lebensmerkmale und mit ihnen die *zeithafte* Durchdringung des Daseins von lebendigen Dingen Thema war (vgl. den vorhergehenden Kommentar von Olivia Mitscherlich), stehen in den hier kommentierten Abschnitten die *statischen* Lebensmerkmale und damit die *raumhafte* Durchdringung des Daseins der Lebewesen im Zentrum. Es geht um die „Einheit in der Mannigfaltigkeit von Teilen", die zugleich ein „Aufgehen in den Teilen als einer Mannigfaltigkeit" ist und „ein aus aller Durchdringung der Teile Zusammengenommensein in einen Zentralpunkt der Verknüpfung" (159). „Raumform und Zeitform" sollen damit insgesamt, der lebensweltlichen Erfahrung entsprechend, „aus der Stellung bedingender äußerer Formen in die Stellung bedingter ‚innerer' Seinscharaktere" der Lebewesen rücken (183). Zeit- und Raumform werden dabei einerseits jeweils für sich behandelt: die Zeit in der konstitutiven Potentialität und dem zukunftsfundierten „Vorwegsein" (141) des Lebendigen, der Raum in dem In-sich-Vermitteltsein von Teil und lebendigem Ganzen. Andererseits kommt es Plessner auf die Verschränkung von Raum und Zeit an, weil nur in ihr das Qualitative der Anschauung erscheint. Unter dem Leitfaden der Grenzrealisierung behandelt Plessner in den hier kommentierten Abschnitten die *systemische Einheit* eines Lebewesens, das Verhältnis von *substantiellem Kern* und eigenschaftstragendem *Mantel*, die Gliederung des „lebendigen Dinges" in *Organe* und die Vertretung des Ganzen in den Teilen, die immanente *Zeithaftigkeit* der Lebewesen, die als „Zukunftsfundierung" erscheint, sowie ihre *positionale Stellung* in Raum und Zeit, die diese zu einem selbstbestimmten Maß formen. Auch wenn Plessner diese nicht ausdrücklich als Modale bezeichnet, können sie doch als solche verstanden werden (Ebke 2012, 78).

7.1 Systemcharakter des lebendigen Einzeldinges (154 – 160)

Unter dem Titel „Systemcharakter" thematisiert Plessner in erster Linie das Verhältnis eines „lebendigen Einzeldinges" zu der Grenze mit seinem „Außen". Näherer Erläuterung bedürfen dabei die folgenden drei Punkte: (1) der Ausgangspunkt vom „lebendigen Einzelding" und die Terminologie, mit der dieses als „Körper" und „System" beschrieben wird, (2) das besondere Verhältnis dieses Körpers zu seinem Außen und (3) das Verhältnis, das der Körper als System zu sich selbst einnimmt, vor allem zu einem Teil seiner selbst, zu dem der Körper doch nicht ganz reiche: seiner Grenze zum Außen.

Zu (1): Das „lebendige Einzelding" als Ausgangspunkt zu wählen, ist typisch für viele Beiträge zur Biophilosophie aus dem deutschsprachigen Raum in den ersten Jahrzehnten des 20. Jahrhunderts. Das Wesen der Lebendigkeit soll von der besonderen Seinsweise der lebenden Individuen sich erschließen – nicht von den individuenübergreifenden Prozessen, in denen die Einzeldinge geworden sind und sich wechselseitig erhalten. In terminologischer Hinsicht auffallend ist es, dass Plessner bevorzugt von einem „Ding" oder noch häufiger von dem „Körper" spricht, wenn er den Gegenstand seiner Untersuchung bezeichnet. „Lebendiges Ding" oder auch „lebendiger Körper" ist aber nach verbreitetem Sprachgebrauch doch ein Oxymoron: Dinge und Körper als solche leben nicht; sie bilden eine andere ontologische Kategorie, insofern sie nicht primär als dynamische Systeme bestimmt sind (Schark 2005). „Dinge" und „Körper" können am ehesten über die Kontinuität einer kohärenten Stoffmenge individuiert werden – für Lebewesen ist aber gerade kennzeichnend, dass sie nur existieren können, indem sie ihre Stoffe austauschen. Als Biologe ist sich Plessner dessen bewusst, und das Prozesshafte des Lebendigen bildet auch einen wesentlichen Punkt seiner Analyse. Sein Festhalten an den Ausdrücken „Ding" und „Körper" ist daher auf das Bemühen zurückzuführen, von metaphysisch ganz unverdächtigen Begriffen auszugehen und das Lebendige von seiner Dinghaftigkeit her zu entwickeln (der Ansatz an der „Dinghaftigkeit des Organischen" leiste eine „‚Entzauberung' des Wortes ‚Leben' in seiner strömenden Suggestivität", so Fischer 2008, 76; vgl. auch Ebke 2012, 66). Nur selten verwendet Plessner dabei den bereits zu seiner Zeit biologisch einschlägigen Terminus „Organismus" für die individuelle Einheit eines Lebewesens. Plessner geht nicht von dem einschlägigen Organismusbegriff als einer in sich (funktional) geschlossenen Einheit aus, sondern entfaltet seinen präzisierten Begriff erst im Laufe seiner Analyse, wobei er bereits im Organbegriff die Öffnung in Richtung der Umwelt betont und von dem ganzen Organismus behauptet, er sei „nur die Hälfte seines Lebens", „eingeschaltet in den Lebenskreis einer Gesamtfunktion zwischen ihm und dem Medium" (194).

Zu (2): Das besondere Verhältnis, das ein lebendiger Körper (K) zu seinem „Außen" oder „Milieu" (M) einnimmt, wird von Plessner in der Formel K ← K → M ausgedrückt (127). Bezeichnet ist damit zum einen die wesentliche Eigenschaft dieser Art von Körpern, sich sowohl zu sich selbst als auch zu ihrem Milieu zu verhalten. Zum anderen, ist damit ausgedrückt – darauf legt Plessner besonders Gewicht –, dass das zwischen Körper und Medium Liegende, die „Grenze", selbst Teil des Körpers ist; die „Grenze gehört dem Körper selbst an" (127), wie es Plessner im Abschnitt 2 formulierte. Inwiefern die Grenze dem Körper selbst angehört, sie ein oder sogar der wesentliche Teil eines „lebendigen Körpers" ist, wird im sechsten Abschnitt erläutert. Die kurze Antwort, die Plessner im ersten Absatz gibt, lautet, dass die Grenze derjenige Teil eines „lebendigen Körpers" ist, mit dem dieser sich aktiv auf sein „Außen", die „umgebende Sphäre" bezieht (154). Weil die Grenze nicht nur im Endigen des Körpers besteht, sondern ihr die doppelte Funktion der „Entgegensetzung" und Verbindung, des Auf- und Abschließens des Körpers gegenüber dem Milieu zukommt, muss sie vom Körper selbst konstituiert, hergestellt und bearbeitet werden („Selbstabgrenzung und Selbstentgrenzung", Ebke 2012, 67). Diese Bearbeitung der eigenen Grenze ist nach Plessner nur möglich, indem der Körper von dieser „Abstand" nimmt. Dieses Abstandnehmen beschreibt Plessner als einen Prozess, als ein „Übergehen" und „Werden", ein „Werden über den Körper hinaus und in den Körper hinein" (155). Die Prozessualisierung der Grenze bedeutet, dass der lebendige Körper nicht nur als eine begrenzte Gestalt erscheint, sondern er sich zu dieser Grenze verhält und sie damit „hat".

Zu (3): Das Verhältnis des lebendigen Körpers zu sich selbst ist zunächst durch eine „Forderung" gekennzeichnet, die „Forderung an das Körperding: zu bleiben, was es ist" (156), gegenüber allem Wechsel zu „beharren" und seinen Bestand zu „behaupten". In dieser Forderung drückt sich die „abschließende Funktion" der Grenze aus, die isolierende Wirkung gegenüber den Einflüssen der Umwelt. Die Tendenz des lebendigen Körpers, in seinem Sosein zu beharren und sich gegenüber Störungen zu behaupten, ist ein reflexives Verhältnis, das Plessner in räumlichen Metaphern ausdrückt: Er sagt, das Verhältnis des organischen Körpers zu seiner Grenze sei dadurch gekennzeichnet, dass er „vor ihr Halt machen" muss; er „reicht also ‚nicht ganz' bis zu ihr": „Er macht also vor dem, was er noch ist, bereits Halt"; „der Körper bleibt vor seinem Zuendesein stehen" (157). Strenggenommen ist dies eine paradoxe Formulierung, weil die Grenze einerseits zum Körper gehört, andererseits aber nicht mehr zu ihm gerechnet wird. Um diese Ambivalenz auszudrücken, greift Plessner zu räumlichen Metaphern, die er selbst noch in Anführungszeichen stellt: Er spricht von einem „in ihm Stecken", „in ihm Hineingesetztsein" des Körpers und einer „Lockerung in ihm selber" (157). Plessner betont daneben ausdrücklich, dass die räumliche Metaphorik die Sache nicht richtig trifft. Die Einschätzung dieser Metaphorik in der Plessnerforschung schwankt zwischen Unverständnis („rather enigmatic statement", Grene 1968, 88) und Anerkennung („präzise bildliche Sprache", Haucke 2000, 65).

Die Notwendigkeit dieser Ambivalenz des Ausdrucks rührt offensichtlich daher, dass Plessner auf den Begriff bringen möchte, wie das „lebendige Ding" einerseits wie ein anorganischer Körper im Raum steht und über seine Körperoberfläche begrenzt ist, es sich aber andererseits, im Gegensatz zu anorganischen Körpern, noch zu dieser Stellung im Raum verhält, diese Stellung stabilisiert und dynamisiert, indem es sich „behauptet". Die Behauptung seines Seins kann das „lebendige Ding" aber nur leisten, indem es sich auf sein „Außen" bezieht, indem es sich überschreitet und damit seine Grenze „irreal" werden lässt. Die „Irrealisierung der Grenze" (158) wird zur Bedingung seiner Existenz.

Die Reflexivität des „lebendigen Körpers" bringt Plessner auch durch die Fiktion eines im Körper liegenden „Zentralpunktes" zum Ausdruck (158). Die „Zentralbeziehung" auf diesen Punkt, der nur metaphorisch als räumlich „in" dem Körper liegend vorgestellt wird, macht den Systemcharakter des „lebendigen Körpers" aus. Denn dieser Zentralpunkt ist die Referenz, die alle Teile des Körpers zu einer ganzheitlichen Einheit verbindet. Den Zentralpunkt bezeichnet Plessner auch als das „Selbst", von dem gesagt werden könne, es „habe" die Teile. Dieses „Selbst" gehe dabei nicht in den Teilen des Körpers oder deren Einheit auf, sondern sei selbst von der Einheit des Ganzen „abgelöst" (158). Deutlich distanziert sich Plessner davon, das „Selbst" und dessen „Haben" der Teile psychologisch zu verstehen: Die Distanzierung des „Selbst" vom Körper sei für alles Lebendige charakteristisch, nicht nur für das mit Bewusstsein Lebende (vgl. Grene 1968, 90–91). Jedes Lebendige verfüge über den systemischen Bezug auf ein Selbst und damit über ein „Innensein" (159).

In den letzten drei Absätzen dieses Abschnitts grenzt Plessner die systemische Einheit eines „lebendigen Dinges" von der übersummenhaften Gestalthaftigkeit anorganischer Ganzheiten ab. Plessner gesteht dabei – dem Gestalttheoretiker Wolfgang Köhler (1925) folgend, der gegen Hans Driesch (1921) den Ganzheits- und Gestaltcharakter anorganischer Gebilde behauptete, – auch anorganischen Körpern zu, über eine „Übersummenhaftigkeit" oder „Gestalthaftigkeit" zu verfügen (159). In den anorganischen Gestalten würde sich aber das Ganze mit seinen Teilen decken; das Ganze habe in diesem Fall „gegenüber seinen Teilen keine eigene Stellung". Im „lebendigen Ding" trete dagegen die „zentrale Verknüpfung", also der „Zentralpunkt" oder das „Selbst", „neben die Mannigfaltigkeitseinheit" (159). Im „systemhaften Ganzen" des Lebewesens liege eine „Verdopplung" seines Zentrums vor. Zu verstehen ist dies wohl so, dass das Zentrum einerseits als räumliche Einheit der Teile zu gelten hat, andererseits aber auch als demgegenüber „tiefer" liegender „Kern", als „Selbst", das die Teile des Körpers „hat" und im

Sinne eines Agenten einsetzt, um sich von dem „Außen" abzusetzen und zugleich mit ihm zu verbinden.

7.2 Selbstregulierbarkeit des lebendigen Einzeldinges und harmonische Äquipotenzialität der Teile (160–165)

In diesem Abschnitt stellt Plessner heraus, dass die Einheit des „lebendigen Dinges" wesentlich an seinem *Vermögen*, d.h. potenziellen Fähigkeiten, hängt, dass diese Einheit als Vermögen in jedem einzelnen Teil vertreten ist und dass diese „Potentialqualität" sich lediglich in ontologischer Analyse als „Erscheinung", nicht jedoch in der empirischen Arbeit des Biologen in der „Darstellung" erschließt.

Plessner beginnt diesen Abschnitt mit einer erneuten Betrachtung des Verhältnisses von Körper und substanziellem Kern eines „lebendigen Dinges". Er beschreibt das Nebeneinander von Körper und Kern in der „Erscheinung" als „Doppelaspekt" eines Außen und Innen, wobei der eine Aspekt nicht auf den jeweils anderen zurückgeführt werden könne. Das Innen, der „substantielle Kern", erscheine als eine die Eigenschaften tragende Instanz, als „Realsubjekt" oder „Subjekt eines Habens", wie Plessner formuliert (161). In seiner Funktion, alle Eigenschaften des lebendigen Körpers zur Einheit zusammenzuführen, erscheine der Kern als „Mitte"; in ihr seien alle Elemente gleichermaßen „gebunden". Die Stellung des Kerns in der Mitte dürfe aber wiederum nicht räumlich verstanden werden. Weil alle Elemente (Teile, Faktoren) außerdem auf die Mitte bezogen sind, sei diese in ihnen allen präsent.

Wirklichkeit und damit Räumhaftigkeit kommt der Mitte nach Plessner nur dadurch zu, dass sie sich „entfaltet". Diesen Prozess der Entfaltung charakterisiert er unter Verwendung von Begriffen, die in der Entwicklungsbiologie etabliert wurden. So spricht er von der „extensiven Mannigfaltikeit", in die sich ein „Unräumliches" zu entfalten habe, wenn es zu einem räumlichen Wirklichen werden soll. Diesen Ausdruck der „extensiven Mannigfaltigkeit" übernimmt Plessner von dem Biologen Hans Driesch, der seit dem Beginn seines Studiums der Zoologie und Philosophie im Sommer 1911 in Heidelberg zu einem seiner prägenden Lehrer wurde (Toepfer 2015). Auch Driesch hatte einen unräumlichen Faktor als zentrales steuerndes Element im Organismus angenommen; er bezeichnete diesen als „Entelechie" und schrieb ihm eine „intensive Mannigfaltigkeit" zu, die sich im Laufe der Entwicklung des Organismus zu einer „extensiven Mannigfaltigkeit" entfalten würde (Driesch 1921, 140). In empirischer Perspektive ist das Vorhandensein einer „intensiven Mannigfaltigkeit" schwer vorstellbar (was Plessner, nicht aber Driesch zugibt); entwicklungsbiologisch gedacht ist es naheliegend, die

„intensive Mannigfaltigkeit" mit einer letztlich doch räumlichen Mannigfaltigkeit auf molekular-genetischer Ebene in Verbindung zu bringen.

Plessner erläutert den Prozess der Entfaltung des Unräumlichen (des „substantiellen Kerns" oder der „Mitte") darüber hinaus in modaler Begrifflichkeit, die er ebenfalls der Entwicklungsbiologie entnommen hat. Die „Mitte" (die es in empirisch-analytischer Perspektive nicht gibt, was wohl der Grund dafür ist, dass Plessner von ihrer „Inexistenz" spricht) sei nur als „die wirkliche Möglichkeit des Körpers oder sein Vermögen (Potenz) real" (162). Nur im Modus der Möglichkeit, als Potenz des Vermögens der vereinheitlichenden Mitte, seien die Elemente des Körpers zur Einheit verbunden. Das Vermögen (als Potenz) vertrete die Einheit in jedem Element. Dies zeige sich darin, dass jedes Element, wie Plessner wieder mit Ausdrücken Hans Drieschs formuliert, „äquipotentiell" sei und das Zusammensein aller Teile ein „harmonisch äquipotentielles System" bilde (162).

Driesch hatte den Ausdruck „harmonisch-äquipotentielles System" 1899 eingeführt und damit das Gefüge eines sich entwickelnden Organismus bezeichnet, insofern in diesem Gefüge jedes Element (d. h. jede Zelle) bei Störungen die Rolle anderer Elemente (Zellen) übernehmen kann (Driesch 1899, 88). Äquipotenzielle Teile enthalten also die Fähigkeit zur Herstellung des gleichen Endprodukts, sie verfügen über die gleiche „prospektive Potenz", wie es bei Driesch heißt. Den empirischen Hintergrund für diese Begriffe bildeten Drieschs Experimente mit sich entwickelnden Keimen, bei denen einzelne Teile über die Fähigkeit verfügten, den Verlust anderer Teile auszugleichen und einen ganzen Organismus zu bilden. Experimentell belegt war für Driesch damit, dass das Ganze in jedem Teil repräsentiert sein müsse – was er sich nur über die „intensive Mannigfaltigkeit" seiner unräumlichen „Entelechie" erklären konnte und was die heutige Biologie darüber erklärt, dass jede Zelle „totipotent" ist, d. h. prinzipiell einen vollständigen Organismus bilden könnte, weil sie über einen kompletten Satz an Genen verfügt. Ebenso wie Plessner ordnet auch schon Driesch das Vermögen des Keims, Schädigungen ausgleichen zu können, den organischen Regulationserscheinungen unter.

Plessner behauptet von seinen Untersuchungen, sie würden „auf synthetischem Wege" die Ergebnisse von Drieschs Analyse bestätigen (163); er wendet sich lediglich gegen deren naturphilosophische Einordnung. Dazu unterscheidet Plessner zwischen einer „erschaubaren" und einer „darstellbaren Seinsschicht des Körpers" (163). Die „Sphäre des Erschaubaren" bewege sich dabei jenseits der empirischen Untersuchungsmöglichkeiten der Biologie; sie sei „ontisch begründet", aber „für den exakten Biologen nicht zwingend", „nur qualitativ faßbar" (163). Die gesamte Auszeichnung von Organismen als autonome Systeme bewegt sich für Plessner in dieser jenseits der empirischen Forschung liegenden Ebene des Erschauens von Qualitäten: „Autonom ist das Leben nur in der besonderen

Schicht der Phänomenalität, in welcher die irreduziblen Wasstrukturen, wie überall in der Natur, liegen" (164). In der empirischen Untersuchung stelle sich das „lebendige Ding" immer nur dar als „Resultanteneffekt von Faktoren bzw. Teilen"; auf dieser empirischen Ebene gebe es überhaupt kein „Realsubjekt", sondern nur „Wirkeinheit und Wirkelemente" (160).

Die Gegenüberstellung dieser zwei „Seinsschichten", der empirisch-darstellbaren und der qualitativ-erschaubaren, findet sich bei Plessner bereits in seinen frühen biotheoretischen Schriften, in denen er zu der Auseinandersetzung zwischen dem vitalistischen Biologen Driesch und dem naturwissenschaftlich argumentierenden Gestalttheoretiker Köhler Stellung nimmt (vgl. Toepfer 2015). In einem Kommentar zu dieser Debatte aus dem Jahr 1922 folgt Plessner insofern dem Programm Drieschs, als es auch ihm um eine Verteidigung der Sonderstellung des Lebendigen im Bereich des Materiellen geht. Bei Plessner bewegt sich diese Verteidigung auf der Ebene der Anschauung und des Qualitativen. Drieschs „Entelechie" gesteht er daher zu, eine „unbestreitbare Anschaulichkeit und Denkbarkeit" zu besitzen, und ihr komme ein „ordnender Wert für das qualitativ erlebte Weltbild" zu (GS IX, 19). In den *Stufen* verteidigt Plessner die „Entelechie" als „Seinsmodus" und spezifische „Grenzbedingung"; er verwendet sie als Name für die ontologische Besonderheit des Organischen (146). Hier, ebenso wie 1922, schränkt er aber gleich ein, dies habe „nur Bedeutung für die Philosophie" (GS IX, 19). Denn die „Erkenntnis der Qualitäten" sei allein Aufgabe der Philosophie. Nur ihr komme es zu, „qualitative Stufen" und „Anordnungen" der Welt zu erfassen (GS IX, 26). Insofern Driesch seine „Entelechie" als einen realen, im Empirischen nachweisbaren Naturfaktor verstanden habe, geht er nach Plessner also irre. Er habe empirische Argumente zur Verteidigung der „Autonomie des Lebendigen" herangezogen, die dazu untauglich seien. Ausdrücklich abgelehnt wird von Plessner Drieschs Entelechie im Sinne eines „Naturfaktors", der „mit den feststellbaren und berechenbaren Faktoren der Energie *in Konkurrenz* treten" könne, wie es 1928 in den *Stufen* heißt (146). Denn mit einem auf Qualitatives bezogenen Naturfaktor wie der Entelechie könne man in den Naturwissenschaften nicht arbeiten; sie beinhalte eine „*logische* Außerkraftsetzung des Grundprinzips experimenteller Erforschung des Naturgeschehens" (GS IX, 17). Die naturwissenschaftliche Untersuchung des Lebendigen ist für Plessner auf nicht-qualitative, mechanistische Analysen festgelegt (vgl. Mitscherlich 2007, 79; Ebke 2012, 52). Die Naturwissenschaften, einschließlich der Biologie, müssten die „Spielregeln der eindeutigen Bestimmbarkeit einhalten", und aus ihnen könnten keine „Wesensaussagen" gewonnen werden (GS IX, 19): „So wenig die Physik uns über das Wesen der Qualität einer Farbe, eines Klanges Aufschluß gibt, so wenig kann uns die Biologie die qualitativen Erscheinungen des Lebens verständlich machen" (GS IX, 26). In gewissem Widerspruch dazu räumt Plessner aber doch ein, dass die Biologie diejenige Naturwissenschaft sei, der es auch um die Begründung qualitativer Unterschiede gehe; ihr Ziel, von dem sie aber noch „unendlich weit entfernt" sei, bestehe in der „Darstellung qualitativer Differenzierung nach quantitativen Funktionen" (GS IX, 20).

Ähnlich wie Kant in seiner Philosophie des Organischen (1790) scheint Plessner in seiner Argumentation der 1920er Jahre insgesamt eine Doppelstrategie zu verfolgen, in der er einerseits auf naturwissenschaftlich-methodologischer Ebene den reduktionistisch-mechanistischen Ansatz für unumgänglich hält und andererseits auf ontologisch-phänomenologischer Ebene die Sonderstellung des Lebendigen anerkennt. Nach einer Analyse der Position Plessners, die besonders von Jan Beaufort vertreten wird, könnte Plessners Naturphilosophie damit in zwei Bereiche gegliedert werden: eine *phänomenologische Deskription*, die im Wesentlichen in der Identifikation von Lebewesen als eigenständigen Wesenheiten besteht, und eine *Konstitutionsanalyse*, die eine nicht-empirische, apriorische Untersuchung der Bedingungen der Existenzweise und Sonderstellung der Lebewesen liefert (Beaufort 1998, 129–130; 2000, 50–51). Im Sinne dieser Konstitutionsanalyse verteidigt Plessner den Vitalismus bereits 1922 als methodologisches Prinzip, das die Biologie als Wissenschaft überhaupt erst möglich mache: „Vitalismus gehört, als Maxime der Forschung, zu den Bedingungen jeder biologischen Fragestellung; denn Einheit des Organismus ist die selbstverständliche Leitidee, unter der wir allein streng kausal in diesem Gebiet arbeiten können" (GS IX, 26).

7.3 Organisiertheit des lebendigen Einzeldinges. Der Doppelsinn der Organe (165 – 171)

Im Anschluss an die Thematisierung des Verhältnisses von „Kern" und „Körper" des „lebendigen Dinges" geht es Plessner im achten Abschnitt um die innere „qualitative Differenzierung des Organismus" in Organe (165). Organe werden dabei zum einen als in sich differenzierte Bausteine und Gestaltbildner des Organismus bestimmt, zum anderen als Elemente, die auf die Einheit des Organismus bezogen sind und in denen sein Ganzes wiederum jeweils vertreten ist („Selbstvertretung des lebendigen Körpers in sich", Mitscherlich 2007, 125).

Die Vertretung des Ganzen in den Teilen erläutert Plessner insbesondere mittels des Begriffs der harmonischen Äquipotentialität. Anders als bei Driesch bezeichnet dieser hier nicht die empirisch nachweisbare Fähigkeit der Teile, das Ganze hervorzubringen. Denn von einer solchen Fähigkeit ließe sich nicht behaupten, sie stelle eine „Möglichkeitsbedingung des Lebens" (169) dar: Lebewesen aus differenzierten, aber nicht äquipotentiellen (im Sinne von totipotenten) Teilen sind denkbar; realisiert sind sie in vielen Fällen einer Mosaikentwicklung, die bis zu Drieschs „Schüttelversuch" mit Seeigelkeimen das vorherrschende Modell für organische Entwicklung bildete. Für Plessner ist die Äquipotentialität aber primär nicht eine empirisch aufweisbare Fähigkeit der Teile, sondern eine qualitative Wesensbestimmung von Lebewesen: die Vertretung ihrer Einheit im qualitativen Vermögen der Teile (162). In diesem Sinne, als Vertretung des Ganzen in den Teilen (Totipräsenz), die nicht notwendigerweise die Fähigkeit der Teile einschließt, das Ganze hervorzubringen (Totipotenz), stellt die Äquipotentialität eine Möglichkeitsbedingung des Lebens dar.

Plessner betont im Weiteren besonders die relative Selbständigkeit der Organe im Organismus; sie seien nicht lediglich zu verstehen als Bausteine des Körpers, als „unmittelbar einheitsbildende Teile", wie er schreibt (165). Die Organe seien zwar „unmittelbare Gestaltbildner", darüber hinaus aber „auf die Einheit bezogen" (166). Die Organe haben bei Plessner damit einen anderen Status als die Elemente von anorganischen Ganzheiten, den Gestalten. Die Bausteine eines Gebäudes sind beispielsweise nicht in der Weise auf die Einheit des Ganzen bezogen und diese Einheit ist nicht in der Weise in den Teilen präsent wie dies bei den Organen eines Organismus der Fall ist.

Den notwendigen Bezug der Organe zur Einheit des Ganzen erläutert Plessner auch mit der Fiktion eines Organismus, dem alle seine Organe genommen wurden und der dennoch am Leben bleibt. Dieses Gedankenexperiment, das Plessner „nicht ganz sinnlos" erscheint, gewinnt seine Bedeutung im Rahmen von Plessners Konstrukt eines „Kerns", der als abstrakter „Träger der Organe" erscheint und die Organe „hat" und sich ihrer als Werkzeuge bedient. Dieser Träger stellt aber keine zusätzliche räumliche Einheit dar, denn das Lebewesen, das „Blätter, Stengel, Wurzeln oder Augen, Rumpf, Schwanz, Eingeweide usw." hat (167), hat doch darüber hinaus nicht noch etwas Anderes, sondern ist doch räumlich-konkret nichts als all dies zusammen.

Die Begrenzung der inneren Differenzierung eines Organismus in Organe hängt für Plessner an der Begrenzung des Organismus insgesamt: „Da das Ganze begrenzt ist, muß auch die Spezifikation begrenzt sein" (169). Mit dieser Grenze des Organismus nach außen und seiner Differenzierung nach innen ist für Plessner auch seine zeitliche Begrenzung durch den Tod gegeben: So wie das „lebendige Ding" nur durch seine Grenzen lebe, sterbe es auch durch sie. In einer für Plessner typischen paradoxalen Verdichtung heißt es dann, „daß das Leben an ihm selber zugrunde geht" (169). Stichhaltige Argumente für diese Verbindung von räumlicher Begrenzung, innerer Differenzierung und zeitlicher Endlichkeit liefert Plessner aber nicht. Theoretisch bleibt es hier offen, warum räumliche und zeitliche Begrenzung zusammenhängen sollen, warum es nicht möglich sein soll, dass ein über seine räumliche Grenze konstituierter Organismus zeitlich unbegrenzt, also potentiell unsterblich existieren kann. Theoretisch denkbar ist es,

dass das Ende des individuellen Lebens quasi nur synthetisch dem Leben bei-
gefügt ist („only synthetically attached to life"), wie es etwa E. A. Singer (1914, 655)
annahm – ein zumindest diskussionswürdiger Standpunkt (vgl. auch Grene 1968,
86; Rohmer 2016, 248).

Erst gegen Ende seiner Diskussion der inneren Differenzierung des Organismus in Organe kommt Plessner auf die damit verbundene Teleologie zu sprechen.
Er schreibt von den Teilen, in ihnen sei das Ganze nicht nur vertreten, sondern sie
„dienen dem Ganzen", und der Körper werde dadurch „in ihm selbst Zweck" (169).
Von der in sich differenzierenden „Organisation" schreibt Plessner, dass sie „jene
innere Teleologie *heraus*bringt, *nach* der er [*scil.* der Körper] zugleich geformt und
funktionierend erscheint" (170). Die organische Teleologie wird hier also erst als
ein Produkt der Positionalität und Entfaltung des Lebewesens entworfen. Be-
gründet wird sie außerdem, im Anschluss an Kant (1790), unmittelbar aus der
Gliederung des Körpers in Organe (Organisationsteleologie), nicht etwa aus der
Entwicklung des Organismus hin zu einem Reifestadium (Entwicklungsteleologie,
die Plessner an anderer Stelle im Zusammenhang mit der „Schraubenlinie" der
Entwicklung diskutiert; vgl. 148). Innerhalb jedes Organismus folge die innere
Differenzierung einer geordneten „Planmäßigkeit", wie Plessner im Anschluss an
Jakob von Uexküll (1909, 30) schreibt; die Fülle der in der Evolution realisierten
Baupläne habe aber ein „Moment absoluter Beliebigkeit", entstanden in „spie-
lerischer Willkür" während der Stammesgeschichte (170). Plessner kontrastiert
also die determinierende Kraft der differenzierten Formen innerhalb eines einmal
entstandenen Bauplans mit der Kontingenz der Entstehung von Bauplänen in der
Evolution.

7.4 Die Zeithaftigkeit des lebendigen Seins (171 – 180)

Ausgehend von Jakob von Uexkülls Bestimmung der lebendigen Organisation als
„Zusammenschluß verschiedenartiger Elemente nach einheitlichem Plan zu ge-
meinsamer Wirkung" (von Uexküll 1903, 269; 1909, 30) fragt Plessner nach dem
Vergangenheits- und Zukunftsbezug, der in den beiden darin enthaltenen Prä-
positionen „nach" und „zu" liegt. Ausführlich begründet wird von Plessner der
konstitutive Zukunftsbezug des lebendigen Körpers. Hergeleitet wird er daraus,
dass der „Kern" des Körpers seine Realität nur als „Potenz", als „wirkliche Möglichkeit" gewinnen könne. Dieses Sein könne nicht als vollendetes Sein verstanden werden, sondern sei zukunftsbezogen, ein „seiendes Kann", zugleich ein „im
Jetzt stehendes Nochnicht" wie ein „im Nochnicht stehendes Jetzt" (173). Im Gegensatz zu einer Potenz als „anhängende Bestimmtheit", die jedem Ding zukomme, etwa einem Haus, das umgebaut werden könne oder auch nicht, sei die

Potenz dem lebendigen Ding wesentlich; es trage in sich ein „Nichtsein, das die Bedingungen des Übergangs in das Sein an sich hat" (172). Das frühe Entwicklungsstadium eines Tieres trage beispielsweise die Bedingungen seiner gezielten Umformung bereits in sich. Die Möglichkeit der späteren Form des Dinges sei also im früheren konkret angelegt; die Potentialität des späteren Seins bestimme die Aktualität des Seins des Dinges, sie gehöre zum „Eigenbestande seines Seins" (174). In der Hervorhebung der Potenzialität als einer wesentlichen Dimension der Lebendigkeit schließt sich Plessner der entwicklungsbiologischen Tradition an, in der seit Aristoteles behauptet wird, der Keim enthalte der Potenz oder Anlage nach die Gestalt des späteren Organismus (*De generatione animalium* 737a20). William Harvey formuliert es so, dass sich die Gestalt ausgehend von einem vorgeformten Ausgangsmaterial bilde: „The form ariseth *ex potentiâ materiæ præ-existentis*, out of the power or potentiality of the pre-existent matter" (Harvey 1653, 223).

In der Terminologie der analytischen Ontologie ließe sich sagen, ein „lebendiges Ding" weist zumindest Aspekte eines *Vorkommnisses* (*Okkuranten*) auf, das über echte zeitliche Teile verfügt und nicht – wie ein durch die Zeit persistierender *Kontinuant* – zu jedem Zeitpunkt seiner Existenz ganz da ist (vgl. Schark 2005, 35 ff.). Allerdings wehrt sich Plessner ausdrücklich gegen die Auffassung von „lebendigen Dingen" als Prozessen, als „reines Fließen", wie er sagt. Damit hätte der Körper „jede Gegenwart verloren", und diese Auffassung stehe zu „dem Wesen echter Begrenzung im Widerspruch" (172). Plessner hält also daran fest, dass Organismen in ihrer jeweiligen Gegenwart raumzeitlich begrenzt existieren und nicht wie Vorkommnisse eine vierdimensionale Entfaltung aufweisen. Gleichzeitig betont er aber, dass ein Ding positionalen Charakters nur sein könne, indem es werde: „der Prozeß ist die Weise seines Seins" (132). Anders als anorganische Körper gehöre es zum Wesen lebendiger Körper, auf die Zukunft bezogen zu sein. Die durch Zukunftsorientierung bedingte Prozesshaftigkeit und die räumliche Begrenzung im gegenwärtigen Sein verbinden sich dabei zu einer „dialektischen Einheit" (Pietrowicz 1992, 374); in ihrer „Verschränkung" „tragen" sich beide Aspekte gegenseitig (Mitscherlich 2007, 113).

Auf welches Ziel die Entfaltung dabei gerichtet ist, bleibt bei Plessner offen; er spezifiziert kein allgemeines Ziel der Potenz „lebendiger Dinge". Der seit Aristoteles begründeten Tradition der Biologie folgend hätte die Fortpflanzungsfähigkeit als Abschluss der Entwicklungspotenz eines Individuums eingesetzt werden können – denn „um jenes Zweckes willen wirkt alles, was von Natur wirkt", wie es bei Aristoteles (*De anima* 415b) heißt. Plessner erwähnt aber die Fortpflanzung (und Evolution) im vierten Kapitel seines Buches mit keinem Wort („Evolution" erscheint nur im entwicklungsbiologischen Sinne als Synonym für „Präformation", und Plessner behauptet von ihr, sie sei „die notwendige Seinsweise des in der Sukzession des Prozesses ihm selber vorwegseienden Körpers", 145).

Im „Vorwegverhältnis" eines „lebendigen Dinges" sieht Plessner den wesentlichen Grund seiner „immanenten Teleologie" (177). In ihr liege eine gewisse
Umkehrung der physikalischen Abhängigkeitsrichtung von der Gegenwart zur
Zukunft vor. Dieses sei aber als ein „‚zeitloses' Bedingungsverhältnis" zu verstehen, weil die Determinationsrichtung der Kausalität nicht einfach umgekehrt
werden könne, sondern nur eine gewisse „Rückbindung der Zukunft an die Gegenwart" (176) vorliege, die Plessner als eine „Zukunftsfundierung" beschreibt.
Diese bestehe darin, dass ein „Zwecksinn" das „Schema" der Wirkungen festlege;
sie äußere sich in der „Tendenz" auf Zukünftiges, der „Antizipation" als dem
„Modus lebendigen Seins" (179) – das aber doch konkret immer in der Gegenwärtigkeit eines Augenblicks verankert ist.

7.5 Die positionale Raum-Zeitunion und der natürliche Ort (180–184)

Im letzten Abschnitt des vierten Kapitels kontrastiert Plessner das Raum-Zeit-
Verhältnis anorganischer Dinge mit dem der Lebewesen. Während den leblosen
Dingen das Verhältnis zu Raum und Zeit äußerlich sei und es vom Standpunkt des
Beobachters abhänge, sei der lebendige Körper nicht gleichgültig gegen Raum und
Zeit, sondern er habe sein Maß an ihm selbst: „Der wachsende Körper hat an
seiner Grenzzunahme ein absolutes Raummaß, an seinem Älterwerden ein absolutes Zeitmaß" (182). Raumformen und Zeitformen würden damit von einer
äußeren Bedingung zu einer inneren Seinsbedingung der Lebewesen. In dieser für
Lebewesen wesentlichen Eigenschaft, Raum und Zeit positional zu behaupten,
sieht Plessner die einzige Berechtigung für die aristotelische Lehre vom „natürlichen Ort" (die Aristoteles allerdings vor allem zur Erklärung der Bewegung
anorganischer Körper diente).

7.6 Fazit

Die Annäherung an die Eigenart von Lebewesen erfolgt bei Plessner nicht über
eine Reflexion auf die naturwissenschaftliche Erfahrung, sondern über einen
phänomenologischen Zugang, die „phänomenologische Deskription" von Lebewesen als grenzrealisierende Dinge – ohne dass damit aber die gesamte Philosophie des Organischen zu einer Phänomenologie würde (Krüger 2001, 264). In
den hier kommentierten Passagen behandelt Plessner den Übergang vom reinen
Phänomencharakter der Lebendigkeit in eine „Kategorialanalyse" (164). Diese ist
zwar auf Empirisches bezogen, wird aber doch von der „empirischen Analyse"

abgehoben, insofern auch ihr Gegenstand in der Anschauung gewonnen wird: die „Wesensmerkale, im Sinne der die biologische Erkenntnis möglich machenden Kategorien" (113). Dazu zählen der Systemcharakter des „lebendigen Dinges", seine innere Gliederung in Organe, die Vertretung des Ganzen in den Organen, die Zukunftsbezogenheit des Ganzen und seine positionale Stellung in Raum und Zeit.

Bezeichnend für Plessners Analyse ist also, dass sie selbst empirisch gesättigt ist, nicht deduzierend aus dem Apriorischen verfährt, sondern einer „an der Eigentümlichkeit der Phänomene selbst orientierten Kategorialanalyse" entspricht und „materiale Momente in die Prinzipien mit hineinnimmt", wie es 1923 bei Nicolai Hartmann heißt, dem Plessner hinsichtlich seines ontologischen Ansatzes weitgehend folgt (Hartmann 1923, 285, 287; vgl. Wunsch 2015, 254–255). Hartmann folgend ist es für Plessners Analyse auch kennzeichnend, dass er primär ontologisch, nicht epistemologisch argumentiert. Seine Kategorialanalyse setzt an der natürlichen Einstellung der „intentio recta" an, nicht im reflexiven Modus der „intentio obliqua" (Hartmann 1935, 50). Im Zuge von Plessners Analyse kommt es aber zu einer Verschränkung der beiden Erkenntnisverhältnisse (Fischer 2000, 277), u. a. durch sein Vorhaben, die Bedingungen und Voraussetzungen der spezifisch biologischen Erkenntnisweise zu entwickeln.

Weite Teile von Plessners Argumentation stellen aber keine unmittelbare Reflexion auf biologische Begriffe und Theorien dar, sondern laufen vielmehr zumindest anfangs parallel zur biologischen Gegenstandsbeziehung: Plessner stellt die Phänomenalität der Erscheinung des „lebendigen Dinges" in eine eigene „spezifische Seinsschicht", die neben der anderen Seinssphäre der naturwissenschaftlich untersuchbaren Gegenständlichkeit liege. Auch in seiner Analyse geht es Plessner daher zunächst um aus dem Gegenstand entwickelte „Vitalkategorien", die erst in einem zweiten Schritt als Kategorien des Denkens interpretiert werden (Rohmer 2016, 242). Er ist dabei der Ansicht, dass die Qualitäten des Lebendigen, dessen „irreduzible Wasstrukturen" und „Autonomie", allein in der „besonderen Schicht der Phänomenalität" liege (164), nicht im Bereich des Empirisch-Darstellbaren, in der das Qualitative aufgelöst werde in bloße „Wirkeinheit" und „Resultanteneffekt" (166).

Es ließe sich dagegen argumentieren, dass auch die Biologie (im Unterschied zu weiten Teilen der Physik) es immer schon mit Washeiten und Qualitäten zu tun hat und auch ihre Erklärungen sich auf dieser Ebene bewegen. Die Biologie spricht gerade nicht nur von Resultanteneffekten, Wirkeinheiten oder Energieerhaltung. Ihre Sprache enthält wesentlich den Bezug auf ganzheitliche Einheiten, die sie „Systeme", oder „Organismen" nennt und denen sie phänomenale Vermögen wie „Ernährung", „Wachstum" und „Fortpflanzung" zuspricht, lange bevor diese kausal verstanden sind. Die phänomenale „Schicht" ist also nicht von der empirischen Arbeit der Biologie scharf getrennt, sondern in diese eingelassen. Das

Phänomenale und das Empirische sind in der Biologie miteinander verschränkt. Als irreführend erscheint es daher, wenn Plessner in seiner Analyse das Empirisch-Darstellbare und das Qualitativ-Erschaubare als zwei „Seinsschichten" des Organischen voneinander trennt. Seine ontologische Schichtenlehre steht damit in der Gefahr, das methodologisch-funktionale Verhältnis der beiden Ebenen zueinander zu verdecken.

Der ontologische Ansatz einer direkten Gegenstandsbeziehung auch auf der „erschaubaren [...] Seinsschicht" (163) bietet Plessner Vorteile für sein eigentliches Projekt einer Grundlegung der philosophischen Anthropologie. Denn er gewinnt darin mit der „Positionalität" einen Begriff, der Reflexivität auf einer basalen ontologischen Ebene, nämlich im Sein „lebendiger Dinge", verankert und der darüber hinaus für alle Seinsformen des Lebendigen bis zum geistigen Sein des Menschen eine durchgehende Kategorie bildet. Der Grundintention nach kann die basale Verankerung dieser Kategorie als eine anti-dualistische Operation verstanden werden: Materie und Geist im Sinne von Reflexivität werden nicht zwei getrennten Seinsbereichen zugewiesen, sondern in ihrer Verschränkung auf der Ebene jedes Lebendigen erläutert. Indem das „lebendige Ding" nicht bloß als ein für sich bestehender Körper, sondern in seiner Selbstbezüglichkeit (durch die Vertretung des Ganzen in den Organen) und konstitutiven Umweltbezogenheit konzipiert ist, wird Reflexivität zu einem elementaren Moment des Lebendigen, das nicht erst in der geistigen Sphäre erscheint (vgl. Mitscherlich 2007, 128–129).

Mit der Kategorie der Positionalität als doppelsinnige Selbst- und Fremdbeziehung entfernt Plessner sich aber von der klassischen philosophischen Analyse des Organischen, die von der Zweckmäßigkeit ausging (etwa Kant 1790). Bei Plessner ist die Zweckbeziehung der Teile zum Ganzen im Verhältnis zur grundlegenden Positionalität eine abgeleitete Kategorie (Grünewald 1993, 285–286). Diese Umstellung vom Zweck- und Ganzheitsbegriff auf den Positions- und Grenzbegriff korrespondiert ideengeschichtlich mit dem Aufkommen der biologischen Systemtheorie (von Bertalanffy 1928), in der die System-Umwelt-Beziehung zentrale Bedeutung gewinnt (vgl. Fischer 2000, 273).

Literatur

Aristoteles 1942: De generatione animalium. Generation of Animals. Edited by A.L. Peck, London, Heinemann.

Aristoteles 1995: De anima, dt. Übers. v. Willy Theiler, bearb. v. Horst Seidl, Hamburg, Meiner.

Beaufort, Jan 1998: „Anthropologie und Naturphilosophie. Überlegungen zur Methode in Helmuth Plessners ‚Die Stufen des Organischen und der Mensch'", in: Beaufort, J./ Prechtl, P. (Hrsg.): Rationalität und Prärationalität. Festschrift für Alfred Schöpf, Würzburg, Königshausen & Neumann, S. 119–138.

Beaufort, Jan 2000: Die gesellschaftliche Konstitution der Natur. Helmuth Plessners
    kritisch-phänomenologische Grundlegung einer hermeneutischen Naturphilosophie in
    ‚Die Stufen des Organischen und der Mensch', Würzburg, Königshausen & Neumann.
Bertalanffy, Ludwig von 1928: Kritische Theorie der Formbildung, Berlin, Borntraeger.
Driesch, Hans 1899: „Die Lokalisation morphogenetischer Vorgänge. Ein Beweis vitalistischen
    Geschehens", in: Archiv für Entwicklungsmechanik der Organismen 8, S. 35 – 111.
Driesch, Hans 1921: Philosophie des Organischen, 2. Aufl., Leipzig, Engelmann.
Ebke, Thomas 2012: Lebendiges Wissen des Lebens. Zur Verschränkung von Plessners
    Philosophischer Anthropologie und Canguilhems Historischer Epistemologie, Berlin,
    Akademie Verlag.
Fischer, Joachim 2000: „Exzentrische Positionalität. Plessners Grundkategorie der
    Philosophischen Anthropologie", in: Deutsche Zeitschrift für Philosophie 48 (2),
    S. 265 – 288.
Fischer, Joachim 2008: Philosophische Anthropologie. Eine Denkrichtung im 20. Jahrhundert,
    Freiburg, Alber.
Grene, Marjorie 1968: Approaches to a Philosophical Biology, New York, Basic Books.
Grünewald, Bernward 1993: „Positionalität und die Grundlegung einer philosophischen
    Anthropologie bei Helmuth Plessner", in: Baumanns, P. (Hrsg.): Realität und Begriff.
    Festschrift für Jakob Barion zum 95. Geburtstag, Würzburg, Königshausen & Neumann,
    S. 271 – 300.
Gutmann, Mathias 2005: „Der Lebensbegriff bei Helmuth Plessner und Josef König.
    Systematische Rekonstruktion begrifflicher Grundprobleme einer Hermeneutik des
    Lebens", in: Gamm, G./Gutmann, M./Manzei, A. (Hrsg.): Zwischen Anthropologie und
    Gesellschaftstheorie. Zur Renaissance Helmuth Plessners im Kontext der modernen
    Lebenswissenschaften, Bielefeld, transcript, S. 125 – 158.
Harvey, William 1653: Anatomical Exercitations, Concerning the Generation of Living Creatures,
    London.
Hartmann, Nicolai 1923: „Wie ist kritische Ontologie überhaupt möglich?", in: Kleinere
    Schriften, Bd. 3. Vom Neukantianismus zur Ontologie, Berlin, De Gruyter 1958,
    S. 268 – 313.
Hartmann, Nicolai 1935: Zur Grundlegung der Ontologie, Berlin, De Gruyter, ³1948.
Haucke, Kai 2000: Plessner zur Einführung, Hamburg, Junius.
Kant, Immanuel 1790/93: Kritik der Urtheilskraft, in: Kant's gesammelte Schriften, Bd. V, Hrsg.
    v. d. Königlich Preußische Akademie der Wissenschaften, Berlin 1913, S. 165 – 485.
Köhler, Wolfgang 1925: „Gestaltprobleme und Anfänge einer Gestalttheorie", in: Jahresbericht
    über die gesamte Physiologie und experimentelle Pharmakologie, Bd. 3. Bericht über das
    Jahr 1922, 1. Hälfte: Übersichtsreferate, München/Berlin, S. 512 – 539.
Krüger, Hans-Peter 2001: Zwischen Lachen und Weinen. Band II: Der dritte Weg der
    Philosophischen Anthropologie und die Geschlechterfrage, Berlin, Akademie Verlag.
Mitscherlich, Olivia 2007: Natur und Geschichte. Helmuth Plessners in sich gebrochene
    Lebensphilosophie, Berlin, Akademie Verlag.
Pietrowicz, Stephan 1992: Helmuth Plessner. Genese und System seines
    philosophisch-anthropologischen Denkens, Freiburg/München, Alber.
Plessner, Helmuth 1922: „Vitalismus und ärztliches Denken", in: Gesammelte Schriften, Bd. IX,
    Frankfurt a. M., Suhrkamp, 1985, S. 7 – 27.

Rohmer, Stascha 2016: Die Idee des Lebens. Zum Begriff der Grenze bei Hegel und Plessner. Freiburg/München, Alber.

Schark, Marianne 2005: Lebewesen versus Dinge. Eine metaphysische Studie. Berlin, De Gruyter.

Singer, Edgar Arthur 1914: „The pulse of life", in: The Journal of Philosophy, Psychology and Scientific Methods 11, S. 645–655.

Toepfer, Georg 2015: „Helmuth Plessner und Hans Driesch. Naturphilosophischer versus naturwissenschaftlicher Vitalismus", in: Köchy, K./Michelini, F. (Hrsg.): Zwischen den Kulturen. Plessners „Stufen des Organischen" im zeithistorischen Kontext, Freiburg/München, Verlag Karl Alber, S. 91–122.

Uexküll, Jakob von 1903: Studien über den Tonus, I. Der biologische Bauplan von Sipunculus nudus, in: Zeitschrift für Biologie 44, S. 269–344.

Uexküll, Jakob von 1909: Umwelt und Innenwelt der Tiere, Berlin, Springer.

Wunsch, Matthias 2015: „Anthropologie des geistigen Seins und Ontologie des Menschen bei Helmuth Plessner und Nicolai Hartmann", in: Köchy, K./Michelini, F. (Hrsg.): Zwischen den Kulturen. Plessners „Stufen des Organischen" im zeithistorischen Kontext, Freiburg/München, Verlag Karl Alber, S. 243–271.

Thomas Ebke

8 Die offene Organisationsform der Pflanze, die geschlossene Organisationsform des Tieres und der Grundriss der Körper-Leib-Differenz des Lebendigen (Kap. 5, 185–236)

Das fünfte Kapitel läuft auf einen neuralgischen Punkt in Plessners Philosophie insgesamt und zugleich auf einen Schlüssel zum Verständnis der „Denkrichtung" (Fischer 2008) der Philosophischen Anthropologie überhaupt (Schürmann 2012, 214) zu: nämlich auf die Herausarbeitung einer Unterscheidung zwischen den Dimensionen des Körpers (bzw. der Körperlichkeit) und des Leibes (bzw. der Leiblichkeit) (230 ff.). Auf dem Weg zu dieser durchgreifend wichtigen Abhebung (die in Abschnitt 8.3 dieses Kommentars rekonstruiert wird) ragen zwei weitere Etappen der Argumentation heraus, die im Folgenden ebenfalls so genau wie möglich umrissen werden sollen: Zum einen (Abschnitt 8.2) die Abgrenzung zwischen der „offenen Organisationsform der Pflanze" (8.2.1; siehe 218 ff.) und der „geschlossenen Organisationsform des Tieres" (8.2.2; siehe auch 226 ff.); zum anderen (8.1) Plessners spezifische Konzeptualisierung des Organischen, die sowohl die internen Dynamiken zwischen dem Organismus und den Organen (8.1.1; siehe auch 185–192) als auch die Verschränkung des Gesamtorganismus mit seinem Umfeld, d. h. die Struktur des „Lebenskreises" im engeren Sinne (8.1.2; siehe 192–196), in Figuren radikaler Reziprozität denkt.

Im fünften Kapitel wird ablesbar, was man als Plessners methodische Tendenz zu einer Philosophie *vermittelter* Unmittelbarkeiten – im Unterschied zu einem Denken in unvermittelten, fundamentalisierten Unmittelbarkeiten – apostrophieren könnte.[1] Dabei ist es höchst charakteristisch, dass Plessner den Orga-

---

1 Dass die Forschung der letzten Jahre die systematischen Konsequenzen aus Plessners später Formulierung (im Vorwort zur zweiten Auflage der „Stufen" von 1965) zieht, er hätte sich schon 1928 auf Hegel „berufen müssen, wären [ihm] damals die entsprechenden Stellen bekannt gewesen" (XXIII), erstaunt nicht (Collmer 1992; Krüger 2000b; Schweiger 2010; Lessing 2011; Sell 2013; Rohmer 2016). Unabhängig von der Frage, ob sich bei Plessner überhaupt von einer reflektierten Hegel-Rezeption reden lässt (dazu skeptisch Lessing 2011), trifft die Einschätzung Thomas Collmers zu, wonach „Plessner weitgehend ohne den direkten Einfluß Hegels ein Modell voll frappierender Analogien entworfen hat" (Collmer 1992, 399). Ohne die Prämissen oder Resultate des genuin Hegelschen prozesslogischen Vermittlungsdenkens mitübernehmen zu müs-

DOI 10.1515/9783110552966-008

nismus *nicht* als Inbegriff absoluter Spontaneität und Synthesis, als in sich gegründetes Zentrum seiner Initiativen ansetzt, was einer nach (und trotz) Kant wirkmächtigen romantischen Idee (Rousseau, Fichte, Schelling, Oken) entsprochen hätte, deren gefährliche Nachwirkungen in der Biologie (Driesch, Uexküll) und der Staats-und Gesellschaftstheorie (Comte, Tönnies, Lukács) der Moderne bekannt sind. Vielmehr insistiert Plessner in seiner Fassung der „Einheit" des Organismus auf Momenten der Fragmentarität und der *Exteriorisierung*, wo traditionelle wie moderne Philosophien der Natur und des Politischen das Paradigma einer selbsttätigen *Immanenz* lokalisiert haben. Den Organismus als „Zweck seiner selbst" auszuweisen, der materialiter mit dem „Mittel seiner selbst" koinzidiert, und dies gleichsam im „reine[n] Hindurch" (188) der Einheit des organischen Körpers als solchem, ist der zentrale Ertrag des fünften Kapitels. Diese Triplizität einer „dreifache[n] Einheit des Organismus" (187) wird sich bis in die Herausstellung der Relation zwischen Körperlichkeit und Leiblichkeit hinein durchhalten, die das Kapitel beschließt und die allen prägenden Wendungen der Argumentation, die in den letzten beiden Kapiteln des Buches noch vollzogen werden, eingeschrieben bleibt.

8.1 Plessners Philosophie des Organischen

8.1.1 Organismus- und Organbegriff

Bereits im ersten Textabsatz des fünften Kapitels gibt Plessner eine Vorschau darauf, wie er seinen eigenständigen philosophischen Organismusbegriff anlegt: Der Organismus wird sich erweisen als Einheit *in* jedem ihrer Teile, was Plessner eine Seite später auch als „für sich seiende Einheit des Organismus" (186) adressiert, im Sinne einer „Souveränität" des Organismus „*über* seine Organe" (186). Zugleich aber sei der Organismus als „Mannigfaltigkeitseinheit" (185) zu verstehen, zu der sich seine Teile selbst, einander funktional ergänzend und konsistent zusammenstimmend, verbinden. Diesen zweiten Einheitszusammenhang könnte man sich als „die reale, körperliche Organdifferenzierung" (Haucke 2000, 81) übersetzen, als Gesamtheit der „physisch ausdifferenzierte[n] Verkörperungen des substanziellen Kerns" (Haucke 2000, 85). Aufhorchen lässt die

---

sen, operiert Plessner „strukturdialektisch" (Collmer 1992, 400): Mit der entscheidenden Abwendung von Hegel allerdings, dass bei Plessner jene Einheiten, die in sich die Differenz ihrer Identität zum Anderen ihrer selbst internalisieren, über diese Andersheit ihrer selbst an sich selbst gerade nicht „hinaus" sind (als je „höhere" Gestalten des Bewusstseins), sondern *in* der Transgredienz zugleich irreversibel auf dieses Andere „in" und außer ihnen zurückgeworfen bleiben.

Begründung, mit der Plessner seine These stützt, es handle sich bei dieser Amphibolie keineswegs um einen „einfachen Widerspruch" (185). Denn anstatt die fragliche Doppelung in der Bestimmung der Einheit des lebendigen Organismus als Aus- und Nebeneinandertreten zweier ontisch differenter Niveaus – der „funktionelle[n] Einheit" (187) der Totalität der Organe im Unterschied zu einem „neben ihr vorhandenen Einheitskern" (187) – zu denken, kommt für Plessner alles darauf an, den Organismus im gleichen Zug als Körper anzusehen, der realiter beides zugleich ist: „die Einheit (des Ganzen) für sich und die Einheit des Ganzen in der Mannigfaltigkeit" (188).

Plessners Überlegung besagt, die Struktur der „Einheit im Teil" (187–188) müsse „*selbst* [...] *die Vermittlung für die beiden anderen*" (188) Einheitshinsichten, nämlich „Einheit für sich und Einheit in der Mannigfaltigkeit" (187), *sein* (nota bene). Dieser Schritt ergibt sich als Konsequenz aus der ungeschmälerten Weiterdurchführung seiner Denkfigur der „Doppelaspektivität" (89 ff.). Für „Dinge" als phänomenal *erscheinende* Gebilde – nicht als res extensa betrachtet – hatte Plessner konstatiert, sie seien in der Spontaneität der Anschauung als Gebilde einer unüberbrückbaren Divergenz, eines „Richtungsbruchs" (85) zwischen ihrer „kernhafte[n] Mitte" (85) und einer Außenschicht von Eigenschaften gegeben, in denen sich wiederum dieser „zentrale Kerngehalt" (85) anzeige. Das Charakteristikum spezifisch lebendiger Dinge sei es nun, „nicht nur kraft des Doppelaspekts, sondern *im* Doppelaspekt [zu] erscheinen" (89), also in der Anschauung durch einen evidenten Abstand zu dieser Innen-Außen-Polarität aufzufallen, der es ihnen ermöglicht, sich *zu* diesem Auseinanderstreben zu *verhalten*. Obwohl Lebewesen mithin in sich „gesetzt" (158) sind – wobei Plessner hier wie anderswo das Reflexivpronomen „sich" gerade meidet, um der Assoziation, es handle sich an dieser Stelle um die reflexive Einheit eines Bewusstseins, entgegenzutreten – bedeutet ihre Position(-alität) *zum* Doppelaspekt gerade nicht dessen Entschärfung (etwa nach dem Modell der Hegelschen „Aufhebung"). Vielmehr bleibt dieser Doppelaspekt, wie der dafür von Plessner eingesetzte Begriff der „Grenze" unterstreicht, virulent, ohne dass deshalb die Einheit des dinglichen Gebildes gesprengt würde: Nur kommt das vermeintliche (für die Tradition: substantielle) „Innen" des Lebendigen dann nie anders als in einer radikalen Dispersion in jene „Aspekte" hinein vor, die seine Außenseiten konstituieren.

Dass Plessner *nicht* von einem Primat des Innen und aus der Immanenz eines in sich zentrierten Selbst her denkt, fällt gerade in der Darlegung seines Organismusbegriffs ins Gewicht. Plessner fasst den Organismus als eine prekäre Einheit auf – prekär deswegen, weil die Vermittlung der zueinander gegenläufigen Einheitsbildungen („für sich" bzw. in der konsistenten Pluralität der Teile) materialiter am und durch den lebendigen Körper selbst geschieht, so aber, dass der Antagonismus dieser Totalisierungsrichtungen undurchstreichbar bleibt. „Nur vom Körper ist dabei die Rede: er ist das Ganze, welches ihn hat *und* welches von ihm gehabt wird. [...] Er ist in ihm selber doppelt, aber in dieser Verdoppelung einheitlich: Einheit für sich (Kern, Subjekt des Habens), Einheit in der Mannigfaltigkeit der Teile [...], Einheit in jedem Teil" (187). Konkret entwickelt Plessner hier die begriffliche Relation zwischen dem Organismus im Ganzen und der Multiplizität seiner Organe, ein Zusammenhang, dessen Beschreibung unweigerlich die Frage nach der Legitimität einer teleologischen Terminologie aufwirft. Zunächst findet sich Plessner also vor der Fragestellung Kants wieder, inwiefern im Hinblick auf „Naturgegenstände" (Kant) „die Verknüpfung der *wirkenden* Ursachen" (KdU, B 291) nach der Kausalität des *nexus effectivus* notwendig „zugleich als *Wirkung durch Endursachen* beurteilt werden könnte" (KdU, B 291), worin „jeder Teil, so, wie er nur *durch alle* übrige da ist, auch als um der andern *und des Ganzen willen* existierend" (KdU, B 292) firmiert. Kai Haucke hält Plessners Rekurs auf Kants Problem der teleologischen Urteile für anachronistisch, weil er sich auf diesem Weg auch die „hintergründig dualistische" (Haucke 2000, 84) Basis, die Kant die Auflösung der Antinomie von Mechanismus und Zweckmäßigkeit gestattet, einhandeln müsse: Letztlich also einen strikt noumenalen Zweckbegriff im Unterschied zur naturkausalen Fassung der „Mittel der physischen Welt" (Haucke 2000, 84). Aber man kann fragen, ob eine solche Kritik nicht die originäre Differenz zu Kant verdeckt, an der Plessner an diesem Punkt sichtlich gelegen ist.

Wo nämlich Kant an seine Strategie der Auflösung der Antinomien nichts geringeres als die Bewährungsprobe seiner Lehre von der Idealität von Raum und Zeit knüpft (insofern die Antinomien die raumzeitlichen Erscheinungen mit Dingen an sich verwechseln), setzt Plessner die teleologische Terminologie mit Bedacht zur Kennzeichnung einer *das Objekt selbst*, also den lebendigen Organismus und nicht unsere endliche *Erkenntnisweise* betreffenden Dynamik ein. Das heißt nicht, dass Plessner Kants Vorgabe, die Zweck-Mittel-Distinktion ausschließlich als eine die Beurteilung regulativ leitende subjektive Maxime zu verwenden, naiv ontologisiert. Tatsächlich macht Plessner die lebendigen Dinge konsequent als *Erscheinungen* zum Thema, um von diesem Ausgangspunkt her zwei Fragen miteinander kommunizieren zu lassen: In dem Sinne, dass sich die erste Frage nach der grundstrukturellen, aber nicht empirisch einholbaren Verfasstheit eines Dings, das in der Anschauung als ein *lebendiges* Ding erscheint, in eine zweite Frage hinein verzweigt, nämlich nach (der Verfasstheit) jener Instanz, *der* lebendige Dinge überhaupt *als* lebendige Ding erscheinen können (dazu Ebke 2012). In stringenter Weiterführung seiner „Wende zum Objektpol" und seiner Transformation der Kantischen Methode im Rahmen seiner „Deduktion der Vitalkategorien" zielt Plessner absichtsvoll mit dem seit Kant nurmehr regulativen Raster der Zweck-Mittel-Unterscheidung auf einen spezifischen Realismus: Keineswegs nur auf eine phänomenologische Heuristik, sondern auf das Festhalten einer den Dingen selbst inhärenten, sie konstituierenden Strukturierung – die wiederum nicht mit einer empirischen Beschaffenheit zu verwechseln ist.

Plessner unterzieht also Kants regulative Terminologie einer Umbestimmung, die sie umso entschlossener in einem dinglichen „Rückhalt an der Wirklichkeit" (Mitscherlich 2007, 77) verankert. Diese Orientierung am Somatischen bildet den Hintergrund von Plessners Frage: *„Unter welchen Bedingungen ist der Zweck seiner selbst Mittel seiner selbst?* Konkret gefasst: wie ist es dem physischen Organismus möglich, ein Mittel seiner selbst zu sein, ohne damit seine immanente Selbstgenügsamkeit preiszugeben?" (189–190). Gegen die nahe liegende Vorstellung, der Organismus könne nur insofern als Mittel seiner selbst erläutert werden, als er sich *in* dieser Bestimmung als Zweck seiner selbst erfüllt, der dann seinerseits (Kantisch gedacht) als nicht weiter mediatisierbar gelten muss, wendet Plessner ein: „Mittel seiner selbst darf nicht dem Mittel desjenigen Zwecks gleichgesetzt werden, der in der Einheit des Systems vorliegt und alle Teile des Systems als seine Mittel besitzt. Dann wäre mit den Worten ‚seiner selbst' eine Größe gemeint, welche das Mittel enthält, aber nicht mit dem Mittel zusammenfällt" (189). Man sieht hier wie an den eben schon analysierten Stellen, dass Plessners spezifischer Monismus, der darum ringt, den Menschen – auf anderem Niveau aber auch die Struktur von „Leben" überhaupt – im Gegenzug zum cartesianischen Dualismus „auf Grund *einer* Erfahrungsstellung zu begreifen" (14), bis in die Details seiner Konzeption hinein verbindlich bleibt: Anstatt den Organismus als holistische Einheit zu identifizieren, die Mittel ihrer selbst nur unter der Prämisse sein kann, dass sie als Zweckganzes stets schon „mehr" als ein Mittel und deshalb ihrer Rolle als Mittel ihrer selbst überhoben sei, beharrt Plessner auf einer Bestimmung des organischen Körpers als einer von Antagonismen gezeichneten Instanz, in der sich beide Bedeutungshinsichten („Zweck seiner selbst" und „Mittel seiner selbst" zu sein) gleichwertig, d. h. ohne Vorrang der Zweckform, artikulieren.

Dieser Doppelsinn der Ganzheitlichkeit des Organischen, zugleich über sich „hinausgehoben" (190) und doch an die materialen Schichten und Träger dieser teleologischen Schließung „verfallen" (190) zu sein, durchzieht die Funktionsweise der Organe. Genau deshalb fällt ein besonderer Akzent auf „die in Wirkeinheit begriffenen Organe" (190), von denen gleichzeitig zutrifft, dass sie „die Einheit des organischen Körpers [...] zum Ganzen vermitteln" (190) und dass sie „voneinander bzw. vom Ganzen abgehoben" sind (190). Ontisch vollziehen die Organe eines Lebewesens an diesem selbst nichts Geringeres als *die Unterscheidung zwischen [...] dem Lebendigen [...] und dem Leben"* (190). In diesen Überlegungen schlägt sich so etwas wie eine zweifache Dezentrierung des lebensphilosophischen Paradigmas nieder: Zum einen bindet Plessner den Prozess des biologischen Lebens an den konkret lebendigen Körper zurück – eine Verklammerung, die keine Ansatzstelle bietet, um „das Leben" als eine gründende und zugleich offene, produktive Totalität gegenüber seinen materiellen Agenten zu verselbständigen. Zum anderen aber findet sich der Organismus seinerseits, geradezu konkretistisch, auf seine Konstituenten und (inneren wie äußeren) Grenzen zurückgeworfen, an denen er sich mit seiner unauflöslichen Verklammerung mit dem, was er *nicht* ist, konfrontiert sieht. „Mag also das Zusammenspiel der Organe und Organfunktionen noch so sehr die bloße Apparatur für das Leben bedeuten, umso notwendiger ist seine eigenste Existenz daran geknüpft" (190). Hauckes Eindruck ist zuzustimmen, dass in diesen Passagen das Bild der Einheit des Organismus als „harmonische Äquipotentialität", das von der radikalen Inhärenz des organisch-substantiellen Ganzen in seinen akzidentiellen Teilen zehrt, gegen sich selbst gekehrt wird (Haucke 2000, 81): Nur in seiner „Apparatur", an seinen Außenflächen und in den kleinteiligen Dynamiken, die es in eine unbeendbare Interaktion mit seinem Außen setzen, hält sich der lebendige Körper buchstäblich am Leben.

8.1.2 Der Lebenskreis

„In seiner Selbstvermittlung zur Einheit ‚begibt' sich der lebendige Körper seiner unmittelbaren Zentralität, er ist sie nur ‚noch' mit Hilfe seiner Organe. Er begibt sich seiner absoluten Selbstmacht, weil er ohne Organe nicht mehr zu leben vermag" (193). Nur insofern also rückt der Prozess des Lebens „in die Stellung [eines] Zwecks" (190) ein, als dass „Leben" ontisch die Funktion eines lebendigen Einzelkörpers bildet (190), der wiederum in „nichts weiter" als in seinen Einzelorganen bzw. in deren Zusammenspiel die Mittel, Reservoirs und Grenzen findet, um überhaupt zu „leben". Diese erste Dezentrierung des Lebensbegriffs erweist sich im weiteren Durchgang durch Plessners Erläuterungen als die Binnendynamik eines Elements, das zugleich in ein komplexeres Bild, dessen *eine* Hälfte es darstellt, eingelassen ist. Denn Plessner kommt es darauf an, die auf der materialen Ebene der Organe vollzogene Vermittlung des lebendigen Organismus zu seiner Integrität in sich ihrerseits zu vermitteln, also in eine Relation einzubetten, die sie, die in sich vermittelte Einheit, aufs Neue veräußerlicht. Die These, der Prozess des Lebens läge in nichts anderem als in der Arbeit der gegeneinander und gegen das Ganze ausdifferenzierten Organe, in denen sich der Organismus allererst individuieren kann, lässt noch idealistische Vorstellungen der Selbstbezüglichkeit, der Autopoiesis des Organischen anklingen (dies beobachtet auch Fischer 2008, 535). Zwar hatte schon der Blick auf Plessners pluralisierende, das Innen an Momenten des ihm Äußerlichen brechende Neufassung der Relation des Organismus zu seinen Organen klargestellt, dass hier keineswegs ein Denken der selbstreferenziellen Schließung am Werk ist. Vollends aber wird der pointierte

Externalismus von Plessners Ansatz greifbar, wenn man zur Kenntnis nimmt, dass die interne Einheitsbildung des Organismus zugleich dessen Aufschließung in das „Medium seines Positionsfeldes" (192) bedeutet. „Physischer Träger der Vermittlung ist das Organ bzw. die Wirkeinheit der Organe. In seinen Organen geht der lebendige Körper aus ihm heraus und zu ihm zurück, sofern *die Organe offen sind und einen Funktionskreis mit dem bilden, dem sie sich öffnen*. Offen sind die Organe gegenüber dem *Positionsfeld*. So entsteht der *Kreis des Lebens*, dessen eine Hälfte vom Organismus, dessen andere vom Positionsfeld gebildet wird" (191–192).

Dieser Zirkel begründet keinen Organizismus, sondern erweist sich – wie alle von Plessner in seinem Buch aufgerufenen Kreisfiguren (vgl. die Schlusspassage, 346) – als von Differenzen durchsetzt, auf Nichtkoinzidenz gebaut und an Dephasierungen in Raum und Zeit gebunden. Mitscherlich insistiert zu Recht darauf, dass Plessner „die organische Selbstbesonderung" (Mitscherlich 2007, 134) keinesfalls als Formierung einer autochthonen Einheit denkt, die sich, nachdem sie bereits „fertig" (Mitscherlich 2007, 134) ist, der Interaktion mit ihrem Umfeld stellt. Plessner arbeitet in der Reflexion auf den „Lebenskreis" tendenziell die dazu gegenteilige Perspektive heraus: Anstatt den „Kontakt" des einheitlichen Organismus zu seinem Außen „hervorzubringen", leisten die Organe eher seine Vermittlung mit einem „bereits unmittelbar Bestehenden" (193), nämlich dem „Feld", in das der Organismus eingegliedert ist und in dem er sich zu stabilisieren hat. Obwohl dieses „Ganze [...] mit nichts kommen kann, worauf der Organismus nicht antworten könnte" (193), zeigt die passivisch-responsive Formulierung der „Beantwortung" schon an, dass für den Organismus „seine *Autarkie* [...] dahin [ist]" (193).

Innovativ ist die von Plessner entwickelte Beschreibung, weil sich das, was man (beispielsweise die Plessner zeitgenössische Systembiologie Bertalanffys) in erster Annäherung als „Kreis" bestimmen könnte, vielmehr als Mittel in einem dezentrierenden Geschehen präsentiert, das nicht teleologisch auf den Organismus hin ausgerichtet ist. *„Der Organismus ist Einheit nur durch Anderes, als er selbst ist, in ihm vermittelter Körper, Glied eines Ganzen, das über ihm hinausliegt"* (195). Kai Haucke nimmt dieses Kippbild, das letztlich „das Lebendige" und „das Leben" als zwei einander permanent ergänzende, sich prozessual aneinander differenzierende „Hälften" (192) darstellt, zum Anlass, Plessners Überlegungen in den Klartext einer von Plessner selbst nicht zugespitzten universalisierten Hermeneutik zu überführen. Es sei sowohl mit Blick auf die Einheit des Organismus als auch bezogen auf das Lebensgeschehen plausibler, anstatt von *Zweck*einheiten von *Sinn*einheiten zu sprechen, insofern „[e]in sinnhaftes Ganzes [...] stets unabgeschlossen [ist] und [...] der Ergänzung durch anderes [bedarf]" (Haucke 2000, 92). Man habe es dann hier wie dort mit zwar „zweck- wenn auch nicht sinnlosen" (Haucke 2000, 92) Figuren zu tun, was zugleich eine angemessene Perspektive auf die Möglichkeit von Evolution (im Unterschied zu einer teleologischen Naturge-schichte des Organischen) eröffne.

Vor allem aber muss man konstatieren, dass sich Plessner durch seine Kon-zeption des Lebenskreises einen Schlüssel verschafft, um diversen biologisch relevanten Zyklen stichhaltig Rechnung zu tragen. Erst im Theorem des Lebens-kreises gewinnt Plessner eine Basis, um zu zeigen, wie das lebendige, grenzrea-lisierende Ding eine „Beziehung mit dem Medium im Sinne einer kontinuierlichen Wechselbeziehung her[stellt], ohne die absolute Gegensinnigkeit mit ihr zu rela-tivieren" (Rohmer 2016, 265–266). Assimilation und Dissimilation lassen sich dann als die gegensinnigen Dynamiken des „Selbstzerfalls" (196) lebendiger Organis-men erhellen, die energetische Kreisläufe nur insofern „durch sich hindurchlei-ten" (196) können, als sie sich zugleich „zur Aufnahme wie zur Abgabe von Stoffen [...] befähigen" (196). Analog bringt Plessner im fünften Kapitel eine Theorie der evolutionären Anpassung in Stellung, die das Modell der Organismus-Umwelt-Korrelation gegen mechanistische Wendungen des Lamarckismus und Darwi-nismus zu profilieren versucht (siehe Rohmer 2016, 267 ff.).

8.2 Die offene Organisationsform der Pflanze und die geschlossene Organisationsform des Tieres

8.2.1 Die offene Organisationsform der Pflanze

Die Quintessenz von Plessners Grundklärung der Begriffe des Organismus und des Organs sowie seines Modells des „Lebenskreises" war die Einsicht, dass es für Lebewesen konstitutiv ist, die Spannung zwischen einem „Zwang zur Abge-schlossenheit als physischer Körper" (218) und einem „Zwang zur Aufgeschlos-senheit als Organismus" (218) zu vermitteln. Welche Kapazitäten und Mittel einem Lebewesen zur Verfügung stehen, um diese Balance zwischen zentripetalen und zentrifugalen Strebungen herzustellen, entscheide sich, so Plessner, an seiner jeweiligen „Form, deren Ausprägung in der jeweiligen Gestalt ihres Typus sinnlich faßbar wird" (218). Erst auf dem Niveau von Metabionta, wo vor allem Zelldiffe-renzierung sowie Zelladhäsion und dadurch Organisation auftreten, sei der an-gesprochene „Konflikt" (im Sinne des Lebenskreismodells) überhaupt virulent, weswegen Plessner von Ausführungen zu Einzellern absieht.

Hier setzt Plessners Unterscheidung zwischen der offenen Organisationsform der Pflanze und der geschlossenen Organisationsform des Tieres ein. Dazu die beiden Kernzitate: „Offen ist diejenige Form, welche den Organismus in allen seinen Lebensäußerungen unmittelbar seiner Umgebung eingliedert und ihn zum unselbständigen Abschnitt des ihm entsprechenden Lebenskreises macht" (219).

„Geschlossen ist diejenige Form, welche den Organismus in allen seinen Lebensäußerungen mittelbar seiner Umgebung eingliedert und ihn zum selbstän-
digen Abschnitt des ihm entsprechenden Lebenskreises macht" (226). Die Crux,
die sich bereits in den Kontrasten Unmittelbarkeit vs. Mittelbarkeit/Vermittlung
sowie Unselbständigkeit vs. Selbstständigkeit andeutet, liegt darin, dass die
Pflanze nur in einer sehr schwachen Hinsicht die basale Dynamik des Lebendigen,
nämlich die Selbstdifferenzierung zwischen Lebendigem und Leben *am* lebendigen Körper selbst, zum Austrag bringt. Eher „verschwimmt" [mein Ausdruck –
TE] die Pflanze weitgehend mit ihrem Umfeld, gegen das sie sich nicht eigens als
eine lebendige Einheit individuiert. „Mit einem Wort Hedwig Conrads: alle Bewegungen gehen *an* der Pflanze vor sich, nie ‚von' der Pflanze ‚aus'; wie denn auch
offene Form kein Zentrum hat, von dem aus – instinktiv, triebhaft oder willentlich
– Bewegungsimpulse möglich sind" (223). In Hegelscher Terminologie hat Stascha
Rohmer reformuliert, dass die Pflanze, Plessner zufolge, kein „rückbezügliches
Sein für sich [...] entwickel[t]" (Rohmer 2016, 275). Ihre Seinsweise kennzeichne
sich im Gegenteil durch eine „Eingebautheit in das umgebende Medium, die man
immer wieder als absolute Hingegebenheit, als Sichverlieren und Aufgehen im
Funktionskreis des Gattungslebens" (222) interpretiert (und verklärt) habe.

Plessner präzisiert diese These von einer nur minimalistischen Ausprägung
der Grenzrealisierung bei der Pflanze durch eine Reihe morphologischer und
funktionaler Charakteristika. Zunächst nennt er die dezentrale Repräsentation
organischer Funktionen, die nicht, wie beim Tier, eine Tendenz zur Organdifferenzierung „nach Innen" (Eingeweide usw.) erkennen lässt, sondern in einer „der
Umgebung direkt zugewandten Flächenentwicklung" (219) besteht. Diese De-
zentralität verschärft sich zur ontogenetischen „Dividualität" des Pflanzlichen –
ein Ausdruck, den Plessner direkt von Driesch übernimmt. Demnach sei für
Pflanzen die „Erhaltung der Phasen im Aufbau des Individuums" (220) markant.
Anders als Tiere, die „einen Punkt [erreichen], an dem sie fertig sind" (Driesch
1921, 40), blieben Pflanzen, wie das Beispiel ihrer „Embryonalzonen" (221) zeige,
einer Verfassung „wesenhafte[r] Unfertigkeit" verhaftet (221). Plessner ergänzt
diese Kennzeichnungen um die Statik der vegetativen, ungeschlechtlichen Fort-
pflanzungsart der Pflanzen sowie um das Phänomen ihrer Verbreitung durch
Bestäubung (221). Überdies bezieht er sich auf die weitgehende Unfähigkeit der
Pflanzen zu „Ortswechseln" (223). Trotz der gemessenen Sätze über den „eigentlichen Sinn [der Pflanze], der nichts zu verstehen gibt, als was er faßlich selbst ist"
(226), attestiert Plessner der Pflanze nur in einem verschwindend schwachen
Sinne jene Distanzierung in und zu sich, die den grundlegenden Zug seiner Bestimmung von Lebendigkeit ausmacht. Denkwürdig ist in diesem Kontext jedenfalls, dass Plessner die ontologischen Implikationen des Dividuellen im Unterschied zur Individualität des Tieres zwar nicht weiterverfolgt, sich aber zugleich

jeglicher Romantisierung eines schon im Vegetativen wirksamen „Gefühlsdrangs" (Scheler) alles Lebendigen enthält.

8.2.2 Die geschlossene Organisationsform des Tieres

„Wenn es zur offenen Form gehört, den Organismus mit all seinen an die Umgebung angrenzenden Flächen Funktionsträger sein zu lassen, so wird die geschlossene Form sich in einer möglichst starken Abkammerung des Lebewesens gegen seine Umgebung äußern müssen. Diese Abkammerung hat dabei den Sinn der mittelbaren Eingliederung in das Medium" (226). In Plessners Auszeichnung der geschlossenen Organisationsform des Tieres kehrt geschärft jene Strukturierung zurück, die uns im Grundriss seiner Philosophie des Organischen am Anfang des Kapitels begegnet war: Hatte Plessner zuvor schon der abschirmend-aufschließenden Funktionsweise der Organe (für die Frage nach den Bedingungen der „Ganzheit" eines Organismus) besondere Relevanz zugesprochen, so streicht er nun heraus, dass der Tierkörper es vermag, „zwischen sich und das Medium Zwischenglieder einzuschalten, die einerseits nicht zu ihm gehören, andererseits auch wieder nicht ohne lebendige Beziehung zu ihm sein dürfen, weil sie sonst ihrer Aufgabe vermittelnder Eingliederung auf natürliche Weise nicht gewachsen" (227) sein könnten. Die beim Tier „funktional spezialisierte [...] Entfaltung" (Haucke 2000, 123) der Organdifferenzierung verdankt sich der autonomisierten Rolle eines „Zentrums" (228) als Garant dafür, dass der Körper des Tieres „gegen das Medium eine geschlossene Einheit bilde[t]" (227), während er simultan dazu auch in das Medium hinein aufgeschlossen ist. Hier führt Plessner das Argument einer intrinsischen „Zerfallenheit" des Tierkörpers ein, eine Gegenpoligkeit, die sich in den „zwei gegensinnig zueinander stehende[n] Zonen" (228) der sensorischen und der motorischen Innervierung manifestiert. Aber Plessner erläutert umgehend, dass diese Juxtaposition zweier einander entgegenwirkender Organ- und Organisationszonen durch eine übergreifende Stabilisierung zusammengehalten werden muss. Käme es nicht zu einer solchen Integration, „wäre eben der Antagonismus nicht organisierend, nicht die Voraussetzung für Einheit und Zusammenfassung, sondern der Bruch, der keine Einheit mehr zulässt" (228). Was mithin am Körper des Tieres Gestalt annimmt, ist die – für Leben insgesamt bezeichnende – Begrenzung des Lebendigen in sich selbst, die den Ausgleich zwischen den nach Innen und Außen auseinanderklaffenden Richtungen des Doppelaspekts ermöglicht. In dieser Hinsicht erscheint die Organisationsform des Tieres als eine eminente Realisierung der Grundstruktur von Leben, an der zugleich die „Schranke" der vegetativen Form einzusehen ist. Empirisch artikuliert sich diese Strukturbedingung in der Rolle von „Zentralorganen" (im Fall des

Zentralen Nervensystems: Gehirn und Rückenmark, im Fall des Peripheren Nervensystems: das vegetative Nervensystem), in denen sich funktional die „Mitte" des Organismus selbst gegenüber den differierenden Funktionsrichtungen bekundet. Das Paradigma für diesen Typus zentralistischer Repräsentanz findet Plessner in Uexküls sogenanntem „sensomotorische[n] Schema" bzw. in seinem Konzept des „Funktionskreises". Schlagend ist bei alledem Plessners These von der mit der geschlossenen Organisationsform korrespondierenden Duplizierung des Körpers. „Physisch betrachtet verdoppelt sich mit der Entstehung eines Zentrums der Körper; er ist noch einmal (nämlich vertreten) im Zentralorgan. Jene ‚Mitte' nun [...] wird natürlich nicht von einem räumlichen Gebilde ausgefüllt. [...] Aber der Charakter dieses Körpers [...] hat sich geändert, weil er in ihm real vermittelt, vertreten ist" (231). Was Plessner damit hervorkehrt, ist die intern vermittelte Opposition zwischen Organismus und Medium, die überhaupt erst einen Bezug auf Gegenstände in der Umwelt möglich macht. Plessner fasst unter der „geschlossenen Organisationsform" mithin solche Organismen, die – auf empirischer Ebene dank lokal konzentrierter neuronaler Strukturen – „nicht mehr direkt mit dem Medium oder mit den Dingen um [sie] herum in Kontakt [stehen], sondern nur mittels [ihres] Körpers" (Rohmer 2016, 288–289). Anders gesagt: Der Organismus nimmt im Ganzen eine Frontalstellung zur Umwelt ein (231).

8.3 Die Körper-Leib-Differenz: Ein Angelpunkt (nicht nur) von Plessners Philosophischer Anthropologie

An das Ende von Plessners Explikation der geschlossenen Organisationsform des Tieres eingelassen, taucht im fünften Kapitel noch eine begriffliche Differenzierung auf, die man als eine *conditio sine qua* non jeglicher Philosophischer Anthropologie bezeichnen könnte: die Unterscheidung zwischen „Körper" und „Leib". Da Plessner sein Verfahren der psychophysischen Indifferenzierung, der Verschränkung und Verklammerung antagonistischer Aspekte, die gleichwohl in der Kompaktheit eines Dings zusammen stehen, in die Sicherung der Differenz von „Körper" und „Leib" hinein durchhält, lässt sich nur mit einigem Umstand auf den Punkt bringen, worum es sich bei Körper(-lichkeit) und Leiblich(-keit) kategorial handelt: nämlich „um eine Unterscheidung von Perspektiven, in denen wir unsere Körperlichkeit thematisieren" (Schürmann 2012, 207). Klarerweise intendiert Plessner mit dieser begrifflichen Separierung keine ontische Vervielfältigung von Substanzen, so als wären manche Lebewesen (nichts als) Körper, während höherstufige lebendige Entitäten (empirisch auf dem Niveau höherer Säugetiere) Leiber ohne Körper wären. Als ebenso haltlos erweist sich die klassische Formel, der Leib sei letztlich als „lebendiger Körper" umschreibbar, dem eine Seele, als deren Ausdruck er fungiere, eingegeben sei, während der Begriff des Körpers auf reine „Naturgegenstände" verweise. Dass bereits Scheler gegenüber diesem possessiven Modell, das Leiblichkeit als die (nicht allen) Körpern zukommende Eigenschaft definiert, lebendig zu sein, ein radikal anderes Verständnis von Leiblichkeit aufgeschlagen hatte, wird von Schürmann (Schürmann 2012, 214) herausgestellt. Demnach ist es bereits Scheler um den Gedanken zu tun, dass Leiblichkeit (der Leib) eo ipso Ausdruck von Leben ist: Empfindungen von Schmerz, Trauer usw. werden in innerer oder äußerer Anschauungsrichtung (an anderen „Leib-Körpern", wie es bei Scheler heißt) nicht etwa durch Abstraktion der Gegebenheitsform „Leiblichkeit" zugeschrieben. Vielmehr ist solcherlei Empfindungen, wie Schürmann betont, „ein Bewusstsein unseres Leibes [schon] eingeschrieben [...], um diese Empfindungen als je [unsere] Empfindungen überhaupt identifizieren zu können" (Schürmann 2012, 214–215). Auch bei Plessner begegnet uns diese Fassung von Körperlichkeit und Leiblichkeit als zweier „wechselseitig unreduzierbar[er]" (Schürmann 2012, 211) Gegebenheitsweisen, und zwar doppelt verstanden als Selbstgegebenheit eines Lebewesens für sich und als dessen Gegebenheit für eine Anschauung, die nicht schon wissenschaftlich präjudiziert ist. Anders als Scheler jedoch rückt Plessner, was von Anbeginn der Erwähnung bedarf, von einer Lehre ab, die Körperlichkeit und Leiblichkeit zwar differenziert, aber zugleich gemeinsam der Sphäre des gegenständlich Gegebenen zuordnet, um ihnen die Sphäre der Personalität als Sphäre rein intentionaler Akte entgegenzuhalten.

Hingegen konkretisiert sich, folgt man Plessners Argumentation, eine korrelative Spannung von Leiblichkeit und Körperlichkeit dort, wo empirisch die „Verdoppelung" des Körpers, seine Repräsentation durch ein Zentralorgan als „kernhafte Einheit für sich gegenüber der Mannigfaltigkeitseinheit" (231) der Organe vorliegt. Dabei wäre es ein grobes Missverständnis, diese Korrelativität durch die empirische Organisationsform zu begründen.

Vielmehr denkt Plessner diese Korrelativität im Sinne der Nichtkoinzidenz und des strengen Parallelismus von Organisations- und Positionalitätsform des Lebendigen – was dann, ganz in den Linien Schelers, mit sich bringt, dass Leiblichkeit und Körperlichkeit zwei heterogene Modalitäten sind, die sich nicht aufeinander reduzieren oder auseinander extrapolieren lassen. Wo man es also, empirisch angesehen, mit der Autonomisierung eines Zentralorgans „in" einem Lebewesen gegenüber der Peripherie seines Körpers und mit der Ausbildung von sensorischen im Unterschied zu motorischen Organapparaten zu tun hat, lässt sich phänomenal von einer signifikanten Duplizität dieses Lebewesens in sich selbst sprechen. Genau hier setzt Plessner die Differenz von Körperlichkeit und Leiblichkeit an, die nun die dieser Strukturierung gemäße Art der Selbstgegebenheit solcher Lebewesen meint: „Auf diese Weise bekommt die Mitte, der Kern, das Selbst oder das Subjekt des Habens bei vollkommener Bindung an den lebendigen Körper Distanz zu ihm. Obwohl rein intensives Moment der Positionalität des Körpers, wird die Mitte von ihm abgehoben, wird er ihr Leib, den sie hat. [...] Mit diesem Leib existiert das lebendige Ding als mit einem Mittel, einer zugleich verbindenden und trennenden, öffnenden und verdeckenden, preisgebenden und schützenden Zwischenschicht, die in seinen Besitz gegeben ist" (231).

Olivia Mitscherlich kreist den springenden Punkt dieser neuerlichen Stufe von Plessners Argumentation ein: Während sich in Anbetracht ihrer offenen Organisationsform von der Pflanze noch festhalten ließ, dass ihr „eine Brechung an ihrer Wirklichkeit" (Mitscherlich 2007, 163), eine Komplexität von *der* Art fehlt, dass an ihr „Individualität und Organisation als eigenständige [...] Seinssphären" (163) eigens zur Ausprägung gelangten, so stellt die zentrische Organisationsform des Tieres genau diese Sonderung von Individualität und Organisation phänomenal aus. Einmal mehr kann es helfen, sich in die Position einer unbefangenen, nicht schon szientistisch voreingestellten Naturbeobachtung hinein zu versetzen: An der Seinsweise des Tieres würde dann ein Überschuss über seine reine Körperlichkeit augenfällig und eine eigentümliche Plastizität des Körpers als eine Art Schirm, eine intermediäre Kontaktfläche, die ebenso „von Innen her" dirigiert wird wie sie das Lebewesen in ein „Gegenfeld [...] ohne Grenzen" (233) und ohne „Horizontlinie" (233) hineinvermittelt. „Mehr" als nur Körper ist ein zentrisch organisiertes Lebewesen genau in *dem* Sinne, dass es „in sich selbst", in seine Mitte gesetzt ist und aus einem Zentralpunkt „des absoluten Hier und Jetzt" (Mitscherlich 2007, 163) heraus agiert: eine Bifurkation, wodurch „sein Körper [...] sein Leib geworden [ist], jene konkrete Mitte, dadurch das Lebenssubjekt mit dem *Umfeld* zusammenhängt" (231).

Zumindest zwei Implikationen von Plessners genuin eigener Variante der terminologischen Differenz zwischen Körper und Leib verdienen eine Nachbetrachtung. Denn erstens ist wesentlich, dass von Körper und Leib nie adäquat in einem Vokabular der substantialistischen Isolierung die Rede sein kann. Körper und Leib *bestehen* nicht einfach als ontisch separate Gegebenheiten oder Schichten an einem Lebewesen; vielmehr ist ihr Zusammenhang, d. h. die (von Plessner mehrfach exponiert so bezeichnete, siehe 230, 231) „Kluft" und Überbrückung zwischen ihnen nur im Modus einer Oszillation *„des Körperseins und des Leibhabens"* (Mitscherlich 2007, 163) ausdrückbar. Man stößt hier auf einen veritablen „Chiasmus" (Merleau-Ponty): So wie der Körper nur korrelativ *als* Leib, als ein „gehabter" (232) Körper vorliegt, der gleichwohl nie ganz verfügbar ist, befreit diese immanente Bindung an den Leib niemals aus der schieren Faktizität des „Körperseins". So gesehen, meldet sich in der leiblichen Formung des Körpers der Körper als nie ganz „gehabter" an. Dass Plessners eigene Verwendungsweise der Formulierungen „Körpersein", „Körperhaben", „Leibsein" und „Leibhaben" in-

nerhalb seiner Texte und zwischen ihnen nie streng einheitlich ist, hat die Forschung längst registriert (siehe Krüger 2000a; Schloßberger 2005, 156; Fuchs 2013;
Schüßler 2016). Aber es erscheint angezeigt, erst in der speziellen Situation der
exzentrischen Positionalität vom Problem des „Leibseins" zu sprechen, zumal
sich Plessner terminologisch in der Darlegung der geschlossenen Organisationsform auf eine Korrelation von „Körpersein" und „Leibhaben" konzentriert: Denn
nur für den Menschen als noch einmal und dann ultimativ gegenüber der Korrelativität von Körper und Leib abgerücktes, exzentrisches Lebewesen ist es unhintergehbar, dass sich sowohl seine Körperlichkeit als auch seine Leiblichkeit
gegeneinander und gegenüber der lebendigen Person autonomisieren können.

Zweitens darf in der Lektüre des fünften Kapitels nicht untergehen, dass
Plessner, wo es zur Ausprägung und Koordination einer Differenz von Körper und
Leib im geschilderten Sinn kommt, die philosophische Begriffskonstellation des
„Subjekts", der „Subjektivität" und der „Subjekthaftigkeit" (231 ff.) anbringt. Diese
Zuschreibung ist eigentlich, obwohl Plessner sie lediglich *en passant* vornimmt,
spektakulär: Denn sie verdeutlicht, dass Plessner die reflexive Struktur von
Subjektivität, die hier in ihrem gleichsam profanen Format leiblicher Selbstre-
flexivität evoziert wird, keineswegs mit der (erst im siebten Kapitel eingeholten)
Frage nach dem Menschen engführt, sondern auf dem Niveau der Animalität
ansiedelt. Es ist für *tierische* Lebewesen charakteristisch, auf die Instanz eines
„Selbst" hin zentriert zu sein, das zum Autor einer Aktivität wird, die die „Kluft"
(Plessner) zwischen Ich und Nicht-Ich (mit Fichte gesprochen) überbrückt. Für die
Stellung des Menschen hingegen wird es, wie sich im Fortgang von Plessners
Argumentation noch zeigen wird, ausschlaggebend sein, gerade nicht zentriert
aus „sich" heraus und spontan die Differenz von Innen und Außen, von Organismus und Umwelt auszutarieren, sondern aus dieser Immanenz, die dadurch
bodenlos wird, herausgesetzt zu leben. Es ließe sich kaum eine prägnantere Stelle
finden, um damit die Differenz zwischen Plessners Theoriebildung und der
Leibphänomenologie (gerade Merleau-Pontys) aufzuspießen: Denn nur aus der
Internperspektive des Organismus, der mit seiner je subjektiv modulierten Umwelt
korreliert, lässt sich sagen: „Der Leib ist unser Mittel überhaupt, eine Welt zu
haben" (Merleau-Ponty 1974, 176). In der exzentrischen Positionalität von Personen bricht das „Leibapriori", das für Merleau-Ponty die Immanenz der Erfahrung
des Körpers als des „Eigenleibes" besiegelt, nachdrücklich auf – und in eine
Äußerlichkeit hinein um, die es personalem Leben unmöglich macht, „in" sich
selbst und im Inneren seines Erlebens zu stehen. Darum ist bei Plessner nicht, wie
bei Merleau-Ponty, der Leib der Schlüssel zur Welt; vielmehr und umgekehrt ist es
die Welt, aus der heraus sich Personen zu ihrer leiblichen Bindung des Körpers
und zu den körperlichen Unterbrechungen ihrer Leiblichkeit allererst verhalten
können und müssen.

Literatur

Collmer, Thomas 1992: Aktuelle Perspektiven einer immanenten Hegel-Kritik. Negative Totalisierung als Prinzip offener Dialektik, Gießen, Focus.

Driesch, Hans 1921: Philosophie des Organischen, 2 Bände, Leipzig, Engelmann.

Ebke, Thomas 2012: Lebendiges Wissen des Lebens. Zur Verschränkung von Plessners Philosophischer Anthropologie und Canguilhems Historischer Epistemologie, Berlin, Akademie Verlag.

Fischer, Joachim 2008: Philosophische Anthropologie. Eine Denkrichtung des 20. Jahrhunderts, Freiburg/München, Alber.

Fuchs, Thomas 2013: „Zwischen Leib und Körper", in: Hähnel, M./Knaup, M. (Hrsg.): Leib und Leben. Perspektiven für eine neue Kultur der Körperlichkeit, Darmstadt, WissBG, S. 82–93.

Haucke, Kai 2000: Plessner zur Einführung, Hamburg, Junius.

Krüger, Hans-Peter 2000a: „Das Spiel zwischen Leibsein und Körperhaben", in: Deutsche Zeitschrift für Philosophie 48 (2), S. 289–318.

Krüger, Hans-Peter 2000b: „Helmuth Plessners exzentrisch-zentrische Positionalität als die naturphilosophische Emanzipation der Hegelschen Geisteskonzeption vom Paradigma des Selbstbewußtseins", in: Hegel-Jahrbuch 2000, S. 275–281.

Lessing, Hans-Ulrich 2011: „Hegel und Helmuth Plessner. Die verpaßte Rezeption", in: Wyrwich, T. (Hrsg.): Hegel in der neueren Philosophie (Hegel Studien Beiheft 55), Hamburg, Meiner, S. 163–179.

Merleau-Ponty, Maurice 1974: Phänomenologie der Wahrnehmung, Berlin/New York, De Gruyter.

Mitscherlich, Olivia 2007: Natur *und* Geschichte. Helmuth Plessners in sich gebrochene Lebensphilosophie, Berlin, Akademie Verlag.

Rohmer, Stascha 2016: Die Idee des Lebens. Zum Begriff der Grenze bei Hegel und Plessner, Freiburg/München, Alber.

Schloßberger, Matthias 2005: Die Erfahrung des Anderen. Gefühle im menschlichen Miteinander, Berlin, De Gruyter.

Schüßler, Michael 2016: „Leib und Körper in der Kritischen Theorie Theodor W. Adornos und in der Philosophischen Anthropologie Helmuth Plessners", in: Ebke, T./Edinger, S./Müller, F./Yos, R.: Mensch und Gesellschaft zwischen Natur und Geschichte: Zum Verhältnis von Philosophischer Anthropologie und Kritischer Theorie, Berlin/Boston, De Gruyter, S. 77–96.

Schürmann, Volker 2012: „Max Scheler und Helmuth Plessner – Leiblichkeit in der Philosophischen Anthropologie", in: Alloa, E./Bedorf, Th./Grüny, Ch./Klass, T. N. (Hrsg.): Leiblichkeit. Geschichte und Aktualität eines Konzepts, Tübingen, UTB, S. 207–223.

Schweiger, Gottfried 2010: „Naturphilosophie bei Plessner und Hegel", in: Scheidgen, H.-J./Yousefi, H. R./Gantke, W. (Hrsg): Von der Hermeneutik zur interkulturellen Philosophie. Festschrift für Heinz Kimmerle zum 80. Geburtstag, Nordhausen, Bautz, S. 245–263.

Sell, Annette 2013: „Vom natürlichen Leben zum geistigen Sein – vom lebendigen Dasein zur Sphäre des Menschen. Hegel und Plessner im Vergleich", in: Heuer, P./Neuser, W./Stekeler-Weithofer, P. (Hrsg.): Der Naturbegriff in der Klassischen Deutschen Philosophie, Würzburg, Königshausen & Neumann, S. 199–213.

Thomas Ebke

9 Die zentralistische und die dezentralistische Schließung der Organisationsform des Tieres (Kap. 6.1–6.3, 237–261)

Das fünfte Kapitel hatte im Kern die Unterscheidung zwischen der „offenen" Organisationsform der Pflanze und der „geschlossenen" Organisationsform des Tieres eingebracht und dabei plausibilisiert, inwiefern das Signum alles Lebendigen, nämlich seine eigene Grenze zu realisieren (siehe 99–100), in seinem Vollsinn erst auf der Stufe des Tieres Ausdruck findet. Erst ein Lebewesen von „geschlossener" und näherhin „zentralistischer" Form vollziehe den durch die Grenzrealisierung eröffneten Kontakt mit seinem Umfeld so, dass von einer veritablen Autonomisierung beider Relata gegeneinander die Rede sei könne: Während die Pflanze instantan in der Interaktion mit ihrer Umgebung aufgehe, ohne „sich" durch interne Differenzierung und Zentrierung gegen das, was sie umgibt, zu individuieren, liege es in der Seinsweise höherer Tiere – dort, wo empirisch gesprochen ein ausgebildetes „Zentralorgan" vorliegt – „zwischen sich und den Lebenskreis eine vermittelnde Schicht zu bringen, die den Kontakt mit dem Medium übernimmt" (227). Im Sinne eines Lektüreschlüssels zu Plessners Buch kann es vor diesem Hintergrund helfen, die mit dem Begriff der „Positionalität" artikulierte Grundverfassung alles Lebendigen („in ihn hinein" und zugleich „über ihn hinaus" zu sein, wie es bei Plessner heißt, siehe 129) als eine Art „Passform" (Ebke 2012, 257) aller lebendigen Dinge zu apostrophieren, die sich auf den verschiedenen „Stufen des Organischen" immer weiter und je anders verkompliziert: Und zwar mit der besonderen Pointe, dass die jeweilige (etwa offene oder geschlossene) *Seins*form eines Lebewesens zugleich die spezifische *Erfahrungs*form ausmacht, die mit je eigenen Möglichkeiten und Grenzen einhergeht, wie sich dieses Lebewesen „selbst" und wie ihm eine korrelative Umwelt gegeben sein kann (siehe Grünewald 1993). In den Linien dieses Modells hatte Plessner im fünften Kapitel argumentiert, dass in der Situation zentrisch organisierter Lebewesen (Tiere) ein „Selbst" zu stehen komme, das „jetzt den Körper als seinen Leib [besitzt] und […] damit notwendig das [hat], was den Körper beeinflußt und auf welches er Einfluß ausübt: das Medium" (232). Damit hatte Plessner, sachlich wie philosophiegeschichtlich schlagend orignell (im direkten Vergleich mit der Leibphänomenologie Merleau-Pontys und seiner Schule einschließlich B. Waldenfels, H. Schmitz oder G. Böhme), das leibliche, spürende Haben des eigenen

DOI 10.1515/9783110552966-009

Körpers, die apriorische Verschlingung des Körperlichen ins Leibliche, als Generalbass von *Animalität* entwickelt – und gerade nicht als die spezifische Lage des Menschen, als *conditio humana*, für die Plessner vielmehr gerade den Bruch und die Desautomatisierung dieser leiblichen Zentrierung in und auf „sich" als konstitutiv aufzeigen wird (Kapitel 7).

Das sechste Kapitel präzisiert und erweitert nun die am Ende des fünften Kapitels vorläufig nur angerissene Situation der „geschlossenen Organisationsform" des Tieres, indem es die *positionale* Bedeutung ihrer Zentralitäts- und Frontalitätsstruktur vertieft (237–245). In einem weiteren Schritt bringt Plessner den der geschlossenen Form zugehörigen „Typ der dezentralistischen Organisation" zur Ansicht (245–248), bevor er, damit die erste Hälfte des sechsten Kapitels beschließend, den „Typ der zentralistischen Organisation" innerhalb der geschlossenen Form in seiner Eigentümlichkeit vorführt (249–261).

9.1 Plessners Akzentuierung der *Positionalität* der geschlossenen Form

Es ist ratsam, gleich zu Anfang der Beschäftigung mit Kapitel 6 eine terminologische Justierung vorzunehmen, die Plessner selbst nicht immer mit der wünschenswerten Klarheit einhält. Denn Plessner kehrt in diesem Kapitel über „Die Sphäre des Tieres" zu jener Kategorie zurück, die in Kapitel 4 die Antwort auf die leitende Frage bereitgehalten hatte, wie es einem Lebewesen möglich sein soll, seine eigenen Grenzen zu realisieren (127 ff.) – was wiederum als Bedingung der Möglichkeit eines Lebewesens ausgewiesen wurde, sich zu dem Doppelaspekt, der es als lebendiges Ding strukturiert, zu verhalten (99–100). Plessner zufolge ist es die *Positionalität* des lebendigen Körpers, seine Abgehobenheit von oder Gesetztheit in sich selbst, die ihn in die Lage bringt, seine eigenen Grenzen, *zu* denen er sich mithin allererst zu verhalten hat und stets schon verhält, zu vollziehen (129–130). Damit hatte Plessner bis auf Weiteres noch ohne Ansehung der spezifischen Komplexität der „Selbst"-verhältnisse und der Verhältnisse nach „Außen", die sie jeweils annehmen kann, eine Strukturierung dargelegt, die allem Lebendigen zukomme: Aber dies nicht im Sinne eines in Raum und Zeit vorfindlichen und also empirisch verwertbaren Datums, sondern als ein Spielraum des raumhaften und zeithaften Verhaltens, der es dem lebendigen Ding gestatte, „zu der Stelle ‚seines' Seins" (131) noch einmal in Beziehung zu stehen.

Schon im vierten Kapitel hatte Plessner unmissverständlich unterstrichen, dass die Positionalitätsform eines Lebewesens nicht mit seiner Organisationsform koinzidiert (131; siehe auch Krüger 2006, 25 ff.; dass Plessner jedoch die von ihm selbst gewonnene fundamentale Unterscheidung zwischen Organisations- und

Postionalitätsformen nicht durchgängig konsequent einhält, beobachtet etwa Mitscherlich 2007, 170–171). Anders als die wissenschaftliche Perspektive der Biologie interessiere sich eine Philosophie des Lebens nicht für die funktionale, letztlich in messbaren Größen und Relationen formalisierbare Organisation eines Körpers, sondern für die vom Lebewesen selber erst herzustellende Korrelierung – und damit auch für die Diskrepanz – zwischen dieser funktionalen Organisation und der „eigentümlichen raumhaften und zeithaften Einlassung in die Umwelt, die [dem Lebewesen] ein Verhältnis zu sich und seiner Interaktion mit der Umwelt eröffnet" (Ebke 2012, 210). Nun war allerdings in Kapitel 5 der Terminus der Positionalität einstweilen in den Hintergrund getreten und einer Fokussierung auf die „Organisationsweisen des lebendigen Daseins" (so der Titel von Kapitel 5) gewichen. Diese Äquivokation für eine bloße Nachlässigkeit zu halten, wäre jedoch verfehlt. Man muss im Gegenteil anmerken, dass Plessner im fünften Kapitel, dort wo ihm an der Differenz zwischen der offenen „Form" der Pflanze und der geschlossenen „Form" des Tieres gelegen ist, eine an die konkreten Problemstellungen der Biologie eng angelehnte Explikation verfolgt und dabei seinen Lesern, insbesondere den bloß philosophisch geschulten, den ein oder anderen spezialistischen Exkurs in die Physiologie der Pflanzen zumutet.

Und obwohl man dort, wo Plessner die Organisationsformen des Lebendigen auseinandersetzt, stillschweigend die Frage nach den Positionalitätstypen mitlesen kann, ist es kein Zufall, wenn erst die terminologische Entflechtung von „Körper" und „Leib" auf der Stufe der tierischen Organisationsform (231–232) am Beginn von Kapitel 6 das Positionalitätskonzept wiedereinsetzt. Charakteristisch für Plessners philosophisch-argumentative Strategie ist, *wie* hier die Ebenendifferenz zwischen Organisations- und Positionalitätsform bekräftigt wird: Betont wird nämlich direkt im ersten Satz von Kapitel 6, dass „[e]in Lebewesen, dessen Organisation die geschlossene Form *zeigt*" [Hervorhebung – TE] „positional [...] noch nicht die Möglichkeit" besitzt, die Lücke zwischen „Körpersein" und „raumhafte[m] Insein im Körper" zu schließen (237). Es gibt hier ein für Plessner wichtiges Gleiten der Perspektiven: Nicht dem wissenschaftlichen Blick für die empirische Organisationsform des Organismus, wohl aber dem (natur-)philosophischen Blick für die in sich antagonistische Einheit der (lebendigen) Dinge kann auch „der positionale Gegenwert jener physischen Trennung" zwischen dem „der Körper selber Sein und [dem] im Körper Sein" einleuchten (237). „Unterbrechung im Physischen und positionale Kerndistanz, Vorhandensein nervöser Zentren und Subjektivität [...] zerlegen [die tierische Existenz] in einen Außen- und in einen Innenaspekt, aber ihre Feststellung beruht noch nicht darauf. Ihre Koordination umfasst der Philosoph noch mit einem Blick, denn sie gehört der Einen (psychophysisch neutralen) Sphäre der Positionalität an [...]" (244–245). Dieser „Gegenwert" aber besteht, so Plessner, in nichts anderem als im „Doppelaspekt von

Körper und Leib" (244–245), der sich nun selbst als distinkte Ausdifferenzierung der Positionalitätsstruktur entziffern lässt. Als bleibender Ertrag von Plessners Reprise der Rede von der „zentrischen Form" kann hier folgende Überlegung gelten: Es bedarf der Umstellung von der Organisations- auf die Positionalitätskategorie, um behaupten zu können, dass (bzw. inwiefern) ein derart verfasstes/ positioniertes Lebewesen sich in die Spaltung zwischen seinem „Körpersein" und seinem Im-Körper-Sein verdoppelt finden kann und gleichwohl „Eines" ist, „da die Distanz zu seinem Körper nur auf Grund völligen Einsseins mit ihm allein möglich ist" (244–245).

Obgleich Plessner diese Textvorlage, gegen die seine eigene Theorie der Tierorganismen anschreibt, erst im Unterkapitel 6.2 namhaft macht (247–248), ist sein Referenzrahmen im sechsten Kapitel Jakob von Uexkülls Umweltlehre, die sich nicht zuletzt als Versuch einer Biologisierung von Subjektivität lesen lässt (dazu umfassend Köchy 2015). Man darf nicht vergessen, dass Uexküll in den frühen 1920er Jahren, im direkten Vorfeld von Plessners eigenem Anlauf zu einer Philosophie des Organischen also, die Idee prominent gemacht hatte, „dass das Lebewesen ein Subjekt ist, das in einer eigenen Welt lebt, deren Mittelpunkt es bildet" (Uexküll 1956, 24). Der Organismus sei mit einer ihm je gemäßen Umwelt gleichsam vernäht: Wahrgenommen würden nur diejenigen Reize und Informationen in der Umwelt, die in Korrelation zu den eigenen Aktivitäts- und Bewegungsmöglichkeiten interessieren. Letztlich ziele Uexkülls Umwelttheorie, so Gregor Schmieg, „auf die ‚ganzheitliche' Kopplung sensorischer Reizstrukturen mit motorischem Reaktionsverhalten" (Schmieg 2017, 349), um „dabei die Perspektive des Beobachters nach Möglichkeit aus[zu]schalten" (Schmieg 2017, 349), also „keinen Anthropomorphismus zu produzieren, sondern vielmehr den ‚Standpunkt des Tieres' einzunehmen" (Schmieg 2017, 349). Vor allem Plessners Rede von der (die „Sphäre des Tieres" gründenden) „Mitte [...], gegen welche der Körper und das ihn umgebende Positionsfeld total konvergieren" (237–238), lässt durchblicken, dass es das Modell Uexkülls ist, das Plessner hier in kritischer Absicht einspielt. „Jedes Tier ist der Möglichkeit nach ein Zentrum, für welches [...] eigener Leib und fremde Inhalte gegeben sind. Es lebt körperlich sich gegenwärtig in einem von ihm abgehobenen *Umfeld* oder in der Relation des *Gegenüber*. Insofern ist es *bewusst*, es merkt ihm Entgegenstehendes und reagiert aus dem Zentrum heraus, d. h. spontan, es handelt" (240). Zwischen den 1940er und 1960er Jahren wird Plessner – in einer Serie einander inhaltlich sehr verwandter Vorträge und Aufsätze – wiederholt auf Uexkülls Beiträge zurückkommen (siehe insb. GS VIII, 52–65; WUM und FCH).

Obwohl er Uexkülls Impuls honoriert, „der Biologie eine von anthropomorphen Maßstäben freie Analyse der verschiedenen Planordnungen tierischen Verhaltens zu ermöglichen" (WUM, 77), wird er seinen zentralen Kritikpunkt an

Uexkülls Tendenz zu einer „Übertragung des Umweltbegriffs auf den Menschen als Kulturwesen" (WUM, 84) unermüdlich wiederholen – eine Kritik also an der Tendenz, die auch „die heutigen Anthropologen philosophischer Prägung" (WUM, 83) teilten, unter die Plessner pikanterweise auch Erich Rothacker und dessen Theorie der Lebensstile einschließt (WUM, 83–84). „[...] [B]eim Menschen setzt sich die Umweltlichkeit des Daseinsrahmens mit seinen Bedeutsamkeiten und Lebensbezügen von einem zumindest latent gegenwärtigen Hintergrund von Welt ab. Wie sich für ihn die Umgebung der Möglichkeit nach in den Raum und die Zeit verliert, [...] so hat die ganze Umweltbindung beim Menschen ein erworbenes und bewahrtes Wesen, ist nicht mit der Natur seines Leibes einfach gegeben, sondern – weil kraft ihrer offengelassen – gemacht und nur in übertragenem Sinne natürlich gewachsen" (WUM, 84).

Dieses Ziehen einer scharfen Trennung zwischen Umwelt und Welt bzw. zwischen leiblich-organischen Umweltkorrelationen und solchen, die allererst aus der Negativität von Welt heraus gebildet werden, ist mit zu bedenken, wenn man sich Plessners Ausführungen zur „tierischen Reflexivität" (239), deren „Schranke" (239) entsprechend rasch herausgestellt wird, zuwendet (siehe Block 2016, insb. 143–235). Plessner schreibt dem in zentrischer Positionalität lebenden Tier, das „der Möglichkeit nach ein Zentrum" ist, insbesondere die Charakteristika der „Spontaneität" (240) und der „Frontalität" zu: „[W]enn das Zentrum dieser [seiner – TE] Stellung ihm selber nicht bemerkbar [...] ist" (240), das Tier mithin „wesentlich im Hier-Jetzt aufgeht" (240), dann agiert es, so Plessner, im Modus einer unableitbaren Spontaneität, die „die Möglichkeit der Wahl" (240) zwischen verschiedenen auf perzipierte Reize antwortenden Verhaltensweisen offen halte. Zwar geht diese vitale Spontaneität mit einer dem Lebewesen transparenten Aufteilung in Eigen- und Fremdbereiche zusammen. Aber die interne Zentrierung des Lebewesens in sich selbst, aus der heraus es diese Vermittlung zwischen „sich" und seinem Umfeld *in actu* herstellt, „das Zentrum als solches" (292) also, bleibe dem Tier prinzipiell entzogen und werde für es nicht „reflexiv" (240). Konnotiert der Begriff der „Spontaneität" diese Uneinholbarkeit der eigenen Stellung, von der aus die Überbrückung der Differenz zur Umwelt allererst möglich ist, so legt der zweite von Plessner in den Vordergrund gerückte Aspekt der „Frontalität" Nachdruck auf die Opazität auch der Umwelt, die dem Tier „als Ganzheit undurchsichtig bleibt" (241). Der „Organismus als Ganzes" (Schmieg 2017, 350) wird also „zur Umwelt in *frontale Position* gebracht" (Schmieg 2017, 350), in eine agonale Gegenstellung zur Umwelt, die gleichwohl in ihrer Totalität nicht überblickt werden kann. Hier klingt abermals ein Uexküll'sches Echo an, das Plessner einige Seiten später (246–247) auch explizit benennen wird: Was Uexküll gezeigt hatte, war gerade, dass ein Organismus auf je subjektive Weise Bündel von Reizen oder Merkmalen, d.h. stets nur eine „Merkwelt" erfasst, der auf Seiten dieses Organismus durch Effektoren gefilterte „Wirkmale" korrelieren (Uexküll 1956, 27; dazu Haucke 2000, 131).

Philosophisch ist nun im Kontext von Plessners Erläuterung der „Sphäre des Tieres" von bleibender Bedeutung, dass er der zentrischen Positionalität einen ersten Anhieb von *Bewusstsein* attestiert. Wie Plessners Differenzierung zwischen der dezentralistischen und der zentralistischen Variante der geschlossenen Form im weiteren Fortgang des Kapitels noch zeigen wird, handelt es sich streng genommen allerdings nur dort um eine *bewusste* Selbstreferentialität, wo „Leib und Umfeld im Zentrum" (251), d. h. durch ein Zentralorgan (Gehirn) „ihre Repräsentation finden" (251). Von daher ist Stascha Rohmers Rede von „der zentralistischen wie [...] der dezentralistischen Organisationsweise des Bewusstseins" (Rohmer 2016, 293) ungenau: Plessner hält im Hinblick auf den dezentralistischen Typ der geschlossenen Organsationsform gerade eine „Umgehung des Bewusstseins" (246) für konstitutiv – zum Unterschied von dessen „Einschaltung" (246) in der zentralistischen Form. Wo also der Organismus an Stelle eines Zentralorgans nur „einzelne Zentren" formiert, „die im losen Verband miteinander stehen und in weitgehender Dezentralisierung den Vollzug der einzelnen Funktionen vom Ganzen unabhängig machen" (241), spricht Plessner von einer „möglichste[n] Deckung gegen das Feld durch Umgehung des Bewusstseins" (241). Von dieser Nuancierung noch ganz abgesehen ist es bemerkenswert, dass Plessner – im Grundsatz seiner Strategie durchaus Uexküll folgend – eine biophilosophische Tieferlegung des Bewusstseinsbegriffs vollzieht: Bewusstsein ist für Plessner, wo mit diesem Prozess das intentionale Merken von „Entgegenstehende[m]" (240) gemeint ist, das zentrisch-spontan erlebt wird, ein *animalisches*, keineswegs ein spezifisch menschliches Charakteristikum.

Man geht nicht fehl, wenn man Plessners Platzierung des Bewusstseinsbegriffs an diesem Punkt als einen Einspruch gegen Husserls und Heideggers Semantiken von „Intentionalität" liest: Gerade weil die Intentionalität des Bewusstseins, wie Husserl selbst argumentiert hatte, auch das Bewusstsein von „Animalien" (Husserl 1950, 130) charakterisiert, die nämlich ebenfalls eine „Erfahrungsbeziehung zum Leibe" (Husserl 1950, 130) unterhalten, erscheint es überhaupt fragwürdig, die anthropologische Besonderheit des Menschen weiterhin im Paradigma einer Bewusstseinsphilosophie zu verankern. Eine solche Zuspitzung nehmen jedoch die Überlegungen Husserls an, wenn er von dem Zugeständnis, auch Tiere hätten „psychologisches Bewusstsein" (Husserl 1950, 130), zu einer anthropologischen Differenz übergeht, die den Menschen eben durch höherstufiges, „reines Bewusstsein" (Husserl 1950, 132) mit der Fähigkeit zur „Selbsterinnerung" und zu einem selbstreflexiven „,Zurückkommen' auf sich selbst" (Marbach 1974, 334) kennzeichne (dazu auch Bimbenet 2015, der Husserls Weltbegriff im Interesse einer anthropologischen Differenzierung gegen die

Uexküll'sche Umweltlehre ausspielt). Für Plessner entspricht der Schritt vom Tier zum Menschen keineswegs der Überbietung eines psychologisch-apperzeptiven durch ein transzendental reines Bewusstsein; vielmehr erläutert er in Kapitel 7 die Immanenzstruktur des Bewusstseins als Funktion der „vermittelten Unmittelbarkeit" von Lebewesen, die zugleich „in" sich und „hinter sich selbst, ortlos, im Nichts, [...] im raumzeithaften Nirgendwo-Nirgendwann" stehen (292). Aber Plessner setzt mit seinem Aufweis eines *„lebensimmanente*[n] *Umschlag*[s] *des Seins ins Bewusstsein"* (Krüger 2006, 35; Hervorhebung i. O.) auch hinter Heideggers Umformung von Husserls transzendentalem Bewusstsein in das „In-der-Welt-Sein" des „Daseins" ein skeptisches Fragezeichen: Insofern sich Heidegger (zumindest im Rahmen von *Sein und Zeit*), anders als Husserl, die von Husserl bejahte Frage, ob auch „Animalien" Intentionalität besitzen, gar nicht erst vorlegt und die Intentionalitätsstruktur stattdessen ganz auf das Sein des „Daseins" in der Welt engführt.

Es lässt deshalb aufhorchen, wenn Plessner im Jahr 1950 in einer erneuerten Auseinandersetzung mit Uexküll dessen Anspruch, Kants Begriff einer ontologisch immanenten „Welt" als Einheit der theoretischen und moralischen Synthesis der Erscheinungen biologisch zu konkretisieren, scharf als „handfeste[n] Vitalismus" (WUM, 78) in die Schranken weist (dazu Köchy 2015, 62). Denn so nachvollziehbar es ist, dass Plessner Uexkülls glatte Übertragung des Organismus-Umwelt-Korrelationismus (dazu auch Cheung 2005) auf menschliches Leben ablehnt, so zutreffend ist es auch, dass er dessen Strategie einer biologischen Verendlichung der Bewusstseinsphilosophie und des Paradigmas der „Subjektivität" *naturphilosophisch* aufgreift, um idealistische Anthropologien, die, wie Husserl, den Menschen über die Eminenz seines Bewusstseins definieren, zu unterlaufen.

9.2 Die zentralistische und die dezentralistische Organisation der geschlossenen Form

9.2.1 Dezentralismus als vorbewusste Korrelierung von Reiz-Reaktions-Schemata

Dass „[d]ie Individualität der Zuordnung von Reiz und Reaktion" (245) auf dem Niveau der geschlossenen Form nicht ohne Zutun des betreffenden Lebewesens schlicht geschieht, sondern von diesem lebendigen Individuum vollzogen werden muss, entwickelt Plessner zunächst an der bereits angesprochenen Dephasierung zwischen Merk- und Wirkverhalten (245): „Hätte es [...] irgendeinen Sinn, etwas zu merken, um auf etwas zu wirken, wenn die Umsetzung der Erregung aus der sensorischen in die motorische Sphäre ungehemmt, von selbst stattfinden kann?" (245). Das Tier lebt also strukturell in „Unterbrechung[en]" (245) zwischen Sensorik und Motorik, in Intervallen, die überhaupt erst Raum und Zeit erschließen, um auf die „Fragen, welche das Umfeld an den Organismus stellt" (246), zu antworten. Für die dezentrale „Methode", wie Plessner sich an dieser Stelle etwas überraschend ausdrückt, ist typisch, dass sich „die Umsetzung von Reiz in Reaktion im Leib allein ab[spielt]" (246), lokale neuronale Konzentrationen also gleichsam instantan die Vermittlung von Sensorik und Motorik garantieren. Es ist interessant, dass Plessner gerade in diesen Passagen verstärkt auf die originäre Terminologie Uexkülls zurückgreift, den Autor aber nur in einer einzigen Fußnote wirklich referenzialisiert. Die Formulierung jedenfalls, „dass dem Tier nichts merkbar wird, als was es verwerten kann und worauf es eine Antwort parat hat" (246), versetzt den Leser zurück in Uexkülls Theorie der „Passungen" zwischen Organismen und ihren Umwelten, deren wesentlicher Akzent auf den selektiv ein- und ausgrenzenden Charakter der Perzeptionen der Tiere fällt.

Plessners Schilderung der dezentralistischen Organisation suggeriert, dass Organismen dieses Typs nicht im Stande sind, Gegebenheiten in ihren Umwelten als „Objekte" zu identifizieren, die dann auch als „Merkmalsträger" (Rohmer 2016, 293) und nicht lediglich als Empfängerzonen der vom Organismus ausgeübten Wirkungen firmieren könnten. Vielmehr nähmen dezentralistisch organisierte Lebewesen „Signale" wahr, die sie jedoch nicht als dingliche Entitäten zu erfassen vermögen (siehe auch 247). Gerade in Abhebung von der in Kapitel 6.3 erläuterten zentralistischen Variante der geschlossenen Form lässt sich einsehen, dass die dezentralistische Form kognitiv nur eine rudimentäre Lernkapazität zulässt (248), während die Fehleranfälligkeit in der „Abdeckung der Objektwelt" (248) nach Maßgabe der „Aktionserfordernisse" (Lindemann 2005, 93) des Organismus nur gering ausgeprägt sei.

9.2.2 Zentralismus als bewusste Korrelierung von Reiz-Reaktions-Schemata

Besonders Kai Haucke hat auf die eigentümlich appellative Lektüreregie aufmerksam gemacht, die Plessners Annäherung an die „geschlossene Form" der Sphäre des Tieres bestimmt: „Auch das Seinsniveau des Tieres weist [...] eine unaufgelöste Spannung auf, die sich negativ in einem konstitutiven Mangel zeigt. Den fehlenden Sinn für Negativität bei Tieren kann offenbar nur ein Wesen bemerken, das diesen Sinn hat" (Haucke 2000, 139). Ohne bereits die spezifische Blickstellung des Menschen zum Thema gemacht zu haben – von der Norbert Ricken in einer Variation Kierkegaards sagt, sie sei bei Plessner die eines Verhältnisses, „das sich zu sich selbst verhält" (Ricken 1999, 265) – kann Plessner an dieser Stelle seiner Argumentation den Effekt ausspielen, dass aus der „Perspektive" der gemäß der geschlossenen Form lebenden Organismen selbst die Disproportion zwischen „Merksphäre und Wirkungssphäre" (249) gar keinen Mangel darstelle. Stillschweigend war also neben dem von Plessner rekonstruierten leiblichen Selbstverhältnis, in dem Tiere zu sich selbst stehen und das ihnen die Möglichkeit gibt, die Kluft zwischen „sich" und ihrer Umwelt spontan zu überbrücken, von Anbeginn ein anderer Blick mitgelaufen, der sich jetzt, wie Haucke zu denken gibt, in seiner (anthropologischen) Differenz zu der Internperspektive des tierischen Seins anmeldet. Dagegen lassen die auf dieses Thema Bezug nehmenden Passagen von Olivia Mitscherlich-Schönherr in ihrem Beitrag zum vorliegenden Band darauf schließen, dass die Autorin einer solchen Interpretation skeptisch gegenüber steht, scheint sich Hauckes Annahme doch mit der von E.W. Orth vertretenen und von Mitscherlich-Schönherr in Frage gestellten Deutung zu decken, wonach ein Blick, der *so* überhaupt nur von der exzentrischen Positionalität aus auf die Dinge geworfen werden kann, als „präparierter Anfang" (Orth 1991, 266) bereits vom Anfang der „Stufen" an am Werk ist. Demnach fände man sich in einer rekursiven Anlage der Gesamtargumentation wieder, die durchgehend eine Beobachterspektive ablaufen lässt, die ihrer Möglichkeit nach und in ihrer Bestimmtheit erst am Ende der Darstellungsfolge geltend gemacht wird. Ob daraus tatsächlich eine methodische Vorschaltung des Denkens vor der Anschauung folgt, wie Mitscherlich-Schönherr argumentiert, kann hier nicht abschließend diskutiert werden: Einzig auf die Anzeige dieses Forschungsproblems selber kommt es hier an.

Wenn nun schon das „Auseinanderfallen der beiden Sphären" (249) *als solches* für das Tier, dessen Lebensvollzug in nichts anderem als in der Austarierung dieser Diskrepanz besteht, nicht auffällig und problematisch wird, so behauptet Plessner immerhin, dass auf der Höhe der zentralistischen Organisationsform durchaus ein Primat der Empfindung und zugleich des Sensorischen vor dem Motorischen ins Spiel kommt. „[D]ie Aktionen [kommen] unter die Kontrolle der Empfindung" (250), d. h. die Autonomisierung des tierischen Organismus als Einheit gegenüber dem Umfeld prägt sich zur Gänze aus. „Alle Bedingungen sind geschaffen, damit das Lebewesen sich, d. h. seinen Leib einer Außensphäre gegenüber merkt" (252). Empirisch ist die Prävalenz eines Zentralorgans über die verstreuten neuronalen Funktionskreise und die Organe des Lebewesens gemeint, wo die von Plessner in den Blick genommene Situation realisiert sein soll, dass sich der Organismus „in den Griff bekommen hat" (252), sich also gleichsam als Initiator seiner eigenen Aktionen mitspürt, während sich zugleich die Umwelt zu einer Sphäre dinglicher Gebilde konkretisiert: „Eben dies macht das System von Gehirn und Rückenmark aus, in dem es zu einer sehr scharfen Zusammenfassung alle Organe kommt" (Rohmer 2016, 295).

Plessner stellt im Abschnitt zur zentralistischen Form der Organisation stark auf die Korrelation zwischen der nunmehr transparenten, in sich gegründeten Dinghaftigkeit der Umweltphänomene und der Motorik der Lebewesen ab, denen eine solche Dingwahrnehmung strukturell möglich ist: „Lenkbarkeit der Bewegungen mit dem eigenen Körper [...] und dingliche Struktur des Umfeldes entsprechen einander" (254). Doch hat Hans-Peter Krüger daran erinnert, dass auch und gerade diese Beschreibung einer in sich perfekt geschlossenen Totalrepräsentation bei Plessner mit einer Ambivalenz durchsetzt bleibt: Demnach bringt die zentralistische Form eine Fähigkeit zum Tragen, an die der dezentralistische Typ gar nicht erst heranreichte (nämlich ein komplexes „Assoziations- oder Lernvermögen", 248). Aber diese Niveauhebung wird nur um den Preis erreicht nur um den Preis erreicht, dass es „zu immer komplexeren Rückkopplungsschleifen" (Krüger 2006, 35) kommen muss, „die unterbrechen und verbinden, Fehlerchancen [...] erhöhen und einen Antagonismus von Handlung und Bewusstsein bewirken, das zwischen der Kontrolle eigener Bewegungen und der Aufmerksamkeit für Feldverhalte schwankt" (Krüger 2006, 35–36). Dies also ist die Gesamtlage der für die zentrische Positionalität spezifischen Selbstreferenz oder -reflexivität: „[Diese mehrfache Rückbezüglichkeit] wird spontan als die *Einheit* von Körper und Leib *vollzogen*, nicht aber von einem Dritten her als die *Differenz* zwischen Körper und Leib *angeschaut* und durch kategorialen Abstand beurteilt" (Krüger 2006, 36; Hervorhebung i. O.).

Unverkennbar ist Plessners Versuch, die *Koinzidenz* von Kontaktstiftung (mit der Umwelt) und zentripetaler Schließung des lebendigen Organismus einleuchtend zu machen. Man dürfe sich diese Doppelung nicht „so zurecht legen" (259), dass hier zwei funktionale Zyklen (der externalisierenden Öffnung und der immanenten Schließung) unverbunden nebeneinander abliefen. Vielmehr läge ein „seltsame[s] Verhältnis" indirekter Direktheit „zutiefst in der Seinsstruktur des Lebens begründet" (260): Die „Preisgabe an die Wirklichkeit *und* [der] Schutz vor ihr" (259; Hervorhebung i. O.) fallen in ein-und demselben Vollzug zusammen, in dem Sinne, dass die Objektivierung der Umwelt, die nun als Feld dinglicher Erscheinungen erlebt wird, mit der agonalen Autonomisierung des Organismus *gegen* die Umwelt koinzidiert. Bevor Plessner im nächsten Kapitelabschnitt 6.4 zur Darlegung der „dingliche[n] Gliederung des tierischen Umfeldes" (261) übergeht, kann man bereits bilanzieren, dass er in seinem Durchgang durch die „Sphäre des Tieres" teils explizit, teils ungenannt die Uexküll'sche Konzeption der Umweltlehre ausbuchstabiert. Diese wird in den „Stufen" in ein Licht gerückt, in dem ihre epistemische Produktivität ebenso sichtbar wird wie ihre ontologische Grenze: So sehr nämlich Plessner Uexküll eine Umbestimmung des bewusstseinsphilosophischen Paradigmas in Richtung auf eine biologische Tieferlegung der Struktur von Subjektivität abgewinnt, so sehr insistiert er, was in seinen Aufsätzen der

1940er bis 1960er Jahre (im Umkreis der „Conditio humana") weiter pointiert wird, auf der Irreduzibilität personaler Weltverhältnisse gegenüber organischen Umweltkorrelationen.

Literatur

Bimbenet, Etienne 2015: „La formule transcendantale. Sur l'apport de la phénoménologie à l'anthropologie philosophique", in: Alter. Revue de phénoménologie 23, S. 203–222.
Block, Katharina 2016: Von der Umwelt zur Welt. Der Weltbegriff in der Umweltsoziologie, Bielefeld, transcript.
Cheung, Tobias 2005: „Epigenesis in optima forma. Die ‚Einfügung' und ‚Verwicklung' des organismischen Subjekts in Jakob von Uexkülls theoretischer Biologie", in: Philosophia naturalis 42, S. 103–126.
Ebke, Thomas 2012: Lebendiges Wissen des Lebens. Zur Verschränkung von Plessners Philosophischer Anthropologie und Canguilhems Historischer Epistemologie, Berlin, Akademie Verlag.
Grünewald, Bernward 1993: „Positionalität und die Grundlegung einer Philosophischen Anthropologie bei Helmuth Plessner", in: Baumanns, P. (Hrsg.): Realität und Begriff. Festschrift für J. Barion zum 95. Geburtstag, Würzburg, Königshausen & Neumann, S. 271–300.
Haucke, Kai 2000: Plessner zur Einführung, Hamburg, Junius.
Husserl, Edmund 1950: Ideen zu einer reinen Phänomenologie und phänomenologischen Philosophie. Erstes Buch. Husserliana III, Den Haag, Martinus Nijhoff.
Köchy, Kristian 2015: „Helmuth Plessners Biophilosophie als Erweiterung des Uexküll-Programms", in: Köchy, K./Michelini, F. (Hrsg.): Zwischen den Kulturen. Plessners „Stufen des Organischen" im zeithistorischen Kontext, Freiburg/München, Alber, S. 25–64.
Krüger, Hans-Peter 2006: „Die Fraglichkeit menschlicher Lebewesen. Problemgeschichtliche und systematische Dimensionen", in: Krüger, H.-P./ Lindemann, G. (Hrsg.): Philosophische Anthropologie im 21. Jahrhundert, Berlin, Akademie Verlag, S. 15–41.
Lindemann, Gesa 2005: „Der methodologische Ansatz der reflexiven Anthropologie Helmuth Plessners", in: Gamm, G./Gutmann, M./Manzei, A. (Hrsg.): Zwischen Anthropologie und Gesellschaftstheorie. Zur Renaissance Helmuth Plessners im Kontext der modernen Lebenswissenschaften, Bielefeld, transcript, S. 83–98.
Marbach, Eduard 1974: Das Problem des Ich in der Phänomenologie Husserls, Den Haag, Springer.
Mitscherlich, Olivia 2007: Natur und Geschichte. Helmuth Plessners in sich gebrochene Lebensphilosophie, Berlin, Akademie Verlag.
Orth, Ernst Wolfgang 1991: „Philosophische Anthropologie als Erste Philosophie. Ein Vergleich zwischen Ernst Cassirer und Helmuth Plessner", in: Dilthey-Jahrbuch 7, S. 250–274.
Plessner, Helmuth 1983: „Mensch und Tier" (1946), in: Gesammelte Schriften, Bd. VIII: Conditio humana, Frankfurt a. M., Suhrkamp, S. 52–65.
Ricken, Norbert 1999: Subjektivität und Kontingenz. Markierungen im pädagogischen Diskurs, Würzburg, Königshausen & Neumann.

Rohmer, Stascha 2016: Die Idee des Lebens. Zum Begriff der Grenze bei Hegel und Plessner, Freiburg, Alber.

Schmieg, Gregor 2017: „Die Systematik der Umwelt: Leben, Reiz und Reaktion bei Uexküll und Plessner", in: Ebke, Th./Zanfi, C. (Hrsg.): Das Leben im Menschen oder der Mensch im Leben? Deutsch-Französische Genealogien zwischen Anthropologie und Anti-Humanismus, Potsdam, Universitätsverlag Potsdam, 347–360.

Uexküll, Jakob von 1956: Streifzüge durch die Umwelten von Tieren und Menschen. Ein Bilderbuch unsichtbarer Welten. Bedeutungslehre. Reinbek bei Hamburg, Rohwolt.

Ralf Becker
10 Das Bewusstsein der Tiere. Positionalität als Paradigma der Verhaltensforschung (Kap. 6.4 – 6.7, 261 – 287)

10.1 Eine Prinzipienlehre der Tierpsychologie: Positionalität und Bewusstsein

Nachdem Plessner die verschiedenen Organisationsformen von Pflanze und Tier sowie von dezentralistisch und zentralistisch organisierten Tieren unterschieden hat, wendet er sich der empirischen Verhaltensforschung zu. Dass er von „Tierpsychologie" spricht, ist nicht bloß der zeitgenössischen Ausdrucksweise geschuldet. In der Tat kommt der Terminus „Vergleichende Verhaltensforschung" erst Mitte der 1930er Jahre in Umlauf, und noch bis in die 1970er Jahre findet der Ausdruck „Tierpsychologie" breite Verwendung, um die wissenschaftliche Erforschung tierischen Verhaltens zu bezeichnen (vgl. Toepfer 2011, 470–471). Doch Plessners Sympathie für die Tierpsychologie hat nicht nur diesen terminologiegeschichtlichen Hintergrund. Vielmehr dokumentiert sie sein methodologisches Programm zur Überwindung des Cartesianismus in der Biologie. Die *Möglichkeit*, eine Tier*psychologie* überhaupt durchführen zu können, ist bedingt durch die Vorannahme, dass *Tiere* ein *Bewusstsein* besitzen, das sich anhand ihres Verhaltens erforschen lässt. Anders gesagt: Eine bloß *physiologische* Erklärung von Verhalten als reinem *Bewegungsablauf* verfehlt den wissenschaftlichen Gegenstand, eben das tierische Verhalten als solches. Die Tierpsychologie interpretiert „das körperliche Verhalten des Lebewesens auf seinen Bewusstseinszustand hin […] Ohne derartige Interpretationsversuche unterscheidet sich Tierpsychologie in nichts von Reiz- und Bewegungsphysiologie bzw. vergleichender Biologie im Sinne einer physiologisch arbeitenden Lebensplanforschung, deren Programm Uexküll aufgestellt hat" (261). Tierpsychologie ist also *möglich*, da Tiere nicht bloße Automaten und ihre Bewegungen keine rein mechanischen Reiz-Reaktions-Verknüpfungen sind. Sensorik und Motorik sind miteinander *vermittelt*, und es ist die *Form dieser Vermittlung* (für Plessner: die Struktur des Bewusstseins), die über die spezifische Beziehung zwischen dem Organismus und seiner Umwelt bestimmt und die sich im Verhalten ausdrückt.

In der gemeinsam mit F.J.J. Buytendijk, einem der bedeutendsten Tierpsychologen seiner Zeit, verfassten Arbeit von 1925: „Die Deutung des mimischen

DOI 10.1515/9783110552966-010

Ausdrucks. Ein Beitrag zur Lehre vom Bewußtsein des anderen Ichs" kennzeichnet Plessner die animalische Leib-Umgebungs-Relation als *Umweltintentionalität*. Tiere führen nicht einfach nur Bewegungen aus, sie *verhalten sich* zu ihrer Umwelt. Die „Richtungsform" der Umweltintentionalität steht in Opposition zum behavioristischen Modell von *stimulus* und *response:* Gemäß diesem Modell „greift das Tier nicht mehr, sucht, droht, flieht nicht mehr, sondern zeigt taktische Reaktionen. Sein Verhalten wird zu einem messbaren lokomotorischen Prozess. Darum wehrt der Physiologe solche Worte wie angreifen und fliehen, suchen und finden im Grunde ab und lässt sie höchstens als vorläufige Redewendungen von populärem Illustrationswert zu, denen die exakte Beschreibung und ihre Auslösung in den Zusammenhang der Beziehungen von Reizen und Reaktionen zu folgen hat" (DMA, 79–80). Gegen die Reduktion des Verhaltens auf seine physiologische Seite insistieren Plessner und Buytendijk auf seiner „psychophysischen Indifferenz" (ein Ausdruck Schelers): Sichverhalten trägt im Gegensatz zur bloßen Bewegung, z. B. dem Umlauf der Erde um die Sonne, einen Sinn: Es bedeutet *von sich aus* etwas, z. B. „vor etwas fliehen", „nach etwas suchen" usw. Der Gefahr unzulässiger Anthropomorphismen, die droht, wenn man tierisches Verhalten umweltintentional interpretiert, durchaus bewusst, halten Plessner und Buytendijk es für eine „unzulässige Einengung unserer einfachen Anschauungswelt, wollten wir, um den Verführungen zur Kryptopsychologie ein für alle Mal zu entgehen, diese *Formschicht* [der umweltintentionalen Gerichtetheit] an den organischen Bewegungen einfach leugnen oder als einen ersten Ansatz von Beseelung und Vermenschlichung einer eigentlich ganz unbeseelten und sinnfremden Bewegungsfolge bestimmen. Die Formschicht ist einfach da und wird von einem jeden wahrgenommen, wenn er das Lebewesen nicht als ein bloß sich Bewegendes, sondern als ein sich Verhaltendes aufaßt" (DMA, 82).

Plessner versucht, einen Weg aus folgendem Dilemma zu finden: Entweder der Tierforscher beschränkt sich auf die kausale Erklärung von Bewegungen, die sich im Prinzip nicht von den Theorien der Physik unterscheidet. Als „*Physiologe*" (bzw. Behaviorist) lehnt er jede *Interpretation* tierischer Bewegung ab und entgeht damit zugleich der Falle anthropomorpher Projektionen von Gefühlen, Intentionen oder gar Gedanken auf das Tier. Er bezahlt diesen deskriptiven Purismus jedoch letztlich mit der Nivellierung der Differenz zwischen lebendigen und unbelebten Körpern. Reizleitung ist für ihn nur eine komplexere Mechanik. *Warum* überhaupt etwas situationsabhängig zu einem Reiz werden kann, anderes aber nicht, ist keine Frage, die sich rein physiologisch beantworten lässt. Genau hier hakt der *Tierpsychologe* ein und sieht im Verhalten einen Referenten für *Interpretationen*, wie z. B., dass es sich um eine Droh- oder Demutsgebärde handelt. Tierische Bewegungen haben für ihn einen *Sinn*, den man nicht bloß physiologisch erklären, sondern auch psychologisch verstehen kann. Der Preis, den er für die hermeneutisch erweiterte Perspektive zahlt, ist das Risiko, den Gegenstand durch Vermenschlichung zu verfehlen. Deshalb erfordert die tierpsychologische Forschung „ein besonderes Maß von Selbstkritik, bequeme Anthropomorphismen, in denen Tierschutzkalender und Märchenerzähler sich nach dem Recht des Herzens bewegen, zu vermeiden" (261). Aber mit einer rein negativen Kritik hat es nicht sein Bewenden. Es bedarf darüber hinaus auch einer „objektive[n] Disziplinierung der Interpretation [...], welche zuerst die Grundlinien festlegt, nach denen ein Verständnis der Bewußtseinszustände sich zu richten hat" (261). Diese *objektive Disziplinierung* der tierpsychologischen Interpretation ist die Aufgabe, der sich Plessner stellt, um der Tierforschung den Ausweg zwischen der physikalistischen Skylla des Behaviorismus und der Charybdis des naiven Anthropomorphismus zu zeigen. Das Prinzip, aus dem Plessner die Grundlinien für ein Verständnis der animalischen Bewusstseinszustände und zugleich *Grenzen der Interpretation* des Verhaltens ableitet, ist die Positionalität, die er so zu einem Paradigma der Ethologie macht.

Die geschlossene Positionalität, die Plessner zuvor strukturell entwickelt hat, macht er im Folgenden zur Grundlage einer Differenzierung von Bewusstseinsstufen. Unter Bewusstsein versteht Plessner eben jene Umweltintentionalität oder „Richtungsbestimmtheit des Verhaltens" eines „lebendige[n] Aktionszentrum[s]" (262) vermittelst des animalischen Körperleibes (Sensorik und Motorik). Plessners Bewusstseinsbegriff ist aufs engste mit dem Leibbegriff verknüpft: Bewusstsein liegt dort vor, wo eine Trennung zwischen lebendigem Körper und Leib zum Austrag kommt. Tiere sind „diejenigen Lebewesen, die einen Leib haben, d. h. es ist derjenige lebendige Körper, der in ihm selbst noch einmal selbst repräsentiert ist. [...] Gewisse Teile dieses Körpers haben die Aufgabe, die Funktion, den ganzen Körper zu repräsentieren, und das sind die sogenannten Nervenzellen" (EM, 125–126). „Eine Pflanze hat keinen Leib. Nur Tiere haben einen Leib" (EM, 127). Das Tier „hat seinen Leib in irgendeinem Sinne noch einmal zwischen sich und dem Umfeld, dem Milieu, dem Medium" (EM, 129). Entsprechend den beiden Typen der dezentralistischen und der zentralistischen Organisation (ohne oder mit Zentralnervensystem) sind zwei Formen des Dazwischenliegens des Tierleibes zu unterscheiden, die zugleich zwei Formen der Repräsentation des lebendigen Körpers für sich selbst sind (siehe dazu 10. 2).

Der Leibbegriff ist zugleich Plessners Waffe gegen den Vorwurf, Tierpsychologie sei nichts als anthropomorphe Kryptopsychologie. Im Aufsatz von 1925 formulieren Buytendijk und Plessner ihre Erwiderung mit Blick auf die umweltintentionale Schicht des Verhaltens: „In solcher psychophysisch neutralen oder gegen eine derartige Antithese noch gleichgültigen Schicht leben wir selbst als Leibwesen wie auch die Tiere. In verschiedenem Grade, in verschiedener Art nehmen Mensch und Tier an der Sphäre der sensomotorischen Verhältnisformen teil, so daß ein Lebewesen das andere erblicken und anblicken, ergreifen und angreifen kann. Die Gegensinnigkeit der Leib-Umgebungsrelation ist dafür vielleicht ein nicht weniger wichtiges Merkmal wie ihre psychophysische Indifferenz" (DMA, 81). Das *Stufen*-Werk differenziert die verschiedenen Typen von „Leibwesen" durch drei Bewusstseinsstufen, deren elementarere vom Standpunkt der komplexesten Stufe aus beschreibbar sind.

10.2 Eine Stufenlehre des Bewusstseins: die Gliederung der Umwelt

Die Differenz zwischen dezentralistischer und zentralistischer Organisationsform korrespondiert idealtypisch der systematischen Unterscheidung von Wirbellosen und Wirbeltieren. Plessner weist selbst darauf hin, dass die Entsprechung zwischen dezentralistischer Organisation und Wirbellosen einerseits und zwischen zentralistischem Typus und Wirbeltieren andererseits nur „grob gesagt" gilt (EM, 131). Entscheidend ist die Ausbildung eines zentralen Nervensystems. Dort, wo Zentralisierung zunimmt, wie beispielsweise bei den Kopffüßern, nähern sich die Tiere der zentralistischen Organisationsform an. Das trifft zumal auch für die Zuschreibung von Intelligenz zu. Wenn daher im Folgenden von Wirbellosen und Wirbeltieren die Rede ist, dann handelt es sich um eine absichtlich vereinfachte Darstellung. Plessners Differenzierung der beiden animalischen Organisationsformen fällt keineswegs streng mit der biologischen Einteilung des Tierreichs zusammen. Er entwickelt sie anhand des Uexküll'schen Funktionskreises: Während beim dezentralistischen Typ Merk- und Wirksphäre für das Tier voneinander getrennt sind, so daß die Bewegungen des wirbellosen Tiers außerhalb seiner „Empfindungskontrolle" liegen (es fehlen Eindrücke von den eigenen Bewegungen), findet der „Ringschluß" des Funktionskreises beim zentralistischen Typ „im Tiere selbst", „also im Körper des Tieres", statt; bei Tieren mit einem Zentralnervensystem sind die „Effektoren" an die „Sensoren angeschlossen" (EM, 134–135). Das Wirbeltier „merkt" seine Bewegungen, es empfindet seinen Körper. Die Stacheln des Seeigels arbeiten selbständig, ohne zentrale Steuerung, so dass die Beine viel mehr den Seeigel bewegen, als der Seeigel seine Beine bewegt. Der Leib ist nicht *für* das Tier da, „er lebt als Leib nicht noch einmal zwischen dem Tier und der Umwelt" (EM, 135). Anders beim zentralistisch organisierten Tier, das den eigenen Körper empfindet: für es wird der Gegensatz von Körper und Leib in einem *milieu interne* „faßlich" (EM, 136). Es findet eine zentrale Rückmeldung der Bewegung und dessen, was sie bewirkt, an das Sensorium statt. Daher erhalten die Umweltdinge einen „aktionsrelativen Charakter" (EM, 138): Merkmalträger und Wirkungsträger fallen zusammen, Eigenschaften treten sowohl als Merkmale wie auch als „Wirkmale" auf. Demgegenüber ist das Umfeld dezentralistisch organisierter Tiere nicht „dinglich gegliedert", stattdessen gibt es für diese Tiere nur die Qualität eines einheitlichen Ganzen. Diese Unterscheidung erläutert Plessner anhand von empirischen Studien der Psychologen Hans Volkelt (1886–1964) und Wolfgang Köhler (1887–1967).

10.2.1 Das Konfigurationenbewusstsein dezentralistisch organisierter Tiere

Volkelts Spinnenversuch, den auch Scheler in seiner Schrift *Die Stellung des Menschen im Kosmos* heranzieht, um die tierische Wahrnehmung von der menschlichen zu unterscheiden (Scheler 1995, 36), liefert den überraschenden Befund, dass die beobachtete Spinne eine Fliege, die sich im Netz verfängt, als Fressobjekt, eine Fliege hingegen, die auf dem Signalfaden der Spinne entgegenkriecht, als etwas Bedrohliches, vor dem die Spinne flieht, wahrnimmt. Volkelt zog aus diesem Verhalten den Schluss, dass das tierische Wahrnehmungsbewusstsein eine „komplexqualitative" Struktur aufweist: Spinnen (ebenso wie beispielsweise auch Bienen) nehmen nicht identische *Dinge* in verschiedenen Situationen (die Fliege im Netz und die Fliege auf dem Signalfaden) wahr, sondern gleiche *Situationen* mit verschiedenen Merkmalsträgern. Was ausbleibt, ist die Synthesisleistung der Verknüpfung situativ unterschiedlich gegebener Eigenschaften (Akzidentien) zu einem einheitlichen Objekt (Substanz). Stattdessen beziehen sich in der Wahrnehmungswelt der Spinne die einheitlichen Qualitäten auf einen Komplex, der aus Netz und „Fressobjekt" oder Signalfaden und unbekanntem „Annäherungsobjekt" besteht. *Die* Fliege gibt es für die Spinne gar nicht.

Komplexqualitäten sind nach Volkelt demnach solche Eigenschaften, „welche nur dem konkreten psychischen Ganzen zukommen", nicht aber den Teilen dieses Ganzen (Volkelt 1914, 85). Stichwortgeber sind hier die Gestaltpsychologie und der von Ehrenfels geprägte Begriff der übersummativen Gestaltqualität (das Ganze ist mehr als die Summe von Teilen). Mit einer gestaltpsychologischen Analogie gesprochen, nimmt die Spinne sozusagen nur Melodien, nie aber einzelne Töne wahr, die wiederum in anderen Melodien angestimmt werden können. Das Spinnenbewusstsein kennt ausschließlich Konfigurationen, nicht jedoch Konfiguriertes, das auch außerhalb der aktuellen Konfiguration selbständig etwas ist. Nur für den *menschlichen* Beobachter handelt es sich um *dieselbe* Fliege, die einmal das Netz und ein anderes Mal das Nest oder den Signalfaden der Spinne berührt. *Wir* sind es gewohnt, Dinge unter verschiedenen Aspekten wahrzunehmen, wie bereits Descartes' Beispiel des Wachses deutlich macht: Uns fällt es nicht schwer, die heiße, transparente Flüssigkeit und den kalten, undurchsichtigen Festkörper als unterschiedliche Zustände einer und derselben Sache zu identifi-

zieren. Genau dies kennzeichnet mindestens das menschliche Wahrnehmungsbewusstsein. Volkelt zufolge liegt genau hier die Grenzscheide zum tierischen
Bewusstsein: „Auf tierischer Stufe sind es nicht dinghafte Gebilde, in die das Feld
der Sinnesdaten gegliedert und aufgeteilt wäre; und ebensowenig ist dieses Feld in
atomistische Elemente zerspalten, sondern statt dessen wird jeweils ein *weites*
Feld des sinnlich Gegebenen [...] umspannt von *einer* alles enthaltenden [...]
Qualität" (Volkelt 1914, 89–90)

Plessner widerspricht nicht Volkelts Beschreibung der komplexqualitativen
Gliederung der Spinnenumwelt, sondern ihrer Ausdehnung auf das gesamte
Tierreich. Vielmehr erkennt er in Volkelts Analysen eine genaue Darstellung der
Bewusstseinsstruktur dezentralistisch organisierter Tiere. Die ausschließlich si-
tuationsabhängige Wahrnehmung von Komplexqualitäten gilt nur für wirbellose
Tiere. Plessner vergleicht in seiner Vorlesung „Elemente der Metaphysik" (1931/32)
die komplexqualitativ gegliederte Umwelt mit einem expressionistischen Ge-
mälde, das eine Welt von sinnlichen Eindrücken ins Werk setzt, „die nicht dinglich
gegliedert ist, aber auch nichts rein Atomisiertes ist, sondern deren Gliederung
einen zugleich subjektivistischen, triebmäßigen und gefühlsmäßigen Hintergrund
besitzt" (EM, 145). Diese (freilich voraussetzungsreiche) Analogie wirft auch ein
Licht auf das Verhältnis von Einzelnem und Allgemeinem, Konkretem und Ab-
straktem auf der elementaren Stufe des Bewusstseins. Die Wahrnehmungswelt des
dezentralistischen Typs ist weder dinglich gegliedert, noch zerfällt sie atomistisch
in konkrete Einzelheiten. Es geht an der Sache vorbei, würde man dem Wirbel-
losenbewusstsein schlicht die Erfassung des Allgemeinen und Abstrakten ab-
sprechen. Denn das Allgemeine setzt die Unterscheidung vom Einzelnen voraus.
Und genau diese *Differenz* fehlt dem Konfigurationenbewusstsein, „das die un-
differenzierte Mitte zwischen Einzelheit–Allgemeinheit, Konkretheit–Abstraktheit
hält" (275). „Das Singulare der Elemente ist, wenn man will, mit dem Allgemeinen
der Gestaltqualität eine unlösbare Verbindung eingegangen" (274).

Damit zeigt sich in einem ersten Anwendungsfall, was es für Plessner be-
deutet, die empirische Interpretation tierischen Verhaltens apriorisch zu ‚diszi-
plinieren': Dinge (zumindest als aktionsrelativ konstante Objekte) können erst
dort auftreten, wo sich der Funktionskreis durch Rückkopplung der Motorik an die
Sensorik im Organismus selbst schließt und deshalb Merk- und Wirkmale als
Eigenschaften *eines* Objekts wahrgenommen werden. Genau diese erste Form der
Synthese (von Merk- und Wirksphäre) fehlt beim dezentralistisch positionalen
Organisationstyp, weshalb die von Volkelt beschriebene Bewusstseinsstruktur
eben charakteristisch für wirbellose Tiere ist. Daraus folgt aber noch nichts für die
zentralistisch organisierten Vertebraten, deren Positionalitätsform eine eigene
Bewusstseinsstruktur entsprechen muss.

10.2.2 Das Dingbewusstsein zentralistisch organisierter Tiere

Die zweite Stufe tierischen Bewusstseins führt zu Köhlers Intelligenzprüfungen an Schimpansen. Denn Intelligenz und dingliche Gliederung der Umwelt fallen nach Plessner in eins (vgl. EM, 146). Wie Scheler (1995, 27) übernimmt er Köhlers Begriff der Intelligenz als einsichtig problemlösendes Verhalten, das Köhler in einer Reihe von Umwegversuchen an Schimpansen untersucht hat: Um ein Ziel (z. B. Bananen) zu erreichen, das außerhalb ihrer unmittelbaren Reichweite angebracht ist, müssen die Versuchstiere Gegenstände zu Hilfe nehmen und sie so miteinander verbinden, dass der Umweg zu dem begehrten Ding überbrückt wird. Die zu Klassikern der Verhaltensforschung gewordenen Experimente zeigen, teilweise auch filmisch dokumentiert, wie die Affen Kisten aufeinanderstapeln oder Schilfrohre ineinanderstecken, um an die etwa an der Käfigdecke hängende Frucht zu gelangen. Entscheidendes Kriterium für das Vorliegen von Intelligenz ist die plötzliche Problemlösung, die nicht in einem bloßen Trial-and-Error-Verfahren ermittelt, sondern durch Einsicht erhalten wird. Anthropomorph ausgedrückt zeigt intelligentes Verhalten einen Aha-Effekt: „Heureka!" Intelligente Tiere „wissen" sich durch Umwege zu helfen.

Die Köhler'schen Experimente belegen, „daß der Anthropoide imstande ist, zwischen sich und dem Ziel eine *indirekte* Verbindung zu schaffen, die in selbständige Unterabschnitte relativ reich differenziert werden kann" (268). Die Frage, ob die Mittel, eine solche indirekte Verbindung herzustellen, angemessen als Werkzeug interpretiert werden dürfen, kann an dieser Stelle ausgeklammert werden (vgl. dazu FCH, 171 f.). Für Plessner entscheidend ist die Struktur dieses abschnittweisen Verhaltens, „dessen Summanden für sich keine direkte Zielbeziehung haben, damit die Summe die Zielbeziehung erhält". „In solchen für sich genommen zielwidrigen Handlungsabschnitten dokumentiert das Tier, dass es die Feldstruktur seiner Umgebung erfasst hat. Es schaltet zur Ausfüllung der Weglücken Dinge ein, kombiniert sie miteinander und stellt dabei seinen Leib (Armlänge, Kletterfähigkeit, Orientierung) richtig in Rechnung" (268). Der Feldbegriff steht hier für die Form, wie die Umwelt in Relationen von Dingen gegliedert ist: „Alle Wirbeltiere leben in dinghaft gegliederter Umwelt" (EM, 139). Damit sind analytisch zwei Aspekte an der zentralistischen Umweltintentionalität zu unterscheiden: die *Dinge*, mit denen das Tier hantiert, und das *Feld*, in das es sie „einschaltet".

Zunächst zu den Dingen selbst. Voraussetzung für die Dingwahrnehmung ist nach Plessner der Zusammenfall von Merkmal und Wirkmal. „Dasjenige, was das Ding zum Ding macht in dem unmittelbaren anschaulichen Sinne, das ist die Bewegungschance" (EM, 140), wobei die Bewegungschance neutral gegenüber dem Motor der Bewegung ist. Für die Wahrnehmung als Ding ist es sekundär, ob ich um das Auto herumgehe, oder ob ich dem vorbeifahrenden Auto mit dem Kopf folge. In beiden Fällen korrelieren Empfindungen des Autos mit Empfindungen meines eigenen Körpers (Beine, Kopf, Augen). Der Affe, der eine Banane schält, nimmt in jedem Moment dasjenige wahr, was er sieht (Banane), was er tut (Schälen) und was er bewirkt (geschälte Banane). Ebenso wenig wie der Affe machen wir uns beim Gebrauchtwagenkauf die Deckung von Merk- und Wirk-malen eigens bewusst, aber *im* Dingbewusstsein ist „jedes Merkmal mögliches Wirkmal und umgekehrt" (EM, 139). Genau diese Konvertibilität zwischen Erfassen und Bewirken fehlt der Spinne wie allen Wirbellosen. Freilich erschöpft sich das tierische Dingbewusstsein in der Identität von Merkmals- und Wirkmalsträger, weshalb Dinge grundsätzlich *Aktionsobjekte* bleiben, Korrelate der Motorik, und damit zugleich „auch wahrnehmungsmäßig im hohen Maße triebgebunden. Wozu kein Trieb ist, davon bleibt auch die Wahrnehmung schwach, oberflächlich und fällt unter Umständen ganz aus" (271). Das Tier muss im Wortsinne *motiviert*, bewegt sein, um Dinge wahrnehmen zu können. Dinge gibt es für zentralistisch organisierte Lebensformen nur in der *vita activa*, niemals in einer *vita contem-plativa*.

Dieser Befund führt zum Begriff der Feldstruktur, den Plessner vom Gestalt-psychologen Köhler übernimmt. Die dingkonstitutiven Bewegungschancen bieten sich nicht isoliert in einer Tier-Ding-Beziehung, sondern immer schon in einer Situation, die Dinge untereinander und das Tier mit diesen Dingrelationen ver-knüpft. In Köhlers Experimenten ist es der Käfig mit seinem situativ *bedeutsamen* Interieur: der Fruchtkorb, Kisten, Stöcke usw. Die Gesamtheit alles dessen, was für das umweltintentionale Verhalten relevant ist, bestimmt die Feldstruktur der Umwelt. Tiere haben sogar eine besondere Fähigkeit darin, das Ganze eines sol-chen Umgebungsfeldes zu erfassen. So erkennt der Hund schon an einer kleinen Bewegung seines Herrn, dass es zum Spaziergang geht (vgl. EM, 154). Für die Intelligenzleistungen der von Köhler untersuchten Schimpansen ist es essentiell, dass sie das Gesamtgefüge von Frucht, Kisten, Stöcken, eigenem Leib (Armlänge usw.) erfassen, um zu jener Folge von Einzelverhaltensweisen zu finden, die in der Summe zum Ziel führt. Die beeindruckende Geschicklichkeit, die einige Wirbel-tiere – nicht nur Primaten – an den Tag legen, gründet demnach in der Struktur ihres Wahrnehmungsbewusstseins, das diesen Tieren ein präreflexives Ver-ständnis von *Feldverhalten* ermöglicht. So lässt sich auch das Verhalten von Krähen interpretieren, die Nüsse vor Autos legen, die an roten Ampeln halten und beim Anfahren die Nüsse knacken: Der sensomotorische Funktionskreis schließt sich im Krähenleib, der über die eigenen Bewegungen mit dem Zusammenhang von Nüssen, Autos und Ampel verbunden ist.

Für Plessner ist aber nicht der Nachweis der tierischen Intelligenz „das In-teressanteste der Köhler'schen Versuche", sondern die „Feststellung gewisser charakteristischer *Schwächen* der Schimpansenintelligenz" (268). So clever sich die Versuchstiere bei der indirekten Zielerreichung über einen Umweg durch die Zwischenschaltung von Elementen (Stapeln von Kisten, Zusammenstecken von Rohren) anstellten, so versagten sie, wenn sie an das Ziel nur durch das Weg-räumen eines Hindernisses gelangen konnten. Bei solchen Versuchen versperrte eine schwere Kiste den Weg zum Ziel, so dass die Kiste entweder beiseite geschafft oder – in einer Variation des Experiments – durch Entnahme von Steinen leichter gemacht werden musste. Köhler beobachtet zu seinem eigenen Erstaunen: „solche Aufgaben zu lösen, fällt dem Schimpansen sehr schwer, oft bezieht er eher die (in jeder Hinsicht) fernliegendsten Instrumente in die Situation ein und kommt auf ganz wunderliche Methoden, als daß er ein simples Hindernis, das mit geringer Mühe zu beseitigen wäre, aus der Situation ausschaltet" (Köhler 1917, 52). Plessner zieht aus diesem Befund die Schlussfolgerung: „*Dem intelligentesten Lebewesen in der Tierreihe, dem menschenähnlichsten, fehlt der Sinn für's Negative*" (270). Der Fähigkeit, Dinge in die Situation *einzuschalten*, korrespondiert offenkundig nicht die gleiche Begabung, Dinge aus ihr *auszuschalten*. Mit Vorliegendem umzugehen ist etwas Anderes, als mit Negationen zu operieren. Freilich vermochten einzelne Versuchstiere in Köhlers Experimenten durchaus die Hindernisse aus dem Weg zu räumen, aber sie taten sich damit nicht nur außerordentlich und unverhältnis-mäßig schwer, sie konnten das Beseitigungsverhalten auch nicht zuverlässig re-plizieren. Plessner greift Köhlers Verwunderung auf, um die Differenz zwischen Dingbewusstsein und Gegenstandsbewusstsein zu ziehen.

10.2.3 Das Gegenstandsbewusstsein des exzentrisch organisierten Menschen

Dinge, so wie zentralistisch organisierte Tiere sie wahrnehmen, sind Korrelate eines sensomotorischen Funktionskreises, Ausgangspunkte von Reizen und An-griffspunkte für Aktionen. Dinglichkeit bedeutet für das Tier die „relative Konstanz im Wechsel sensorischer Aspekte", aber diese Konstanz bleibt „auf das Gesamt-vitalsystem des Lebewesens" bezogen (271). Dass das Ding auch *außerhalb* des sensomotorischen Funktionskreises selbst *etwas* ist, bleibt auf dieser Stufe des Bewusstseins verborgen. Das *Ding als Aktionsobjekt* geht darin auf, Träger *gege-bener* Merk- und Wirkmale zu sein, während das *Ding als Gegenstand* (oder Sache) zugleich auf ein „Plus an Negativität" verweist (270): verborgene Seiten (Rückseite, Unterseite, Innenseite usw.), andere Verwendungsweisen als die aktuell gewählte (Tomasellos Blume, die zugleich Rose und Geschenk ist, vgl. Tomasello 2006, 140), ein Eigenwert über praktische Verwendbarkeit hinaus (z.B. Schönheit) usw. Das Ding ist, gemeinsam mit dem Tier, Teil des Feldes; der Gegenstand steht dem Subjekt als etwas Eigenes gegenüber, das sich in anderen Kontexten anders präsentieren kann. Der „Sachcharakter" von Gegenständen besteht in der „vollkommen[n] Ablösbarkeit der Dinge vom Kreis der Wahrnehmungen und Handlungen" (271). Erst dort, wo Dinge Selbständigkeit erhalten, werden sie zu Sachen.

Aktionsobjekte sind Elemente von *Feldverhalten*, Gegenstände Komponenten von *Sachverhalten*. Genau diese Differenz zieht nach Plessner die Grenze zwischen tierischer und menschlicher Intelligenz. Köhlers Versuchstiere erfassten wohl den Feldverhalt: „Schweres zwischen Hier und Ziel", nicht jedoch den Sachverhalt: „Dieser Gegenstand ist zu schwer und muß auf irgendeine Art leichter gemacht werden, damit er beseitigt werden kann". Feldverhalte sind wahrgenommene Relationen von Dingen, Sachverhalte begrifflich strukturierte Urteile über Gegenstände. Für die *menschliche* Welt gilt in diesem Sinne der Satz aus Wittgensteins *Tractatus*: „Die Welt ist die Gesamtheit der Tatsachen, nicht der Dinge" (Wittgenstein 1989, 1.1), sofern Tatsachen bestehende Sachverhalte (Wittgenstein 1989, 2) und Sachverhalte Verbindungen von Gegenständen sind (Wittgenstein 1989, 2.01). Plessner unterscheidet freilich phänomenologisch den „anschaulichen Tatbestand" als die anschauliche Beziehung zwischen Gegenständen von der „sprachliche[n] Einordnung". Tatbestände können auch „fotografisch oder zeichnerisch wiederholt werden". Erst das Urteil drückt den Sachverhalt aus, „über den ja nun auch tatsächlich etwas gesagt werden kann oder gefragt werden kann oder den man bestreiten kann" (EM, 152). Die Unterscheidung von anschaulichem Tatbestand und Sachverhalt trennt analytisch, was in der *menschlichen* Wahrnehmung stets ineinander übergeht: „Für das gewöhnliche Verständnis der anschaulichen Außenwelt geht für uns das Verstehen, das Auffassen und letzten Endes auch das Beurteilen derart zusammen mit dem Sehen, Tasten usw. Empfinden, daß es für uns eigentlich kaum mehr möglich ist, die Dinge voneinander zu trennen; jede Trennung erscheint hier künstlich, und trotzdem sieht man, hier sind zwei verschiedene Komponenten miteinander verbunden. Das, was hier zeichnerisch wiedergegeben werden kann, das macht noch nicht den Sachverhalt des Liegens, des Ruhens-auf aus" (EM, 152). „Liegen", „Ruhen-auf" usw. sind sprachliche *Prädikatoren* (vgl. Janich 2001, 73), nicht einfache anschauliche Gegebenheiten, sie bezeichnen die Beziehung zwischen Gegenständen. Über Prädikationen lässt sich *streiten:* „Ist dies eine tragende Wand oder kann sie entfernt werden, ohne dass die Decke einstürzt?" Der in Frage stehende Prädikator, in diesem Beispiel „tragen", drückt in dem Urteil „Dies ist eine tragende Wand" einen Sachverhalt aus, der zwar in einem anschaulichen Tatbestand gründet, aber keineswegs in ihm aufgeht, sondern ein diskursfähiges Urteil über ihn fällt.

Sachverhalte enthalten daher ein „Plus an Unsichtbarkeit" (270), das nur ein Wesen erfassen kann, das einen „Sinn fürs Negative" besitzt. Im Beispiel der tragenden Wand sind Wand und Decke anschaulich gegeben, der zur Diskussion stehende Sachverhalt des Tragens dagegen übersteigt die Anschauung und erfordert Interpretation, um die Frage beantworten zu können, ob die Wand die Decke trägt *oder nicht*, welche *nicht* gegenwärtigen Folgeanschauungen im nächsten Schritt zu erwarten sind, falls sie eine tragende Funktion hat usw. Versachlichung bedeutet, das Nichtanschauliche zu denken – Möglichkeiten, die *nicht schon im Anschauungsfeld enthalten* sind. Wenn Intelligenz Problemlösung durch Einsicht bedeutet, dann unterscheidet sich menschliche von tierischer Intelligenz nach Plessner in einem *thinking outside the box*, außerhalb der konkreten Feldstruktur. Diese Fähigkeit, Dinge aus dem Wahrnehmungsfeld auszuschalten, liegt auch den Vorstellungen eines leeren Raumes oder einer leeren Zeit zugrunde. Es fällt uns nicht schwer, ausgehend von dem Zimmer, in dem wir uns gerade befinden, die Welt gleichsam systematisch auszuräumen, bis nur ein Raum ohne Inhalt übrigbleibt. In dieser Ausräumung des konkreten Umweltraums zu einem abstrakten Hohlraum bekundet sich derselbe Sinn fürs Negative wie in der ideierenden Abstraktion (Husserl), bei der wir – im Gegensatz zur sinnlichen Abstraktion – nicht bloß Ähnlichkeiten zwischen einzelnen Objekten erfassen, sondern Allgemeinbegriffe bilden, denen selbst keine Anschauung korrespondiert.

Während es für dezentralistisch organisierte Tiere den Gegensatz zwischen Einzelnem und Allgemeinem gar nicht gibt, spricht Plessner zentralistisch organisierten Tieren ein „Analogon des Gegensatzes" zu, „nicht aber den Gegensatz selbst". Abstrakte Allgemeinheit kennen Tiere dieses Typs nur als „motorische Äquivalente", „als aktuell gegebene Fülle möglicher Bewegungen oder als ,Gestalt'" (275–276). „Echte Einzelheit und echte Allgemeinheit" hingegen haben „die Fähigkeit zur Voraussetzung, das Negative als solches zu erfassen, das Fehlen von etwas, den Mangel, die Leere. [...] Diese Voraussetzung ist allein im Menschen erfüllt. Einzelnes *und* Allgemeines, Begriffs- oder Sachallgemeines, kennt erst der Mensch" (276). Ein letztes Beispiel für eine solche Sachallgemeinheit leiht sich Plessner aus einem Experiment, das Géza Révész 1923 an Buytendijks Institut in Amsterdam mit Affen und kleinen Kindern durchgeführt hat. Dabei wurde Schokolade für die Kinder und Nahrung für die Affen in Schachteln nach einer bestimmten Reihenfolge gelegt. Während die Kinder das Ordnungsprinzip „in jeder zweiten Schachtel" sehr schnell herausfanden, war es den Affen unmöglich, die Aufgabe zu lösen (vgl. Buytendijk 1958, 114). Ihr Bewusstsein, so Plessners Interpretation dieses Befundes, „vermag einen Tatbestand wie: das jeweils zweite, dritte, fünfte nicht zu fassen, da er nur als Sachverhalt zu verstehen, nicht dagegen als Feldverhalt, als Struktur des Umfeldes gegeben ist" (277). Dies ist erst auf der Bewusstseinsstufe des exzentrisch organisierten Menschen möglich (siehe dazu Kap. 7).

10.3 Bewusstsein und Gedächtnis

Wer über Bewusstsein spricht, darf über Gedächtnis nicht schweigen. Bewusstsein ist, mit Husserl gesprochen, Zeitbewusstsein. Ein Verhältnis zur Vergangenheit hat jedes Lebewesen schon durch Vererbung: Im Gegensatz zu einem Gebirgszug, aus dessen Gesteinsschichten ein *Geologe* Aussagen über die Entstehung im Laufe von Jahrmillionen ableitet, geben Lebewesen *von selbst* mindestens ihre anatomische Grundstruktur an die jeweils nächste Generation weiter. Positionalität bedeutet nicht nur, im Raum Stellung gegenüber dem Milieu zu behaupten, sondern diese Position und ihre Form auch über die Zeit zu bringen. Das hat bereits der Einzeller gegenüber den Alpen voraus: dass er die Form seines In-der-Umwelt-seins selbständig in der Zeit erhält. Doch obgleich solch ein interner Zeitbezug konstitutiv für alle Lebewesen ist (im Gegensatz zum externen Zeitbezug, den ein Geologe für den Berg allererst stiftet), haben nur Tiere ein *Gedächtnis*, Pflanzen hingegen nicht (vgl. EM, 164). „Tiere können lernen, Pflanzen nicht" (277). Vererbung ist ein allgemeines Lebensprinzip, Lernvermögen als die „Korrigierbarkeit der Reaktionen" eines Lebewesens durch seine individuelle Vergangenheit (277) kennt nur eine Klasse von Organismen.

In seiner Vorlesung behauptet Plessner, das es „überhaupt keine Frage [gibt], die so schwierig ist, wie das Problem des Gedächtnisses" (EM, 165). Und in der Tat haben die Ausführungen der letzten beiden Abschnitte des sechsten Kapitels der *Stufen* etwas Tastendes an sich. Ausgehend von Drieschs Terminus der *historischen Reaktionsbasis*, der genau jene Korrigierbarkeit der animalischen Reaktionen durch die Vergangenheit bezeichnet, erläutert Plessner den Unterschied zwischen dem organischen Gedächtnis und artifiziellen Formen der Aufbewahrung anhand der Grammophonplatte (heute würde er vermutlich eine Computerfestpatte oder einen Flash-Speicher heranziehen): Eine Schallplatte bindet „den Apparat an eine bestimmte Wiedergabe"; die historische Reaktionsbasis verknüpft „den Organismus nur in sehr weiten und variablen Grenzen der Kombinatorik mit den Elementen des Vergangenen" (283). Die entscheidenden Ausdrücke sind hier „Kombinatorik" und „Elemente". Im Gegensatz zu dem *technischen Aufzeichnungssystem* „Schallplatte–Grammophon" zerlegt das *Gedächtnis* bei der Konstruktion von Erinnerungen das Erlebte zuerst in Elemente und kombiniert sie anschließend neu: *„das zur Vergangenheit Werden und die Destruktion in Elemente ist Ein und Dasselbe"* (284). Dissoziation kommt vor Assoziation, weshalb eine Erinnerung auch etwas Anderes ist als eine Spurrille auf einer Schallplatte. Die Gedächtnisbildung ist ein „Zersetzungsprozeß" (285), bei dem sich das Bewusstsein das Vergangene „auf Grund seiner Artikulation bzw. Dekomposition in Elemente" aneignet (285). Anders als das technische Artefakt kennzeichnet das organische Gedächtnis seine „Stellung zu dem eigenen Gewordensein" (283).

Diese Stellung ist ihrerseits vermittelt über das Verhältnis des Tiers zu seiner eigenen Zukunft. Auch hier gilt es wieder zu unterscheiden zwischen dem allgemeinen Zukunftsbezug des Lebendigen und der spezifischen Zukünftigkeit geschlossener Positionalität. „Lebendige Dinge sind Dinge, die über ihre Zukunft hin Vermittler ihrer eigenen Vergangenheit sind" (EM, 169). Solange ein Organismus am Leben ist, wirkt er schon durch den Stoffwechsel auf sein Fortbestehen („Vorwegsein") hin. Diese elementare Vermittlung der Vergangenheit über die Zukunft in der Gegenwart kennzeichnet „alle lebendigen Dinge, aber erst dann kann dieser Bezug zur Vergangenheit eine aktuelle Bedeutung bekommen, wenn das Lebendige zu sich selbst eine eigenartige Distanz bekommen hat, und das ist bei den Pflanzen nicht der Fall" (EM, 169). Die Pflanze, so formuliert Plessner nun mit Hegel, „hat die Distanz zu ihrem eigenen Vergangensein *an ihr*, aber die Distanz ist noch *nicht für sich geworden*" (EM, 172). Gedächtnis tritt dort auf, wo eine Abhebung vom eigenen Vergangensein möglich ist, und das ist erst bei zentrischer Positionalität der Fall. Das Gedächtnis ist deshalb ein bestimmter „Modus der Positionalität" (EM, 170), nämlich derjenige „vermittelter Gegenwart" (281).

Die im Funktionskreis erlebte Gegenwart der Tiere ist doppelt vermittelt: durch die historische Reaktionsbasis (Vergangenheit) und „tendenzvermittelt" durch „all das, was das Lebewesen zum Kommenden in Beziehung setzt: Trieb, Interesse, Wille" (Zukunft) (283–284). Deshalb charakterisiert Plessner das Gedächtnis auch als „Einheit von Residuum und Antizipation" (286). Als echte *Einheit* von beidem, Zurückbleiben und Vorwegnehmen, bringt das Gedächtnis Vergangenes nicht als „eine abgeschlossene Größe" über die Zeit. „Alles Gewesene wird und ist durch den unausgesetzten Vorgriff des Lebens in beständiger Umbildung begriffen" (286). Erinnerungen sind als tendenzvermittelte Kombination zuvor dissoziierter Elemente keine bloßen Reproduktionen, sondern *Re*konstruktionen. Dieses Vermögen zur Komposition von Dekomponiertem fällt beim dezentralistischen und zentralistischen Positionalitätstyp unterschiedlich aus. „Bei der geschlossenen Organisationsform beobachten wir in dem Maße, als sich das Nervensystem differenziert, eine Verfeinerung der historischen Reaktionsbasis" (EM, 172). Eine genauere Differenzierung nach dem vorgestellten Modell von Bewusstseinsstufen hat Plessner für das Gedächtnis nicht eigens durchgeführt. Als „eine Art Tiefendimension des Bewußtseins", die „schließlich ins Unbewußte führt" (EM, 173), verdiente es eine eigene Untersuchung, die sich nicht von der „Gehirnmythologie" (EM, 175) der rein physiologischen Analyse verführen lässt. Wer das Gedächtnisproblem lösen will, muss das ganze Tier in seinem Verhältnis zu seiner Umwelt, von der es sich abhebt, im Auge behalten. So wie das Bewusstsein als solches ist auch das Gedächtnis eine umweltintentionale Struktur des Verhaltens.

Literatur

Buytendijk, F.J.J. 1958: Mensch und Tier. Ein Beitrag zur vergleichenden Psychologie, Hamburg, Rohwolt.

Janich, Peter 2001: Logisch-pragmatische Propädeutik. Ein Grundkurs im philosophischen Reflektieren, Weilerswist, Velbrück.

Köhler, Wolfgang 1917: Intelligenzprüfungen an Anthropoiden I (Abhandlungen der Königlich Preußischen Akademie der Wissenschaften. Physikalisch-mathematische Klasse), Berlin, Königl. Akademie der Wissenschaften.

Scheler, Max 1995: „Die Stellung des Menschen im Kosmos" (1928), in: Gesammelte Werke, Bd. 9, Bonn, Bouvier, S. 7–71.

Toepfer, Georg 2011: Historisches Wörterbuch der Biologie. Geschichte und Theorie der biologischen Grundbegriffe, Bd. 1, Stuttgart, Metzler.

Tomasello, Michael 2006: Die kulturelle Entwicklung des menschlichen Denkens. Zur Evolution der Kognition, übers. von Jürgen Schröder, Frankfurt a.M, Suhrkamp.

Volkelt, Hans 1914: Über die Vorstellungen der Tiere. Ein Beitrag zur Entwicklungspsychologie, Leipzig, Engelmann.

Wittgenstein, Ludwig 1989: Logisch-philosophische Abhandlung. Tractatus logico-philosophicus. Kritische Edition. Hrsg. v. Brian McGuinness u. Joachim Schulte. Frankfurt a. M., Suhrkamp.

Gesa Lindemann

11 Die Sphäre des Menschen
(Kap. 7.1 – 7.3, 288 – 321)

11.1 Die Positionalität der exzentrischen Form.
Das Ich und der Personcharakter (289 – 293)

Die Entwicklung der Theorie exzentrischer Positionalität erfolgt auf zwei Ebenen. Zum einen wird die Struktur der Umweltbeziehung exzentrischer Positionalität gemäß dem Prinzip der reflexiven Deduktion (115; vgl. auch Lindemann 2014, 85 ff.; Schürmann 2002, 100 ff.) als theoretisches Konzept entwickelt. Zum anderen wird geprüft, ob es anschaulich gegebene Phänomene gibt, die als Realisierung der theoretisch formulierten Umweltbeziehung gelten können. In diesem Sinne expliziert Plessner einerseits die formal-reflexive Struktur der Umweltbeziehung exzentrischer Positionalität und bezieht sich auf die Existenzweise von Menschen als eine mögliche Realisierungsform. Ob exzentrische Positionalität nur in der Gestalt des Menschen realisiert sein kann oder ob es auch andere mögliche Realisierungsformen gibt, bleibt eine offene Frage (293, 301).

Die Positionalitätstheorie beginnt mit einer Setzung. Plessner formuliert eine Hypothese, wie sich lebende von unbelebten Dingen unterscheiden: lebendige Dinge realisieren ihre Grenze selbst. Die These der Grenzrealisierung entfaltet er gemäß dem Prinzip der reflexiven Deduktion, indem die rückbezügliche Vollzugsstruktur des Lebens, die Grenzrealisierung, noch einmal reflexiv auf sich bezogen wird. Dies führt zu einer komplexeren Struktur der Umweltbeziehung, denn der Körper existiert nicht nur als einer, der sich abgrenzt, sondern er erlebt sich als sich abgrenzenden Körper. Dies beinhaltet, dass der lebendige Körper sowohl seinen Zustand (Hunger, Schmerz, anhebende Impulse) als auch Fremdes, ihm Begegnendes, erlebt, durch welches der Leib berührt und zu Aktivität herausgefordert wird. Ein solches Lebenssubjekt bildet das Zentrum seines Umfeldes, welches konzentrisch auf es hin geordnet ist. Diese Konzentrik beschreibt Plessner in der Formel „aus seiner Mitte heraus [auf das Umfeld wirkend – GL], in seine Mitte hinein [es nimmt die Ereignisse des Umfeldes wahr und wird von diesen in seinem Zustand berührt – GL]" (288).

Gemäß dem Prinzip der reflexiven Deduktion wird die Stufe exzentrischer Positionalität erreicht, indem die Leib-Umfeldbeziehung zentrischer Positionalität noch einmal auf sich rückbezogen wird. Plessner fragt nach den Bedingungen, die erfüllt sein müssen, „damit einem lebendigen Ding das Zentrum seiner Positionalität, in dem es aufgehend lebt, kraft dessen es erlebt und wirkt, gegeben ist"

DOI 10.1515/9783110552966-011

(289). Wenn das Zentrum sich selbst gegeben sein soll, besteht die naheliegende Lösung darin, ein zweites Zentrum, einen zweiten Subjektkern, anzunehmen. Es gäbe ein Subjekt, das sich auf sich wie ein Objekt bezieht. Damit würde die Einheit des subjektiven Lebensvollzugs zerfallen, denn es fände eine „Vermannigfachung des Subjektkerns" (289) statt, die eine „widersinnige Verdopplung" (290) bedeuten würde. Denn das Lebenssubjekt wäre ein Subjekt und würde zugleich in zwei Subjekte zerfallen, deren Zusammenhang unklar bliebe.

Die Verdopplung des Subjektkerns sei allerdings nur dann erforderlich, wenn man den positionalen Charakter exzentrischer Positionalität außer Acht lässt. „Eine positionale Mitte [zentrischer Positionalität – GL] gibt es nur im Vollzug" (290), d. h, als Vollzug einer Gegenwart, von der aus jeweils jetzt entsprechende Bezüge zur Vergangenheit und Zukunft entfaltet werden. Wenn man den Raumbezug einbezieht, existiert das Selbst hier als sich jetzt ereignender Vollzug der Beziehung zur Umwelt. Dabei erlebt das Selbst auch seine gegenwärtigen Zustände, z. B., dass es hungrig oder durstig ist, es spürt seine Antriebe usw. Diesen Sachverhalt bezeichnet Plessner als „in das in seine eigene Mitte Gesetztsein" (290).

Auf der Stufe exzentrischer Positionalität ist ein Selbst auf den Sachverhalt bezogen, dass es derart auf die Umwelt bezogen ist. „Es steht im Zentrum seines Stehens" (290). Damit ist gemeint, dass ein Selbst zum einen die Umwelt und zugleich sich selbst erlebt als hungrig oder seine anhebenden Impulse spürt, und zum anderen darauf bezogen ist, dass es seinen Hunger erlebt, dass es seine Impulse spürt. Auf der Stufe exzentrischer Positionalität kann sich ein Selbst dazu verhalten, dass es aus seiner Mitte heraus lebt. „Damit ist die Bedingung gegeben, dass das Zentrum der Positionalität zu sich selbst Distanz hat, von sich selbst abgehoben die totale Reflexivität des Lebenssystems ermöglicht" (290). Das Selbst bleibt Mitte des je gegenwärtigen Vollzugs und ist zugleich im gegenwärtigen Vollzug aus sich herausgesetzt „exzentrisch". Das exzentrische Selbst ist daher auch „der nicht mehr objektivierbare, nicht mehr in Gegenstandsstellung zu rückende Subjektpol" (290). Diesen bezeichnet Plessner als „Ich" (290). Das nichtobjektivierbare Ich ist kein zusätzlicher Subjektpol, sondern bezeichnet nur den Sachverhalt, dass das Selbst als Vollzugszentrum zu sich einen Abstand hat. Das exzentrische Selbst ist im Vollzug durch eine Spaltung gekennzeichnet, die nicht zur Folge hat, dass es zwei unterscheidbare Einheiten gibt. Damit ist die Verdopplung des Subjektkerns vermieden.

Insofern das exzentrische Selbst einen Abstand zu sich hat, ist es einerseits der Vollzug aktueller raum-zeitliche Bezüge, die das Selbst hier-jetzt entfaltet, und es ist zugleich aus den raum-zeitlichen Bestimmungen dieser Vollzüge herausgesetzt und damit raum-zeitlich nicht bestimmt. „Als Ich, das die volle Rückwendung des lebendigen Systems zu sich ermöglicht, steht der Mensch nicht mehr im Hier-Jetzt, sondern ‚hinter' ihm, hinter sich selbst, ortlos, im Nichts..." (292). Diese Formulierung weist darauf hin, dass die Umweltbeziehung exzentrischer Positionalität nicht nur durch Reflexivität gekennzeichnet ist, sondern gleichursprünglich durch Negativität (Henkel 2016; Krüger 2013, 141). Als Ich ist das Lebenssubjekt im Abstand zu sich als das Zentrum, aus dem heraus es lebt. Deshalb ist es als Ich nicht bestimmt durch die gegenwärtigen Bezüge zur Vergangenheit und Zukunft. Insofern das Ich nicht durch die raum-zeitlichen Bezüge des aktuellen Lebensvollzuges bestimmt ist, steht es im Nichts. „Nichts" meint hier, dass es keinen positiv bestimmbaren Ort gibt, denn das Ich einnehmen könnte. Das Ich steht nicht an einem anderen Ort neben sich, sondern es bezieht sich von einem Nichtort auf sich. Insofern das Ich ortlos im Nichts steht, wird es sich selbst fraglich und damit zu einer Aufgabe (Krüger 2013, 140–141). Deren Lösung besteht darin, künstliche Formen der Lebensführung zu bilden.

Die Explikation exzentrischer Positionalität ausgehend von der Fokussierung auf das Ich mündet in der Formel: „[D]as Lebendige ist Körper, im Körper (als Innenleben oder Seele) und außer dem Körper. Ein Individuum, welches positional derart dreifach charakterisiert ist, heißt *Person*." (293 – Hervorhebung im Original, GL) Diese Formel wird im Weiteren ausdifferenziert in die Unterscheidung von Außenwelt, Innenwelt und Mitwelt. Als Körper ist das Lebendige ein Ding unter Dingen in der Außenwelt, als im Körper seiend bildet das Lebendige eine Innenwelt und der Blickpunkt von dem ausgehend es beides ist, wird im Weiteren bestimmt als Mitwelt (293).

11.2 Außenwelt, Innenwelt, Mitwelt (293 – 308)

Für Personen gibt es eine Differenzierung in Außen-, Innen- und Mitwelt. Diese hebt auf die unterschiedlichen Aspekte ab, unter denen sich Wesen exzentrischer Positionalität fraglich werden. Dass sie sich fraglich werden hat seinen Grund darin, dass sie in einem nicht positivierbaren Abstand zu sich in Beziehung sind, d. h. zugleich im Nichts stehen, wenn sie aus ihrer Mitte heraus agieren. Sowohl die Außenwelt als auch die Innenwelt lassen sich gemäß dem Prinzip der reflexiven Deduktion folgendermaßen begreifen: Es wird jeweils ein Aspekt der zentrischen Positionalität benannt, der durch die Reflexivität der exzentrischen Positionalität strukturell modifiziert und damit fraglich wird. Das zur Aktivität herausfordernde Umfeld ist sicher gegeben. Es wird zur Außenwelt, dessen Dinge eine vom Subjekt abgewandte Seite haben und deshalb fraglich werden, sie könnten sich als anders erweisen, als sie scheinen. Die Mitte als lebendiger Vollzug ist in der reflexiven Wendung auf sich gegeben als Innenwelt, die für das Lebenssubjekt fraglich wird, denn es könnte ein Anderer sein, eine andere Innenwelt sein. Für die Mitwelt benennt Plessner keinen Aspekt der zentrischen Positionalität, der durch die reflexive Wendung der exzentrischen Positionalität im Sinne einer reflexiven Deduktion entfaltet würde und damit in einer eigenen Weise fraglich würde. Stattdessen wird die Mitwelt ausschließlich als Bedingung der Bildung fraglicher Außen- und Innenwelten begriffen.

11.2.1 Außenwelt (293 – 295)

„Das von Dingen erfüllte Umfeld wird die von Gegenständen erfüllte *Außenwelt*, die ein Kontinuum der Leere oder räumlich-zeitlichen Ausdehnung darstellt" (293). Für ein zentrisches Wesen gibt es ein Umfeld und Feldverhalte. Hierbei handelt es sich um wahrgenommene Zusammenhänge im Umfeld, die aktionsrelativ erlebt werden. Dort sind Dinge, die gegriffen oder gezerrt werden können. Auf dieser Stufe ist auch ein Gebrauch von Werkzeugen möglich, die in die Leib-Umfeldbeziehung eingegliedert werden (268).

Die Reflexivität exzentrischer Positionalität macht aus wahrgenommenen Feldverhalten und aktionsrelativen Dingen Sachverhalte und Gegenstände, die unabhängig von ihrer Aktionsrelativität wahrgenommen werden können. Entscheidend ist dabei die gleichursprünglich mit der durch Reflexivität gegebenen Negativität, die auf der Ebene zentrischer Positionalität fehlt (270–271). Für ein zentrisches Selbst sind praktisch handhabbare Dinge dort, wo sie gegriffen und benutzt werden können. Wenn diese praktische Beziehung reflexiv wird, ist das Selbst aus sich herausgesetzt, es steht innerhalb und außerhalb der raum-zeitlichen Bestimmungen seines gegenwärtigen Vollzugs. Das Gleiche trifft entsprechend auf das Außen zu. Dieser Struktur entspricht es, dass ein Gegenstand von der Raum-Zeitstelle unterschieden werden kann, an der er sich jetzt befindet. Zugleich wird es möglich andere Raum-Zeitstellen zu identifizieren, an denen sich Gegenstände befinden könnten. Der exzentrisch strukturierte Zugang zur Welt beinhaltet, dass die Dinge und Sachverhalte von ihrer raum-zeitlichen Gegenwärtigkeit hier/jetzt unterschieden werden. Sie sind da, sie könnten aber auch nicht da sein und es könnte anderes möglich sein. Aufgrund der Negativität exzentrischer Positionalität bildet sich für das Lebenssubjekt eine von diesem unabhängige Außenwelt mit einer Ordnung von Raum und Zeit, die einen sachlichen, subjektunabhängigen Charakter aufweist.

Die Gegenstände, die in der Außenwelt existieren, nehmen ebenfalls eine Form an, die durch Negativität gekennzeichnet ist. Für ein zentrisches Lebenssubjekt gibt es Dinge, die es hier/jetzt zum Handeln auffordern. Auf der Stufe exzentrischer Positionalität bleibt dieser Sachverhalt erhalten und zugleich erfahren die Dinge eine Modifikation. Denn entsprechend der Exzentrik des Selbst erhalten die Gegenstände eine Mitte, die in der Wahrnehmung als „das X der Prädikate, der Träger der Eigenschaften" (295) fungiert. Das Ding ist außerhalb seiner raum-zeitlichen Bestimmungen. Etwas Begegnendes ist dasjenige, was gegenwärtig hier mit ihm getan werden kann: Ich kann den Hammer greifen und auf etwas schlagen. Zugleich ist das Begegnende aber auch ein X, das mehr ist als raum-zeitlichen Bestimmungen, die es gegenwärtig charakterisieren. Deshalb kann an dem Ding immer wieder Neues entdeckt werden kann, mit ihm kann immer wieder anderes getan werden. Das Ding ist das, als was es erscheint und zugleich ist es nicht das, als was es erschien.

Im reflexiven Bezug auf sich kann ein personales Individuum darüber hinaus sich selbst als Körper entdecken, der an einer isolierten Raum-Zeitstelle verortet ist. Als ein solcher Körper ist das Lebenssubjekt Teil der vom Subjekt abgewandten Außenwelt (294).

Umfeld und Außenwelt bezeichnen zwei Ansichten einer Welt. Denn im Rahmen exzentrischer Positionalität bleibt die auf leibliche Selbst bezogene Weltansicht erhalten, die ein „absolutes Oben, Unten, Vorne, Hinten, Rechts, Links, Früher, und Später kennt" und zugleich gibt es die exzentrisch ermöglichte Weltansicht, die zu einem leeren Raum führt, der von Dingen ausgefüllt ist bzw. sein kann – diese Weltansicht führt „zur mathematisch-physikalischen Auffassung" (294).

11.2.2 Innenwelt (295 – 300)

Auf der Ebene zentrischer Positionalität ist das Selbst Vollzug des gegenwärtigen Erlebens mit entsprechenden erfüllten Bezügen zu Vergangenheit und Zukunft. Exzentrische Positionalität meint, dass das Lebenssubjekt auf diesen Sachverhalt reflexiv bezogen ist. „In der Distanz zu ihm selber ist sich das Lebewesen als Innenwelt gegeben" (285). Auch hier gilt die Einsicht, die Plessner in der Auseinandersetzung mit der Vermannigfachung der Subjektkerne gewonnen hatte. Es gibt eine Spaltung des Subjekts, aber keine Aufspaltung in zwei Erlebnissubjekte. Die Spaltung des Erlebnissubjekts „bestimmt einen Doppelaspekt seiner Existenz als Seele und als Erlebnis" (295). Die Spaltung im gegenwärtigen Vollzug macht aus dem Erleben das durchlebte Erlebnis. Die Spaltung kann aber auch weiter getrieben werden in Richtung einer stärkeren Objektivierung. Dann entdeckt die Person die ihm als Individuum vorgegebene Seele. Diese bildet eine „vorgegebene Wirklichkeit der Anlagen, die sich entwickelt und Gesetzen unterworfen ist" (296) und ist als solche unterschieden vom je hier/jetzt zu vollziehenden Erlebnis. Diese beiden Aspekte bezeichnet Plessner als das Selbst in „Selbststellung" (durchzumachendes Erlebnis) und „Gegenstandsstellung" (wahrzunehmende Wirklichkeit) (296). Beide Aspekte kennzeichnen zusammengenommen die Innenwelt. Diese ist also nicht nur die objektiv erfassbare und Gesetzmäßigkeiten unterworfene Seele (Gegenstandsstellung), sondern auch das jeweils gegenwärtige durchzumachende Erlebnis (Selbststellung).

Die Spaltung des exzentrischen Vollzuges beinhaltet, dass das exzentrische Selbst einerseits hier/jetzt ist und zugleich im Abstand zu sich ist. Diese Abständigkeit führt darauf, dass die Person als Ich sich selbst fraglich wird. Wenn ein Selbst die eigene Mitte nicht nur aktuell vollzieht, sondern darauf bezogen ist, dass dies der Fall ist, kann es für sich selbst zu einem anderen werden. Es kann sich fragen, ob es nicht auch anders handeln oder denken könnte: Muss ich diejenige sein, die ich bin oder könnte ich nicht auch jemand anderes sein (298)? Dieser Gedanke lässt sich auch umkehren: Bin ich es selbst, die handelt bzw. denkt oder handelt bzw. denkt jemand anderes aus mir heraus (298–299)? Die gleichursprünglich mit der durch die Reflexivität exzentrischer Positionalität gegebenen Möglichkeit des Nichtseins ermöglicht es, dass das Ich sich fraglich ist. Es kann sich als Vollzugszentrum als austauschbar erleben. Da der Abstand zu sich aber nicht beinhaltet positiv einen anderen Ort, ein anderes Zentrum einnehmen zu können, kann das Vollzugszentrum nicht ausgetauscht werden. Ein derart gespaltenes Selbst erlebt sich z. B. als Frau Müller mit bestimmten Anlagen und Fähigkeiten, es kritisiert sich und möchte eine andere sein. Aber das Selbst kann nicht aus sich heraus, es kann sich nicht austauschen, denn es bleibt in seinen je gegenwärtigen Vollzug eingebunden (299).

11.2.3 Mitwelt (300–308)

Wenn es um die Außen- und Innenwelt geht, benennt Plessner zunächst die Strukturmerkmale zentrischer Positionalität, und es wird jeweils für einzelne Aspekte gezeigt, welche Konsequenzen sich ergeben, wenn man gemäß dem Prinzip der reflexiven Deduktion von der zentrischen zur exzentrischen Positionalität übergeht. Dieses Vorgehen wird für die Mitwelt nicht durchgehalten. Es wird kein Aspekt der zentrischen Positionalität benannt, der im Übergang zur exzentrischen Positionalität in einer spezifischen Weise fraglich werden würde. Vielmehr scheint es, als würde die Mitwelt durch die Reflexivität der exzentrischen Positionalität erzeugt. Denn erst durch die Reflexivität exzentrischer Positionalität entsteht die Notwendigkeit, dass ein Ich sich zu anderen Ichen in ein Verhältnis setzt. Die exzentrische Positionalität ermöglicht es „dem Menschen [...] diese Ort-Zeitlosigkeit der eigenen Stellung, kraft deren er Mensch ist, für sich selber und für jedes andere Wesen in Anspruch zu nehmen auch da, wo ihm Lebewesen gänzlich fremder Art gegenüberstehen" (300).

Damit erhält die Mitwelt methodologisch gesehen eine Sonderstellung. Denn sie ist die Sphäre, die erst durch die exzentrische Positionalität gebildet wird. Sie existiert nicht im Sinne eines Fraglichwerdens von Aspekten, die auf der Stufe zentrischer Positionalität bereits gegeben waren. In der Sekundärliteratur wird diese Sonderstellung der Mitwelt kommentarlos hingenommen (Mitscherlich 2007, 207 ff.). Es erscheint mir daher sinnvoll zu prüfen, ob sich Modifikationen für das Mitweltverständnis ergeben, wenn deren Entfaltung analog zur Außen- und Innenwelt am Prinzip der reflexiven Deduktion orientiert erfolgt.

11.3 Die reflexive Deduktion der Mitwelt

Um die Möglichkeit zu prüfen, ob die Mitwelt in vergleichbarer Weise gemäß dem Prinzip der reflexiven Deduktion entwickelt werden kann, muss in einem ersten Schritt die Frage geklärt werden, ob es Mitverhältnisse auf der Ebene zentrischer Positionalität gibt. Dies wird von Plessner bejaht. Allerdings werden Mitverhältnisse im Gang der Argumentation erst eingeführt, nachdem die Theorie der Mitwelt entwickelt worden ist (306). Zudem dient die Thematisierung dieser Mitverhältnisse nur einer negativen Abgrenzung. Die Mitwelt soll der exzentrischen Positionalität vorbehalten bleiben. Diese defensive Position überrascht, denn auch die anderen Merkmale exzentrischer Positionalität wie Außen- und Innenwelt werden in ihrer Besonderheit akzentuiert, ohne sich dabei auf eine negative Abgrenzung zur Umfeldbeziehung auf der Stufe zentrischer Positionalität zu beschränken.

Um die Mitverhältnisse zentrischer Positionalität von ihrem positionalen Gehalt her zu beschreiben, schließe ich an die Formel an „aus seiner Mitte heraus, in seine Mitte hinein" (288). Der zweite Teil dieser Formel beschreibt den Sachverhalt, dass einem leiblichen Selbst ein umgebendes Feld gegenübersteht, durch dessen Elemente das Selbst in differenzierter Weise berührt wird bzw. betroffen ist. Es fühlt sich durch Ereignisse im Umfeld in seinem Zustand betroffen und evtl. aufgefordert zu agieren. Andere leibliche Selbste bilden einen integralen Bestandteil der Leib-Umfeldbeziehung. Plessner benennt es nicht explizit, aber es erscheint mir zwingend, davon auszugehen, dass es zum Erleben eines zentrischen Selbst gehört, von den Grenzrealisierungen anderer leiblicher Selbste betroffen zu sein. Das leibliche Selbst merkt, dass und wie sich Artgenossen, Beutekonkurrenten oder Beutetiere auf die Umwelt richten und orientiert das eigene Verhalten daran (Lindemann 2014, 90–95). Es ist daher davon auszugehen, dass es sich überschneidende Konzentriken gibt (Krüger 2014, 238). Damit ist die Immanenz des konzentrischen Umfeldbezuges praktisch wirksam durchbrochen, aber dieser Sachverhalt ist den beteiligten leiblichen Selbsten nicht reflexiv gegeben und hebt sich für sie daher nicht als solcher ab.

Ein Beispiel soll dies verdeutlichen: Es gibt aus mehreren Arten bestehende Vogelgruppen, die in den Baumwipfeln des Amazonasurwalds leben. Sie ernähren sich von Insekten, die sie aufscheuchen. Bei der Nahrungssuche entstehen immer wieder Konkurrenzsituationen zwischen Vögeln, die versuchen, dasselbe Insekt zu schnappen. Hierbei verschaffen sich einige Vögel einen taktischen Vorteil, indem sie den Ruf ausstoßen, der ansonsten vor nahenden Raubvögeln warnt. Durch den Warnruf wird der andere Vogel kurz abgelenkt und der täuschende Vogel fängt das Insekt (Sommer 1992, 38–39). Um diese Situation zu deuten, ist es nicht erforderlich, anzunehmen, dass die konkurrierenden Vögel, die Intentionen des anderen Vogels deuten oder dass es sich um Subjekte handelt, die einander als Subjekte verstehen. Es erscheint mir aber unabdingbar anzunehmen, dass die positionalen Vollzüge der Vögel aufeinander bezogen sind, denn sie erfassen den Richtungssinn der Bewegung des Konkurrenten.

Dieses Beispiel soll anschaulich zeigen, dass es sinnvoll ist, auf der Ebene zentrischer Positionalität Mitverhältnisse im Sinne eines leiblichen Erlebens anderer leiblicher Selbste anzunehmen. Die beteiligten Selbste erleben, dass andere sich auf das Umfeld richten und beziehen dies in die Gestaltung der eigenen Umfeldbeziehung ein. Die konzentrische Leib-Umfeldbeziehung wird dadurch praktisch wirksam durch die Konzentrik anderer leiblicher Selbste aufgebrochen. Leibliche Selbste, deren konzentrische Leib-Umfeldbeziehung derart durch Mitverhältnisse durchbrochen ist, müssen nicht dergleichen Art angehören. Denn Raub- und Beutetiere stehen ebenfalls in einem derartigen Mitverhältnis. Die Gestaltung von Mitverhältnissen ist wie die gesamte Gestaltung von Leib-Umfeldbeziehungen durch instinktive Vorgaben strukturiert, die festlegen, wie leibliche Selbste mit welchen anderen Selbsten in einem Mitverhältnis stehen. Auf dieser Grundlage kann gelernt werden, wie Mitverhältnisse im Einzelnen zu gestalten sind, z. B. wann vor wem zu fliehen ist, wie zu warnen ist usw.

Auf der Stufe exzentrischer Positionalität werden Mitverhältnisse in spezifischer Weise fraglich und damit zur Mitwelt. Auf der Stufe zentrischer Positionalität heben sich die Mitverhältnisse nicht als solche für die beteiligten leiblichen Selbste ab, sie durchbrechen zwar praktisch die Konzentrik der Leib-Umfeldbeziehung, dies hebt sich aber für die leiblichen Selbste nicht als ein Sachverhalt ab. Wenn die Struktur der zentrischen Positionalität selbst reflexiv wird, heben sich deren Elemente auch für die beteiligte Selbste voneinander ab und es wird fraglich, wie der Kreis derjenigen zu begrenzen ist, die einander als andere personale Selbste berühren. Auf der Stufe exzentrischer Positionalität finden sich Personen in Beziehungen zu anderen personalen Selbsten und davon unterschieden in Beziehung zu Gegenständen.

Damit zeichnen sich zwei mögliche Verständnisse der Mitwelt ab.

Mitwelt-Verständnis 1 (MV-1): Die Mitwelt wird direkt aus der exzentrischen Positionalität und der damit gegebenen Negativität abgeleitet.

Mitwelt-Verständnis 2 (MV-2): Die Mitwelt wird gemäß dem Prinzip der reflexiven Deduktion entwickelt im Sinne einer reflexiven Wendung auf den Sachverhalt, in Mitverhältnissen zu existieren.

11.3.1 Grenzen der Mitwelt

„Bei der Annahme der Existenz anderer Iche handelt es sich nicht um die Übertragung der eigenen Daseinsweise, in der ein Mensch für sich lebt, auf andere ihm nur körperhaft gegenwärtige Dinge, also um eine Ausdehnung des personalen Seinskreises, sondern um eine Einengung und Beschränkung dieses ursprünglich gerade nicht lokalisierten und seiner Lokalisierung Widerstände entgegensetzenden Seinskreises auf die ‚Menschen'. Das *Verfahren* der Beschränkung, wie es sich in der Deutung leibhaft erscheinender fremder Lebenszentren abspielt, muss streng getrennt werden von der *Voraussetzung*, dass fremde Personen möglich sind, dass es eine personale Welt überhaupt gibt" (301; Hervorhebungen im Original – GL).

Gemäß MV-1 ist dies das Resultat der Negativität exzentrischer Positionalität, denn es steht einem exzentrischen Wesen frei, seine Position für beliebiges Begegnendes zu beanspruchen.

MV-2: Wenn das Eingebundensein in Mitverhältnisse leiblicher Selbsten reflexiv zugänglich ist, wird die Umweltbeziehung durch Negativität bestimmt und es verlieren Strukturvorgaben für die Gestaltung von Mitverhältnissen ihre Wirksamkeit. Es wird daher in einer grundlegenden Weise fraglich, wie die Sensibilität für die Berührung durch andere personale Selbste gestaltet sein soll. Denn Personen müssen in aktuellen Vollzügen selbst festlegen, wie zwischen Personen und anderem unterschieden wird. Ohne Strukturvorgabe finden sich Personen in einer ungegliederten Sphäre möglicher Begegnungen mit anderen. Jede Begrenzung ist immer nur vorläufig und kann verändert werden.

Was die Unmöglichkeit betrifft, feste Grenzen der Mitwelt anzugeben, kommen beide Verständnisse der Mitwelt zu einem ähnlichen Ergebnis, wenn auch auf anderen Wegen. Wenn man die Beispiele ernst nimmt, die Plessner anführt, kann als Glied des personalen Seinskreises alles Begegnende erfahren werden, das gegenwärtig, also hier/jetzt eine Präsenz entfaltet und sich aus dieser heraus auf anderes richtet (300–301). Es deutet sich allerdings ein Unterschied an. Gemäß MV-1 bildet ein jeweiliges Ich den Ausgangspunkt der Personalisierung. Nur so ist die Aussage verständlich, dass die Mitwelt real ist, „wenn auch nur eine Person existiert" (304), denn diese kann versuchsweise für alles Begegnende in Anspruch nehmen, dass es sich um Personen handelt (300). Wenn man dagegen von MW-2 ausgeht, findet sich das leibliche Selbst immer schon in einer Mitwelt, durch deren Glieder es berührt wird. Personen nehmen nicht etwas für andere in Anspruch, was möglicherweise nicht zutrifft, sondern sie erleben sich als eingegliedert in eine Mitwelt, deren Zuschnitt sie allerdings aufgrund der strukturellen Negativität exzentrischer Positionalität widersprechen können. Jede konkrete Mitwelt steht als solche in Frage. In diesem Sinne kann sich ein Selbst je nach Ordnung einer Mitwelt durch unbelebte Gegenstände, Bäume, Geister oder verstorbene Ahnen als möglichen Gliedern einer Mitwelt als berührt erleben.

Damit zeichnet sich eine Divergenz der beiden Mitweltverständnisse ab. MV-1 enthält eine Tendenz zu unterscheiden, ob es angemessen ist oder nicht, für begegnende Wesen in Anspruch zu nehmen, dass sie Glieder einer personalen Welt sein können. Wenn man die geschichtliche Entwicklung betrachtet, scheint erst die moderne „Verstandeskultur" der europäisch-nordamerikanischen Moderne dazu geführt zu haben, dass es einerseits eine menschliche Gesellschaft und andererseits eine Natur und tote, unbelebte Dinge gibt. Die Wahl der Metaphern deutet an, dass Plessner eine Präferenz für die moderne Begrenzung der Mitwelt hat. Er spricht von einem „Ernüchterungsprozeß" (301). Dies suggeriert, dass mit der Reflexivität exzentrischer Positionalität ein Zustand der Trunkenheit entstanden ist, der einen Aufenthalt in der Ausnüchterungszelle der „Verstandeskultur" (301) erforderlich gemacht habe. Damit werden diejenigen Ordnungen von Welt, die noch nicht in dieser Weise ernüchtert sind, als kindlich bzw. unentwickelt charakterisiert; sie sind noch nicht ganz zur Einsicht in die Sachverhalte des Seins exzentrischer Positionalität fähig.

Wenn man von MV-2 ausgeht, wäre die Verwendung solcher Metaphern unangebracht. Plessner selbst wendet sich später in „Macht und Menschliche Natur" (MNA, 156 ff., 163; vgl. auch Lindemann 2014, 68 ff.) explizit gegen Positionen, die auf dem Überlegenheitsanspruch europäischer Rationalität beharren, während die Konzeption der Mitwelt in den Stufen zumindest doppeldeutig bleibt. Denn einerseits beharrt Plessner darauf, dass die Mitwelt keine allgemein zu fixierende Begrenzung kennt und andererseits wird mit der Metapher der Ernüchterung durch die Verstandeskultur suggeriert, dass es ein angemessenes nüchternes Verständnis der Mitwelt gibt, dass diese auf Menschen beschränkt.

11.3.2 Strukturen der Mitwelt

Die Strukturen der Mitwelt sind durch Negativität gekennzeichnet, die den Bezug des Ich auf sich über es hinausführt, denn es kann die exzentrische Positionalität für Andere in Anspruch nehmen. Dadurch ist das Ich zu anderen Ichen in ein Verhältnis gesetzt, die es ebenfalls sein könnte.

„Wollte man für die sphärische Struktur der Mitwelt ein Bild gebrauchen, so müßte man sagen, dass durch sie die raum-zeitliche Verschiedenheit der Standorte der Menschen entwertet wird. Als Glied der Mitwelt steht jeder Mensch da, wo der andere steht" (304).

Zentrische Selbste existieren hier/jetzt als raum-zeitlich unterschiedene Vollzüge. Daraus ergibt sich eine Verschiedenheit der raum-zeitlichen Standorte bzw. ein Befangensein in der Konzentrik individueller Lebensvollzüge. Durch die Mitwelt wird diese Unterschiedlichkeit entwertet, denn das Selbst ist als Ich im Abstand zu sich und könnte auch den Standort Anderer einnehmen, bzw. ein Anderer sein. Die Austauschbarkeit kennzeichnet den personalen Seinskreis. Dessen Glieder, die Personen, sind ein individuelles Ich, insofern sie an einen Standort gebunden sind und sie sind ein allgemeines Ich, insofern sie die Standorte anderer bzw. aller einnehmen können (300). Einzahl und Mehrzahl gibt es mit Bezug auf die unterschiedlichen Standpunkte, die von einem je einzelnen personalen Selbst eingenommen werden. Wenn die Möglichkeit der Vertauschbarkeit der Standpunkte als solche betrachtet wird, wird die Differenz von Ein- und Mehrzahl aufgehoben. Denn wenn es Personsein der Möglichkeit nach auszeichnet, alle Standorte einnehmen zu können, werden alle Standorte der Möglichkeit nach von einer Person besetzt. Die Person existiert daher der Möglichkeit nach als alle anderen möglichen Personen. Umgekehrt gilt aber auch, dass alle anderen je individuellen Personen den Standort der anderen einnehmen könnten. Aufgrund dieser möglichen Vertauschbarkeit spricht Plessner von der „Wir-Form des eigenen Ichs" (303) bzw. davon, dass exzentrische Positionalität durch „die wahre Gleichgültigkeit zwischen Einzahl und Mehrzahl" (305) gekennzeichnet sei.

Die Mitwelt als solche, d.h. die durch Negativität ermöglichte Struktur der Vertauschbarkeit der Standorte, bildet die allgemeine Voraussetzung für die Bildung gesellschaftlich-symbolischer Ordnungen, z.B. dafür, dass in konkreten Sozialisationsprozessen, die Perspektive je konkreter Anderer übernommen werden kann. Insofern sind in der Theorie der Mitwelt die allgemeinen Prämissen formuliert, die implizit etwa in der pragmatistischen Sozialisationstheorie (Mead 1987) vorausgesetzt werden.

Plessner entwickelt diesen Gedanken ausgehend von MV-1, d.h., es geht um die Relationierung je individueller Iche, deren Standortgebundenheit durch ihre Wir-Form entwertet wird. Die hiermit gegebene Relativierung des Ich wird im Rahmen von MV-2 radikalisiert bis hin zur beinahe gänzlichen Auflösung des Ich in der Wir-Form.

(In-)Dividualisierung

MV-1 stellt das Ich in das Zentrum der Argumentation, denn auch die Mitwelt wird ausgehend von der strukturellen Negativität des Ich entwickelt. Die Ichbezogenheit bleibt auf der Stufe zentrischer Positionalität sozusagen implizit. In dem konzentrisch auf das Lebenssubjekt hin geordneten Umfeld gibt es ein fungierendes „ich", das Vollzugszentrum. Dieses wird durch die Reflexivität exzentrischer Positionalität zum nicht objektivierbaren Ich und durch die Möglichkeit der Negation über die Grenzen des eigenen Ich hinaus zu dessen Wir-Form geführt.

MV-2 geht von einer durch Mitverhältnisse gebrochenen Konzentrik auf der Stufe zentrischer Positionalität aus. In der reflexiven Wendung auf diesen Sachverhalt finden sich die beteiligten leiblichen Selbste in Berührungsbeziehungen mit anderen. Die Mitwelt wird eine Welt, weil auf der Ebene exzentrischer Positionalität Mitverhältnisse in Frage stehen. Für die Gestaltung durch die beteiligten personalen Selbste eröffnen sich dadurch zwei Möglichkeiten.

Wenn in der reflexiven Wendung darauf, sich in Beziehungen zu finden, der Sachverhalt akzentuiert wird, dass es eine je individuelle Person ist, die sich in einer Beziehung befindet, kann dies auf die uns geläufige Formel gebracht werden „Ich erlebe mich als ein dauerndes individuelles Ich, das in Beziehungen eintreten kann." In diesem Fall wird durch den aktuellen Vollzug der Sachverhalt realisiert, dass es sich um eine individuelle Person handelt, die in Beziehungen eintreten kann. Es wird eine auf das Ich bezogene Form der Mitwelt realisiert.

Die reflexive Wendung auf den Sachverhalt, sich in Beziehungen zu finden, kann allerdings auch in anderer Weise erfolgen, nämlich so, dass die beteiligten Personen sich primär als eingebunden in Berührungsbeziehungen erleben. In diesem Fall steht nicht im Vordergrund, dass es sich um individuelle Personen, d. h. um Iche, handelt. Vielmehr steht der Aspekt im Vordergrund, dass die beteiligten Personen in Beziehungen existieren. Die Personen werden dabei als Glieder von zeitlich dauernden Beziehungen verstanden. Es gibt kein Ich, sondern dauernde personale Beziehungen, die durch leibliche Operationen hier/jetzt aufrecht erhalten werden. Diesen Sachverhalt bezeichne ich im Anschluss an die ethnologische Forschung als „Dividualisierung" (Lindemann 2014, 97, Kap. 5.1, weitere Literatur dort). „In diesem Fall muss die Formel ‚ich erlebe mich' ersetzt werden durch die Formel ‚es gibt das Erleben des Vollzugs der Vermittlung dauernder sozialer Bindungen'" (Lindemann 2014, 97; Plessner selbst verwendet den Terminus „Dividualisierung" im Zusammenhang mit der Positionalitätsform der Pflanze).

MV-2 eröffnet ein differenzierteres Verständnis der Mitwelt, welches die Fokussierung auf das Ich nicht voraussetzt. Vielmehr wird die individualisierende Gestaltung der Mitwelt ergänzt durch die dividualisierende Gestaltung der Mitwelt. Die Mitwelt als solche ist die reflexive Wendung auf Mitverhältnisse, wodurch vorgegebene Sensibilisierungen für die Berührungen anderer Selbste fraglich werden. Auf der Stufe exzentrischer Positionalität tritt an die Stelle von Mitverhältnissen die zu gestaltenden Sphäre möglicher personaler Beziehungen, in der Beteiligte sich dividualisierend in dauernde Bindungen auflösen oder individualisierend zu einem dauernden Ich werden. In gewisser Weise könnte man die Differenz zwischen azentrischer Positionalität (realisiert in der Pflanze) und der zentrischen Positionalität (realisiert im Tier) strukturanalog zur dividualisierenden und individualisierenden Form der Mitwelt verstehen. Denn auch die Pflanze löst sich Plessner zufolge in ihren Beziehungen auf, weshalb er von ihrer „Dividualität" spricht.

MV-1 und MV-2 konvergieren hinsichtlich des nicht-psychologischen Verständnisses von Geist. Denn dieser bezeichnet die Sphäre des Aufeinanderbezogenseins, von der ausgehend die umgebende Natur und die Innenwelt erfasst wird. Geist ist negativ und ermöglicht das Fraglichwerden vorgegebener Strukturen, zugleich ermöglicht Geist die Bildung einer jeweiligen Ordnung von Beziehungen zwischen Personen und von Personen zu sich und zur Außenwelt (304). Dieser Sachverhalt lässt sich ausgehend von MV-2 eleganter erfassen. Denn in diesem Rahmen wird die Notwendigkeit akzentuiert zwischen Personen und Dingen zu unterscheiden. Diejenigen, die diese Unterscheidung vollziehen, kommen als personale Selbste in Frage, die sich in Beziehungen finden und durch deren Stabilisierung eine Regel erzeugen, durch die diejenigen Entitäten zu identifizieren sind, die keine Personen, sondern bloße Dinge sind. Die Außenwelt wird als Unterscheidung zwischen Personen und Dingen erzeugt.

Entsprechend der Realisierung der Mitwelt im Sinne der Dividualisierung oder Individualisierung ergibt sich ein neuartiges Verständnis dessen, was Plessner als Innenwelt bezeichnet. Im Fall der Individualisierung kommt es zu einer je individuellen Innenwelt, die im Sinne der Wir-Form des eigenen Ichs überschritten wird. Im Fall der Dividualisierung dagegen wäre das Innere von Dividuen über die umgebende Welt verteilt. Es ist das Innere der Beziehungen zwischen Personen, aber es steckt nicht „in" einer je individuellen Person bzw. deren Körper (Lindemann 2014, 303).

Gemäß MV-2 wird durch geistig-mitweltliche Vollzüge festgelegt, ob die Mitwelt im Sinne einer Dialektik der Wir-Form des eigenen Ichs realisiert ist oder ob die Differenz von Wir und Ich aufgelöst ist in die Dialektik des auf sich rückbezogenen Vollzugs dauernder Beziehungen, der sich ereignet „in einem Netzwerk, dem die Knoten fehlen" (Lindemann 2014, 298).

Es könnte naheliegen, Plessners Gemeinschaftsbegriff mit Dividualisierung gleich zu setzen. Dies ist allerdings problematisch, denn Gemeinschaft hebt auf die Herstellung einer Gruppe ab, die zu sich wir sagt und notfalls mit Gewalt nach innen harmonische Beziehungen gegen das Individuum durchsetzt (GG). Die in der Ethnologie als dividualisierend beschriebenen Gesellschaften weisen eine andere Struktur auf, denn es geht um die Beziehungen unterschiedlicher Gruppen (Clans, Brüdergemeinschaften usw.) zueinander, die als Gruppen miteinander in Austausch-, Konflikt- und Kriegsbeziehungen stehen. Dividualisierung beschreibt ein Netz aus teilweise kooperativen und teilweise antagonistischen Gruppenbeziehungen, in denen auf das Individuum kein Bezug genommen wird. Gemeinschaft ist fokussiert auf sich als ein Wir, das nach innen harmonisch ist und sich nach außen abgrenzt. Dividualisierung ist nicht ohne ein Netz von Gruppenbeziehungen möglich.

11.4 Das anthropologische Grundgesetz der natürlichen Künstlichkeit (309 – 321)

Negativität kennzeichnet die Umweltbeziehung exzentrischer Positionalität, weshalb die Gestaltung von Umweltbeziehungen grundsätzlich fraglich ist. Da sie sich fraglich sind, müssen Wesen exzentrischer Positionalität künstliche Antworten entwickeln. Sie müssen die Strukturvorgaben ihrer Umweltbeziehung selbst bilden und zwar in einer Weise, dass sie nicht beliebig in Frage gestellt werden können. Diesen Sachverhalt bezeichnet Plessner als die Notwendigkeit, dass die geschaffenen Strukturen der Umweltbeziehung ein „Eigengewicht" (311) erhalten müssen. Sie müssen den Beteiligten als abgelöst von ihrem Tun erscheinen. Derart abgelöste Strukturierungen finden sich auf zwei Ebenen, derjenigen des Werkzeugs, d. h. des praktischen Zugreifens und Handhabens von Gegenständen, und derjenigen der symbolischen Strukturierung durch Kultur (311).

Wesen exzentrischer Positionalität sind, um ihr Leben zu führen, ihrer Natur nach auf solche künstlichen kulturellen Ordnungen und Werkzeuge angewiesen. Nur vermittelt durch solche Ordnungen können sie sich unmittelbar auf die Umwelt beziehen. Die Bedürftigkeit nach einer künstlichen Ordnung liegt daher jeder anderen Form von Bedürftigkeit voraus. Konkrete Bedürfnisse können erst im Rahmen von durch Kultur und Werkzeug gestalteten Umweltbeziehungen entstehen (311). Die Antriebsstruktur von exzentrischen Wesen ist daher natürlicherweise künstlich.

In *Macht und menschliche Natur*, in der Plessner den interkulturellen Vergleich zentral stellt (Krüger 2013, 128; Mitscherlich 2007), wird der Aspekt der natürlichen Künstlichkeit weiter ausgearbeitet. Die Natur selbst wird als etwas verstanden, das den Beteiligten nur in einer künstlichen Form zugänglich ist. Deshalb rechnet Plessner dort nicht nur mit einer Vielzahl von Kulturen, sondern auch mit einer Vielzahl von Naturen (MNA, 149). An dieser Stelle begreift Plessner auch die moderne Raumvorstellung als relativ „auf unser abendländisches Menschentum"

(MNA, 149). Die Ordnungen von Raum und Zeit gehören demnach zu allgemeinen kulturell-institutionellen Formen, die als künstliche Formen die Umweltbeziehungen exzentrischer Wesen vermitteln (Lindemann 2014, 126 ff.).

Die Theorie exzentrischer Positionalität weist einen Doppelcharakter auf. Sie formuliert die Offenheit, das In-Frage-gestellt-Sein, und zugleich die Notwendigkeit technische und symbolische Formen zu bilden, um zu einer künstlichen Sicherheit in der Lebensführung zu finden. Damit ist die Theorie exzentrischer Positionalität einerseits der Übergang von einer Philosophie der Biologie hin zu einer philosophischen Anthropologie und andererseits eine vielversprechende Erkenntnistheorie der Geistes- und Sozialwissenschaften, deren Aufgabe darin bestünde, die Variabilität der künstlichen Lebensformen mit ihren je unterschiedlichen Außen-, Innen- und Mitwelten zu analysieren, ohne einer dieser Lebensformen ein Primat zuzusprechen.

Literatur

Henkel, Anna 2016: „Reflexive Systems: Posthumanism, the Social, and the Material", in: Theory, Culture & Society, 33(5), pp. 65 – 89.

Krüger, Hans-Peter 2013: „Personales Leben – Eine philosophisch-anthropologische Annäherung", in: Römer, I./Wunsch, M. (Hrsg.): Person. Anthropologische, phänomenologische und analytische Perspektiven, Münster, mentis, S. 123 – 145.

Krüger, Hans Peter 2014: „Mitmachen, Nachmachen und Nachahmen. Philosophische Anthropologie als Rahmen für die heutige Hirn- und Verhaltensforschung", in: Mitscherlich-Schönherr, O./Schloßberger, M.(Hrsg.): Das Glück des Glücks. Philosophische Anthropologie des guten Lebens, Berlin, De Gruyter, S. 225 – 243.

Lindemann, Gesa 2014: Weltzugänge. Die mehrdimensionale Ordnung des Sozialen, Weilerswist, Velbrück.

Mead, George H. 1987: „Die Genesis der Identität und die soziale Kontrolle", in: Gesammelte Aufsätze, Bd. I., Frankfurt a. M., Suhrkamp, S. 299 – 328.

Mitscherlich, Olivia 2007: Natur und Geschichte. Helmuth Plessners in sich gebrochene Lebensphilosophie, Berlin, Akademie Verlag.

Schürmann, Volker 2002: Heitere Gelassenheit. Grundriß einer parteilichen Skepsis, Berlin, Edition Humboldt.

Sommer, Volker 1992: Lob der Lüge. Täuschung und Selbstbetrug bei Tier und Mensch, München, C.H. Beck.

Hans-Peter Krüger

12 Die anthropologischen Grundgesetze als Abschluss der *Stufen* (Kap. 7.4 – 7.5, 321 – 346)

Plessners *Stufen* kulminieren am Ende in der Formulierung von drei anthropologischen Grundgesetzen, in denen der geschichtliche Aufgabencharakter herausgestellt wird, der für die Sphäre personalen Lebens wesentlich ist. Im Folgenden rekapituliere ich im ersten Schritt die erste Hälfte des siebten und letzten Kapitels aus Plessners *Stufen*, damit diese Voraussetzungen, darunter insbesondere das erste anthropologische Grundgesetz von der natürlichen Künstlichkeit, zum Verständnis der nun zu thematisierenden zweiten Hälfte dieses Kapitels vor Augen stehen. Im zweiten Schritt erläutere ich sodann das anthropologische Grundgesetz der vermittelten Unmittelbarkeit und im dritten Schritt das des utopischen Standortes.

12.1 Exzentrische Positionalität, ihr Weltcharakter und das anthropologische Grundgesetz der natürlichen Künstlichkeit

Die Überschriften des 6. und 7. Kapitels enthalten die Kategorie der „Sphäre", worunter eine „Einheit von Lebenssubjekt und Gegenwelt" (66) verstanden wird. Plessner begreift solche Lebenseinheiten anhand derjenigen Grenze, die einem Körper angehört und von ihm vollzogen wird, wodurch er sich von ihn umgebenden Medien trennen als auch mit diesen verbinden kann (103). Die Anschauung, wie ein Körper seine eigene Grenze zu realisieren vermag, darf aber nicht nur Schein, sondern muss auch wirklich sein können, also als Seiendes (ontisch) in einer Ontologie (Hermeneutik) verstanden werden. Plessner bezeichnet den wechselseitigen Bezug der phänomenologischen Anschauung und der hermeneutischen Ontologie des lebendig Seienden aufeinander, so dass sie zueinander passen können, als die „Deduktion" der Kategorien des Lebendigen (113–114). Mitscherlich spricht daher zurecht von einer „doppelseitigen Deduktion" (Mitscherlich 2007, 102–103). Plessner nennt die *Wirklichkeit* der Anschauung von Lebendigem „Positionalität": Indem der Körper seine eigene Grenze vollzieht, geht er aus ihm heraus, über ihn hinaus, anderem entgegen und kehrt er von dort zu ihm zurück, ist er ihm entgegen. Der so lebende Körper wird „im Grenzdurchgang angehoben und dadurch setzbar" (129). Im 6. Kapitel geht es um die

DOI 10.1515/9783110552966-012

Sphäre der geschlossenen Organisationsform und der zentrischen Positionalitätsform, die phänomenologisch anhand von Tieren vorgestellt wird (237–238), und im 7. Kapitel um die Sphäre einer zentrischen Organisationsform und exzentrischen Positionalitätsform, die auf Menschen bezogen wird (288–289).

Das 6. Kapitel über die Sphäre der zentrischen Positionalität kulminiert in der naturphilosophischen Rekonstruktion, wie Wolfgang Köhlers Nachweis der Intelligenz von Schimpansen wirklich sein kann. Diese Intelligenz, als plötzliche Einsicht in die neue Lösung eines Verhaltensproblems verstanden, steht im Dienste der Erfüllung offener Triebe durch positive Vermittlungsglieder, die sich die Schimpansen als „Feldverhalte" (272, 276–277) vorstellen, als solche erfahren und erinnern können. Aber diese Art und Weise von Intelligenz beruht nicht auf geistigen Gehalten, die raum- und zeitlos sind, wodurch *Sachverhalte* im leeren Raum und in leerer Zeit anhand von empirischen Bedingungen verstanden werden können. Solche geistigen Gehalte setzen einen Abstand von der leiblichen Erfüllung bestimmter Triebe im Raum- und Zeithaften des Lebendigen voraus. Dieser Mangel an der „Negativität" (270–271) gegenüber dem Leiblichen im Hier und Jetzt, der die Schimpansen-Intelligenz auszeichne, kann nur Lebewesen auffallen, für die es selbstverständlich ist, solche Negativität in Anspruch zu nehmen, unter den modernen Zeitgenossen insbesondere denjenigen Biologen und Naturphilosophen, die die Schimpansen-Experimente interpretieren. Das 7. Kapitel expliziert die „Vorbedingungen der Sphäre menschlicher Existenz" (301), die diese Würdigung der leiblich positiven Intelligenz von Schimpansen, aber auch die Einsicht in ihre Grenzen an der Leerheit (Negativität) von Raum und Zeit ermöglicht haben. Es handelt sich daher um die Frage, wie diese „Distanz" gegenüber der „positionalen Mitte" (288–289) zwischen einem Lebewesen und seiner Umwelt wirklich werden kann.

12.1.1 Die Positionalität der exzentrischen Form. Das Ich und der Personcharakter (288–293)

Das erste Unterkapitel des 7. Kapitels hat den Titel „Die Positionalität der exzentrischen Form" (288), wodurch hervorgehoben wird, dass hier nicht irgendeine Exzentrizität außerhalb des Lebens im reinen Geiste thematisiert wird, sondern die exzentrische Form im Leben selbst (Schürmann 2006). Mit der „positionalen Mitte" (288) ist auch nicht das Zentrum des Organismus im Sinne des zentralen Nervensystems, insbesondere des Gehirns, gemeint. Die zentrisch geschlossene Organisationsform weist in sich die Divergenz zwischen dem Gesamtorganismus einschließlich seines Zentralorgans, das von ihm abhängig ist, und dem Zentralorgan auf, das die in ihm zentral repräsentierte Körperzone bindet. Dieser

Unterschied in der Organisation erscheint im Verhalten als der „Doppelaspekt von Körper und Leib", der den „positionalen Gegenwert jener physischen Trennung in eine das Zentrum mit enthaltende und eine vom Zentrum gebundene Körperzone" (237) zur Darstellung bringt. Mit der positionalen Mitte ist also die der zentrischen Positionalität gemeint, in der sich zunächst einmal höher entwickelte Tiere verhalten. Sie leben in einem „Hier-Jetzt, gegen welches Außenfeld und eigener Körper konzentrisch stehen und aus dem heraus eigener Körper und Außenfeld Einwirkungen erhalten" (239). Wie ist es nun aber möglich, dass nicht nur aus dieser positionalen Mitte heraus und in sie hinein Verhalten vollzogen wird (288), sondern diese Mitte zum *Gegenstand* für die Positionierung selber wird? Dafür müsste dasselbe, nicht ein anderes Lebewesen eine Position *außerhalb* (*ex-*) seiner positionalen Mitte beziehen können, von der her ihm diese Mitte *als* Mitte „gegeben" (289) sein kann. Es handelt sich also um die Exzentrierung dieser Konzentrik im Positionieren, d. h. in einem Grenzvollzug, nicht aber um ein körperliches Merkmal (290).

Man könnte dieses Exzentrierungsproblem mit klassischen, seit Kant geläufigen Mitteln lösen wollen, indem man das Reflexionsmodell des Ich darauf anwendet, was Plessner auch ausprobiert. Schon am Anfang wurde unter *Positionalität* des Lebendigen überhaupt verstanden, dass der Körper über sich hinausgehend von sich angehoben und umgekehrt auf sich zurückkommend in sich setzbar wird (129), wenngleich dafür weder physisch ein neuronales Zentralorgan noch psychisch ein Bewusstsein vonnöten war. Erst die Einheit dieser Physis und Psyche hatte die positionale Mitte in der *zentrischen* Positionalität ermöglicht. In ihr vermittelt der Leib den Kontakt des Gesamtkörpers mit der Umwelt. Der Gesamtkörper ist so in den Leib, d. h. „in seine eigene Mitte gesetzt, in das Hindurch seines zur Einheit vermittelten Seins, – und die Stufe des Tieres ist erreicht" (290). Was liegt da näher, nun den Gedanken des „in die eigene Mitte Gesetztseins" (290) noch einmal, nämlich rückbezüglich auf diese Mitte, anzuwenden? Das Lebewesen müsste dann „im Zentrum seines Stehens" *stehen* (290), d. h. sich aus diesem Zentrum heraussetzen (es anheben) und sich in es hineinsetzen (in ihm setzbar werden) können. Der Vorteil dieses Reflexionsmodells besteht darin, dass es sich um *dasselbe* Lebewesen – ohne „Vermannigfachung des Subjektkerns", ohne „Spaltung" (289) oder „Verdoppelung" desselben (290), da in Einheit mit sich – handelt, insoweit es im Zentrum *seines* Stehens steht. Aber ihm zugehörig ist nur das Zentrum seiner Leiblichkeit, nicht die positionale Mitte aus der Konvergenz der eigenen Leiblichkeit und ihrer Umwelt. Daher gehört zum Reflexionsmodell, eine Distanznahme von der konvergierenden Mitte zu gewinnen, der Weg nach *innen*, nicht nach außen. Das Subjekt dieser Reflexion auf die Mitte ist das „*Ich*, der ‚hinter sich' liegende Fluchtpunkt der eigenen Innerlichkeit, der jedem möglichen Vollzug des Lebens aus der eigenen Mitte entzogen den

Zuschauer gegenüber dem Szenarium dieses Innenfeldes bildet, der nicht mehr objektivierbare, nicht mehr in Gegenstandsstellung zu rückende Subjektpol" (290). Das reflexive Ich entsteht durch Rückgang aus der *kon*zentrischen Mitte (von eigener Leiblichkeit *und* ihrer Umwelt) in das Zentrum der eigenen Leiblichkeit, von woher es nun die positionale Mitte reflektieren kann, indem es sein Erleben erlebt. Die Grenze dieses *leiblichen* Reflexionsmodells vom Ich besteht aber darin, dass es „immer neue Akte der Reflexion auf sich selber" erfordert, die zu einem „regressus ad infinitum des Selbstbewusstseins" führen, um den Preis der „Spaltung in Außenfeld, Innenfeld und Bewusstsein" (291).

Das *leibliche* Selbstbewusstsein ist zwar ein erster notwendiger Schritt, aber es allein gehört noch der zentrischen Positionalität an (einfache Reflexivität besitzt auch die tierliche Subjektivität im Gedächtnis: 300), weshalb es in Anfangsformen auch non-humane Primaten aufweisen (Paul 1998, 212–241). Es ist nicht als „Fundament" der neuen, eben *ex*zentrischen Positionalitätsform geeignet (292). Für dieses Fundament, das die exzentrische Lebenssphäre wirklich zu tragen vermag (vgl. 38), ist es einerseits notwendig, dass das Ich, das Subjekt der Rückbezüglichkeit, auf Nichts gestellt ist, nicht aber nur auf seine Leiblichkeit, und andererseits, dass die Reflexion primär vom Außen und nicht nur vom Innen der positionalen Mitte her erfolgt. Daher denkt Plessner die „Steigerung" des leiblichen Reflexionsmodells „auf Nichts" (293) unter der Voraussetzung, dass die „geschlossene Organisationsform [...] bis zum Äußersten durchgeführt wird" (291). Erst wenn die Reflexion nicht nur aus der Raum- und Zeit*haftigkeit* des eigenen Leibes, sondern aus dem Nichts, d. h. von „nirgends, ortlos außer aller Bindung in Raum und Zeit" (291) ermöglicht wird, wartet sie mit einem rein geistigen Kontrast auf, der die Erkenntnis von Sachverhalten im Unterschied zu Feldverhalten (siehe oben), kurz: von Gegen-Ständen ermöglicht, die über die eigene Leiblichkeit hinausgehen.

Damit dramatisiert sich aber das Problem der *Einheit* des Subjekts, das aus seiner positionalen Mitte heraus und in diese hinein lebt und sich gleichwohl in diesem Vollzuge *als* Mitte von woanders als dieser Mitte her zu reflektieren vermag. Dieses Lebewesen muss „zwischen sich und seine Erlebnisse eine Kluft" setzen, wodurch es auch „ohne den Blick auf sich" erleben kann: „Dann ist es diesseits und jenseits der Kluft, gebunden im Körper, gebunden in der Seele und zugleich nirgends, ortlos" (291). Erst wenn die Ex-Zentrierung aus dem Nichts an raum-zeitlichen Bestimmungen erfolgt, wird es möglich, dass man in dieser Lebenssphäre die positionale Mitte *als* solche erlebt, um sie weiß und „darum über sie hinaus" ist: Noch einmal betont Plessner, dass es nicht um den eigenen Leib als das Zentrum geht, das es zu exzentrieren gilt, sondern um die „Totalkonvergenz des Umfeldes und des eigenen Leibes gegen das Zentrum" der *Position* (291, ebenso 292). Obgleich sich der Mensch an diese Totalkonvergenz gebunden erlebt, von ihr gehemmt werde und mit ihr kämpfen muss, weiß er sich zugleich „frei" von ihr (291), insofern er aus der Raum- und Zeitlosigkeit auf sich als Körper und Leib reflektieren kann. Diese Freiheit als Kehrseite der Negativität bedeutet aber keine idealistische Selbstsetzung des Ich, denn das reflektierende Lebenssubjekt bleibt Körper und Leib, weshalb Plessner davon spricht, dass die Ex-Zentrierung aus der Zentrierung der Position heraus erfolge (292).

Damit ist das Ich aus seinem Rückweg (aus der positional konvergierenden Mitte heraus nach innen in die eigene Leiblichkeit) ins *Nichts* verlegt worden. Es steht inzwischen „hinter" dem lebendigen System zeitlos, „ortlos, im Nichts", sogar in diesem Nichts aufgehend, aber auch bereits in einem „raumzeithaften Nirgendwo-Nirgendwann" (292), als könne es von dort starten, um seine Raum- und Zeit*losigkeit* in Raum- und Zeit*haftigkeit* zu überführen. Plessner nannte früher diejenigen Erfahrungen, die methodisch auf Feststellbares und Messbares restringiert werden, die Darstellung in Bestimmungen des leeren Raums und der leeren Zeit. Daran gemessen sind geistige Gehalte raum- und zeit*los*. Zwischen den Raum- und Zeitbestimmungen einerseits und der rein geistigen Raum- und Zeit-losigkeit andererseits liegen die qualitativ irreduziblen Erfahrungen des Lebendigen, die Plessner „Anschauungen" (88, 118–119) nennt. Die Anschauungen des Lebendigen sind qualitativ anhand der Sinndimensionen des Raum- und Zeit*haften* strukturiert. Lebendiges Verhalten erscheint raum- und zeithaft, indem es in bestimmten Vollzugsrichtungen, zum Beispiel in einer Bewegung, einen Sinn (der Zeigerichtung) mit seinen Realisierungsbedingungen (in Luft oder Wasser als Medien) verschränkt.

Die Position, von der aus die positionale Mitte exzentriert werden kann, wandert nicht nur aus der eigenen Leiblichkeit in das Nichts der Raum- und Zeitlosigkeit und das Nirgendwo-Nirgendwann der Raumzeithaftigkeit, es wird vor allem von innen nach *außen* verlegt. Dem Menschen sei der „Umschlag vom Sein innerhalb des eigenen Leibes zum Sein außerhalb des Leibes ein unaufhebbarer Doppelaspekt der Existenz, ein wirklicher Bruch seiner Natur. Er lebt diesseits und jenseits des Bruches, als Seele und als Körper *und* als die psychophysisch neutrale Einheit dieser Sphären" (292). Das Dritte, das die Exzentrierung der Konzentrik von außerhalb der positionalen Mitte ermöglicht, heißt nun nicht mehr „Ich", sondern „Person": „Positional liegt ein Dreifaches vor: das Lebendige ist Körper, im Körper (als Innenleben oder Seele) und außer dem Körper als Blickpunkt, von dem aus es beides ist. Ein Individuum, welches positional derart dreifach charakterisiert ist, heißt *Person*" (293). Erst vom Standpunkt dieses Dritten, der *außerhalb* des „Zentrums totaler Konvergenz des Umfeldes und des eigenen Leibes" (292) lie-genden *Personalität*, her können nun das leibliche Reflexionsmodell und das reine Ich-Modell der Reflexion voneinander unterschieden und in ihrer Geltung eingeordnet werden.

Das *reine* Ich war bei Kant nicht leibgebunden, sondern geistig gedacht worden. Es ermöglichte zwar die Erkenntnis von Gegenständen, war aber selber – „im Unterschied zu dem mit dem erlebbaren ‚Mich' identischen psychophysischen Individualich" – nicht mehr „in Gegenstandsstellung" zu bringen. Dieses reine Ich bringe die „Grenzgesetztheit" des Menschen „unmittelbar zum Ausdruck" (292). Seine Reinheit besteht gerade in dem oben genannten Nichts und Nirgendwo-Nirgendwann. Es ist der unmittelbare Ausdruck dafür, in die Grenze dieser Negativität gesetzt zu sein, aus der allein die positionale (und nicht nur leibliche) Mitte exzentriert werden kann. Das *leibliche* Ich spielt hingegen eine andere Rolle als die des reinen Ichs. Bei aller vollen Reflexivität bleibt die Exzentrierung an die Re-Zentrierung ins „Hier-Jetzt gebunden": Die Unmittelbarkeit und Ungebrochenheit dieses Vollzuges hängt von dem ab, was kraft der „unobjektivierten Ichnatur als seelisches Leben im Innenfeld" (292) von den jeweils Vollziehenden erfasst wird. Während also das Reflexionsmodell des reinen Ichs konsequent auf die Negativität des Bruches mit der eigenen Leiblichkeit gegründet wird, den das reine Ich unmittelbar zum Ausdruck bringe, wird das Reflexionsmodell des leiblichen Ichs auf die Unmittelbarkeit und Ungebrochenheit des Vollzugs der Exzentrierung aus der Zentrierung um die eigene Leiblichkeit eingeschränkt.

Beide Reflexionsmodelle des reinen und des leiblichen Ichs werden vom Inneren ins Äußere der positionalen Mitte verlegt, in die Personalität als das Dritte, das sowohl vom Körper als auch vom Leib Abstand zu wahren vermag, weshalb von diesem Dritten her beide, Körper und Leib, zu Gegenständen werden können. Damit ist das Problem der Exzentrierung der positionalen Mitte, d. h. der Mitte im Sinne der Konvergenz des eigenen Leibes und der Umwelt, vom Selbstbewusstsein auf die Personalität als das Dritte umgestellt worden. In der Einschränkung des Reflexionsmodells vom Selbstbewusstsein, das Plessner ausführlich in seinem 2. Kapitel dargestellt hat, auf eine für die Thematisierung des Lebens nicht mehr fundamentale Rolle, bestand die entscheidende lebensphilosophische Forderung seines 1. Kapitels. – Mitscherlich versteht demgegenüber die ganze exzentrische Positionalität noch als die Verschränkung zweier heterogener Iche, nämlich des individuellen (leiblichen) und des allgemeinen (reinen) Ichs, wodurch der Leib, nicht die positionale Mitte, zu exzentrieren sei (Mitscherlich 2007, 191–192, 195–196, 207–208).

Insoweit hält Plessner seine Ankündigung aus dem 1. und 2. Kapitel der *Stufen* ein, aber die Umstellung des Reflexionsproblems in das Problem der Exzentrierung zentrischer Positionalität verschärft das Problem nur, weil mit dieser Umstellung auch die bisherigen Lösungsmöglichkeiten des Problems durch das Reflexionsmodell des Ichs entschwinden. Dies verdeutlicht Plessner, wenn er auf den „Umschlag vom Sein innerhalb des eigenen Leibes zum Sein außerhalb des Leibes" als einen „wirklichen Bruch" (292) besteht. Die Einheit, die von dem Dritten der Personalität her ermöglicht wird und sich gegen die vollständige Disjunktion von entweder Körper oder Leib (letzteres seit Aristoteles auch Seele genannt) neutral verhält, enthält nicht mehr das Primat der sich selbst gleichen Identität des Selbstbewusstseins über seine Differenz zu Anderem: Diese Einheit der Personalität „überdeckt jedoch nicht den Doppelaspekt" von Körper und Leib, „sie lässt ihn nicht aus sich hervorgehen, sie ist nicht das den Gegensatz versöhnende Dritte": Sie ist vielmehr „der Bruch, der Hiatus, das leere Hindurch der Vermittlung, die für den Lebendigen selber dem absoluten Doppelcharakter und Doppelaspekt von Körperleib und Seele gleichkommt, in der er ihn erlebt" (292).

12.1.2 Außen-, Innen- und Mit-welt (293 – 308)

Umso gespannter darf man nun, nach der gravierenden Neustellung des Reflexionsproblems als des größeren Problems der Exzentrierung der zentrischen Positionalität, auf die einzuschlagende Lösungsrichtung sein. Sie wird klar und deutlich in der – gegenüber der leiblichen Reflexivität rücksichtslosen – Umorientierung von der Innerlichkeit *in* auf die Äußerlichkeit *von* der positionalen Mitte ausgesprochen. Erst diese *Ex*-Zentrierung ermöglicht *Welt:* „In doppelter Distanz zum eigenen Körper, d. h. noch vom Selbstsein in seiner Mitte, dem Innenleben, abgehoben, befindet sich der Mensch in einer *Welt*, die entsprechend der dreifachen Charakteristik seiner Position Außenwelt, Innenwelt und Mitwelt ist. In jeder der drei Sphären hat er es mit Sachen zu tun, die als eigene Wirklichkeit, in sich stehendes Sein, ihm gegenübertreten. Alles ihm Gegebene nimmt sich deshalb fragmentarisch aus, erscheint als Ausschnitt, Ansicht, weil es im Licht der Sphäre, d. h. vor dem Hintergrund eines Ganzen steht. Dieser Fragmentcharakter ist wesensverknüpft mit der Eigengegründetheit des jeweiligen Inhalts, dass er *ist*" (293).

Die Unterscheidung zwischen der *Innen*- und der *Außen*welt wird nicht aus der *Person* als der Exzentrierung in *Welt* (im Unterschied zur *Um*welt) gewonnen, sondern aus den gegensinnigen Richtungen von eigenem Leib und der Umwelt in der Konvergenz beider, d. h. in der positionalen Mitte. „Das Innen versteht sich im Gegensatz zum Außen des vom Leib abgehobenen Umfeldes" (295). Indem sich die Person aus der Konvergenz heraussetzt, erscheinen ihr Körper und Leiber in einer Welt, nach außen in Richtung auf die Umgebung in einer Außenwelt, nach innen in Richtung auf den eigenen Organismus „im" Leib als Innenwelt (295). Die Exzentrierung hebt dasjenige, was in der zentrischen Positionalität als Dinge in Feldverhalten gegeben war, an zu Gegenständen in Sachverhalten, d. h. zu „Manifestationsweisen des Nichts" (293) als dem für die Anschauung nötigen „reinen Kontrast" des „Nichtseins" (294). Diese Anhebung der Dinge von Feldverhalten setzt sie – auf Distanz – in die Gegenstände von Sachverhalten hinein, was nur in einem *Welt*rahmen geht, nicht aber mehr in einer *Um*welt.

Plessner betont nicht nur für die Außenwelt, dass sie durch den „radikal" divergenten Richtungssinn von Körper und Leib strukturiert ist (295), nämlich unter dem Körperaspekt „als Ding unter Dingen an beliebigen Stellen des Einen Raum-Zeitkontinuums" und unter dem Leibesaspekt „als um eine absolute Mitte konzentrisch geschlossenen Systems" eigener Raum- und Zeithaftigkeit (294). Er hebt auch für die Innenwelt hervor, dass die Richtungen, in denen sich das exzentrische Lebewesen stellen kann, radikal divergent sind, weil es sich ansonsten um keine Weltstruktur handeln würde. In „Selbststellung" hat das personale Lebewesen seine Wirklichkeit anhand von „Erlebnissen" (295) „durchzumachen", in „Gegegenstandsstellung" seine Realität als „Seele" (295) „wahrzunehmen" (296). Obgleich es in der Innenwelt im Unterschied zur Außenwelt eine „Skala des Selbstseins" (296) anhand von „Anmutungswerten" (297) gebe, garantiere diese im Hinblick auf Phänomene „fundamentaler Spaltung" (299) und „keimhafter Spaltung" (298) nicht die *Einheit* der Person in Selbst- und Gegenstandsstellung: „Wirkliche Innenwelt: das ist die Zerfallenheit mit sich selbst, aus der es keinen Ausweg, für die es keinen Ausgleich gibt" (299). Gegen die *Privilegierung* des Selbstseins in der Innenwelt heißt es deutlich, worin eine implizite Heidegger-Kritik bestehen kann: „Sogar im Vollzug des Gedankens, des Gefühls, des Willens steht der Mensch außerhalb seiner selbst. Worauf beruht denn die Möglichkeit falscher Gefühle, unechter Gedanken, des sich in etwas Hineinsteigerns, das man nicht ist? Worauf beruht die Möglichkeit des (schlechten und guten) Schauspielers, die Verwandlung des Menschen in einen andern" (298)?

Man darf die Exzentrierung der positionalen Mitte im Vollzug (290), sich zu verhalten, nicht verwechseln mit der Stiftung einer Welt durch bewusste Akte. Die Exzentrizität als Positionalität ist selber eine „Seinsform" (300) an Gesetztheiten, unter deren Vorbedingung Akte der Veränderung dieser Gesetztheiten erst möglich werden, nicht aber Akte *ex nihilo*, aus denen die Welt der Gesetztheiten idealistisch gestiftet werden könnte. Eine Welt ist auch dann vorhanden, wenn man aktuell nicht von ihr weiß (299), da man nach der Exzentrierung vom eigenen Körper und Leib längst vorab in ihren Strukturen steht. Die Welt ist insofern nicht wie die Umwelt an Akte im Hier-Jetzt gebunden, zu dem auch schon höher entwickelte Tiere einen leiblichen Abstand durch ihr Gedächtnis haben (278–281). Die reflexive Steigerung des „Prinzips esse = percipi" führt nicht in eine Welt, sondern in das erlebende Erleben der „Selbstaffektion", wie schon Kant wusste (298). „Nur soweit wir Personen sind, stehen wir in der Welt eines von uns unabhängigen und zugleich unseren Einwirkungen zugänglichen Seins" (304).

Wenn der divergente Richtungssinn nach außen und innen (in der Bezeichnung von *Außen*- und *Innen*welt) noch aus der positionalen Mitte der Konvergenz von Leib und Umwelt herkommt, nicht aber aus der *Welt* der ins Ex-Zentrum gestellten *Person*, entsteht umso mehr die Frage danach, was den Weltcharakter über die bisher erläuterte Doppelstruktur von Körperlichkeit und Leiblichkeit (Außenwelt) bzw. Gegenstands- und Selbststellung (Innenwelt) hinausgehend ausmacht. Wie wird es der Person – als dem exzentrischen Dritten gegenüber Körper und Leib – möglich, in *Welt* und nicht nur als Organismus und Leib in einer *Um*welt zu stehen? Die Schwierigkeit in der Beantwortung dieser Frage besteht darin, dass wir zwar schon diejenigen Weltstrukturen kennen, die nach der Exzentrierung thematisiert werden können, aber nicht diejenige Struktur, die die Exzentrierung in sich selber trägt. Der Rückschluss aus dem, was die Exzentrierung an Thematisierung ermöglich hat, auf dasjenige, das die Exzentrierung in sich selber trägt, führt erneut auf das schon mit dem Ich eingeführte Problem des unobjektivierbaren Pols, der Objektivierung ermöglicht. Schließlich haben wir bisher in Anspruch genommen, dass die Exzentrierung auf dem Nichts (der Raumzeit von Körpern) und dem Nirgendwo-Nirgendwann (der Raum- und Zeithaftigkeit von Leibern) beruht, um spezifisch geistige Gehalte zu ermöglichen. Was nun die Exzentrierung in sich selber trägt, nennt Plessner eine *Mit-Welt von Personen* im *Miteinandersein des Geistes*.

Die uns allen in der Moderne geläufige Erfahrung, dass sich Menschen in „der ersten, zweiten und dritten Person" (300) in der „Einzahl und Mehrzahl" (305) ansprechen, zeigt, dass das „allgemeine Ich nie in seiner abstrakten Form", sondern immer schon konkret auftritt (300). Vor allem aber setzt diese Erfahrung voraus, dass es *Personalität* als konkretisierbare Struktur der exzentrischen Daseinsweise bereits gibt, wodurch sie geschichtlich verschieden erfahren und gedeutet werden kann. Aus der „Individual- und Kollektiventwicklung der Menschen" ist ihre „ursprüngliche Tendenz zur Anthropomorphisierung und Personifizierung" (301) bekannt. Wer selber als Person in der „Ort-Zeitlosigkeit" steht, ist frei, diese Stellung „für sich selber und jedes andere Wesen in Anspruch zu nehmen auch da, wo ihm Lebewesen gänzlich fremder Art gegenüberstehen" (300), ist frei, sich „in ein Mitweltverhältnis zu sich (und zu allem was ist) gesetzt" (306) zu setzen. Plessner lehnt angesichts dieser kulturgeschichtlichen Variabilität das moderne dualistische Vorurteil ab, man könne nur durch Analogieschluss aus dem Eigenen auf den Anderen oder durch Einfühlung in den Anderen zum Anderen und damit einer Mitwelt kommen (300–301; siehe auch Schloßberger 2005): „Bei der Annahme der Existenz anderer Iche handelt es sich nicht um Übertragung der eigenen Daseinsweise", also nicht um eine „Ausdehnung des personalen Seinskreises, sondern um eine Einengung und Beschränkung dieses ursprünglich ebene gerade nicht lokalisierten und seiner Lokalisierung Widerstände entgegensetzenden Seinskreises auf die ,Menschen'. Das *Verfahren* der Beschränkung, wie es sich in der Deutung leibhaft erscheinender fremder Lebenszentren abspielt, muss streng getrennt werden von der *Voraussetzung*, dass fremde Personen möglich sind, dass es eine personale Welt überhaupt gibt" (301). Diese „Vorbedingung", dass es Andere wirklich gibt, sei nicht zu verwechseln damit, dass man ihre innere Verborgenheit schon richtig erschlossen habe (301).

Daraus folgt für Plessner im Rückschluss auf diese Vorbedingung der Personalität, dass Mitwelt die „Struktur" des Verhältnisses von der anderen Person auf mich als Person hat: „Mitwelt ist die vom Menschen als Sphäre anderer Menschen erfasste Form der eigenen Position" (302). „Die Existenz der Mitwelt ist die Bedingung der Möglichkeit, dass ein Lebewesen sich in seiner Stellung erfassen kann, nämlich als ein Glied dieser Mitwelt" (302–303). Aber wie ist diese Wendung wirklich möglich? Sie ist nicht möglich, wenn man das Ich raumzeitlich und/oder raumzeithaft bestimmt, wodurch man *ego* und *alter ego* voneinander trennt. Sie wird möglich, wenn man versteht, dass das Ich schon in der Struktur der „Wir-form des eigenen Ichs" steht: Im Verhältnis der Person als dem allgemeinen Ich zu einem leiblichen Ich als einem Du und einem Körper als einem Es bildet die Person die Triade eines Wir. „Zwischen mir und mir, mir und ihm liegt die Sphäre dieser Welt des *Geistes*" (303). Das geistige Verhältnis von mir als Person zu mir als Leib und Körper hat dieselbe Struktur wie das geistige Verhältnis des Anderen als Person zu sich als Leib und Körper. Seine exzentrische Position als Person ist strukturell die Form meiner Position, in der ich auch außerhalb meiner selbst stehe, nämlich da, wo der Andere steht. Daher kann Plessner – gegen die empirische Entgegensetzung von Mitwelt und Person – sagen: „Die Mitwelt *trägt* die Person, indem sie zugleich von ihr getragen und gebildet *wird*" (303). Sowohl bei der Mitwelt als auch bei der Person handelt es sich geistig um dieselbe Struktur einer „Wirsphäre", in der man schon immer umgriffen ist und noch immer selber zu umgreifen hat. Diese Wirsphäre ist aber nicht mit einer „ausgesonderten Gruppe oder Gemeinschaft" (303) zu verwechseln, die kulturhistorisch faktisch auftritt, sobald sie auf bestimmte Weise verleiblicht und verkörpert wird, etwa in den zu Plessners Zeit üblichen Redeweisen von Art-, Rassen- und Klassen-Genossen.

Plessner zieht seine Auflösung falscher, weil empirischer Gegensätze in der Sphäre des Geistes als dem „reinen Wir" konsequent durch, wenn er immer wieder von dem „Einen" der Person, Mitwelt und des Menschen spricht, obgleich zweifellos „die vitale Basis in Einzelwesen auseinandertritt" (304). „Wollte man für die sphärische Struktur der Mitwelt ein Bild gebrauchen, so müsste man sagen, dass durch sie die raumzeitliche Verschiedenheit der Standorte der Menschen entwertet wird. Als Glied der Mitwelt steht jeder Mensch da, wo der andere steht" (304). Wie ist dies möglich? Mein Ich ist – über den oben genannten Hiatus hinweg – das Andere meines Körpers und Leibes, so wie das andere als mein Ich auch das Andere seines Körpers und Leibes ist. Wir als Personen sind die Anderen, die –

über den anfangs erwähnten Bruch hinweg – anders als Körper und Leiber sind, ohne aufzuhören, auch Körper und Leiber zu sein. Die Mitwelt ist, als „die Sphäre des Einander und der völligen Enthülltheit" (304), die „wahre Gleichgültigkeit gegen Einzahl und Mehrzahl", dasjenige „Subjekt-Objekt", welches die wirkliche Selbsterkenntnis von Personen „in der Weise ihres einander Seins" garantiert (305).

Laut Plessner hat man diese geistige Relationalität in der personalen Mitwelt als Ganzes vorauszusetzen, um empirische Analysen betreiben zu können, statt umgekehrt anzunehmen, dass man aus den Resultaten solcher Analysen wieder zu ihrem Ermöglichungsgrund vorstoßen könnte (Krüger 2006b). Das letzte Element der Mitwelt bildet „die Person als Lebenseinheit, die in analytischer, objektivierender Betrachtung wohl in Natur, Seele und Geist (oder Sinn- und Bedeutungseinheiten als Korrelate von intentionalen Akten) dekomponierbar, aber niemals aus ihnen komponierbar ist" (306). Der Fehlschluss aus den Resultaten der Analyse auf ihren Ermöglichungsgrund im Ganzen komme insbesondere durch die Verwechselung von Geist mit Seele und Bewusstsein zustande. „Seele ist real als die binnenhafte Existenz der Person. Bewusstsein ist der durch die Exzentrizität der personalen Existenz bedingte Aspekt, in dem die Welt sich darbietet. Geist dagegen ist die mit der eigentümlichen Positionsform geschaffene und bestehende Sphäre und macht daher keine Realität aus, ist jedoch realisiert in der Mitwelt, wenn auch nur *eine* Person existiert" (303). Die rein geistige Relationalität in der Mitwelt zeichnet sich durch ihre „Gleichgültigkeit gegen Einzahl und Mehrzahl" (305) aus. Die „Realität" der Mitwelt wird durch die „exzentrische Positionsform" gewährleistet (302). Die Mitwelt ist nicht durch ein ihr spezifisches „Substrat" Realität, sondern die strukturelle „Form" der Realisier*ung* von exzentrischer Positionalität. Jede Person steht da, wo die andere Person steht, da jede außerhalb ihrer Körper-Leib-Differenz steht, die dadurch erst entsteht. Es geht hier also, in der Einen Person, um Personalität, oder insofern die exzentrische Positionalität von Menschen realisiert wird, um die Menschheitlichkeit jedes empirischen Menschen. Dann gilt: Die „Mitwelt gibt es nur als Einen Menschen" (304). Diese Redeweise von dem „Einen" ist oft durch empirische Fehlinterpretation als „Solipsismus" missverstanden worden (Honneth/Joas 1980, 82–83), obwohl es Plessner um die Abweisung der Fehlübertragung des Utilitarismus (des Glücks der größten Zahl) auf den Geist und die Personalität der Mitwelt geht (315).

Plessner sagt nicht, dass wir nicht vom Gebrauch der Personalpronomen im Singular und Plural ausgehen dürften. Er selbst geht davon aus (300), um zu erläutern, wie uns Modernen die Mitwelt im Alltag längst gegeben ist. Aber dabei handelt es sich um eine kulturhistorische Auslegung und Faktizität, die nicht immer schon selbstverständlich waren und dies auch in Zukunft nicht bleiben müssen. In der Erläuterung der Mitwelt, die auf deren geistige Ermöglichung zurückfragt, erreichen wir eine „absolute Punktualität" (304), in die sich alle gegenständlichen Bestimmungen (raumzeitlicher und raumzeithafter Art und Weise) auflösen. In der Mitwelt herrschen nicht nur „Mitverhältnisse", wie unter allen zentrisch positionierten Lebewesen, sondern wird das „Mitverhältnis zur Konstitutionsform einer wirklichen Welt des ausdrücklichen Ich und Du verschmelzenden Wir" (308), wenn man diese Verschmelzung in geistiger Relationalität, nicht leiblich versteht. Geist ermöglicht die Erkenntnis von Gegenständen, löst sich aber selber nicht in einen Gegenstand auf. Daher erfasst die eigene Person die Form ihrer Stellung in der Position der anderen Person (302, siehe oben). Diese Frage der – über den Anderen des Anderen – umwegigen Erfassung darf man nicht mit der Realität und der Realisierung (siehe oben) verwechseln. „Die Möglichkeit der Objektivation seiner selbst und der gegenüberliegenden Außenwelt beruht auf dem Geist. D. h. Objektivieren oder Wissen ist nicht Geist, sondern hat ihn zur Voraussetzung" (305). Darin folgt Plessner Hegel, aber „ohne vom Geist als dem Absoluten zu sprechen" (305), das den Subjekt-Objekt-Gegensatz in einer höheren als der exzentrisch *positionalen* Einheit überwinden könnte.

12.1.3 Das erste anthropologische Grundgesetz
der natürlichen Künstlichkeit (309 – 321)

In der exzentrischen Positionalität werden einerseits die Körper und Leiber durch die Exzentrierung auf Distanz – durch den Hiatus auf Grund von Nichts – in eine Welt gestellt. Andererseits bleiben die in ihr Lebenden auf eine zentrische Organisationsform und den Vollzug ihres Leibes angewiesen, noch im Vollzug der Exzentrizität ihrer Positionsform selbst. Wer exzentrisch positioniert lebt, ist in diese „Frage" (309), in die „Fraglichkeit" (Krüger 2006a) dieser Lage und Situation gestellt, auf die es zu antworten gilt (Krüger 2006b). Die drei nun folgenden „anthropologischen Grundgesetze" (309) beinhalten keine Kausalerklärung, sondern formulieren den „Zusammenhang zwischen Lebewesen und Welt" (65), der für die Wendung der Not in dieser Lage wesentlich ist. Wie kann man überhaupt in dieser Fraglichkeit gleichwohl in „Konkordanz" (65) mit der Welt leben?

Wer „in" die exzentrische Positionalität gestellt ist, muss sich „zu dem, was er *schon ist, erst machen*" (309). Darin besteht für das Bewusstsein der Aspekt „einer Antinomie", der man erst enthoben wäre, stünde man „über" der exzentrischen Positionalität (310). Die positionierte Personalität *ist* aber *nicht* auf eine homogene Weise zu sein. Sie *ist* vielmehr schon *in* die Frage *ihrer brüchigen* Lage (dreifacher Position in der Außen-, Innen- und Mitwelt) *gestellt*, auf die sie im Vollzug zu antworten hat, indem sie sich aus dieser Lage heraussetzt, wodurch sie sich in ihr setzen kann. Ihr ist diejenige zentrische Positionalität, auf die ihre zentrische

Organisationsform einspielen können müsste, auf natürliche Weise, d. h. indem sie aus ihrer Mitte heraus in diese hinein lebt, verwehrt. Gleichwohl nimmt diese *positionierte* Exzentrizität den *Vollzug* einer *zentrischen* Positionalität in Anspruch, ohne den sie weder in der *Realität* von Raum-Zeit noch in der *Wirklichkeit* von Raum-Zeithaftigkeit existieren könnte. Ihre „Weise zu sein ist nur als Realisierung durchführbar" (309–310), nämlich als Realisierung einer „Irrealisierung" (316), exemplarisch der „Idee des Paradieses, des Standes der Unschuld, des Goldenen Zeitalters" (309). Sie muss aus dem Ungleichgewicht herauskommen, nur auf Distanz über den Bruch mit dem Körperleiblichen hinweg sein zu können, indem sie ihr Leben (im Sinne der Einheit mit der Welt aus ihrer Mitte heraus zu leben) schafft. Die Personalität lebt nur, indem sie „ein Leben führt" (310, ebenso 316). Aber wie, d. h. wonach und wohin führt Personalität ihr Leben? Sie führt es in Richtung auf „Irreales", d. h. in einer „Kultur" mit den „künstlichen Mitteln", die dieser „dienen" (311).

Nach dieser Vorbereitung müsste das zusammenfassende Kernzitat aus Plessners *Stufen* verständlich werden: „Weil dem Menschen durch seinen Existenztyp aufgezwungen ist, das Leben zu führen, welches er lebt, d. h. zu machen, was er ist – eben weil er nur ist, wenn er vollzieht – braucht er ein Komplement nichtnatürlicher, nichtgewachsener Art. Darum ist er von Natur, aus Gründen seiner Existenzform *künstlich*. Als exzentrisches Wesen nicht im Gleichgewicht, ortlos, zeitlos im Nichts stehend, konstitutiv heimatlos, muss er ‚etwas' werden und sich das Gleichgewicht – schaffen. Und er schafft es nur mit Hülfe der außernatürlichen Dinge, die aus seinem Schaffen entspringen, *wenn* die Ergebnisse dieses schöpferischen Machens ein eigenes Gewicht bekommen. Anders ausgedrückt: er schafft es nur, wenn die Ergebnisse seines Tuns sich von dieser ihrer Herkunft kraft eigenen inneren Gewichtes loslösen, auf Grund dessen der Mensch anerkennen muss, dass nicht er ihr Urheber gewesen ist, sondern sie nur *bei Gelegenheit* seines Tuns verwirklicht worden sind. Erhalten die Ergebnisse menschlichen Tuns nicht das Eigengewicht und die Ablösbarkeit vom Prozess ihrer Entstehung, so ist der letzte Sinn, die Herstellung des Gleichgewichts: die Existenz gleichsam in einer zweiten Natur, die Ruhelage in einer zweiten Naivität nicht erreicht" (310–311).

Man missversteht dieses Zitat, wenn man es durch einen dualistischen Hebel hindurch liest, als ob es nur entweder Natur oder Kultur geben könnte, um aus dieser dualistischen Fehlalternative idealistisch auf einen Kulturmonismus zu schlussfolgern, als ob personale Lebewesen nur in der Kultur existieren könnten. Plessner kritisiert einerseits die reduktiven „Naturalisten" (311–312), die aus körperlichen und leiblichen Symptomen des Personseins dessen geistige Voraussetzung in der Mitwelt erklären wollen, obgleich sie selbst in ihrer Erklärung diese Voraussetzung von Geist bereits in Anspruch nehmen (315). Umso mehr kritisiert er andererseits die „Spiritualisten", die zwar diese Voraussetzung von Geist immer wieder in den Mittelpunkt gegen Reduktionen stellen, sich aber dualistisch gegen jeden Versuch abschirmen, den kulturell vermittelten Zusammenhang von Geist mit der Natur zu verstehen (317–318). Aus dem Umstand, dass die kulturelle Auslegung von Geist im Hinblick auf seine Verwirklichung in der Welt als diejenige Vermittlung nötig wird, die die exzentrisch aufgebrochene Natur zu formieren vermag, folgt nicht, dass es die Substrate von Körpern und Leibern nicht mehr gäbe. Da es sie durch den Hiatus hindurch gibt, kann sich der auf sie bezogene Inhalt der Kultur historisch ändern. Plessners Pointe besteht darin, dass die Vermittlung des Bruches durch Kultur eine – gegenüber der zentrischen Positionalität von Tieren – *neue* Unmittelbarkeit ermöglicht, eben eine *zweite* Natur und Naivität, dank des Eigengewichts der Resultate kultureller Formung von in sich brüchiger Natur. Auf die Frage, wie diese neue Vermittlung eine neue Unmittelbarkeit ergeben kann, kommt er im zweiten anthropologischen Grundgesetz zurück. Hier, in der Formulierung des ersten Grundgesetzes, geht es zunächst einmal um die Einsicht, dass die Kultur als Antwort auf die Fraglichkeit des Bruches diese Fraglichkeit überdecken kann, gerade weil Kultur ein Eigengewicht gegenüber ihren Schöpfern im Hier und Jetzt zu gewinnen hat. Die „Gebrochenheit oder Exzentrizität" (309) könne so gelagert sein, dass man sie kulturell als die „Störung eines ursprünglich normal, harmonisch gewesenen und wieder harmonisch werden könnenden Lebenssystems" (316) deutet. Aber diese Zeitform der Ursprünglichkeit sei nicht wortwörtlich als eine Vergangenheit, sondern im „Zeitmodus der Zukunft" (319) zu verstehen. Schon Leben als einfache Positionalität ist sich „vorweg", insofern es zeitlos im Modus der Gegenwart den Modus der Zukunft erfüllt (176–177), umso mehr, wenn es sich in der exzentrischen Positionalität unter Bewusstseinsaspekten ausdrücklich wahrnehmbar wird (319).

Gegen die Ursprünglichkeit einer tatsächlich (raumzeitlich) für vergangen gehaltenen Harmonie beharrt Plessner auf der „konstitutiven Gleichgewichtslosigkeit" der exzentrischen Positionalität (316), die man nicht mit denjenigen *Bewusstseinsaspekten* verwechseln dürfe, unter denen sie von den Betroffenen in kulturhistorischer Variabilität artikuliert werde. Umgekehrt, verstehe man, dass die Gleichgewichtslosigkeit im exzentrischen Bruch schon immer gesetzt ist, wie immer sich die davon Betroffenen dazu ins Verhältnis setzen, verstehe man auch, warum die Kulturgeschichte kein Ende in einer bestimmten Kultur finden kann, denn auf die konstitutive Fraglichkeit dieser Lebenssphäre gibt es keine endgültig abschließende Antwort. Dem Menschen breche „immer wieder unter den Händen das Leben seiner eigenen Existenz in Natur und Geist, in Gebundenheit und Freiheit, in *Sein* und *Sollen* auseinander. Dieser Gegensatz besteht. Naturgesetz tritt gegen Sittengesetz, Pflicht kämpft mit Neigung, der Konflikt ist die Mitte seiner Existenz, wie sie sich dem Menschen unter dem Aspekt seines Lebens notwendig darstellt. Er muss tun, um zu sein" (317). Erst eine „Macht im Modus des Sollens" entspreche der exzentrischen Struktur: „Sie ist der spezifische Appell an die *Freiheit* als das Streben im Zentrum der Positionalität" und das „Movens" des „Glieds einer Mitwelt" (317). Personalität lebt in der Stellung von „Anforderungen an sich", ihr *„gilt* etwas" und sie gilt „als etwas", verinnerlicht in Gewissen und Zensur im Konflikt mit Trieben und Neigungen stets von neuem (317).

Da sich in der exzentrisch gebrochenen, insofern ungleichgewichtigen Lebenssphäre ein Gleichgewicht zwischen dem personalen Lebewesen und der Welt erst in der künftigen Erfüllung von kultureller Geltung abzeichnet, habe ich zur Erläuterung von „Re-Zentrierung" gesprochen, die in sich logisch schon immer eine „Ex-Zentrierung" (Krüger 1999/2001) voraussetzt. Damit entfällt die zentrische Positionalität von Tieren als Maßstab für die exzentrische Positionalität. Darauf hat Plessner auch nach dem zweiten Weltkrieg in den Diskussionen über Umwelt und Welt mit Erich Rothacker, Arnold Gehlen u. v. a. stets bestanden. Die *biotische Umwelt* von zentrisch organisierten und sich leiblich-zentrisch positionierenden Lebewesen wird in sich durch keine Exzentrierung in Welt ermöglicht. Daher ist es kategorial falsch, diese biotische Umwelt mit einer *soziokulturellen Umwelt* gleichzusetzen, die aus der kulturellen Rezentrierung von mitweltlich geteiltem Geist in die künstliche Formierung von Körpern und Leibern resultiert (WUM; ML). Es ist zwar richtig, dass die exzentrierende Anhebung der Positionalität in eine Eröffnung von Welt auch wieder durch Habitualisierung nach innen gesetzt werden können muss, aber dies bedeutet nicht die *Wieder*herstellung einer instinktiven und triebhaft-intelligenten Verhaltenssicherheit außer in einem tiermetaphorischen Sinne. Um Plessners exzentrische Positionalität besser zu verstehen, habe ich auch seine Redeweise vom „kategorischen Konjunktiv" stark gemacht, die er als Kategorie bereits in den *Stufen* (216) für Leben, als die ihm inhärente Art und Weise Möglichkeiten selegieren zu müssen, einführt, aber erst später ausdrücklich für die Reflexivität der personalen Lebensführung ausarbeitet (GS VIII, 338–352). Was es faktisch gibt, muss (kategorisch) in einen Horizont konjunktivischer Möglichkeiten (es sollte, könnte, müsste sein) eingeordnet werden können. Nur welche Kultur als der kategorische Konjunktiv und damit Selektionsfilter wirkt, ist historisch kontingent und geschichtlich umkämpft, nicht aber, dass eine Kultur zur Beantwortung der Fraglichkeit in der exzentrisch gebrochenen Positionalität nötig ist (vgl. Krüger 1999/2001).

Versteht man nicht den exzentrischen Bruch in der Natur selber als diejenige Herausforderung, die unentwegt zur Aufgabe und Anforderung der Überbrückung dieses Hiatus wird, glaubt man entweder, vor (reduktive Naturalisten) oder hinter (reine Spiritualisten) dem Bruch zu stehen, um ihn entweder durch mehr Natur oder mehr Geist reparieren zu können. Die reduktiven Naturalisten (315, 320), zu denen Plessner fälschlich auch den klassischen Pragmatismus zählt (Krüger

2001), „versagen, weil sie entweder den überwerkzeughaften, außernützlichen Sinn kultureller Ziele, also das Eigengewicht der geistigen Sphäre, nicht begreiflich machen oder in das entgegengesetzte Extrem verfallen und das Element des Nutzens und der sachlich-objektiven Bedeutung, das in aller Kulturbetätigung steckt, aus den Augen verlieren, sich in reinen Psychologismus verspinnen. Eine biologisch-utilistische steht einer psychologistischen Auffassung der geistigen Welt gegenüber, die erste macht den Menschen zu einem gesunden, die zweite zu einem kranken Tier. Beide sehen ihn primär als Tier, als Raubtier oder als Haustier, und versuchen, das Epiphänomen der geistigen Äußerungen seines Wesens aus biologischen Prozessen herzuleiten. Darin liegt ihr Kardinalfehler" (315). Umgekehrt stellen sich die Spiritualisten (317), sofern sie sich dualistisch abriegeln, gar nicht erst der Aufgabe der Überbrückung des Bruches, indem sie rein geistige Relationen (raum- und zeitlos) nicht kulturell für deren Verwirklichung in der Lebensführung (im Raum- und Zeithaften) auslegen und interpretieren. Damit verkennen auch die Spiritualisten, nur in der zum Naturalismus umgekehrten Richtung, die Spezifik personal-geistigen Lebens im Hinblick auf Körper und Leiber in der Welt: „Exzentrische Lebensform und Ergänzungsbedürftigkeit bilden ein und denselben Tatbestand" (311). Dabei ist mit „Bedürftigkeit" nicht allein ein psychisches Phänomen, sondern eine „vorpsychologische, ontische Notwendigkeit" (321) gemeint.

Plessner erwähnt zwar Heidegger nicht, spielt aber doch auf dessen Daseinsanalyse in *Sein und Zeit* (1927) an, wenn er die „Todesfurcht" aus Sorge um das eigene Leben als „das letzte Fundament" ablehnt und „nur" zu einem „Symptom" spezifisch menschlicher Leistungen erklärt, die die „Grundstruktur der exzentrischen Positionalität" (318) mit ihrem „Zeitmodus Zukunft" (319) voraussetzen. „Aus der Angst allein ist die ‚Erfindung' des Werkzeugs und die Kultivierung nicht zu erklären" (319). Während dafür Heidegger die „Existenzialien" zu erschließen sucht, was Plessner für ein „Privativ" der Lebensführung hält (XII–XIII), geht Plessner dafür auf eine kulturelle Auslegung des geistigen Charakters der Mitwelt zurück. Auch das, was Heidegger die alltäglich besorgende Zuhandenheit etwa eines Hammers nennt, setze den „Sachcharakter der Werkzeuge" in dem Sinne voraus, dass er von „dem Vorgang des Erfindens" ablösbar sein muss (320–321). Diese philosophisch-anthropologische Argumentation hat Ernst Cassirer in seine im Ganzen symbolphilosophische Widerlegung von Heideggers *Sein und Zeit* während der Davoser Disputation eingebaut (Cassirer 2014, 13–73; vgl. zu Cassirers Kenntnis von Scheler und Plessner Cassirer 1995, 35–36, 43, 60; vgl. insgesamt Wunsch 2014). Die alltägliche Zuhandenheit von Dingen geht auf die rezentrierende Habitualisierung einer soziokulturellen Umwelt für die Leiber der Personen zurück, hat also exzentrische Positionalität zur Präsupposition

(Krüger 2017). Für Plessner ist „Existenz" zwar vom „Leben" in der Innenwelt „abhebbar", aber nicht „abtrennbar", da sie vom Leben „fundiert" bleibe (XIII).

12.2 Das zweite anthropologische Grundgesetz der vermittelten Unmittelbarkeit. Immanenz und Expressivität (321–341)

Setzen wir Weltstrukturen und eine kulturelle Ausdeutung des mitweltlich geteilten Geistes voraus, entsteht die Frage, wie denn das Sich-Selbst-Machen zu dem, was man schon ist, über dessen künstlichen Charakter hinausgehend verstanden werden kann. Im zweiten anthropologischen Grundgesetz wird das Problem der Durchführung oder Realisierung der exzentrischen Positionalität fortgesetzt, aber nun im Hinblick auf die Arten und Weisen, in denen *sich* personale Lebewesen wie der Mensch verhalten, indem in der Welt etwas entdeckt und erfunden (321), gesucht und gefunden (322), zum Ausdruck gebracht und mitgeteilt (323), erstrebt und verwirklicht wird (337). Das Sich-Verhalten personaler Lebewesen betrifft vor allem zwei Richtungen, in der „Zentripetale" von etwas in der Welt zur Person hin und umgekehrt in der „Zentrifugale" von der Person zu etwas in die Welt hinaus (333). Klassisch werden in der philosophischen Problemgeschichte diese beiden Richtungen auch „kontemplatives" (anschauendes, fühlendes, erschauendes, intellektuelles) und „aktives" (strebendes, wollendes, drängendes) Verhalten (331) genannt. Es geht in beiden Richtungen um die „Korrelativität von Mensch und Welt", ihre „Begegnung" (322). Man könnte meinen, diese Korrelativität wäre durch das erste anthropologische Grundgesetz der natürlichen Künstlichkeit geklärt, aber keine *bestimmte* Kultur orientiert diese Verhaltensrichtungen, ohne dabei selbst zumindest variiert zu werden, geschweige orientiert sie alle Situationen vollständig. Plessner setzt nun die Frage genauer fort, inwiefern im Vollzug des Sich-Verhaltens die Erneuerung des Bruchs und seiner Überbrückung wirklich werden können. Es geht insbesondere um den expressiven Modus geschichtlicher Veränderung zwischen Fortschritt und Stillstand (339). In beide Richtungen (zentripetal und zentrifugal) verhalten sich personale Lebewesen nicht vollständig bewusst, wohl aber als Personen intentional gerichtet, einerseits auf Anpassung an die Welt durch die qualitative Erfahrung (Anschauung) von etwas in ihr, andererseits darauf, etwas Intendiertes in der Welt auch zu verwirklichen (zu schaffen, schöpfen, 322). Die Reflexivität in dem Sich-Verhalten erfolgt jetzt nach Aspekten des Bewusstseins („in der Schicht bewussten Machens", 322).

Damit kommt Plessner auf seine Forderung aus dem zweiten Kapitel „nach einer Revision des cartesischen Alternativprinzips im Interesse der Wissenschaft

vom Leben" (63) zurück. Es handelt sich bei dieser Revision nicht um die Überwindung der Unterscheidungen (zwischen Materiellem und Geistigem, Physischem und Psychischem u. ä.), wohl aber um die Überwindung der Vollständigkeit
und der Fundamentalrolle dieser Disjunktionen (70). Solange diese Vollständigkeit die Funktion des Trägers der Forschung übernimmt, könnte und dürfte es
Leben als die *Einheit* dieser Gegensätze auch auf dem exzentrischen Niveau nicht
geben. Dem steht aber die Begegnung von Mensch und Welt im Suchen und
Finden auf dem Niveau des Entdeckens und Erfindens entgegen, was einleitend an
den Beispielen des Hammers und Grammophons erläutert wird: „Nicht der
Hammer hat existiert, bevor er erfunden wurde, sondern der Tatbestand, dem er
Ausdruck verleiht. Das Grammophon war sozusagen erfindungsreif, als es fest-
stand, dass Schallwellen sich mechanisch transformieren lassen, und diesen
Tatbestand hat kein Mensch geschaffen. Trotzdem musste es erfunden, d. h. die
Form *dafür* musste gefunden werden" (322). Hier wiederholt sich zunächst das
Verhältnis zwischen einem Gesetztsein, das durch den Bruch fraglich ist, und der
Antwort darauf, indem man sich selber im Vollzug zu einem passenden, mit ihm
umgehen könnenden Gesetztsein macht. Plessner unterstreicht, dass es sich in der
personalen Lebenswirklichkeit nicht um die Vollständigkeit von *entweder* Entdecken (Realismus) *oder* Erfinden (Konstruktivismus) handeln kann, sondern um
deren wirkliche Einheit. „Der Mensch kann nur erfinden, soweit er entdeckt" (321).
Nicht nur für Instrumente, auch für „Satzungen" des Menschen gelte: Die „Resultate seines Beginnens" müssen „von ihm selber ablösbar" werden, damit er
„ontisch" ins Gleichgewicht komme, über den Augenblick hinaus sein Leben
führen kann (321). Ansonsten müsste jede Generation wieder gänzlich von vorne
anfangen.

Im Rückblick zerfalle jede Ausdrucksleistung „ihrem inneren Wesen und ihrer
äußeren Erscheinung nach in Inhalt und Form, in das *Was* und das *Wie* des
Ausdrucks" (322). Apriorisch im Sinne der Ermöglichung von Erfahrung könne
weder der Inhalt noch die Form des Ausdrucks sein, sondern „allein die (nur an
Hand exzeptioneller Beispiele bloßgelegte) Art und Weise, wie *zu* einem Inhalt
seine ,Form' gefunden wird" (323). Plessner war diesem Problem bereits in seinem
früheren Buch *Einheit der Sinne. Eine Ästhesiologie des Geistes* von 1923 (ES)
nachgegangen, worauf er verweist (322–323), um nicht die verschiedenen Arten
und Weisen, etwas, jemanden und sich auszudrücken, wiederholen zu müssen.
Jetzt geht es ihm um die „vorgelagerte Notwendigkeit des Ausdrückens überhaupt,
um die Einsicht in den Wesenszusammenhang zwischen exzentrischer Positionsform und Ausdrücklichkeit als Lebensmodus des Menschen" (323). Dieser
betrifft nicht nur die Außen-, sondern strukturell ebenso die Innen- und Mitwelt,
also nicht nur die Darstellung von Sachverhalten, sondern auch von Personen,
deren Seelen, Mimik, der Sozialität (323). Plessner hat also ein sehr weites Ver-

ständnis des Ausdrückens von etwas und jemandem in der Welt, das historisch „die Wende zum Expressivismus" (Taylor 1994, 21. Kap.) voraussetzt und philosophisch systematisiert.

Um diese „Expressivität als Ausdrücklichkeit menschlicher Lebensäußerungen überhaupt" verstehen zu können, muss man begreifen, dass in der exzentrischen Positionalität „das Lebenssubjekt mit Allem in indirekt-direkter Beziehung steht": „Eine direkte Beziehung ist da gegeben, wo die Beziehungsglieder ohne Zwischenglieder miteinander verknüpft sind. Eine indirekte Beziehung ist da gegeben, wo die Beziehungsglieder durch Zwischenglieder verbunden sind. Eine indirekt-direkte Beziehung soll diejenige Form der Verknüpfung heißen, in welcher das vermittelnde Zwischenglied notwendig ist, um die Unmittelbarkeit der Verbindung herzustellen bzw. zu gewährleisten" (324). Plessner verwendet „indirekte Direktheit" gleichbedeutend mit „vermittelter Unmittelbarkeit", die Lebendiges überhaupt auszeichnet: Dadurch dass die Grenzrealisierung dem lebenden Körper selber angehört, kann er vermittels ihrer direkt mit den ihn umgebenden Medien in Kontakt treten. Im Fall der zentrischen Organisation und Positionalität „erfolgt die Zuordnung von Reiz und Reaktion durch das Subjekt", wodurch die Beziehung zwischen Subjekt und Umfeld für es „unmittelbar" ist, da es sich selbst nicht als die Vermittlung der Beziehung gegeben ist (325). Dies müsste nun für die exzentrische Positionalität bedeuten, dass personale Lebewesen einerseits ihre Beziehungen als „direkte" leben, andererseits aber um die „Vermitteltheit" ihrer Beziehungen wissen (325). Es gibt zwar solche Momente der Unterscheidung eines Zusammenhangs (zwischen naivem und reflexivem Moment im Sich-Verhalten), aber gleichwohl kann man nicht annehmen, dass „exzentrische Lebewesen" grundsätzlich „in zwei grundverschiedene Beziehungen" der mittelbaren und der unmittelbaren Art und Weise *auseinander* fallen. Plessner geht (unter Verweis auf Fichtes Sich-selber-Setzen) auf „die Identität desjenigen, der in diesem Zentrum der Vermittlung *steht*", indem er sie *vollzieht*, zurück. „Der Mensch steht in einer Beziehung zu fremden Dingen, die den Charakter der vermittelten Unmittelbarkeit, der indirekten Direktheit hat, und nicht in zwei fein säuberlich nebeneinander laufenden, voneinander getrennten Beziehungen" (326).

Statt zwischen den beiden Beziehungsarten hin und her zu „oszillieren", so dass sie sich gegenseitig aufheben und überhaupt *eine* Position „unmöglich" machen, müsse man doch so viel Identität annehmen, dass die „Direktheit und Unmittelbarkeit über die Indirektheit und Vermitteltheit" dominieren (326). Aber wie ist dies wirklich möglich? Warum kann man im Hinblick auf die exzentrischen Lebewesen wohl sagen, sie *lebten* in vermittelter Unmittelbarkeit oder indirekter Direktheit ihrer Beziehungen, nicht aber in „direkter Indirektheit, unmittelbarer Mittelbarkeit" (326)? Diese Frage ist seit Jahrzehnten erneut aktuell in der philosophischen Diskussion, wenn man einerseits an die Phänomenologie und andererseits an deren Dekonstruktion denkt. Eine Variante der Diskussion zwischen den Standpunkten der Unmittelbarkeit und der Vermitteltheit stellt der Streit zwischen Hubert Dreyfus, der den Primat der Unmittelbarkeit des Leibes vertritt, und John McDowell, der die konzeptuelle Vermitteltheit der Wahrnehmung als soziokulturelle Zweitnatur versteht, dar (siehe Schear 2013). Wie die Vermitteltheit der Unmittelbarkeit wirklich möglich ist, wird von Plessner zunächst in zentripetaler, sodann in zentrifugaler Richtung des Sich-Verhaltens ausgeführt.

12.2.1 Bewusstseinsimmanenz in der zentripetalen Verhaltensrichtung

Der vermittelte Charakter der Unmittelbarkeit ist wirklich möglich, wenn sich die Wirklichkeit als eine solche der selektiven Realisierung von Möglichkeiten darstellt. Die „Abhebung" des Ich von seinem Körper und Leib gestalte die Beziehung zwischen dem Ich und dem Feld „so", dass an dieser Beziehung „die Abhebung zum Vorschein kommt": *„Und so ist es in der Tat.* Der Mensch lebt in einem Umfeld von Weltcharakter. Dinge sind ihm gegenständlich gegeben, wirkliche Dinge, die *in* ihrer Gegebenheit *von* ihrer Gegebenheit ablösbar erscheinen. Zu ihrem Wesen gehört das Überschussmoment des Eigengewichts, des Für sich Bestehens", aber „unmittelbar" (327). An der „unmittelbaren Gegenwart der Erscheinung", anhand der dem Subjekt zugekehrten Seite des Wirklichen, kommt das „Übergewicht des An sich Seins, des Mehr als Erscheinung Seins" selber auf unmittelbare Weise „zur Erscheinung" (327). Das in seinen Körper und Leib, deren Einheit gesetzte Ich, das sich im exzentrischen Vollzug aus beiden heraussetzt, entspricht strukturell den qualitativ erfahrenen Gegenständen, deren erschaubarer Kern in seinem Mantel von positionalen Eigenschaften zur Erscheinung kommt. In sich, d. h. in die positionale Mitte, und aus sich heraus gesetztes Subjekt korreliert mit in sich, d. h. in die positionale Mitte, und aus sich heraus gesetztem Objekt im unmittelbaren, also lebendigen Vollzug der Begegnung beider. Plessner holt hier den „Doppelaspekt in der Erscheinungsweise des Wahrnehmungsdinges" (81) ein, mit dem er, unter der Voraussetzung der Einheit des Menschen als Subjekt und Objekt im Leben (31), seine „Wendung zum Objekt" (72) begonnen hat.

Versteht man die Gesetztheiten und zu vollziehenden Setzungen nicht *im Leben* der exzentrischen Positionalität, sondern als *in einem* davon getrennten *Bewusstsein* selber gegebene und zu vollziehende, entsteht ein dualistisches Dilemma, das (wirkungsgeschichtlich Descartes und Kant zugeschrieben) unter dem Titel der *„Bewusstseinsimmanenz"* (328) bekannt geworden ist und das Plessner ausführlich in seinem 2. Kapitel rekonstruiert hat. Naiv betrachtet begegnen wir unmittelbar Gegenständen und Personen in einem Umkreis bewussten Seins, das gleichsam ausgeleuchtet ist. Wir stehen in einem bewussten Sein, das uns, die Gegenstände und andere Personen umfasst und in dem wir direkt Kontakt zu ihnen haben (vgl. 51). Geht in dieser Lage etwas schief oder glückt in ihr auf besondere Weise etwas, reflektiert man auf sie und kann man zu der Einschätzung gelangen, das eigene oder ein anderes beteiligtes Bewusstsein hätte die Situation falsch oder besser als üblich eingeschätzt. Diese Art der Reflexion verlegt das eingetretene Lebensproblem ins Bewusstsein der Beteiligten in dem Sinne, dass sie bestimmten begrifflichen und die Anschauung schematisierenden Vor-Urteilen gefolgt seien, die sich in der „Kammer" (67) oder dem „Kasten" (333) ihres Bewusstseins verselbständigt haben, im Guten wie im Schlechten. Diese Reflexion erfolgt aus der Bewusstwerdung des Bewusstseins heraus, vom Standpunkt des Selbstbewusstseins, und gelangt zu dem Ergebnis, dass „das Bewusstsein in uns" ist, nicht aber wir „im" Bewusstsein (67) im Sinne „bewussten Seins" sind (243, 252). Wir können demnach dieses Bewusstsein nun aus uns selbst heraus, aus dem Selbstbewusstsein verbessern. Dazu gehört aber auf der Objekt-Seite die Erkenntnis, dass, solange wir naiv Anderem begegnet sind, dies nur in unserem Bewusstsein stattgefunden hat, in der „Immanenz" desselben (329). Die naive Weltsicht erscheint vom Standpunkt des Selbstbewusstseins als die falsche. Die Unmittelbarkeit des Gegenstandes ist nur für das Bewusstsein, dem etwas erscheint, während das Selbstbewusstsein einsieht, dass das Bewusstsein selber die Erscheinung projiziert hat. Erst das Selbstbewusstsein erkennt die Indirektheit der Beziehung zum Gegenstand und befreit vom Schein ihrer Direktheit für das Bewusstsein. Das Dilemma entsteht nun insofern, als vom Standpunkt des reflektierenden Selbstbewusstseins nur die indirekten Beziehungsarten wahr sein können, anderseits aber doch die personale Lebensführung (außer in pathologischen Fällen der Spaltung des personalen Subjekts) primär in direkten Beziehungsarten erfolgt. Im Auseinanderfallen der beiden Beziehungsarten würden sie sich gegenseitig paralysieren und damit erneut die personale Lebensführung von vornherein verunmöglichen.

Daher ist Plessners These die, dass wir das personale Bewusstsein anders als vom Standpunkt des Selbstbewusstseins zu verstehen haben. Es ist keine Kammer oder Kasten (s. o.), der eine „Selbstabsperrung gegen die ‚äußere' Welt" und eine „Selbsteinsperrung des Ichs in seine eigene Bewusstseinssphäre" bewirkt (48). Dahin ist das Bewusstsein nur vom reflektierenden Selbstbewusstsein durch die „Verselbständigung" seiner Vermittlungsrolle verlegt worden. Bewusstsein ist für Plessner zunächst einmal bewusst gewordenes Sein, d. h. ein vorpersonaler Modus zentrischer Positionalität, mit Dingen aktions- und gedächtnisrelativ in Feldverhalten umgehen zu können. Darüber hinaus stellt das *personale* Bewusstsein von Gegenständen und anderen Personen die *exzentrische Form* der positionalen Mitte dar. Es aktualisiert etwas und jemanden in einer Welt unter bestimmten Aspekten.

Die Aspekte beleuchten Ausschnitte in der jeweiligen Welt, in der es etwas zu tun gibt. Die Aktualisierung fokussiert auf etwas und jemanden in den Ausschnitten (293), und zwar so, dass etwas und jemand zum Inhalt für eine zu findende Form des Ausdrückens werden kann (323). Auf diese Wende vom Problem der Anschauung (d. h. der qualitativen Erfahrung) in das der Verwirklichung der exzentrischen Positionalität will Plessner hinaus, wenn er sagt, warum er überhaupt den Ausflug in die Immanenz des Bewusstseins unternimmt: „Immanenz und Expressivität beruhen auf ein und demselben Sachverhalt der doppelten Distanz des Personzentrums vom Leib" (333). Bevor wir aber auf seine Einlösung der angekündigten Art und Weise von Expressivität, zu einem Inhalt die passende Form zu finden, eingehen, müssen wir noch verstehen, wie nun sein Umgang mit der Situation der Bewusstseinsimmanenz als exzentrischer Positionalitätsmodus aussieht.

Versteht man das personale Bewusstsein als die Aktualisierung eines fraglichen Gesetztseins unter bestimmten Aspekten, dann leuchtet ein, dass der Mensch alles, was er erfährt, „als Bewusstseinsinhalt" erfährt und gerade „*deshalb* nicht als etwas im Bewusstsein, sondern außerhalb des Bewusstsein Seiendes" (328). Da Plessner an dieser Stelle die Bewusstseinsimmanenz gerade eingeführt hat und sich diese Immanenz nur vom Standpunkt des reflektierenden Selbstbewusstseins ergibt, verwendet er hier also „Bewusstsein" in diesem engeren reflektierten Sinne. Gemessen an dem reflexiv abgesperrten Bewusstsein, erfährt das personale Lebewesen etwas oder jemanden gerade nicht innerhalb dieser Absperrung, sondern außerhalb derselben in einem Ausschnitt von Welt. „In der Richtung des erfahrenden, wahrnehmenden, anschauenden, inne werdenden, verstehenden Wissens selber muss dem Menschen die Wissensbeziehung unmittelbar, direkt sein. Hier kann er gar nicht anders als die Sache in nackter Unmittelbarkeit fassen. Weil sie für ihn ist, ist sie an sich. Denn er selbst, das Subjekt, welches hinter (über) sich steht, *bildet* die Vermittlung zwischen sich und dem Objekt, damit er von dem Objekt weiß. Genauer: das Wissen vom Objekt ist die Vermittlung zwischen sich und ihm. So tilgt die Vermittlung im Vollzug ihn, den Menschen, als das hinter sich stehende, vermittelnde Subjekt, es vergisst sich (er vergisst sich nicht) – und die naive Direktheit mit der ganzen Evidenz, die Sache an sich gepackt zu haben, kommt zustande" (328).

Gleichwohl ist die Exzentrizität, „auch wenn sie sich im Vollzug des Wissens (der Vermittlung) vergisst, nicht getilgt. Kraft ihrer fasst das Wissen unmittelbar etwas Mittelbares: die Realität in der Erscheinung, das Phänomen der Wirklichkeit. Erscheinung ist ja nicht wie ein Blatt, wie eine Maske zu denken, hinter der das Reale steckt und die man von ihm ablösen kann, sondern ist wie das Gesicht, welches verhüllt, *indem* es enthüllt. In solcher verdeckenden Offenbarung liegt das Spezifische des in der Erscheinung selbst Daseienden – und doch ‚nicht ganz'

Daseienden, sondern noch Dahinterseienden, des Verborgenen, der Für sich und An sich Seienden. Ein Wirkliches kann *als* Wirkliches gar nicht anders mit einem Subjekt in Relation sein, es sei denn von sich aus als das dem Subjekt Entgegengeworfene, als Objekt, d. h. Er-scheinung, Manifestation von ... : als vermittelte Unmittelbarkeit" (329). Die Vermitteltheit in der Unmittelbarkeit kommt also in der *dynamischen Struktur* des Wirklichen zum Ausdruck, nämlich die Manifestation von dem und dem Gegenstand, Sachverhalt, der und der Weise von Personalität zu sein.

Die Exzentrierung, d. h. Heraussetzung aus der positionalen Mitte, kann aber nicht nur in Richtung auf Gegenstände und Personen in der Welt erfolgen, um diesen in einer „Ekstase" (330) zu begegnen, sondern kann auch auf sich selber zurück bezogen werden, was „Reflexion" (329) meint. Was Plessner an dem Rückbezug auf die vollziehende Person bejaht, ist seine Entdeckung der „Immanenz des Bewusstseins" als der Vermittlung des Realitätskontaktes und damit die Einsicht in die „Indirektheit und Vermitteltheit seiner [des Menschen – HPK] unmittelbaren Beziehungen zu den Objekten" (329). Was Plessner aber an der Reflexion des Selbstbewusstseins verneint, ist ihre Verzweiflung und das „Irre Werden" über diese Entdeckung und Einsicht durch deren Verselbständigung, als ob das Bewusstsein ein Kasten wäre, der projiziert und außer dem es nichts mehr gäbe. Erst die Verselbständigung der Vermittlung, die im Vollzug der Person stattfindet, „verdinglicht das vermittelnde Zwischen des Wissens zum Bewusstseinskasten" (331).

Demgegenüber könne man gerade die *„Immanenzsituation des Subjekts als die unerlässliche Bedingung für seinen Kontakt mit der Wirklichkeit"* begreifen (330–331). Darin bestehe gerade „die Stärke des neuen Realitätsbeweises" (330), den Plessner anstrebt. „Gerade weil das Subjekt in sich selber steckt und in seinem Bewusstsein gefangen ist, also in doppelter Abhebung von seinen leiblichen Sinnesflächen steht, hält es die von der Realität als Realität, die sich offenbaren soll, geforderte Distanz inne, die seins*entsprechende* Distanz, den Spielraum, in welchem allein Wirklichkeit zur Erscheinung kommen kann. Gerade weil es in indirekter Beziehung zum An sich Seienden lebt, ist ihm sein Wissen von dem An sich Seienden unmittelbar und direkt. Die Evidenz der Bewusstseinsakte trügt nicht, sie besteht zu Recht, sie ist notwendig" (331).

Plessner unterläuft also das Dilemma, das der Reflexion entsteht, wenn sie vom Standpunkt des Selbstbewusstseins auf ein Bewusstsein hin erfolgt, das so zu einer Kammer verdinglicht wird, außer der es nichts mehr geben soll. Er unterläuft es dadurch, dass er sowohl dieses Bewusstsein als auch diese Reflexion als die exzentrische Form versteht, in der die positionale Mitte (die Konvergenz von Lebens-Subjekt und Lebens-Objekt) vollzogen wird, einmal in der zentripetalen Richtung, das andere Mal im Rückbezug dieser Richtung auf die vollziehende

Person. Die Vermittlung der Anschauung der Person durch ihren eigenen exzentrischen Vollzug stellt sogar die Bedingung dafür dar, dass ihre Anschauung seinsadäquat sein kann. Die doppelte Abhebung der Person von ihrem Körper und Leib entspricht derjenigen dynamischen Struktur, in der das Objekt als wirkliches erscheint. Insofern ist die Beziehung der Person zum Objekt auf durch ihren Vollzug vermittelte Weise für sie unmittelbar. Dank der Selbstvermittlung, die sich im Vollzug vergisst, erscheint das Objekt in der Ekstase des Subjekts als wirklicher Gegenstand. Die exzentrische Positionalität ist mithin in der zentripetalen Richtung durchführbar, insofern die Person durch ihren exzentrischen Vollzug die indirekte Bedingung dafür schafft, dass sie in direkter Beziehung zu Gegenständen stehen kann. Die Vermitteltheit oder Indirektheit der Beziehung wird zwar im personalen Vollzug vergessen, ist aber nicht getilgt, denn sie steckt in der dynamisch angehobenen Struktur jeder qualitativen Erfahrung, die Manifestation von etwas oder jemandem zu sein.

Die Pointe von Plessners neuem Realitätsbeweis besteht darin, dass er das Reflexionsproblem vom Selbstbewusstsein in die exzentrische Form des Vollzugs der Lebensführung verlegt (siehe auch EM, 32–63). Die *Immanenz* liegt also nicht in dem zum Kasten verselbständigten Bewusstsein, sondern in dem Vollzug der Person, sich aus ihrer positionalen Mitte heraus und in diese hinein zu setzen. In der exzentrischen Positionalität gibt es zwar den „Zerfall in die beiden Ansichten der Unmittelbarkeit und der Vermitteltheit", nicht aber mehr den „Zerfall der Ansichten selbst" (331). Diese Ansichten ändern nichts daran, dass in der personalen Lebensführung indirekt-direkte Beziehungen dominieren, auch wenn Philosophen glauben, dass nur eine der beiden Ansichten Recht hat oder beide, weshalb sie sich vor eine „unlösbare Antinomie" gestellt sehen: „Der Mensch schließt nicht aus seinen Bewusstseinsinhalten auf eine in ihnen sich bekundende Realität. Der Mensch braucht aber auch nicht das Zeugnis etwa der gehemmten Willensimpulse [...] oder des Gefühls, des Instinkts oder der Intuition, um einer Realität gewiss zu sein. An seiner eigenen Lebensform, die jedem kontemplativen [...] und aktiven [...] Verhalten vorausliegt, hat er die Gewähr für die Objektivität seines Bewusstseins, für das Dasein und die Erreichbarkeit der Realität" (331–332). Sowohl das für sich bestehende Objekt als auch das in sich steckende Subjekt sind in ihrer Struktur eine Vermittlung, in der die lebenswirkliche Unmittelbarkeit schon immer angehoben ist. „Nur die Indirektheit schafft die Direktheit, nur die Trennung bringt die Berührung" (332). Anderenfalls läge keine Grenzrealisierung auf dem Niveau der exzentrischen Positionalität vor.

Damit haben wir das anthropologische Grundgesetz der vermittelten Unmittelbarkeit im Hinblick auf das Immanenzproblem des Bewusstseins in der zentripetalen Richtung behandelt und kommen nunmehr auf das Thema der Expressivität in der zentrifugalen Richtung des Sich-Verhaltens zurück.

12.2.2 Expressivität in der zentrifugalen Verhaltensrichtung

Bei der „Immanenz und Expressivität" (321), dem Untertitel von Plessners Kapitel über vermittelte Unmittelbarkeit, handelt es sich zwar um Phänomene in einander umgekehrter Passungsrichtung, aber sie beruhen auf „ein und demselben Sachverhalt der doppelten Distanz des Personzentrums vom Leib" (333). Versteht man das Problem der zentrifugalen Verwirklichung intentionaler Lebensregungen in der exzentrischen Positionalität, so geht es um die exzentrische Form, in der die positionale Mitte, d. h. die Konvergenz von Subjekt und Objekt, vollzogen wird. „Jede Lebensregung, an welcher das geistige Aktzentrum oder die Person beteiligt ist, muss ausdruckshaft sein" (334), also die Heraussetzung aus der positionalen Mitte vollziehen, um sich in sie hineinsetzen zu können, mithin etwas *intendieren*. Die intentionale Lebensregung „ist für sich, im Aspekt des Subjekts, nur *insofern* eine unmittelbare, direkte Beziehung zu ihrem Objekt und findet ihre adäquate Erfüllung, als die Intention des Triebes, Dranges, der Sehnsucht, des Willens, der Absicht, des Gedankens und der Hoffnung mit dem, was daraus faktisch folgt und das schließlich befriedigende Ergebnis bildet, in *keiner* direkten Beziehung steht" (334). Verstünde man die direkte Erfüllung ohne jede Vermittlung zum faktischen Ergebnis, handelte es sich um eine rein idealistische Selbsterfüllung der Intention, um eine reine Luftnummer. „Die faktische Inadäquatheit von Intention und wirklicher Erfüllung, welche auf der völligen Verschiedenartigkeit von Geist, Seele und körperlicher Natur beruht, wird also nur deshalb der Intention nicht zum Verhängnis, […], weil die Beziehung zwischen Subjekt und Objekt als eine Relation indirekter Direktheit diesen Bruch auffängt, legitimiert, fordert" (334).

Dies versteht man nur, wenn man einsieht, was *wirkliche* Erfüllung der Intention heißen kann: „Echte Erfüllung der Intention, unmittelbare Beziehung des Subjekts zum Gegenstand seiner Bestrebung, adäquate Realisierung ist nur als vermittelte Beziehung zwischen personalem Subjekt und dem erzielten Objekt möglich. Erfüllung soll von dort [d. h. vom zu erzielenden Objekt – HPK], nicht von hier [dem personalen Subjekt – HPK] kommen. Erfüllung ist wesentlich das auch ausbleiben Könnende. Nur wo sich die Realität von sich aus fügt, erfüllt sich die Intention, glückt die Bestrebung" (336). „Die ursprüngliche Begegnung des Menschen mit der Welt, die *nicht* zuvor verabredet ist, das Gelingen der Bestrebung im glücklichen Griff, Einheit von Vorgriff und Anpassung, darf allein echte Erfüllung heißen. Eben darum ist sie für das Subjekt unmittelbar und adäquat *und* an sich Überbrückung wesensverschiedener Zonen des Geistes und der Realität, weil Realität die Innehaltung jener Distanz fordert, die das personale Subjektzentrum allein dank seiner exzentrischen Position, seiner doppelten Abgehobenheit vom eigenen Leib besitzt" (336).

Versuchen wir diese vermittelte Unmittelbarkeit in der Verwirklichung von Ausdruck noch einmal in der ihr immanent umgekehrten Richtung zu verstehen, indem wir nicht von der Intention am Anfang, sondern von ihrem Resultat am Ende ausgehen. In dem Resultat manifestiert sich der Charakter vermittelter Unmittelbarkeit wie folgt: Das Ergebnis „stellt sich als Was irgendwie, als Inhalt in einer Form dar. Die Möglichkeit, das Was vom Wie der Durchführung der Intention abzuheben, legt diesen Charakter" der „vermittelten Unmittelbarkeit" bloß (337). Ähnlich wie zentripetal die Vermitteltheit in der Struktur ihren unmittelbaren Niederschlag fand, dass der Gegenstand nur in seinem Mantel an positionalen Eigenschaften als wirklicher erscheint, hebt sich nun zentrifugal die Vermitteltheit der Beziehung unmittelbar in der Struktur von Inhalt und Form ab. Lassen sich rückwirkend Inhalt und Form des Ausdrucks voneinander unterscheiden, sogar von einander ablösen, so besteht darin die Spur für den Abstand zwischen ursprünglicher und verwirklichter Intention. „Der *Abstand* des Zielpunktes der Intention vom Endpunkt der Realisierung der Intention ist eben das Wie oder die Form, die Art und Weise der Realisierung" (337). „Jede Lebensregung der Person, die in Tat, Sage oder Mimus fasslich wird, ist daher ausdruckshaft, bringt das Was eines Bestrebens irgendwie, d. h. zum *Ausdruck,* ob sie den Ausdruck will oder nicht. Sie ist notwendig Verwirklichung, Objektivierung des Geistes" (337). Gewöhnlich fällt einem dieses Problem nicht auf, weil die jeweilige Kultur bereits Antwortmuster für Fragemuster enthält, die zum Beispiel der „Berufsmensch" abarbeitet: „Die Form dagegen, von der als dem Abstand zwischen Zielpunkt der Intention und Endpunkt der Realisierung die Rede ist, lässt sich eben deshalb nicht vorwegnehmen, vom Inhalt wegnehmen und auf den Inhalt stülpen, sie *ergibt* sich in der Realisierung. Sie widerfährt dem Inhalt, der nur das während der Realisierung durchgehaltene Ziel des Bestrebens ist. Und weil es auf diese Weise eine Kontinuität zwischen Intention und Erfüllung gibt trotz der vorher nicht bekannten und wesensmäßig nie für sich gegebenen Brechung des Intentionsstrahls im Medium der seelischen und körperlichen Wirklichkeit, hat das Subjekt ein Recht, von einem Gelingen seines Bestrebens zu sprechen" (337–338). Während der Verwirklichung, solange das Ziel des Bestrebens durchgehalten wird, lässt sich der Gehalt der adäquaten Realisierung „nicht von der Form abtrennen", ist er „in sie eingeschmolzen und niemand kann sagen, wo der Inhalt anfängt und die Form aufhört, solange er im Bestreben selbst die Erfüllung erreicht und festhält. Erst am gelungenen Werk, an der realisierten Gebärde und Rede merken wir den Unterschied" (338).

Die Kategorie des „Aus-Drucks" erweckt etymologisch die Assoziation eines „Druckes" in zwei Richtungen des „Aus" und des „Ein" bezüglich eines Lebens, wodurch sich eine Anspannung lösen lässt. Worauf beziehen sich hier das „Aus" und „Ein" und inwiefern handelt es sich um einen „Druck" oder eine zu lösende

Anspannung? Das Aus (Ex-) bezieht sich auf das Heraussetzen, d. h. die Exzentrierung der Person aus ihrer positionalen Mitte, um sich in (Ein-) ihr setzen, d. h. ihr gemäß die Spannung, den Druck dort gestalten zu können. Die Intention betrifft die Frage, wie die Beziehung vom Lebens-Subjekt auf ein Lebens-Objekt in der positionalen Mitte wäre, sein sollte oder könnte, wenn dieses oder jenes der Fall wäre, weshalb man dieses oder jenes zu tun hat. Diese Beziehung ist gebrochen und überbrückt durch die Person außerhalb der positionalen Mitte, ein Außerhalb, das im Kategorischen Konjunktiv des Seins liegt. Plessner betont „die Indirektheit und Gebrochenheit alles Zentrifugalen und damit die spezifische Struktur der Ausdruckshaftigkeit menschlicher Lebensäußerungen" (333). Wer sich also ausdrückt, dies ist die Person, von der her betrachtet ihrem Körperleib etwas fehlt, nämlich die Begegnung mit dem Objekt in der positionalen Mitte. Die Person vermittelt die Lebensbeziehung, die sie als Lebenssubjekt zum Lebensobjekt direkt erfährt, indem sie diese Beziehung in exzentrischer Form vollzieht, also auf intentionalen Abstand und zu intentionaler Erfüllung. Dadurch wird auch die Ausdrucksbeziehung zu einer indirekt-direkten oder vermittelt-unmittelbaren Beziehung. Nehmen wir alltäglich die üblichen Kulturmuster dafür, auf die situationstypischen Fragen solcher Beziehungen standardgemäß zu antworten, als gegeben an, geht es um das Glücken der Begegnung auf neue Weise. Aber wieso stellt sich diese Fraglichkeit nach der *neuen* Art und Weise des Gelingens ein?

Ist eine Ausdrucksleistung verwirklicht worden, bricht sie bereits wieder in ihr Was und Wie auseinander. „Die Diskrepanz zwischen dem Erreichten und Erstrebten ist Ereignis geworden. Aus dem erkalteten Ergebnis ist schon das begeistende Streben entwichen, als Schale bleibt es zurück. Entfremdet wird es zum Gegenstand der Betrachtung, das vordem unsichtbarer Raum unseres Strebens war" (338). Durch seine Expressivität sei der Mensch „ein Wesen, das selbst bei kontinuierlich sich erhaltender Intention nach immer *anderer* Verwirklichung drängt und so eine *Geschichte* hinter sich zurücklässt. Nur in der Expressivität liegt der innere Grund für den historischen Charakter seiner Existenz" (338). Für das Verstehen der Geschichtlichkeit reiche die natürliche Künstlichkeit noch nicht aus. Der in ihr enthaltene Schaffenszwang könnte als gebrochener auch „ein ewiges an der Stelle Treten" bedeuten, als handele es sich um den „Lauf des Eichhörnchens in der unter seinen Füßen sich drehenden Trommel" (339). Und ihr Resultat an Kultur, in der die direkte Erfüllung bereits eingerichtet wurde, würde nur „einen rein äußerlichen Fortgang ergeben", in „einer schnurgeraden Kette adäquater Erfüllungen" (339). So bräche die exzentrische Positionalität wieder nur auseinander in ewiges Auf-der-Stelle-Treten (der „Pessimismus" lebt von der Verewigung des Bruchs in dieser Existenz) und ewigen Fortschritt (der „Optimismus" verewigt eine direkte, kulturell eingerichtete Erfüllungsart, 335). „Beide Möglichkeiten sind durch die in der Exzentrizität des Menschen begründete vermittelte Unmittelbarkeit ausgeschlossen. Der Prozess, in dem er wesenhaft lebt, ist ein Kontinuum diskontinuierlich sich absetzender, auskristallisierender Ereignisse. In ihm geschieht etwas und so ist er Geschichte. Er hält gewissermaßen die Mitte zwischen den beiden Möglichkeiten eines Prozesses, dessen Sinn im Fortschritt zur nächsten Ertappe besteht, und eines Kreisprozesses, der dem absoluten Stillstand äquivalent ist" (339).

Daraus ergibt sich für Plessner eine klare Verneinung aller Konzeptionen von einem Ende des Geschichtsprozesses im Ganzen, sei es durch ein ihn abschließendes Telos, das sich endgültig realisieren ließe, oder durch die diesen Prozess angeblich auszeichnende Vergeblichkeit, den Bruch je zu heilen. „In der Expressivität liegt der eigentliche Motor für die spezifisch historische Dynamik menschlichen Lebens. Durch seine Taten und Werke, die ihm das von Natur verwehrte Gleichgewicht geben sollen *und auch wirklich geben*, wird der Mensch zugleich aus ihm wieder herausgeworfen, um es auf's Neue mit Glück und doch vergeblich zu versuchen. Ihn stößt das Gesetz der vermittelten Unmittelbarkeit ewig aus der Ruhelage, in die er wieder zurückkehren will. Aus dieser Grundbewegung ergibt sich die Geschichte." (339) Es ist das Primat der Unmittelbarkeit über die Vermitteltheit, des Direkten über das Indirekte der Beziehungen in der exzentrischen Positionalität, das zu einer quasi dialektischen Struktur, das Gegenteil zu verwirklichen, im Geschichtsprozess führt. Der Sinn der Geschichte „ist die Wiedererlangung des Verlorenen mit neuen Mitteln, Herstellung des Gleichgewichts durch grundstürzende Änderung, Bewahrung des Alten durch Wendung nach vorwärts" (339).

12.2.3 Die Doppelstruktur der Sprache als Expressivität in zweiter Potenz

Plessner hat nun sowohl in der zentripetalen Richtung der geistigen Aneignung von Wirklichkeit als erscheinender Realität als auch in der zentrifugalen Richtung der geistigen Verwirklichung von Intentionen in erscheinender Realität die Struktur der vermittelten Unmittelbarkeit oder indirekten Direktheit in den Beziehungen der exzentrischen Positionalität aufgewiesen. Es sei erst jetzt, im Rahmen dieses weiten Verständnisses davon, worauf Expressivität beruht, nämlich auf der „Entsprechung zwischen der Struktur der Immanenz und der Struktur der Wirklichkeit", verstehbar, wie es zu der „besonderen Stellung" der *Sprache* in der Ausdruckhaftigkeit komme (339–340). Was in der Expressivität implizite ist, wird in der Sprache „explicite": „Sie macht das Ausdrucks*verhältnis* des Menschen, in dem er mit der Welt lebt, zum Gegenstand von Ausdrücken. Sie ist nicht nur auf Grund der Immanenzsituation, der doppelten Distanz des Personzentrums vom Leib, möglich, sondern kraft der Exzentrizität dieses Zentrums drückt sie diese Situation im Verhältnis zur Wirklichkeit auch aus. Das exzentrische Zentrum der Person, vollziehende Mitte der sogen. ‚geistigen' Akte, vermag durch eben seine Exzentrizität die *Wirklichkeit*, welche der exzentrischen Position des Menschen ‚entspricht', *auszudrücken*" (340).

Für Plessner ergibt sich die Sprache aus der expressiven Verwirklichung der exzentrischen Positionalität, nicht also aus der Sprache selber, sondern insofern, als das Ausdrucksverhältnis als Gegenstand ausgedrückt, also expliziert wird. Dies beinhaltet einerseits, dass den lebenden Personen ein Abstand gegenüber den konkreten Arten und Weisen, etwas auszudrücken, entstehen können muss, so dass sie diese Weisen zum *Gegenstand* zu machen vermögen. Es beinhaltet andererseits aber, dass die lebenden Personen auch ihre sprachliche Reflexivität nach wie vor *vollziehen* können müssen, indem sie diese ausdrücken, also nicht vollständig vergegenständlichen können. Beide Aspekte zeigen eine Doppelstruktur der Sprache auf, die einerseits an den „Aussagebedeutungen" und andererseits an den „Idiomen" erläutert wird, obgleich sie in der Sprache gerade verbunden werden. „Die Sprache, eine Expression in zweiter Potenz", sei „deshalb der wahre Existentialbeweis für die in der Mitte ihrer eigenen Lebensform stehende und also über sie hinausliegende ortlose, zeitlose Position des Menschen", weil in der Sprache die „Wesensbeziehungen zwischen Exzentrizität, Immanenz, Expressivität, Wirklichkeitskontakt" zusammenlaufen: „In der seltsamen Natur der Aussagebedeutungen ist die Grundstruktur vermittelter Unmittelbarkeit von allem Stofflichen gereinigt und erscheint in ihrem eigenen Element sublimiert. Zugleich bewährt sich an der Sprache das Gesetz der Expressivität, dem jede Lebensregung der Person, die nach Erfüllung verlangt, unterliegt: es gibt nicht die Sprache, sondern Sprachen. Die Einheit der Intention hält sich nur in der Zersplitterung in verschiedene Idiome" (340). Man kann diese sprachliche Einheit von Aussagebedeutung (die inhaltliche Vergegenständlichung eines Ausdrucksverhältnisses) und Idiom (die Vollzugsform des Ausdrückens in einem Ausdrucksverhältnis) mit John L. Austin auch den Zusammenhang zwischen Konstativität und Performativität in der Sprache nennen (Krüger 2001, 22, 61–86, 96–99, 336–339).

Plessner verweist erneut auf seine *Einheit der Sinne. Eine Ästhesiologie des Geistes*, in der er bereits die funktionale Integration der verschiedenen Sinnesmodalitäten (als Beziehungsmodalität von Geist und Körperleib) für Personen in ihrer Anschauung, Auffassung und Lösung von Problemen dargestellt hat (ES, 189, 220, 293 ff.). Die wichtigste, dort entwickelte Symbolfunktion betrifft den Zusammenhang zwischen der *Thematisierung* eines Phänomens in der Anschauung (Aisthesis), der *Präzisierung* des Themas in Sprache und Schrift und der *Schematisierung* der Präzisierung durch Wissenschaft und Technik (ES, 153, 170, 178, 187). Diese Symbolfunktion verknüpft Frage und Antwort im Sich-Verhalten. Ihr

Vorteil liegt darin, keinen unüberbrückbaren Gegensatz zwischen sprachlichem und nicht-sprachlichem Verhalten aufzubauen, sondern durch diese drei Arten der Sinngebung, d. h. „der schematischen, syntagmatischen und thematischen", miteinander verbinden zu können (ES, 298). Plessner hält an dieser Vorarbeit fest, wenn er in den *Stufen* die Sprache in den grundsätzlich expressiven Modus, die exzentrische Positionalität zu verwirklichen, einordnet. Dies schließt erneut die Absage an die Spekulationen über eine „Ursprache" ein, weil sie davon absehen, wie in der Art und Weise des Ausdrückens zu einem Inhalt die Form immer von Neuem gefunden werden muss, will man nicht in Formeln und Floskeln erstarren. *Eine* Sprache „könnte nichts sagen. Die Brechbarkeit der Intentionen als Bedingung ihrer Erfüllbarkeit, diese ihre Elastizität, welche zugleich der Grund ihrer Differenzierung in verschiedene Sprachen, ihrer Selektion in individuelle Typen ist, gibt die Gewähr für ihre Wirklichkeitskraft und mögliche Wirklichkeitstreue" (341). Angesichts dieser Pluralität von Sprachen verstehen wir jetzt auch, weshalb Plessner sich weigerte, die geistige Struktur der Mitwelt empirisch mit dem uns geläufigen Sprachtyp und seinen Personalpronomen einfach zu identifizieren (s. o. 12. 1. 2).

Damit entfällt die lebensfremd idealistische Illusion, man könne durch eine einzige Sprache, die in ihr enthaltene Reflexivität, endgültig eine Problemlösung für die brüchige Lage in der exzentrischen Positionalität zustande bringen, entgrenzte man nur diese Reflexivität in einer vollständigen Rationalisierung dieser Lage. Auch die sprachliche Dimension exzentrischer Positionalität befreit nicht vollständig die Personen von ihrer Not, etwas, jemanden und sich so auszudrücken, dass sie sich aus der positionalen Lebensmitte mit Anderem und Anderen heraus und in diese hineinsetzen können. „Es ist Gesetz, dass im Letzten die Menschen nicht wissen, was sie tun, sondern es erst durch die Geschichte erfahren" (341). Die exzentrische Positionalität ist nicht anders als auf eine geschichtliche Art und Weise zu verwirklichen. Sie ist geschichtlich offen, d. h. nicht offen im Sinne einer grenzenlosen Ermöglichung von allem, sondern im Sinne der Arten und Weisen von Ausdrücklichkeit exzentrischer Lebewesen, also Personen, die nicht ohne Körper und Leiber existieren können. Das anthropologische Grundgesetz der vermittelten Unmittelbarkeit holt die Ankündigung aus Plessners erstem Kapitel ein, dass die Theorie der Geisteswissenschaften nicht einfach durch „Sprachphilosophie oder Kulturphilosophie" (25) zu begründen ist, sondern auch einer Naturphilosophie bedarf, die die expressive Bedürftigkeit personaler Lebewesen aus dem ihnen „ontisch versagten Gleichgewicht" (321) freilegt. Erst aus der exzentrischen Positionalität heraus lässt sich verstehen, wieso personale Lebewesen nicht in einer einzigen, noch so reflexiven Kultur und Sprache aufgehen können, sondern Kultur und Sprache wie andere Ausdrucksweisen auch nur in ihrer Pluralität geschichtlich verwirklichen können.

12.3 Das dritte anthropologische Grundgesetz des utopischen Standorts. Nichtigkeit und Transzendenz (341–346)

Laut Pappos soll Archimedes gesagt haben: „*Gib mir* [einen Punkt], *wo ich stehen kann, und ich bewege die Erde.*" Dieser archimedische Punkt ist in der Neuzeit zu einem Sinnbild für die Kopernikanische Revolution geworden, die Erde nicht mehr für das Zentrum des Weltuniversums zu halten, sondern ihre Bewegungen aus dem Weltall, von einem dort gelegenen und verschiebbaren archimedischen Punkt, aus zu berechnen, wodurch sich diese Erde wie andere Körper auch an der Peripherie des Weltalls in kalkulierbaren Bahnen bewegt. Plessner stellt die LeserInnen auf das dritte anthropologische Grundgesetz durch dieses wirkungsgeschichtlich geflügelte Wort für einen problematischen Prozess der Exzentrierung des eigenen Standpunkts ein (341). Einerseits wird der alte eigene Standpunkt (auf der Erde als dem Zentrum) durch den neuen eigenen Standpunkt (den verschiebbaren archimedischen Punkt) entzaubert, andererseits musste man sich aber erst einmal utopisch die Möglichkeit einer anderen Weltordnung, in der archimedische Punkte eingenommen und gewechselt werden können, erschließen, bevor auch diese Bestrebung in ihren Resultaten erlischt und als Ereignis auskristallisiert.

Die natürliche Künstlichkeit und die vermittelte Unmittelbarkeit sind zwar wesentliche und die Not wendende Antworten, aber sie beantworten nicht *endgültig* die Problematik, die in der exzentrischen Positionalität stets von neuem wiederkehrt. Es gibt zwar Befriedigung im Vollzug der Kultivierung von Beziehungen und der Künstlichkeit von Relationen zu Objekten, aber ihr „Stempel der Vergänglichkeit" (341) tritt geschichtlich hervor. Zwar erreichen die Menschen „zu jeder Zeit, was sie wollen", aber „indem sie es erreichen, ist schon der unsichtbare Mensch in ihnen über sie hinweggeschritten. Seine konstitutive Wurzellosigkeit bezeugt die Realität der Weltgeschichte" (341). Was Plessner am Anfang der exzentrischen Positionalität als den ihr eigenen Bruch eingeführt hatte, das Nichts (im Sinne der Raum- und Zeitlosigkeit, s. o. 12.1.1), das die Personalität durch Geist in der Mitwelt überbrücken können muss, um in Einheit mit Körpern und Leibern leben zu können, kehrt nun – nach der natürlichen Künstlichkeit und vermittelten Unmittelbarkeit – erneut wieder als die Frage nach dem „Absoluten", auf die die „Idee des Weltgrundes" (341) antworten könnte. Das Absolute wäre eine Unbedingtheit, Unendlichkeit, Unbestimmtheit, die nicht wieder geschichtlich – in dem Rhythmus von geistiger Bestrebung und ernüchternder Auskristallisierung dieses Ereignisses – von neuem in Bedingtheit, Endlichkeit, Bestimmtheit erstarrte.

Die Exzentrierung, das sich Heraussetzen aus der positionalen Lebensmitte, wodurch sich die Person in die Mitte setzen kann, betrifft nun die gefundene Mitte in der natürlichen Künstlichkeit und der geschichtlich vermittelten Wirklichkeit selber. „Wie die Exzentrizität keine eindeutige Fixierung der eigenen Stellung erlaubt (d. h. sie fordert sie, hebt sie jedoch immer wieder auf – eine beständige Annullierung der eigenen Thesis), so ist es dem Menschen nicht gegeben, zu wissen, ‚wo' er und die seiner Exzentrizität entsprechende Wirklichkeit steht" (342). In der Exzentrierung nimmt man einen Standpunkt außerhalb ein, von dem her man das Zentrum vergegenständlichen kann, den aber nicht die Personalität selber, während sie ihn vollzieht, zu vergegenständlichen vermag. Aber dann kommt sie in diesem Bruch und seiner Verschränkung, d. h. in der exzentrischen Positionalität, nie endgültig zu stehen. Kann in der Bejahung dieser Einsicht, nie endgültig zu stehen zu kommen, Personalität ihr Leben führen? Aus positivem Wissen, durch Gegenstandserkenntnis kann sie die Frage ihrer letztlichen Lebenshaltung *in* der Lebensführung nicht entscheiden, weil sie dafür *über* ihrer Lebensführung stehen können müsste. „Aus der Angewiesenheit auf einen außerhalb der Wirklichkeitssphäre gelegenen Stützpunkt der eigenen Existenz wird die Wirklichkeit – Außenwelt, Innenwelt, Mitwelt –, welche zu seiner [des Menschen – HPK] Existenz in Wesenskorrelation steht, notgedrungen selber stützungsbedürftig und schließt sich in Beziehung auf diesen wirklichkeitstranszendenten Punkt der Unterstützung oder Verankerung zu Einer Welt, zum Weltall zusammen" (343). Wie stellt sich diese Fraglichkeit, die durch die neue Exzentrierung auch noch derjenigen Weltstruktur entsteht, in der die bisherigen Exzentrierungen wirklich gelebt werden konnten, in den drei Weltbezügen dar?

12.3.1 Die Exzentrierung der Innen- und Außenwelt

Das Innen der Innenwelt verweist auf die Sinnrichtung aus der Konvergenz zwischen Lebenssubjekt und Lebensobjekt, d. h. aus der positionalen Mitte, heraus, indem die Person hinter ihren Rückbezug auf den Leib tritt. Von daher kann sie als Ich unterscheiden zwischen ihrer Selbststellung, in der sie im leiblichen Vollzug ihre psychische Realität durchmacht, und ihrer Gegenstandsstellung, in der sie sich als Seele (bestimmte Persönlichkeit mit diesen oder jenen Anlagen und Vermögen) erkennt (296; s. o. 12. 1. 2). Was Plessner als Weltstruktur dieses Innen angekündigt hat, dass die Innenwelt nämlich über die leibliche Reflexivität hinaus in der „Zerfallenheit mit sich selbst" (299) bestehe, darauf kommt er nun zurück. Die erneute Exzentrierung jetzt der Person selber, die sich im Bruch mit ihrem Körperleib zu behaupten sucht, lässt ihre Wurzellosigkeit hervortreten, „das Bewusstsein ihrer eigenen Nichtigkeit und korrelativ dazu der Nichtigkeit der Welt" (341). Wenn der Standpunkt der Person selber nichtig ist, dann im Sinne des Bewusstseins von „seiner Einmaligkeit und Einzigkeit", seiner „absoluten Zufälligkeit" gegenüber einem „in sich ruhenden notwendigen Sein", einem „Absoluten", das als Idee (Gottes) der „Weltgrund" (341) sein könnte.

Was der Person nicht körperlich oder leiblich, sondern als Person geistig fehlt, ist ihre Verbindung mit einem Absoluten, die ihr eine solche Abstandnahme von ihrer eigenen Nichtigkeit gewährt, dass sie in ihr den Halt ihres Lebens findet. Aber auch dieses Bewusstsein von einer solchen Verbindung ist „nicht von unerschütterlicher Gewissheit", bedarf insoweit einer „Entscheidung", den „Sprung in den Glauben" (342) zu vollziehen und sich so zu binden. So sehr die Begriffe und Gefühle für Individualität und Nichtigkeit, Zufälligkeit und absoluten Grund in der Kulturgeschichte wechselten, in ihnen stecke ein „Kern aller Religiosität", der die menschliche Lebensform ermögliche, ihr „apriorisch" sei (342). „Eins bleibt für alle Religiosität charakteristisch: sie schafft ein Definitivum. Das, was dem Menschen Natur und Geist nicht geben können, das Letzte: so ist es –, will sie ihm geben. Letzte Bindung und Einordnung, den Ort seines Lebens und seines Todes, Geborgenheit, Versöhnung mit dem Schicksal, Deutung der Wirklichkeit, Heimat, schenkt nur Religion" (342).

Gleichwohl sei die religiöse Beantwortung der Frage, wie man in Abstand von der eigenen Nichtigkeit Person sein kann, nicht die einzige und zwangsläufige. Die Gegenrichtung in der Beantwortung liegt auf Seiten der Kultur, wenngleich oft verdeckt in „absoluter Feindschaft" zur Religion (342), einer „Kultur", die ihr „Eigengewicht" an Zweckfreiheit und Selbstzweckhaftigkeit hat, also nicht in Zweck-Mittel-Relationen aufgeht, und von daher, als einer Auslegung des Geistes, die „Ergänzungsbedürftigkeit" der exzentrischen Lebensform besser zu erfüllen sucht (311; s. o. 12. 1. 3). „Wer nach Hause will, in die Heimat, in die Geborgenheit, muss sich dem Glauben zum Opfer bringen. Wer es aber mit dem Geist hält, kehrt nicht zurück" (342).

Das Problem der erneuten Exzentrierung kehrt auch in der Außenwelt wieder. Sie beruht strukturell darauf, dass sich die Person aus der positionalen Mitte, d. h. aus der Konvergenz von Lebenssubjekt und Lebensobjekt, in der zur leiblichen Reflexivität (nach innen) entgegengesetzten Sinnrichtung nach außen in die umgebende Welt heraussetzt. Mit dieser Exzentrierung korreliert, dass in der Außenwelt die Gegenstände in der Doppel-Struktur „als Ding unter Dingen an beliebigen Stellen des einen Raum-Zeitkontinuums und als um eine absolute Mitte konzentrisch geschlossenes System in einem Raum und einer Zeit von absoluten Richtungen" (294; s. o. 12. 1. 3) begegnen können. Dies wurde durch den exzentrischen Vollzug der Person wirklich möglich, auf die sich nun die erneute Exzentrierung richtet. Das personale Lebewesen, exemplarisch der Mensch, „ist in sein Leben gestellt, er steht ‚dahinter', ‚darüber' und bildet daher die aus dem Kreisfeld ausgegliederte Mitte der Umwelt. Exzentrische Mitte bleibt aber ein Widersinn, auch wenn sie verwirklicht ist" (342–343). Verwirklichung heißt in der Außenwelt, als Körper in Raumzeit und als Leib in Raum- und Zeithaftigkeit bestimmt, bedingt und verendlicht werden zu können. Die Ermöglichung dieser

Wirklichkeit aus Geist kommt indessen in dieser Wirklichkeit als Resultat nicht vor. Das Paradoxon, dass die Person „exzentrisch gestellt" da steht, wo sie steht, „und zugleich nicht da, wo" sie steht (342), nämlich „hinter" oder „über" sich, lässt sich in dieser Wirklichkeit nicht unterbringen. Diese raum- und zeithaften Sinnrichtungen weisen aus ihr heraus in eine Intentionalität und Relationalität von Geist, die sich von etwas und jemandem in Bestimmungen der Raumzeit und der Raum- und Zeithaftigkeit ablösen lassen.

Der in jeder Exzentrierung schon in Anspruch genommene Geist findet in der durch ihn ermöglichten Wirklichkeit der Außenwelt keinen „Halt", sondern der erneuten Exzentrierung gemäß erst „außerhalb" dieser Außenwelt von Körpern und Leibern (343). „So erleidet die Wirklichkeit als Gesamtheit ihre Objektivierung und damit ihre Abhebung von Etwas, das ist, ohne von dieser Welt zu sein. Zum Etwas geworden, wird sie ein Dieses und gliedert sich gegen eine Sphäre des nicht dieses Seins, des etwas anderes Seins aus. Sie steht als die Eine Welt individuell da. Denn ein Horizont von Möglichkeiten des auch anders sein Könnens hat sich aufgetan" (343). Diese erneute Exzentrierung stabilisiert den im Diesseits flüchtigen, dort höchstens Spuren hinterlassenden Geist (s. o. 12. 2), allerdings um den Preis eines Jenseits vom Diesseits für den reinen Geist, einer Trennung, die in Geschichten des Bundes überbrückt werden muss. Der Gewinn liegt in dem Horizont von Möglichkeiten des anders sein Könnens, an dem das Nichtige der Welt und des Individuums „einen positiven Sinn" von „Individualität" erhält: „Nicht mehr bloß ein unteilbares Wesen aus einem Guss bedeutet sich der Mensch, sondern ein in diesem Hier und Jetzt unersetzliches, unvertretbares Leben. Die Nichtumkehrbarkeit seiner Existenzrichtung erhält einen positiven Sinn" (343).

Erneut grenzt sich Plessner von Heidegger ab, ohne ihn zu nennen, wenn er ihm zuschreibt, noch die folgende Voraussetzung zu unterstellen, um den Tod als Aufsehen erregenden Hebel des Umschaltens von der Daseins- in die Existenzialanalyse benutzen zu können: Die Kostbarkeit des je individuellen Lebens erkläre man sich aus „der durch den Tod begrenzten Lebenszeit" (343). „Aber der Tod, in dessen Angesicht der Mensch lebt, gibt ihm nicht den Blickpunkt für die Einzigartigkeit gerade seines Lebens" (343). Tod ist allgemeines und anonymes Schicksal alles Lebendigen (154), das in seinem Entwicklungsprozess die „Eintrittsbedingungen des Todes" schafft (150), worum man in der exzentrischen Positionalität auch weiß. „Der Tod will gestorben, nicht gelebt sein" (149). Nicht die reflexive Verwertung kreatürlicher Todesangst schließe Personen für ihre Unvertretbarkeit als Individualität auf, denn wer wirklich in Panik gerät, verliert seine Personalität, wird ihrer beraubt und auf nackte Lebendigkeit reduziert. Vielmehr ergebe sich die Unvertretbarkeit aus ihrer Vertretbarkeit als Person in der Mitwelt. Daher wendet sich Plessner von der erneuten Exzentrierung der Außenwelt um in die der Mitwelt.

12.3.2 Die Exzentrierung der Mitwelt

Zunächst erinnert Plessner, als was er die Mitwelt der Geistesstruktur nach ein-
geführt hatte: „Als reines Ich oder Wir steht das einzelne Individuum in der
Mitwelt. Sie umgibt den Einzelnen nicht nur wie die Umwelt, sie erfüllt ihn nicht
nur wie die Innenwelt, sondern sie steht durch ihn hindurch, er ist sie" (343). Seine
Person, nicht seine Persönlichkeit, ist die „Menschheit", und als einzelne Person
in dieser „absolut vertretbar und ersetzbar": Jede andere Person könnte an ihrer
Stelle stehen, wie sie mit ihr „in der Ortlosigkeit exzentrischer Position zu einer
Ursprungsgemeinschaft vom Charakter des Wir zusammengeschlossen ist" (343;
s. o. 12. 1. 2). Aber erst in der Verwirklichung der Mitwelt steht der Einzelne tatsächlich da, „wo der Andere steht, und der Andere nimmt seinen Platz ein.
Deshalb *kann* der Andere in außenweltlicher und innenweltlicher Wirklichkeit die
Position innehaben, die jeder Mensch in seinem absoluten Hier besitzt, oder – ‚er
hätte auch der Andere werden können'. An seiner wirklichen Ersetzbarkeit und
Vertretbarkeit hat der einzelne Mensch Gewähr und Gewissheit der Zufälligkeit
seines Seins oder seiner Individualität" (344). Plessner ist bisher nicht auf diejenigen Arten und Weisen der Realisierung eingegangen, die der Mitwelt spezifisch
sind. Die natürliche Künstlichkeit und die vermittelte Unmittelbarkeit bezogen
sich auf die Innen- und Außenwelt in ihrer Weltstruktur. Die Äußerlichkeit der
Kultur war in Form der zweiten Natur auch zu verinnerlichen, die vermittelte
Unmittelbarkeit verband beide Passungsrichtungen, sowohl die Erkenntnis von
Gegenständen (zentripetal) als auch die Verwirklichung von Intentionen (zentrifugal).

Nun aber geht es um die Exzentrierung der Mitwelt selber. Daher holt Plessner
jetzt die der Mitwelt spezifischen Realisierungsmodi ein, indem er auf sein frü-
heres Buch *Grenzen der Gemeinschaft. Zur Kritik des sozialen Radikalismus* (GG)
von 1924 verweist. Dabei besteht die Schwierigkeit darin, sein Verständnis von der
dort entwickelten „ontisch-ontologischen Zweideutigkeit" (GG, 63, 92) der individuellen Person in sowohl „Gemeinschaftlichkeit" als auch „Gesellschaftlichkeit" (345) mit anderen Personen kurz zu rekapitulieren, um Missverständnisse zu
vermeiden, die durch eine Verwechselung mit Ferdinand Tönnies' gleichlauten-
den Termini naheliegen (345), aber auch durch die marxistische Verwendung
dieser Termini. Es gehe ihm um „keine Theorie der Restauration und keine
Apologie des ängstlichen Bürgertums", sondern um „die Formulierung des We-
sensgesetzes sozialer Realisierung, welche sich eines Werturteils über bestimmte
soziale und politische Ideenbildungen vollkommen enthält" (345). Dies kann man,
sofern überhaupt, von der Schrift *Grenzen der Gemeinschaft* nicht behaupten, die
auch eine zeitgeschichtlich engagierte Intervention für die Weimarer Demokratie

gegen die „bolschewistische" und die „faschistische" Diktatur war (GG, 43). Wozu steht Plessner 1928 in den *Stufen* nach wie vor?

Der Hauptgedankengang ist in seinem ersten Schritt zur ontisch-ontologischen Zweideutigkeit lebender Personen der folgende: In der Mitwelt ist jede Person als vertretbares und ersetzbares Glied derselben gesetzt. In der Verwirklichung der Mitwelt wird jede Person tatsächlich insofern vertretbar und ersetzbar, als sie sich – wie jede andere auch – aus ihrer positionalen Mitte für Körper und Leib heraussetzt, wodurch sie sich in diese Mitte setzen kann. Insoweit hätte sie auch die andere Person werden können. Diese Vertretbarkeit und Ersetzbarkeit widersprechen aber der leiblichen Unvertretbarkeit und Unersetzlichkeit jeder Person zumindest für sie selbst im Hier und Jetzt. Sie widersprechen auch der Unvertretbarkeit und Unersetzlichkeit der Person in ihrem Vollzug von Exzentrizität, in dem die Person ihre Einheit von Ich und Wir verwirklicht. Schließlich wird nicht nur die Person von der Mitwelt getragen, sondern trägt auch die Person die Mitwelt, indem sie deren Exzentrizität im Leben als Geistesträger vollzieht (303; s. o. 12. 1. 2). Daraus folgt, dass die Individualität der Person nicht nur als bloße Zufälligkeit und Nichtigkeit im Hinblick auf ihre geistige und tatsächliche Vertretbarkeit und Ersetzbarkeit gelebt werden kann, sondern einer positiven Wertung in der Lebensführung bedarf. Die Person muss ihre Individualität in den genannten Hinsichten der Verwirklichung von Mitwelt unvertretbar und unersetzbar machen können, auch um die Mitwelt als die Sphäre geistiger Potentialität erhalten zu können.

Daraus erwächst, was Plessner die ontisch-ontologische „Zweideutigkeit" der Individualität von Personalität nennt. Sie lebt, vermittelt „durch die innere Wirklichkeit" ihres seelischen Seins, hin und her gerissen zwischen „dem Drang nach Offenbarung und Geltung und dem Drang nach Verhaltenheit" oder „Schamhaftigkeit" (344). In dem Drang nach Offenbarung und Geltung kommt ihre Individualität im positiven Sinne ihrer Unvertretbarkeit und Unersetzbarkeit aktiv zum Ausdruck. Aber gerade durch diesen Ausdruck untersteht sie dem Zusammenhang von Inhalt und Form in der Art und Weise, sich auszudrücken (s. o. 12. 2). Ihr sich Exponieren kann dabei im Hinblick auf Außerordentliches Glück und Pech haben, hinsichtlich gegebener Kulturstandards Erfolg und Misserfolg. Sie geht das Risiko des sich Hervortuns und der Lächerlichkeit ein, das Wagnis, dass ihre Potentialität auf das positiv feststellbare Resultat ihrer Aktualität eingeschränkt wird. Der Drang nach Verhaltenheit oder Schamhaftigkeit kommt dieser, sie enthüllenden Festlegung und Feststellung zuvor. „Der doppeldeutige Charakter des Psychischen drängt zur Fixierung hin und zugleich von der Fixierung fort. Wir wollen uns sehen und gesehen werden, wie wir sind, und wir wollen ebenso uns verhüllen und ungekannt bleiben, denn hinter jeder Bestimmtheit unseres Seins schlummern die unsagbaren Möglichkeiten des Andersseins" (GG,

63). Aber die Konsequenz der Verhaltenheit oder Schamhaftigkeit führte – über den Schutz der „Potentialität" (GG, 64), der Möglichkeiten des Andersseins hinausgehend – in eine Zurückhaltung und Zurückgezogenheit, die in der eigenen Vertretbarkeit und Ersetzbarkeit untergehen kann. „Alles Psychische braucht diesen Umweg [in die Objektivation – HPK], um zu sich zu gelangen, es gewinnt sich nur, indem es sich verliert" (GG, 91). Daher kommt alles auf die Kompensation, den Ausgleich, die Verschränkung und die angemessene Proportion beider Verhaltungsrichtungen nach außen und zurück an, so dass die „Würde" (GG, 75–76) – als die Idee der Ganzheit der Person – gewahrt zu werden vermag.

Wenn die Verwirklichung der Individualität der Person derart zweideutig verläuft, unter praktischem Aspekt auch zwischen „Naivität und Reflexion" und ästhetisch zwischen „Realitäts- und Illusionstendenz" (GG, 66 – 69), dann entsteht die Frage, in welchen Sozialbeziehungen diese Zweideutigkeit interpersonal wirklich ermöglicht werden kann. Mit dieser Zweideutigkeit korrespondiert laut Plessner die Differenz zwischen der Gemeinschaftlichkeit und der Gesellschaftlichkeit in der sozialen Verwirklichung der Mitwelt. In Gemeinschaftsformen dominiert für die Beteiligten die Unmittelbarkeit der Beziehungen, da die individuellen Verhaltensweisen in diesen Beziehungen anhand geteilter Werte direkt beurteilt werden können. Gemeinschaftsformen liegen nahe, um das Reproduktionsproblem der Körperleiber in der Generationenfolge durch familienähnliche Beziehungen lösen zu können, in denen die Individuen in Verwandtschaftsrollen gesetzt werden und solche selber zu übernehmen haben. Gemeinschaftsformen liegen auch nahe, um den geistigen Gehalt der Mitwelt in der kulturellen Generationenfolge zu pflegen, ausdeuten, tradieren und erneuern, zu geschichtlich bleibenden Leistungen steigern zu können. Während die familienähnlichen Gemeinschaftsformen um die Erfüllung von Liebeswerten herum zentriert werden, die in persönlichen Beziehungen beurteilt werden, gestatten die geistesbezogenen Gemeinschaftsformen die Ausbildung eines Rationalisierungspotentials, dessen Aktualisierung in individuellen Leistungen durch Dritte nach geistigen Werten beurteilt werden kann. Man wächst auch hier in Personenrollen hinein und hat diese in der Generationenfolge aktiv zu übernehmen, aber die Beurteilung der erbrachten Leistungen erfolgt vermittelter, wenngleich noch immer nach binär schematisierten und umso stärker idealisierten Werten.

Laut Plessners anthropologischem Verständnis ist in den Gemeinschaftsformen ausschlaggebend, dass die Werte nicht nur von allen Beteiligten geteilt werden, sondern auch „dualistisch", also „radikal" (GG, 14 – 18) gehandhabt werden, d. h. es gibt entweder die Erfüllung von Liebe (in Abstufungen) oder nicht, mithin Hass, Trennung; es gibt entweder die Erfüllung der Kriterien für Wahrheit oder eben nicht, dann für Unwahrheit, es gibt entweder die Erfüllung der Kriterien für Richtigkeit oder eben nicht, dann für Falschheit etc. Die Eindeutigkeit der

Bestimmung von individuellem Verhalten als Erfüllung bzw. Nichterfüllung in den Formen von Gemeinschaftlichkeit ist die Kehrseite der dualistischen Exklusivität in der Realisierung der Gemeinschaftswerte. Daher rühre die besondere Nähe der Beteiligten, die lebendige Intensität in ihren Beziehungen, aber auch die besondere Konflikthaftigkeit. Man kann körperleiblich nicht ein bisschen schwanger sein. Eine geistig-kulturelle Leistung besteht nicht wirklich, wenn sie ein wenig richtig und ein wenig falsch zugleich sein soll.

Die Stärke von Gemeinschaftlichkeit liegt in ihrem klaren Setzungscharakter, der zwar durch die Gemeinsamkeit der Werte vermittelt wird, aber dank dieser Vermittlung in den Gemeinschaftsbeziehungen direkt gelebt werden kann (siehe oben zur vermittelten Unmittelbarkeit 12. 2). Gemeinschaftlichkeit bindet die Individualität der Person, richtet deren Heraussetzungen und Hineinsetzungen (in die positionale Mitte) auf eindeutige Wertorientierungen aus und nach diesen ein, macht eine eindeutige Lebenshaltung fortsetzbar. Ihre Kehrseite besteht allerdings darin, dass sie nicht die Unbestimmtheit des personalen Lebens im Ganzen und in der Vielfalt seiner Situationen im Vorhinein abdecken kann. Jede bestimmte Gemeinschaftsform ist nur eine Selektion der Auslegungspotentiale vom Geist in der Mitwelt im Hinblick auf die Lebenseinheit von Personen mit Körpern und Leibern. Wenn zudem richtig ist, was Plessner über die Zweideutigkeit der personalen Individualität schreibt, dann lässt sich die Potentialität dieser Individualität nicht vollständig in der jeweils bestimmten Gemeinschaftsform, in deren konformer Aktualisierung, binden und feststellen. Jede bestimmte Gemeinschaftsform hat sowohl am Ganzen des personalen Lebens in der exzentrischen Positionalität als auch an der Zweideutigkeit der personalen Individualität ihre Grenze. An diese beiden „Grenzen der Gemeinschaft" erinnert Plessner, wenn er schreibt: „Denn von Natur, aus seinem Wesen kann der Mensch kein klares Verhältnis zu seinem Mitmenschen finden. Er muss klare Verhältnisse schaffen. Ohne willkürliche Festlegung einer Ordnung, ohne Vergewaltigung des Lebens führt er kein Leben" (344).

Der starke Ausdruck von der Vergewaltigung des Lebens in einer bestimmten *Gemeinschafts*form fällt bereits vom Standpunkt der ebenso wesensnotwendigen Gegenseite an *Gesellschafts*formen. Sie beziehen sich auf die wirkliche Ermöglichung solcher sozialer Beziehungen, die gemessen an den Wertmaßstäben der Gemeinschaftsformen als anders und fremd, als äußerlich und oberflächlich, als unbestimmt und unbekannt und damit von der Gemeinschaftsform Auszuschließendes gelten. Daher entsprechen sie gerade der Gegenseite in der Individualisierung der Person, ihre Potentialität gegen Gemeinschaftszwänge zu wahren und auf andere als die gemeinschaftsbestimmte Art und Weise zu aktualisieren und zu verwirklichen. Da die Gesellschaftlichkeit der Interaktionspartner und Situationen nicht wie in Gemeinschaftsform durch gemeinsame Wertebindung ausgezeichnet ist, spricht Plessner zunächst von ihrer „Wertferne" („nicht Wertfreiheit", GG, 97) und dem Erfordernis, für ihre Ermöglichung und wirkliche Stabilisierung eine „Wertäquivalenz" einzurichten. Dieser geht er unter Verweis auf „Zeremonie und Prestige" (GG, 87–88) sowie auf „Zivilisation und Kultur" (GG, 93–94) geschichtlich nach, bis er in der modernen Gesellschaft als „öffentlicher" im Unterschied zur privaten Sphäre ankommt: „Öffentlichkeit" ist „das offene System des Verkehrs zwischen unverbundenen Menschen. Dieses offene System des Verkehrs besondert sich zu je eigenartigen Sphären nach Maßgabe bestimmter Wertklassen, zur Sphäre des Rechts, der Sitte und Erziehung, des Staates, der Wirtschaft und des ‚Verkehrs' im engeren Sinne" (GG, 95) von Funktionswerten. „In jeder Sphäre des Verkehrssystems muss dem Gedanken der restlos realisierbaren Ordnung die Gesetzlichkeit des reinen Wertes geopfert werden, denn das Medium, welches sein lauteres Licht ablenkt und trübt, ist die unüberwindliche Unverbundenheit der Menschen in dem Daseinsgebiet zwischen Familiarität und Objektivität" (GG, 96). Auch die Versuche, die Ordnung nach Funktionswerten zu systematisieren, bleiben unvollständig. „Eine zwiefache Gebrochenheit steckt in dem Gebaren der Öffentlichkeit, die Unausgleichbarkeit des Gegensatzes von Situation und Norm und von Privatperson und ‚Amts'-person, Mensch und Funktionär" (GG, 96).

Die Gesellschaftsformen unter einander Anderen und Fremden in jeweils neu auszuhandelnden Situationen fordern die Potentialität und Aktualität personaler Individualität heraus, anders und fremd als in den Gemeinschaftsformen sein zu können. Sie korrespondieren auch mit dem ersten anthropologischen Grundgesetz der natürlichen Künstlichkeit, in einer kulturellen Auslegung des Geistes sich durch künstliche Vermittlungen erst zu dem machen zu müssen, was man schon ist (s. o. 12. 1. 3). Dies erfordert, nun vom Standpunkt der Verwirklichung der Mitwelt, dass sich die Personalität in eine private und öffentliche Person verdoppelt, in spielerischer Weise ihr Potential, eine andere Person sein zu können, tatsächlich verwirklicht. „Die Gesellschaft lebt allein vom Geist des Spieles. Sie spielt die Spiele der Unerbittlichkeit und der Freude. Denn in Nichts kann der Mensch seine Freiheit reiner beweisen als in der Distanz zu sich selbst" (GG, 94). Die Gesellschaftsformen sind nicht nur durch ihre Äußerlichkeit und Oberflächlichkeit in Prestige-, Zivilisations- und Öffentlichkeitsnormen künstlich vermittelt, sondern die an ihnen teilnehmenden Personen vermitteln vor sich und Anderen aktiv ihre Partizipation durch Selbstverdoppelung in eine private und öffentliche Person. Dieses „Ethos der Grazie" erfordert nicht nur Konvention, sondern „die virtuose Handhabung der Spielformen, mit denen sich die Menschen nahe kommen, ohne sich zu treffen, mit denen sie sich voneinander entfernen, ohne sich durch Gleichgültigkeit zu verletzen" (GG, 80). Der Umgang unter einander Anderen und Fremden, die unverbunden (gemessen an Gemeinschaft) bleiben können, erfordert „Diplomatie" (GG, 99 ff.) und „Takt", sich gegenseitig zu schonen (GG, 107).

Die Gesellschaftsformen weisen nicht nur die Stärke auf, die beiden Grenzen der Gemeinschaftsformen positiv überwinden zu können, sondern auch die Schwierigkeit, an die Stelle der Gemeinschaftsformen treten und den Kontakt zur geistigen Ursprungsgemeinschaft in der Mitwelt verlieren zu können, indem das Anderssein-Können nur immerfort auf andere Art und Weise sein zu können künstlich gesteigert wird. Die Vermittlungen verselbständigen sich dann in künstliche Vermittlungen von künstlichen Vermittlungen, die nicht mehr als Lebenssinn in vermittelt-unmittelbarer Weise gelebt zu werden vermögen. Die soziale Verwirklichung der Mitwelt als ganzer als auch die individuelle Verwirklichung der Person als ganze brauchen sowohl Gemeinschaftlichkeit als auch Gesellschaftlichkeit (vgl. GG, 115), aber diese Formen stehen in einem Gegensatz und folgen einer jeweils eigenen Geltungsordnung, für die es keine Metaregel gebe. Die Gemeinschafts- und Gesellschaftsformen sind einander inkommensurabel, gleichwohl müssen sie geschichtlich verschränkt werden. Darin besteht die Aufgabe der Politik als Kunst und demokratisches Verfahren, das sich des Rechtsmediums als Einheit von Gesetzgebung und Rechtsprechung bedient (vgl. GG, 115–116), anderenfalls trete politisch eine Diktatur an die Stelle der nicht zum Ausgleich fähigen Demokratie (GG, 117–118).

Damit haben wir Plessners Auffassung von der Verwirklichung der Mitwelt aus den *Grenzen der Gemeinschaft* seinem Verweis gemäß in den *Stufen*-Kommentar eingebracht. Letzter Bewertungshorizont für die erneute Exzentrierung nun der sozialen Verwirklichung der Mitwelt bleibt in den *Stufen* der Geist der Mitwelt, der als das Nichts an Körperbestimmungen mit Raum und Zeit bricht, während die Mitwelt die Form des Anderen darstellt, in der eine Person ihre eigene Stellung in der Mitwelt erkennen kann (s. o. 12. 1. 2). „Wenn dem Menschen selbst eine rein gemeinschaftliche Lebensform [...] erträglich schiene, so könnte er sie nicht verwirklichen" (345). Als *reine* Gemeinschaftlichkeit lässt sie sich nicht in den Körperbestimmungen von Raumzeit und den Leibbestimmungen von Raum- und Zeithaftigkeit realisieren, ohne geschichtlich gebrochen zu werden (s. o. 12. 2. 2). Als *Gemeinschafts*form beruht sie darauf, dieselben Werte, die Nähe und Bindung der Personen in ihren Beziehungen stiften, zu teilen. Dabei können solche Werte aber nur eine Auswahl aus dem Geist möglicher Wertorientierungen sein. Deshalb schließt Plessner direkt an, die geistige Potentialität aller möglichen Werte und die individuelle Andersartigkeit der Personen im Auge habend: „Aber die soziale Realisierung *soll* nicht in dieser Richtung [einer Gemeinschaftsform – HPK] gehen, da die Respektierung des Anderen um der Ursprungsgemeinschaft willen Distanz und Verdecktheit gebietet" (345). Die geistige *Ursprungs*gemeinschaft in der Mitwelt, nicht zu verwechseln mit den realisierbaren Gemeinschaftsformen, beruht darauf, dass ihre Glieder, die Personen, gemeinsame Distanz von Körperbestimmungen in Raumzeit und Leibesbestimmungen in Raum- und Zeithaftigkeit wahren. Zudem brauchen sie Distanz voneinander im Hinblick auf die Zweideutigkeit ihrer Individualitäten, während sie in ihrem Miteinander den Anderen als Form ihrer eigenen Stellung benötigen, die Distanz voneinander also nicht in eine Trennung oder Beziehungslosigkeit zerfallen darf. Dem Geist ist der kategorische Konjunktiv inhärent, d. h. es könnte, müsste, sollte anders sein, als es ist, damit ist er auch ein Sollen gegenüber verwirklichbaren Gemeinschaftsformen, das über diese hinausreicht (Mitscherlich versteht dagegen das dritte anthropologische Grundgesetz als eine Auszeichnung von Kultur und Gesellschaft gegenüber Religion und Gemeinschaft, die sie nur zeitgeschichtlich-politisch erklären kann; Mitscherlich 2007, 235–240. Systematisch geht es indessen um die Einsicht, dass keine Verwirklichung des Geistes der Mitwelt ihn als Voraussetzung der exzentrischen Positionalität vollständig einholen kann, weshalb der Widerstreit zwischen Religiosität und einer geistig offenen Natur erneut hervortritt).

Auch die verwirklichbaren *Gesellschafts*formen genügen nicht dem geistigen Charakter der Mitwelt. „An dieser Ursprungsgemeinschaft hat eben die Gesellschaft ihre Grenzen. So gibt es ein unverlierbares Recht der Menschen auf Revolution, wenn die Formen der Gesellschaftlichkeit ihren eigenen Sinn selbst zunichte machen", d. h. den Anderen nicht als Anderen zu respektieren: „Revolution vollzieht sich, wenn der utopische Gedanke von der endgültigen Vernichtbarkeit aller Gesellschaftlichkeit Macht gewinnt" (345). Die *Einschränkung* der Verwirklichung von Gesellschaftlichkeit wird mit Gesellschaftlichkeit überhaupt identifiziert, exemplarisch als Kapitalismus, weshalb die Utopie in der endgültigen Vernichtbarkeit aller Gesellschaftlichkeit Bahn greife. „Trotzdem ist er [dieser utopische Gedanke – HPK] nur das Mittel der Erneuerung der Gesellschaft" (345). Denn die Utopie der reinen Gemeinschaftlichkeit lässt sich geschichtlich nicht anders verwirklichen als durch ihren Umschlag von der Begeisterung in die Auskristallisierung des Ereignisses, etwas anderes gewollt zu haben (s. o. 12. 2) Insofern nimmt auch die Erneuerung der Gesellschaft in ihrer Verwirklichung die dialektische Form des Umwegs über ihr Gegenteil an. Plessner hält an der *„Öffentlichkeit' als Realisierungsmodus* des Menschen" (345) – wie in der *Grenz*schrift herausgearbeitet – fest. Dies ändert aber hinsichtlich der erneuten Exzentrierung der Mitwelt nichts daran, dass sie sich als geistige nicht vollständig, sondern immer nur geschichtlich verwirklichen lässt. Daher kehrt Plessner – nach der erneuten Exzentrierung auch der Verwirklichung der Mitwelt, nun also aller drei Weltbezüge, abschließend und zusammenfassend zur Frage der Religiosität und des Geistes zurück.

Bei der erneuten Exzentrierung im dritten anthropologischen Grundgesetz geht es nicht mehr um diejenigen Exzentrierungen, die im ersten und zweiten anthropologischen Grundgesetz die Verwirklichung oder Durchführung (309; s. o. 12. 1. 3) der exzentrischen Positionalität ermöglicht haben, sondern um diejenige Exzentrierung, die die *Grenzen* dieser Verwirklichung oder Durchführung freilegt, gerade weil letztere geschichtlich bleibt (s. o. 12. 2). Dafür muss aber die Differenz zwischen den Verwirklichungen und ihrer Ermöglichung durch den Geist der Mitwelt thematisiert werden, der sich zuvor nur aus den Leistungen der Personalität als zu präsupponierende Relationalität (innerhalb einer Person und zwischen dieser und anderen Personen) erschließen ließ (s. o. 12. 1. 1–2). Von woher, raum- und zeithaft gesprochen, kann dann aber überhaupt die erneute Exzentrierung gedacht werden? Sie kann nicht im Rahmen der Verwirklichung der exzentrischen Positionalität stattfinden, weshalb Plessner vom „Bewusstsein" (341 der Nichtigkeit, Zufälligkeit; 345 der Kontingenz) und von zu denkenden „Gedanken" oder „Ideen" (341–342, 345–346) spricht, als ließe sich der Geist der Mitwelt in reiner Form artikulieren.

Exzentrierung heißt, sich aus der positionalen Mitte heraussetzen, wodurch man in ihr setzbar wird. Jetzt handelt es sich mithin darum, sich aus dem Geist der Mitwelt herauszusetzen, wodurch man in ihm setzbar wird. Die Grenzen der Verwirklichung exzentrischer Positionalität werden von einem anderen Geist her thematisierbar, der außerhalb des Geistes der Mitwelt liegt, die selber nicht vollständig realisierbar ist. „Exzentrische Positionsform und Gott als das absolute, notwendige, weltbegründende Sein stehen in Wesenskorrelation" (345). Von diesem Sein Gottes her entsteht derjenige Halt, der in dem „Bewusstsein der Kontingenz dieser Gesamtrealität" in „Haltlosigkeit" untergeht (345). Was innerhalb der geschichtlichen Verwirklichung entscheidend sein kann, ist im Hinblick auf diese Wesenskorrelation, die die geschichtlichen Grenzen der Verwirklichung überschreitet, „nicht" entscheidend, nämlich das „Bild", das sich der Mensch von Gott und sich selbst macht. Für die Stiftung dieser Verbindung gilt, was Max Scheler grundsätzlich herausgearbeitet hat (Scheler 1986, 67– 71): „Dem Anthropomorphismus der Wesensbestimmung des Absoluten entspricht notwendig ein Theomorphismus der Wesensbestimmung des Menschen – ein Scheler'sches Wort –, solange der Mensch an der Idee des Absoluten auch nur als des Weltgrundes festhält" (345–346).

Damit hätte allerdings der Mensch, vermittelt durch Gott und seinen Glauben an diesen, die Teilhabe des Menschen am absoluten Weltgrund erreicht. Dies beträfe die Menschheit als gesellschaftlich-öffentlich geteilte Gattung, nicht das persönliche Individuum, das selbstverständlich in seiner privaten und gemeinschaftlichen Selbstbeziehung bei Plessner frei bleibt, auch ein positives Absolutum zu glauben und darin sein Leben zu erfüllen. Aber darüber hinaus wäre die exzentrische Positionalität als das Ungleichgewicht, das durch den Bruch des personalen Geistes mit Körpern und Leibern besteht und zu der ständigen Aufgabe führt, ein Gleichgewicht durch Verschränkung des Geistigen in Körpern und Leibern wirklich zu ermöglichen, in eine endgültige Ruhelage gekommen. Gegen diese Möglichkeit ist „mit gleichem inneren Recht" die Gegenmöglichkeit zu denken: „Die Exzentrizität seiner Lebensform, sein Stehen im Nirgendwo, sein utopischer Standort zwingt ihn [den Menschen – HPK], den Zweifel gegen die göttliche Existenz, gegen den Grund für diese Welt und damit gegen die Einheit der Welt zu richten" (346). Dies sei „nach dem Gesetz seiner [des Menschen – HPK] Natur" (346). Wie ist dies zu verstehen? Der Mensch wird als ein personales Lebewesen wirklich möglich in einer exzentrischen Positionalität, d. h. die Form der Exzentrizität kommt einer Positionalität in der Natur zu. Sie ist keine absolute Befreiung von Positionalität, worauf aber der absolute Weltgrund hinauslaufen könnte. Die Verschränkungsaufgabe hätte im Wesentlichen Gott übernommen oder sie wäre ihm überantwortet worden. Das Nichts und das Nirgendwo als exzentrischer Standpunkt hätte sich erübrigt, wäre immer schon überbrückt worden, ohne sich noch selber positionieren zu müssen.

Es geht aber nicht nur darum, dass der absolute Weltgrund zu schön sein könnte, um an der exzentrischen Positionalität, ihrer Verschränkungsaufgabe von Brüchigkeit, wahr sein zu können. Exzentrierung heißt, sich dank eines Ungleichgewichtes im Bruch aus der positionalen Mitte heraussetzen zu können, wodurch Personalität in einer gleichgewichtigen Mitte setzbar wird. Es ist diese Dynamik, die die Gegenmöglichkeit zum absoluten Weltgrund eröffnet: „Dem menschlichen Standort liegt zwar das Absolute gegenüber, der Weltgrund bildet das einzige Gegengewicht gegen die Exzentrizität. Ihre Wahrheit, ein existentielles Paradoxon, verlangt jedoch gerade darum und mit gleichem inneren Recht die Ausgliederung aus dieser Relation des vollkommenen Gleichgewichts und somit die Leugnung des Absoluten, die Auflösung der Welt" (346) als Einheit. Die *Einheit* der Welt als die Welt der Realität von Körpern (in Raumzeit) und der Wirklichkeit von Leibern (in Raum- und Zeithaftigkeit) hatte sich erst dank des Kontrastes zum Jenseits des Weltgrundes ergeben (343). Karl Löwith interpretiert Plessners Intention richtig, wenn er schreibt: „Das Überschreiten, welches den Menschen und seine Sprache vom Tier unterscheidet, könnte sich noch immer im unüberschreitbaren Umkreis der Natur vollziehen, ohne Ausgriff nach einem Jenseits des von Natur aus Seienden, so dass der Terminus *a quo* und *ad quem* des menschlichen Überschreitens ein und derselbe, die Natur selber wäre" (Löwith 1957, 85).

Die Alternative zur Religiosität bestünde im „Pluralismus" der Welten, einen Gedanken, den aber „selbst Leibniz" nicht völlig konsequent auszugestalten vermochte (346). Die *Stufen* zeigen gerade, wie verschieden die Welten (Medien, Umwelten) für anorganische und lebende Körper sind, unter letzteren für geschlossen und offen organisierte, unter letzteren für dezentral und zentrisch geschlossene, unter letzteren für zentrisch und exzentrisch positionierte Lebewesen.

Dabei handelte es sich nicht um einen „Atheismus" (346), der bloß auf die Verneinung des Theismus festgelegt wäre, sondern um eine Naturauffassung, in der Geist vorkommen kann, nämlich zumindest so, wie er in der exzentrischen Positionalität bereits in Anspruch genommen wird. Es ist klar, dass diese Auffassung von einer *geistoffenen Natur* nicht die Auffassung von Natur ist, die sich im materialistischen Monismus oder im Dualismus bisher durchgesetzt hat. Plessner verweist für diese Denkmöglichkeit auf „die Geschichte der metaphysischen Spekulation": „Es müsste sich – [...] – dem Absoluten gegenüber der gleiche Prozess wiederholen, der zur Transzendierung der Wirklichkeit führt: wie die exzentrische Positionsform Vorbedingung dafür ist, dass der Mensch eine Wirklichkeit in Natur, Seele und Mitwelt fasst, so bildet sie zugleich die Bedingung für die Erkenntnis ihrer Haltlosigkeit und Nichtigkeit" (346).

Warum dürfte die Natur nichts Anderes sein, als die naturwissenschaftliche Empirie bislang von ihr feststellen und messen kann, also nichts anderes als die Natur der empirischen Naturwissenschaft (115–120), als hätte diese keine künftige Revolution mehr vor sich? Plessners *Stufen* geben die Natur der Anschauung, d. h. der Erfahrung von Qualitäten, und dem darauf bezogenen Denken frei. Die exzentrische Positionalität zeigt exemplarisch, dass in der Natur Leben vergeistigt und Geist verlebendigt werden kann, allerdings nicht grenzenlos, sondern gebrochen. Für Plessner ist diese gebrochene, in ihrer Verschränkungsnot funktional dynamische Struktur vom Menschen ablösbar, nur geschichtlich an ihm gewonnen (293, 301; siehe auch APA u. IPA). Eine Natur, die exzentrische Positionalität wirklich ermöglicht, bleibt eine unergründliche, eine *natura abscondita* (Krüger 2001, 75–80; Krüger 2010, 69–73). Wieso könnte dieses Nichts, Nirgendwann und Nirgendwo, das Personalität und Geist ermöglicht, nicht anders verstanden werden als durch den einen absoluten Weltgrund? Weil die spekulativ-metaphysische Abwägung von Gründen gleichen Rechts für die personale Lebensführung nicht den Ausschlag gibt. „Ein Weltall lässt sich nur glauben. Und solange er glaubt, geht der Mensch ‚immer nach Hause'. Nur für den Glauben gibt es die ‚gute' kreishafte Unendlichkeit, die Rückkehr der Dinge aus ihrem absoluten Anderssein. Der Geist aber weist Mensch und Dinge von sich fort und über sich hinaus. Sein Zeichen ist die Gerade endloser Unendlichkeit. Sein Element ist die Zukunft. Er zerstört den Weltkreis und tut uns wie der Christus des Marcion die selige Fremde auf" (346).

Mit der letzten Wendung wird deutlich, dass es sich auch bei der areligiösen Interpretation von Geist um keine reine Erkenntnis handeln kann, sondern um eine andere Glaubensform, exemplarisch im Sinne der Christus-Deutung durch Marcion. Davor wird im Zitat der Geist der Mitwelt unterschieden von seiner Identifikation mit einer Religiosität, die nach Hause in eine kreishafte Unendlichkeit führt. Geist kann aber auch anders verstanden werden, als die Eröffnung

„seliger Fremde" auf einer Geraden, die in die Zukunft weist. Plessners Anspielung greift aus Marcions Interpretation des Christentums eine andere als die kirchengeschichtlich realisierte Potentialität des Geistes heraus. Dieser Verweis hat allein diesen hermeneutischen, damals bekannten, nicht aber einen theologischen oder religionsgeschichtlich-faktischen Sinn (Harnack 1923 u. 1924): Marcion interpretierte Gott vom zürnenden und gewalthabenden, absoluten Schöpfergott um in einen unsichtbaren Gott (*deus absconditus*), der als Geist der Güte die Fremdartigkeit der Natur bejahen kann. Die Unergründlichkeit Gottes und die Unergründlichkeit der Natur stehen sich in ihrer Würdigung des Unsichtbaren am Geist der Mitwelt nicht so fern, wie es aber in ihrer geschichtlichen Verwirklichung in einander gegensätzlichen Glaubensformen erneut ausschlägt (vgl. zu den Dilemmata in einer endgültig prekären *conditio humana* Taylor 2009, 1058–1062, 1116–1119). Die exzentrische Positionalität bleibt auch in ihrer letzten Fraglichkeit, wie man in die Grenzen ihrer Verwirklichung gestellt doch noch zu stehen kommt, offene Pluralität von wesensmöglichen und wesensnötigen Antworten.

Literatur

Cassirer, Ernst 1995: Zur Metaphysik der symbolischen Formen, hrsg. v. John Michael Krois et al., Hamburg, Meiner.

Cassirer, Ernst 2014: Davoser Vorträge. Vorträge über Hermann Cohen, hrsg. v. Jörn Bohr u. Klaus Christian Köhnke, Hamburg, Meiner.

Harnack, Adolf von 1923: Neue Studien zu Marcion, Leipzig, Hinrichsche Buchhandlung.

Harnack, Adolf von 1924: Das Evangelium vom fremden Gott, Leipzig (2. verbesserte u. vermehrte Auflage), Hinrichsche Buchhandlung.

Honneth, Axel/Joas, Hans 1980: Soziales Handeln und menschliche Natur. Anthropologische Grundlagen der Sozialwissenschaften, Frankfurt a. M., Campus Verlag.

Löwith, Karl 1957: „Natur und Humanität des Menschen", in: Ziegler, Klaus (Hrsg.): Wesen und Wirklichkeit des Menschen. Festschrift für Helmuth Plessner, Göttingen, Vandenhoeck & Ruprecht, S. 58–87.

Mitscherlich, Olivia 2007: Natur *und* Geschichte. Helmuth Plessners in sich gebrochene Lebensphilosophie, Berlin, Akademie Verlag.

Paul, Andreas 1998: Von Affen und Menschen. Verhaltensbiologie der Primaten, Darmstadt, Wissenschaftliche Buchgesellschaft.

Plessner, Helmuth 1983: Der kategorische Konjunktiv. Ein Versuch über die Leidenschaft, in: GS VIII, Frankfurt a. M., Suhrkamp Verlag, S. 338–352.

Schear, Joseph K. (Ed.) 2013: Mind, Reason, and Being-in-the-World. The McDowell-Dreyfus-Debate, New York, Routledge.

Scheler, Max 1986: „Die Stellung des Menschen im Kosmos" (1928), in: Gesammelte Werke, Bd. 9, Bonn, Bouvier Verlag, S. 7–71.

Schloßberger, Matthias 2005: Die Erfahrung des Anderen. Gefühle im menschlichen Miteinander, Berlin, Akademie Verlag.

Schnädelbach, Herbert 1983: Philosophie in Deutschland 1831–1933, Frankfurt a. M., Suhrkamp Verlag.

Schürmann, Volker 2006: „Positionierte Exzentrizität", in: Krüger, H.-P./Lindemann, G. (Hrsg.): Philosophische Anthropologie im 21. Jahrhundert, Berlin, Akademie Verlag, S. 83–102.

Taylor, Charles 1994: Quellen des Selbst. Die Entstehung der neuzeitlichen Identität, Frankfurt a. M., Suhrkamp Verlag.

Taylor, Charles 2009: Ein säkulares Zeitalter, Frankfurt a. M., Suhrkamp Verlag.

Wunsch, Matthias 2014: Fragen nach dem Menschen. Philosophische Anthropologie, Daseinsontologie und Kulturphilosophie, Frankfurt a. M., Vittorio Klostermann.

Für die übrige erwähnte Literatur (Krüger) siehe die Auswahlbibliographie am Ende des Bandes.

Georg Toepfer

13 Kommentar zu Plessners Nachtrag (1965) in *Die Stufen des Organischen und der Mensch* (349 – 361)

Plessners „Nachtrag" zu den *Stufen des Organischen und der Mensch* erschien 1965 am Ende der zweiten Auflage des um ein neues Vorwort erweiterten, aber ansonsten unverändert gelassenen Werks. Thematisch besteht zwischen Vorwort und Nachtrag der Neuauflage eine Arbeitsteilung, insofern im Vorwort vornehmlich philosophische Punkte diskutiert werden und der Nachtrag sich auf empirische Aspekte konzentriert. Der Nachtrag besteht aus zwei vorangeschickten „Bemerkungen" allgemeinerer Natur und daran anschließenden Anmerkungen zu dreizehn Passagen der ersten Auflage. Plessner nimmt dabei neuere Erkenntnisse der empirischen Biologie zum Anlass, seinen älteren Text zu kommentieren. Seine philosophische Position erläutert er in diesem Zusammenhang kaum und diskutiert sie auch nicht im Lichte von Kritiken oder alternativen Entwürfen.

Die erste Bemerkung bezieht sich auf die Bewertung des Vitalismus im Lichte der Fortschritte der Biologie, die zweite beschäftigt sich mit der Metapher der „Stufen" vor dem Hintergrund evolutionsbiologisch-phylogenetischer Forschung. Beide Fragekomplexe hat Plessner in den fast vierzig Jahren, die zwischen der ersten und zweiten Auflage der *Stufen* liegen, in anderen Schriften kaum thematisiert (abgesehen von dem Aufsatz „Ein Newton des Grashalms?", der 1964 in einer Festschrift erscheint und weitgehende wörtliche Übereinstimmungen mit dem Nachtrag von 1965 aufweist).

13.1 Die Fortschritte der Biologie und der Status des Vitalismus

Zur Frage des Vitalismus nimmt Plessner gleich im ersten Satz in einer Eindeutigkeit Stellung, die angesichts seiner älteren Position überrascht: Nach seiner neuen Überzeugung seien „die Zeiten des Vitalismus für immer vorbei" (349). Vierzig Jahre zuvor, besonders markant in dem Aufsatz *Vitalismus und ärztliches Denken* (1922), hatte Plessner den Vitalismus als philosophische Position noch verteidigt: „Man kann Vitalist sein, und der Schreiber dieser Zeilen ist es aus philosophischen Gründen" (GS IX, 19). Der mit dem Vitalismus verbundene Reizbegriff, die von Plessners akademischem Lehrer Hans Driesch postulierte *Entelechie*, habe eine „unbestreitbare Anschaulichkeit und Denkbarkeit" und ihr

DOI 10.1515/9783110552966-013

komme ein „ordnender Wert für das qualitativ erlebte Weltbild" zu, so Plessner 1922 (GS IX, 19). Er schränkte allerdings schon damals ein, sie habe „nur Bedeutung für die Philosophie". Denn Aufgabe der Philosophie sei die „Erkenntnis der Qualitäten"; ihr komme es zu, „qualitative Stufen" und „Anordnungen" der Welt zu erfassen (GS IX, 26). In dieser Zuordnung des Vitalismus war Plessner damals eindeutig: „Theoretisch gehört Vitalismus in die Philosophie, nicht in die Naturwissenschaft" (GS IX, 26). Allein auf dieser philosophischen Ebene sei es aber möglich, den Gegenstand der Biologie festzumachen, Ziel der philosophischen Reflexion sei die „Kennzeichnung der spezifisch organischen Einheitsform", wie es in den *Stufen* heißt (104).

Im spezifischen Kontext des ärztlichen Handelns bekannte sich Plessner in Auseinandersetzung mit Victor von Weizsäcker 1923 erneut zu „praktischem Vitalismus" und einem „Gesinnungsvitalismus". Darunter will er die Einsicht verstehen, „daß die ärztliche Gesamthandlung nicht nur unter der Perspektive naturwissenschaftlicher Objektivierung, sondern ebenso aus dem Miteinander einer konkreten Lebenslage geformt wird" (GS IX, 54; der Ausdruck „Gesinnungsvitalismus" geht auf von Weizsäcker zurück; vgl. von Weizsäcker 1923, 359). Plessners Verteidigung des Vitalismus in den 1920er Jahren bezog sich nicht nur auf praktische Kontexte wie das ärztliche Handeln – sein Vitalismus ging nicht nur von einem „Primat der Klinik" aus (Ebke 2012, 45) –, sondern er verstand den Vitalismus zudem als methodologisches Prinzip, das die Biologie als Wissenschaft überhaupt erst möglich mache: „Vitalismus gehört, als Maxime der Forschung, zu den Bedingungen jeder biologischen Fragestellung; denn Einheit des Organismus ist die selbstverständliche Leitidee, unter der wir allein streng kausal in diesem Gebiet arbeiten können" (GS IX, 26).

Von dieser Wertschätzung des Vitalismus als philosophischer Position ist in Plessners Nachtrag von 1965 nichts mehr zu spüren. Im Nachtrag ist der Vitalismus auf die antinaturwissenschaftliche Annahme eines zusätzlichen organischen Wirkfaktors festgelegt. Der Vitalismus ist damit – so wie ihn auch Driesch verstanden hatte – zu einer naturwissenschaftlichen Position geworden. Von einem ärztlichen „Gesinnungsvitalismus", einem Vitalismus als naturphilosophische Position oder gar als Bedingung für biologische Forschung ist hier nicht mehr die Rede.

Im Nachtrag bezeichnet Plessner die Annahme eines mit den Mitteln der physikalisch-chemischen Analyse nicht feststellbaren Faktors, und damit den Vitalismus, als „methodologisch unhaltbar" (349), weil er „den Grundregeln methodischer Analyse empirischer Naturwissenschaft widerspricht" (359). Diese Formulierungen ähneln Plessners älteren Aussagen, denen zufolge ein immaterieller Faktor wie Drieschs Entelechie in den Naturwissenschaften keinen Platz habe, denn er beinhalte eine „*logische* Außerkraftsetzung des Grundprinzips experimenteller Erforschung des Naturgeschehens" (GS IX, 17). Die Biologie, sofern sie Naturwissenschaft sei, müsse die „Spielregeln der eindeutigen Bestimmbarkeit einhalten" (GS IX, 19). Plessner schloss sich schon damals der herrschenden Meinung der Naturwissenschaftler an, nach der die Entelechie „kein in der exacten Naturforschung verwendbarer Begriff" ist, wie es Wilhelm Roux formulierte (1912, 241). Bei Plessner heißt es 1923 konsequent: „Es gibt keinen naturwissenschaftlich darstellbaren Vitalismus. Denn eine theoretische Erfassung des Lebensphänomens gelingt nicht nach der Methode der Naturwissenschaften" (GS IX, 46). Auch in den *Stufen* von 1928 wehrt sich Plessner gegen die Entelechie im Sinne eines „Naturfaktors", der „mit den feststellbaren und berechenbaren Faktoren der Energie *in Konkurrenz* treten" könne (146).

In den 1920er Jahren war diese Ablehnung des Vitalismus auf naturwissenschaftlicher Ebene aber nur die eine Seite von Plessners Argumentation. Daneben hielt er die vitalistische Position auf *philosophischer* Ebene für unverzichtbar. Nicht als Naturfaktor, sondern als „Seinsmodus" und spezifische „Grenzbedingung" verteidigte Plessner die Entelechie; in der ersten Auflage der *Stufen* verwendete er sie als Name für die ontologische Besonderheit des Organischen, für die „Autonomie des lebendigen Systems" (146). Plessner verfolgte damit insgesamt eine (an Kants Position der *Kritik der Urteilskraft* angelehnte) Doppelstrategie: Einerseits hielt er auf naturwissenschaftlich-methodologischer Ebene den reduktionistisch-mechanistischen Ansatz für unumgänglich, andererseits postulierte er auf ontologisch-phänomenologischer Ebene die Sonderstellung des Lebendigen und brachte für sie besondere Prinzipien wie „Entelechialität" und „Grenzrealisierung" in Anschlag.

Für notwendig hielt Plessner die philosophische Betrachtung in den 1920er Jahren, weil über die naturwissenschaftliche Einstellung das Qualitative und Wesentliche des Lebens gar nicht erfasst werden könne: „So wenig die Physik uns über das Wesen der Qualität einer Farbe, eines Klanges Aufschluß gibt, so wenig kann uns die Biologie die qualitativen Erscheinungen des Lebens verständlich machen" (GS IX, 26). Insbesondere das für Plessner zentrale Phänomen der Positionalität sei der empirischen Forschung unzugänglich. Positionalität zeige sich allein in dem nicht mehr der Naturwissenschaft, sondern der Naturphilosophie zugehörigen Vermögen der Anschauung. Diese „Sphäre des Erschaubaren" bezeichnete Plessner in der ersten Auflage der *Stufen* als „ontisch begründet", „für den exakten Biologen nicht zwingend", „nur qualitativ faßbar" (163). Als positionale und autonome Systeme würden die Lebewesen überhaupt nur auf der „erschaubaren, nicht der darstellbaren Seinsschicht" (163) existieren. Auf der „darstellbaren Seinsschicht" der empirischen Forschung erscheine das „lebendige Ding" dagegen nur als „Resultanteneffekt", als „Wirkeinheit", und nicht als

„Realsubjekt" (160). Auf dieser Ebene würden sich also die anorganischen Gestalten nicht von den organischen Ganzheiten unterscheiden.

Von dieser grundlegenden Differenzierung zwischen empirisch-darstellbarer und qualitativ-erschaubarer Seinsschicht (oder wenigstens Erkenntnisperspektive) ist im Nachwort zur zweiten Auflage der *Stufen* nicht mehr die Rede. Mit der Absage an den Vitalismus scheint aber, zumindest nach Plessners alter Position, die er nicht ausdrücklich revidiert, auch die Berechtigung der philosophischen Konstitution des Lebendigen als qualitativ Besonderes gefährdet. Von „Anschauung" als Erkenntnisquelle, einer „erschaubaren Seinsschicht" oder dem „Qualitativen", das allein in philosophischer Perspektive zugänglich sei, spricht er im Nachtrag überhaupt nicht mehr. Plessner konstatiert zwar eine „besondere Qualität" vitaler Prozesse, die „als Gestalten erscheinen" (nach der Logik der ersten Auflage müsste hier „Ganzheiten" stehen; vgl. 159); die Qualität wird aber als „Effekt" bezeichnet, der „als Organisation selbst wieder auf die Prozesse zurückwirkt" (350). Qualitatives und Kausales sind hier also nicht mehr über Seinsschichten (und verschiedene disziplinäre Zugänge) geschieden, sondern eng miteinander verzahnt. Plessner selbst spricht von „Reduktion" in diesem Zusammenhang, einem „Gewinn an operativen Möglichkeiten zur Reduktion vitaler Prozesse auf Prozesse chemischer und physikalischer Art" (350). Ein Verhältnis der Reduktion ist aber doch etwas ganz anderes als das Nebeneinander von ontologischen Schichten, das einen wesentlichen Punkt in Plessners Position in der ersten Auflage bildete. Selbst die in den 1920er Jahren zentrale Kategorie der „Autonomie" des Lebendigen verteidigt Plessner nicht mehr konsequent, stellt sie sogar tendenziell zur Disposition, indem er von lebendigen Systemen behauptet, es „fällt ihre Autonomie insoweit dahin, als für sie ein besonderes Agens geltend gemacht wird" (359). Anders als im Text der ersten Auflage stellt Plessner hier nicht heraus, dass beides nichts miteinander zu tun haben muss, dass die Autonomie gerade nicht an der Wirkung eines „besonderen Agens" hängt, sondern sich nur in philosophischer Einstellung „in der besonderen Schicht der Phänomenalität" (164) zeigt.

Im Nachtrag macht Plessner vor allem die Seite der empirischen Forschung stark. Er zeigt sich beeindruckt durch die „außerordentlichen Fortschritte der Biochemie, speziell in der Aufklärung des Chemismus, des molekularen Mechanismus also, der Zelle, der Gene, der Viren" (349). Er spricht von der „zu simplen Vorstellung von Mechanismus und Maschine", die Drieschs Vitalismus beherrscht habe, und er verweist auf die „kybernetischen Modelle", mit deren Hilfe auch die Probleme der „Regeneration, Reduplikation, Ausdifferenzierung" einer wissenschaftlichen Analyse zugeführt werden könnten (349). Daraus folgt für Plessner auch, dass harmonisch-äquipotentielle Systeme „dem biochemischen Verständnis heute keine grundsätzlichen Schwierigkeiten" mehr bieten würden (349) – eine

Aussage, die zumindest in gewisser Spannung zu seiner älteren Überzeugung steht, dass die „Potenzmanifestation" des Lebendigen überhaupt nur einer „Kategorialanalyse" oder „ontologischen Analyse", und gerade nicht der „empirischen Analyse" zugänglich sei, weil sie eine qualitativ „erschaubare Washeit" sei (164). Erst in den letzten Sätzen der ersten Bemerkung stellt Plessner das Verhältnis von Empirie und Philosophie in ähnlicher Weise dar wie in der ersten Auflage seines Werks: Es gehe in seiner Untersuchung um „die Darstellung der Bedingungen, unter welchen Leben als Erscheinung möglich wird"; Aufgabe der Naturwissenschaften sei demgegenüber die Ermittlung der „Wirklichkeitsbedingungen" (351). Klar geschieden sind damit die philosophische Bedingungsforschung und die naturwissenschaftliche Wirklichkeitserforschung. Plessner verzichtet hier aber auf die Feststellung, dass der Bereich des Lebendigen allein in der philosophischen Perspektive durch die ontologische Analyse der qualitativen Washeit von Lebewesen auszuzeichnen ist – naturwissenschaftlich ein Lebewesen dagegen nichts als ein komplexer Mechanismus ist, bloßer „Resultanteneffekt" und „Wirkeinheit", wie es 1928 hieß (160).

Es könnte so fast der Eindruck entstehen, als habe sich Plessners Position in den 60er Jahren gegenüber der ersten Auflage der *Stufen* gewandelt. Dass dem aber nicht so ist, wird aus dem Vorwort zur zweiten Auflage deutlich, in dem Plessner in aller Klarheit noch einmal den Kern seiner Auffassung von der irreduzibel qualitativen Besonderheit des Lebendigen herausstellt. Es ist dort von der „phänomenalen Eigenständigkeit des ‚Lebens'" die Rede, und „Lebendigkeit" wird bestimmt als „eine Qualität der Erscheinung bestimmter Körperdinge" (XXII). Und auch wenn er dort die „Zurückführung der Wesensmerkmale des Belebten auf Gesetzmäßigkeiten anorganischer Materie" nur für eine Frage der Zeit erklärt, stellt er im direkten Anschluss daran doch fest, dass die Wesensmerkmale dadurch als Erscheinungen „nicht angetastet" würden: „Sie stellen Phänomene dar, deren Qualität zwar in eindeutige Beziehung zu einer quantitativ bestimmbaren Konstellation chemischen und physikalischen Charakters gesetzt werden kann, aber als Erscheinung ihre Irreduzibilität behält" (XXII). Dieser Betonung des irreduzibel Qualitativem im Lebendigen verleiht Plessner dadurch weiteren Nachdruck, dass er – im Anschluss an den Zoologen Adolf Portmann – die Gestalt als etwas ansieht, das von den Lebewesen performativ für Zwecke der Kommunikation genutzt werde, als Mittel der Anlockung, Abschreckung oder des Imponierens. Die „Erscheinung" eines Organismus werde auf diese Weise „zu einem Organ, zu einem Mittel seines Daseins" (XXIII). Die von Portmann daran geknüpfte (und von Plessner zitierte) umstrittene These, diese „Selbstdarstellung" eines Organismus stehe als „gleichzusetzende Grundtatsache" neben „Selbsterhaltung" und „Arterhaltung" ist für Plessners Argument dabei gar nicht notwendig. Denn auch wenn der performative Einsatz der körperlichen Erscheinung funktional auf

Selbsterhaltung und Fortpflanzung bezogen bliebe (wie die meisten Biologen der Mitte des 20. Jahrhunderts annehmen), verliert diese Erscheinung doch nicht ihren qualitativen und semantischen Charakter, der sie gerade zu einem geeigneten Mittel der Kommunikation macht.

Dass Plessner den Vitalismus im Nachtrag dezidiert ablehnt, bedeutet also nicht, dass er damit auch seine alte Position in Frage stellt, nach der das Lebendige nur zu verstehen ist ausgehend von seiner (in der Anschauung gegebenen und philosophisch begründeten) qualitativen Besonderheit als ganzheitlicher Erscheinung. Diese Position, an der Plessner festhält, wird nur nicht mehr mit dem Vitalismus verbunden, sondern sie wird unter Verweis auf neuere biologische Ansichten zum expressiven Erscheinungscharakter der Gestalt – im Sinne einer „Selbstdarstellung" der Organismen oder als Instrument ihrer biologisch funktionalen Kommunikation – zu erläutern versucht.

13.2 Stufen des Organischen und Stufen der Entwicklung

In der zweiten Bemerkung des Nachtrags stellt Plessner zunächst fest, dass eine Interpretation der von ihm unterschiedenen drei Stufen des Organischen „Pflanze", „Tier" und „Mensch" im Sinne von „Stufen der Entwicklung" naheliegend ist (351). In der evolutionären Abfolge von Lebensformen auf dem Weg zum Menschen erkennt Plessner zwar durch die „Zunahme des Kephalisations- und Zerebralisationsgrades" ein „orthogenetisches ‚Gefälle'". Trotzdem hält er das Erscheinen der komplexeren Formen in den späteren Erdschichten für kein „Wertprädikat" (351). Im Hinblick auf die spezifisch menschlichen Fähigkeiten wie „Sprache, planmäßiges Handeln, Erfinden von Werkzeugen, Bildung von Institutionen unstabilen Charakters" sei es zu einer „Akkumulation von Macht" über die Natur gekommen. Der Prozess könne aber auch umgekehrt mit Schelling und Hegel als eine „Inbesitznahme in Gegenrichtung" als das Zu-sich-selbst-Kommen der Natur im Menschen verstanden werden (352).

Was in der Entwicklung als „Hoch und Niedrig" bemessen wird, hängt nach Plessner an variablen Maßstäben. Neben Zerebralisation und Machtzuwachs diskutiert er den Maßstab der „Selbständigkeit gegen das Milieu", der bereits von Claude Bernard, dem Urheber des Begriffs *milieu interne*, als ein Gradmesser der Entwicklung vorgeschlagen wurde (Bernard 1859, 9–10; er spricht diesbezüglich von der „échelle de l'organisation"). Weil die Paläontologie aber „echte Geschichte" sei, kennt sie nach Plessner keine Stufen. Stufen, d.h. „Niveauerhöhungen", würden gerade nicht parallel zu den evolutionären Entwicklungslinien verlaufen. „Pflanze", „Tier" und „Mensch" ließen sich daher lediglich als einige der „wenigen spezifischen Organisationsweisen der lebendigen Substanz" ver-

stehen und allein „am Leitfaden des Begriffs ihrer Potentialität einsichtig machen"
(353).

In dieser Argumentation bedient sich Plessner der Vorstellung einer nicht-
phylogenetischen, sondern typologischen Klassifikation von Lebewesen, die seit
Mitte des 20. Jahrhunderts meist mit dem Begriff des „Organisationstypus" verbunden ist. Ein System von vier „Organisationstypen" für alle Organismen schlug
der Botaniker Werner Rothmaler 1948 vor (vgl. Toepfer 2011, 557); darin sind auch
die Bakterien und Einzeller enthalten, die bei Plessner keine Berücksichtigung
finden (wegen ihrer meist geschlossenen Organisationsform wären sie am ehesten
zu den „Tieren" zu rechnen). Plessners Unterscheidung von drei „spezifischen
Organisationsweisen der lebendigen Substanz" entspricht also weder phylogenetischen noch biologisch-typologischen Einteilungen – sie ist eben am philosophischen Leitfaden der Positionalität entwickelt.

Diese autonome philosophische Begründung ist für Plessner rückblickend
auch die Rechtfertigung dafür, dass er auf eine Diskussion von stammesge-
schichtlichen Bezügen 1928 ganz verzichtet hatte (353; vgl. auch 325 ff.). Seine
typologische Charakterisierung von lebendigen Organisationsweisen beansprucht
auch Gültigkeit für dereinst zu entdeckende außerirdische Lebewesen, wie er am
Ende dieser Bemerkung andeutet.

13.3 Anmerkungen zu einzelnen Passagen

Die knapp acht Seiten umfassenden Anmerkungen zu dreizehn Passagen der
ersten Auflage werden quantitativ von einer Anmerkung dominiert, die allein eine
Länge von fast fünf Seiten hat (und eine fast wörtliche Wiederholung von Passagen aus Plessners ein Jahr zuvor erschienenem Aufsatz „Ein Newton des
Grashalms?" darstellt). In dieser langen Anmerkung bezieht sich Plessner auf den
Anfang von Kapitel III, 5 mit dem Titel „Wie ist Doppelaspektivität möglich? Das
Wesen der Grenze". Anlass für seine Anmerkung ist ein „denkwürdiger Kongreß"
1957 in Moskau zum Thema „The Origin of Life on the Earth". Das Denkwürdige an
diesem Kongress liegt für Plessner offenbar in dem Ansatz, die Frage der Entstehung des Lebendigen aus dem Leblosen mittels empirischer Methoden und
empirisch gestützter Modelle zu untersuchen: „Die Sache muß entwicklungsge-
schichtlich angefaßt werden", konstatiert Plessner schlicht (355). Nachdem er den
Grundsatz „vom Einfachen zum Komplizierten" zumindest als „Leitfaden für die
Analyse" akzeptiert und verschiedene Kriterien der Lebendigkeit, besonders die
Mutationsfähigkeit, diskutiert, stellt Plessner fest, dass „die Art des Argumen-
tierens" aller Beteiligten auf die Feststellung von „notwendigen und hinrei-
chenden Bedingungen für das Auftreten der Qualität ‚lebendig'" gerichtet sei und

man sich für deren Realisierung in konkreten chemischen Systemen interessiere
(357). Bei aller Variation im Detail sei der Leitgedanke aller Modelle auf die
„Durchhaltefähigkeit einer Struktur" gerichtet (der Ausdruck erinnert an Roux'
„Dauerfähigkeit", von der Roux behauptete, sie sei „die nötigste [...] Eigenschaft
der Lebewesen, weil sie die *Vorbedingung* der Entstehung aller anderen Eigenschaften darstellt"; Roux 1912, 87). Mit der Durchhaltefähigkeit verbunden ist für
Plessner „ein eigentümliches Verhältnis zur Umgebung" (357).

Das Denkwürdigste auf der Moskauer Tagung war für Plessner offensichtlich
die Vorstellung des Konzepts der semipermeablen Membran, das ihm eine direkte
materielle Entsprechung zu seinem Konzept einer Grenze zu sein schien: „vermittelnde Oberflächen", an denen ein lebendiger Körper nicht einfach an sein
Ende kommt, sondern „zu seinem Medium in Beziehung gesetzt" wird, und zwar
„doppelsinnig: einschließend-abschirmend gegen die Umgebung und aufschlie-
ßend-vermittelnd zu ihr hin" (357). Plessner ist jüngst dafür kritisiert worden, dass
er hier eine unmittelbare Entsprechung seiner philosophischen Begriffe im biologischen Material zu finden glaubte: „Plessner diktiert eine Denkfigur, die er (mit
Recht) für philosophisch originell hält, in Sachverhalte hinein, die simpler sind,
als es seine übersubtile Analyse wahrhaben will" (Ebke 2012, 262). Tatsächlich
überrascht es besonders vor dem Hintergrund seiner älteren Ausführungen, dass
Plessner diese direkte Verbindung herstellt. Denn 1928 hatte er ausdrücklich
festgestellt, die „Grenze", die er phänomenologisch thematisierte, sei „keine zusätzliche Bestimmung eines Seienden, die als Teil gelten kann, weshalb das
Gleichnis mit der Haut [...] schief bleibt" (157). Auch in diesem Punkt verschwimmt
bei Plessner 1965 die Trennung von ontologischer (oder methodologischer) Analyse und empirischer Forschung, die er 1928 stark gemacht hatte.

Sehr deutlich wird diese Tendenz im Schlusssatz der langen Anmerkung: „Die
physikalischen und chemischen Denkmittel brauchen keinen zusätzlichen Faktor
mehr, wenn sie sich dem Phänomen einer Ganzheit, d. h. einer zweckmäßigen
Konfiguration gegenübersehen" (359). Analog hatte Plessner bereits im Jahr zuvor
argumentiert, das „Phänomen der Zweckmäßigkeit" liege inzwischen „im Bereich
biochemischer Analyse" (Plessner 1964, 204). Mit dem jungen Plessner möchte
man hier dem alten entgegenhalten: Die naturwissenschaftlichen Denkmittel
haben eines „zusätzlichen Faktors" noch nie bedurft und konnten aus methodologischen Gründen einen solchen auch noch nie brauchen. Selbst eine vollständige naturwissenschaftliche Analyse von Lebewesen macht aber eine phä-
nomenologisch-ontologische Auszeichnung (oder methodologische Reflexion)
ihrer Einheit und Eigenart nicht überflüssig. „Grenze", „Ganzheit" und „Zweckmäßigkeit" sind Konzepte, die erst im Zuge solcher philosophischer Überlegungen
Kontur gewinnen – wie Plessner 1928 klarstellte. Es ist daher auch problematisch,
Darwin „natürlich" – wie ein ansonsten sehr geschätzter Plessner-Kommentator

meint (Krüger 2001, 296) – als den von Kant geforderten „Newton des Grashalms"
zu akzeptieren. Denn auch Darwin kann die Erkenntnis des Organismus Grashalm
nicht als Anwendungsfall allgemeiner Verstandesgesetze explizieren, sondern
geht von bereits organisierten, ganzheitlichen, grenzrealisierenden Systemen aus;
gerade seine Evolutionstheorie operiert mit „immer schon vorausgesetzten Lebewesen" (Bauch 1911, 172).

Die anderen zwölf Anmerkungen, die Plessner in seinem Nachtrag von 1965
gibt, bestehen fast alle in Hinweisen auf aktuellere biologische Literatur zu den
behandelten Themen. Sie betreffen u. a. das „Gesetz der spezifischen Sinnes-
energie", den Instinktbegriff, das Phänomen der natürlichen Geschlechtsumkehr,
das Verhältnis von Dissimilation und Assimilation bei Pflanzen und Tieren, Bewegungen bei Pflanzen und Tieren, das Verhältnis von rezeptorischem und motorischem Apparat bei Wirbellosen sowie schließlich die Orientierungsleistungen
von Insekten und Vögeln.

Insgesamt ist Plessner also im Nachtrag darum bemüht, seine philosophischen Bestimmungen der Positionalität des Lebendigen an die empirische Forschung der zeitgenössischen Biologie anzuschließen. Die Fortschritte der Biologie
wertet er als Bestätigungen und Konkretisierungen seiner eigenen Analysen und
Kategorien. Sie ermöglichen es ihm, seine hypothetischen Begriffe plastischer zu
erläutern und damit die Verschränkung des Empirischen mit dem Apriorischen
vorzuführen. Noch deutlicher wird dabei Plessners „regressive Methode", die das
Apriorische nicht in einem vorempirischen Ausgangspunkt sucht, sondern in den
Ermöglichungsbedingungen des empirisch Bestimmten; seine Methode zielt
darauf, wie es im Vorwort zur zweiten Auflage heißt, „zu einem Faktum seine
inneren ermöglichenden Bedingungen zu finden" (XX). In diesem Vorwort betont
Plessner auch erneut die Differenz zwischen phänomenologisch-ontologischer
(aber nicht notwendig vitalistischer) und naturwissenschaftlich-empirischer
Seinsschicht (oder Reflexion darauf), die einen wesentlichen Gegenstand der
Stufen des Organischen und der Mensch darstellt. Im Nachtrag rückt diese Differenz
dagegen in den Hintergrund, weil Plessner sich hier auf eine Auseinandersetzung
mit den Fortschritten der empirischen Biologie konzentriert.

Literatur

Bauch, Bruno 1911: Studien zur Philosophie der exakten Wissenschaften, Heidelberg, Carl
    Winter.
Bernard, Claude 1859: Leçons sur les propriétés physiologiques et les altérations
    pathologiques des liquides de l'organisme, Bd. 1, Paris, Baillière et fils.

Ebke, Thomas 2012: Lebendiges Wissen des Lebens. Zur Verschränkung von Plessners
    Philosophischer Anthropologie und Canguilhems Historischer Epistemologie, Berlin,
    Akademie Verlag.
Krüger, Hans-Peter 2001: Zwischen Lachen und Weinen. Bd. II: Der dritte Weg Philosophischer
    Anthropologie und die Geschlechterfrage. Berlin, Akademie Verlag.
Plessner, Helmuth 1922: „Vitalismus und ärztliches Denken", in:, Gesammelte Schriften, Bd.
    IX, Frankfurt a. M., Suhrkamp, 1985, S. 7 – 27.
Plessner, Helmuth 1923: „Über die Erkenntnisquellen des Arztes", in: Gesammelte Schriften,
    Bd. IX, Frankfurt a. M., Suhrkamp, 1985, S. 45 – 55.
Plessner, Helmuth 1964: „Ein Newton des Grashalms?", in: Delius, H./Patzig, G. (Hrsg.):
    Argumentationen. Festschrift für Josef König, Göttingen, Vandenhoek & Ruprecht,
    S. 192 – 207.
Plessner, Helmuth 1972: „Selbstdarstellung", in: Gesammelte Schriften, Bd. X, Frankfurt a. M.,
    Suhrkamp, 1985, S. 302 – 341.
Rothmaler, Werner 1948: „Über das natürliche System der Organismen", in: Biologisches
    Zentralblatt 67, S. 242 – 250.
Roux, Wilhelm 1912: Terminologie der Entwicklungsmechanik der Tiere und Pflanzen, Leipzig,
    Engelmann.
Toepfer, Georg 2011: Historisches Wörterbuch der Biologie. Geschichte und Theorie der
    biologischen Grundbegriffe, Bd. 3, Stuttgart, Metzler.
Weizsäcker, Victor von 1923: „Über Gesinnungsvitalismus", in: Gesammelte Schriften, Bd. 2.
    Empirie und Philosophie. Herzarbeit/Naturbegriff, Frankfurt a. M., Suhrkamp, 1998,
    S. 359 – 367.

Hans-Peter Krüger
14 Ausblick

Nach der Lektüre der *Stufen* und ihres systematischen Kommentars kann es von Interesse sein, die aufgezeigte Problematik in bestimmten Hinsichten weiterzuverfolgen. Daher erinnere ich in dem ersten folgenden Schritt an die Stellung dieses Buches in dem Gesamtwerk Plessners. Im zweiten Schritt verweise ich auf die aktuelle Diskussion über dieses Standardwerk, die seine genauere Lektüre vertiefen könnte. Schließlich deute ich im dritten Schritt exemplarisch an, wie diese Diskussion in die gegenwärtigen systematischen Bemühungen um eine Philosophische Anthropologie im weiten Sinne geöffnet werden kann, ganz gleich, ob in ihnen bereits mit Plessner gearbeitet wird oder noch nicht.

14.1 Einordnung der *Stufen* in das Gesamtwerk Plessners

Schaut man zurück in den Arbeitsplan von Plessner am Anfang der *Stufen*, wo stehen wir nun an ihrem Ende? Als den Zweck oder das Ziel seines Unternehmens gibt er die „Neuschöpfung der Philosophie unter dem Aspekt der Begründung der Lebenserfahrung in Kulturwissenschaft und Weltgeschichte" (30) an. Als Etappen auf dem Wege zu diesem Ziel nennt er die „Grundlegung der Geisteswissenschaften durch Hermeneutik, Konstituierung der Hermeneutik als philosophische Anthropologie, Durchführung der Anthropologie auf Grund einer Philosophie des lebendigen Daseins und seiner natürlichen Horizonte" (30). Der Aspekt, unter dem der Weg zu diesem Zweck beschritten wird, ist der des Lebens: „In seinem Mittelpunkt steht der Mensch. Nicht als Objekt einer Wissenschaft, nicht als Subjekt seines Bewusstseins, sondern als Objekt und Subjekt seines Lebens, d. h. so, wie er sich selbst Gegenstand und Zentrum ist" (31). Als „personale Lebenseinheit" gehe der Mensch nicht in dem Gegensatz zwischen Physischem und Psychischem auf, sondern stelle er deren Einheit auf eine Weise dar, die diesem exklusiven Dualismus gegenüber „neutral" oder „indifferent" sein kann (32). Gibt es in diesem personalen Leben nicht nur Zufall, sondern auch eine „Wesenskoexistenz", d. h. einen „strukturgesetzlichen Zusammenhang" zwischen dem Lebenshorizont als Welt und der Personalität als Lebenseinheit? Diese Frage soll „horizontal" im Hinblick auf das „Subjekt-Objekt der Kultur" und „vertikal" hinsichtlich des „Subjekt-Objekts der Natur" (32) untersucht werden. Um den Zugang zur „Qualität" der Lebenserfahrung, also Anschauung zu gewinnen, wird die phänomenologische Deskription als „ein wesentliches Mittel (nicht das einzige)" verwendet (30).

DOI 10.1515/9783110552966-014

Was Plessner nun am Ende der *Stufen* erreicht hat, ist in vertikaler Richtung eine Naturphilosophie des lebendigen Daseins, die Lebendiges von Unbelebtem und unter dem Lebendigen verschiedene Organisations- und Positionalitätsformen in dem einheitlichen Zusammenhang der Natur qualitativ zu unterscheiden vermag. Diese Naturphilosophie deduziert *nicht aus* dem anschaubaren Sachverhalt, sondern *im Hinblick auf* die Verwirklichung des anschaubaren Sachverhaltes, wie einem lebendigen Körper seine Grenze angehört und sie von ihm vollzogen wird, die Bedingungen dafür, unter denen der angeschaute Sachverhalt wirklich sein kann (114–115, 122). Die „Kategorien", unter denen die Anschauung des Lebendigen in seiner Seinsweise und in seinem wirklichen Vollzug verstanden wird, stellen eine je spezifische Einheit von Anschauung und Denken des Lebendigen dar (65–66). Sie referieren auf „Lebenssphären" der „Einheit von Subjekt und Objekt" (66–67, 244). Die theoretische Ordnung der Kategorien weist „mehr Verwandtschaft mit einer Dialektik als mit einer Phänomenologie" auf (115, vgl. auch 34, 73, 113), ohne des positiven Absoluten zu bedürfen (150–151, 305), das durch vorschnelle Verallgemeinerung und Verselbständigung des Dritten eines Gegensatzes entsteht. Die theoretische Ordnung der Kategorien in „Stufen", die sich auseinander ergeben, legt die struktur-funktionale Pluralität der Lebensphänomene im Rahmen ihrer Einheit, als „Manifestation des Grundsachverhaltes" der Positionalität (115), frei. Bei dieser Naturphilosophie handelt sich um eine solche hermeneutische Ontologie für die Naturphänomene des Lebendigen, die – gemessen an Kant und Hegel – „quasi-transzendental" und „quasi-dialektisch" (Krüger 2006c) verfährt, indem sie den Fokus des Philosophierens vom selbstbewussten Charakter des Wissens in die Personalität der Lebensführung verlegt.

Im Schlusskapitel über die Sphäre personalen Lebens geht diese Naturphilosophie zur Konstituierung der „allgemeinen Hermeneutik" als „philosophische Anthropologie" (28) über. In den drei anthropologischen Grundgesetzen werden jene strukturgesetzlichen Zusammenhänge expliziert, nach denen eine Wesenskoexistenz von Welt und personalem Leben in der Natur sein kann. Damit holt die „Rückkehr zum Objekt" (31) oder die „Wendung zum Objekt" (72) der Natur in dieser Natur selbst die Subjekt-Objekt-Einheit personalen Lebens ein, nämlich so, dass die Natur „*mit dem persönlichen Leben in selber Höhe*" liegt (27). Dies eröffnet ein neues, weder reduktiv monistisches noch dualistisches Naturverständnis, nach dem der exzentrische Bruch mit der zentrisch positionierten Natur auf geistig-kulturelle und soziale Weise zur Lebenseinheit vollzogen werden kann, also das Subjekt-Objekt als Soziokultur. In der geschichtlichen Wirklichkeit gibt es keine Trennung von Natur und Kultur, wie sie unter dualistischem Vorzeichen in der Trennung von Natur- und Geisteswissenschaften eingerichtet worden ist, sondern ihren Zusammenhang. Deshalb verweist Plessner im zweiten anthropologischen Grundgesetz auf seine *Einheit der Sinne. Eine Ästhesiologie des Geistes*

(ES, 1923), in der die kulturellen Lebenshaltungen von Personen rekonstruiert werden, in denen Gegenstände und Personen angeschaut und gedeutet, kundgegeben und verstanden werden können, indem eine symbolisch funktionale Integration der verschiedenen Sinnesmodalitäten durch Personen vollzogen wird (14, 24, 35, 332, 340). Daher verweist er auch im dritten anthropologischen Grundgesetz auf die soziale Verwirklichung der Mitwelt für die ontisch-ontologisch zweideutige Individualisierung von Personalität in Gemeinschafts- und Gesellschaftsformen, die er in den *Grenzen der Gemeinschaft* (1924) entworfen hatte (335, 344–345). Das Subjekt-Objekt der Natur ist nur unter Voraussetzung des Subjekt-Objekts der Soziokultur lebenswirklich, wie auch das Umgekehrte gilt: Die geistig-kulturellen Leistungen von Personen werden soziokulturell durch Rollen für Körperleiber ermöglicht und integrieren die körper-leiblichen Sinnesmodalitäten der sie ausübenden Lebewesen.

Im Schlusskapitel der *Stufen* wird zwar den Kategorien gemäß der Zusammenhang von Natur und Kultur in der exzentrischen Positionalität als wirkliche Ermöglichung begriffen, eben in den anthropologischen Grundgesetzen der *natürlichen Künstlichkeit*, *vermittelten Unmittelbarkeit* und des *utopischen Standortes*, aber diese Kategorien der Verwirklichung exzentrischer Positionalität und ihrer Grenzen werden noch durch die primär naturphilosophische Rekonstruktion der der personalen Lebenssphäre nötigen Ermöglichungsstrukturen gewonnen. Die mitgeführten Hinweise und Verweise auf dafür spezifische Phänomene, die es anzuschauen und zu verstehen gelte, können nicht in diesem vertikalen Teilprojekt ausgeführt werden. Wenn man sich fragt, an welchem Phänomenbestand die exzentrische Positionalität angeschaut und verstanden werden kann, und zwar so, dass der geschichtliche Zusammenhang zwischen Natur und Kultur auf gleicher Augenhöhe hervortritt, dann sollte man sich Plessners späterem Buch *Lachen und Weinen. Eine Untersuchung der Grenzen menschlichen Verhaltens* (LW) von 1941 zuwenden. Verlieren Personen in Situationen ihre Selbstbeherrschung, gemessen an den Maßstäben ihrer Soziokultur und ihrer Individualisierung, so fallen sie durch Mehrsinnigkeit ins Lachen und durch Sinnverlust ins Weinen. Dadurch tritt das Auseinanderfallen von Körperhaben und Leibsein hervor, die ansonsten durch den Vollzug der Person verschränkt werden. Die Personalität wird zwischen Lachen und Weinen erlernt, indem man mit Anderen *mitmacht*, sie *nachmacht* und schließlich Sachverhalte und Personen *nachahmt*, also ein Was und ein Wer nachahmt, das sich ablösen lässt vom Mantel seiner Eigenschaften in Raum und Zeit (Krüger 2014). Die Exzentrierung der Person von ihrem Körperleib wird in der Übernahme der Rolle anderer Personen erlernt, wofür die Schauspielerei das entfaltete Modell darstellt (vgl. ASCH; Krüger 1999, 4. u. 5. Kap.).

Was nun aber am Ende der *Stufen* als das Wichtigste noch immer aussteht, sind nicht die nächsten, sondern die übernächsten Etappen auf dem Wege zum

Ziel, d. h. zu der „Neuschöpfung der Philosophie unter dem Aspekt einer Begründung der Lebenserfahrung in Kulturwissenschaft und Weltgeschichte" (30).
Plessner hatte zwar einen kultur- und sozialphilosophischen Zugang zu der horizontalen Frage nach dem Subjekt-Objekt in der Soziokultur entworfen und jetzt
in den *Stufen* auch einen naturphilosophischen Zugang zu der vertikalen Frage
nach dem Subjekt-Objekt in der Natur vorgelegt, aber das geschichtsphilosophische Projekt stand für die Einlösung des Arbeitsplans im Ganzen noch bevor.
Dafür waren die bisher entworfenen strukturgesetzlichen Zusammenhänge für die
Ermöglichung von personaler Soziokultur überhaupt noch zu statisch, noch zu
wenig aus der Dynamik in Geschichtsprozessen selber entwickelt worden.
Plessner schloss sich zwar grundsätzlich schon in den *Stufen* Georg Mischs Systematisierung von Wilhelm Diltheys Philosophie des geschichtlichen Lebens (19 –
25) an, aber 1927 hatte Heidegger in *Sein und Zeit* bereits einen Entwurf dafür
vorgelegt, wie man von der Existenzialität des Daseins im Horizont des Sinns von
Sein eine hermeneutische Wende der Phänomenologie in die Zeitlichkeit vor-
nehmen kann. Es bedurfte noch einiger Jahre des Zusammenwirkens mit Georg
Misch (vgl. Schürmann 2011, 4. u. 5. Kap.), der seine Monographie *Lebensphilosophie und Phänomenologie. Eine Auseinandersetzung der Dilthey'schen Richtung
mit Heidegger und Husserl* (1930) zunächst als Artikelserie in Plessners Zeitschrift
Philosophischer Anzeiger publizierte (1929 – 30), bis Plessner seine geschichtsphilosophischen Studien *Macht und menschliche Natur. Ein Versuch zur Anthropologie der geschichtlichen Weltansicht* (MNA) von 1931 und *Das Schicksal deutschen Geistes im Ausgang seiner bürgerlichen Epoche* (VN) von 1935 (ab 1959 unter
dem Titel *Die verspätete Nation. Über die politische Verführbarkeit bürgerlichen
Geistes*), anschließen konnte (Krüger 1999, 6. Kap.; Mitscherlich 2007, 3. Kap.;
Krüger 2013).

1937 zieht Plessner eine vorläufige Bilanz seines Gesamtprojekts, die dann
wirkungsgeschichtlich nach dem Zweiten Weltkrieg auch entscheidend wurde. In
seinem Groninger Exil hielt Plessner seine Antrittsvorlesung über „Die Aufgabe
der Philosophischen Anthropologie" (APA), in der er sein Vorgehen wie folgt
zusammenfasst: Im Unterschied zu der gleichnamigen philosophischen Subdisziplin spricht seine Philosophische Anthropologie erstens theoretisch den Menschen „als Menschen" an: Dieser hermeneutische Anspruch verlässt sich weder
auf eine zoologische „Spezies Homo sapiens" noch beruht er auf der Exklusion
Anderer durch die eigene Religion, Kultur oder das eigene Volk. „In der Philosophischen Anthropologie ist der Mensch als Mensch angesprochen und in diesem Zusatz eine Einschränkung auf den Bereich vorgenommen, der zwischen den
Extremen größtmöglicher Vereinzelung und größtmöglicher Verallgemeinerung
eine nicht genau festzulegende Mitte hält" (APA, 36). Die wirkliche Mitte, in der sich
die „Wesensverfassung" zwischen Einzelnem und Allgemeinem im Menschsein

vollzieht, wird selbst zur theoretischen Forschungsaufgabe, statt sie für entweder eine einzige Vereinzelung (die individuell je unvertretbare Existenz) oder eine einzige Verallgemeinerung (als Spezies, Gesellschaft, Kultur, Sprache, Vernunft) des Menschseins von vornherein auszuschließen. „Zweitens bedeutet der Zusatz ‚als Mensch' einen praktischen Anspruch, für dessen Erfüllung ebenso wenig allgemein anerkannte Garantien gegeben werden können. Dass wir Menschen sind und sein sollen, diese Entdeckung oder diese Forderung verdanken wir einer bestimmten Geschichte, der griechischen Antike und der jüdisch-christlichen Religiosität" (APA, 37). Weil wir inzwischen aus historischer Erfahrung, „durch die Kritik der Entwicklungsidee, durch die politische und ideologische Bekämpfbarkeit der humanitas um die Gewagtheit und Rückhaltlosigkeit des ‚Menschen'-Gedankens wissen, müssen wir das Menschsein in der denkbar größten Fülle an Möglichkeiten, in seiner unbeherrschbaren Vieldeutigkeit und realen Gefährdetheit so zum Ansatz bringen, dass die Gewagtheit eines derartigen Begriffes als Übernahme einer besonderen Verantwortung vor der Geschichte verständlich wird" (APA, 37).

Die Philosophische Anthropologie geht diese theoretisch-praktische Aufgabe an, indem sie drei Grundsätzen im Hinblick auf eine dreifache Verbindung folgt, eine Verbindung nicht nur zur Philosophie, sondern auch zu den Einzelwissenschaften und zur geschichtlichen Situation. Erstens gelte in der Philosophischen Anthropologie „die methodische Gleichwertigkeit aller Aspekte, in denen menschliches Sein und Tun sich offenbart", darunter des physischen, psychischen, geistig-sittlichen und religiösen Aspekts, „für die sogenannte Wesenserkenntnis vom Menschen" (APA, 39). Diese methodische Gleichwertigkeit richtet sich gegen alle „materialistischen, idealistischen, existentialistischen Einseitigkeiten" (APA, 38). Zweitens gehe es um die Art und Weise der Einheit dieser Aspekte und damit des Überganges zwischen ihnen. Diese Art und Weise von Einheit sei von derselben „Ursprünglichkeit, wie sie der Mensch in seinem Geschichte werdenden Dasein beweist, in dem er sie sich erringt" (APA, 39). Es handelt sich also um eine qualitative Einheit der Aspekte, die in dem phänomenologischen Sinne „ursprünglich" ist, dass sie nicht aus der Erkenntnis anderer Sachverhalte abgeleitet werden kann. Sie ist lebensweltlich durch keine „isolierende Methode des Laboratoriums" (APA, 47) zur Darstellung und Messung einzelwissenschaftlicher Erkenntnisse zu ersetzen. Diese qualitative Einheit ist aber auch nicht unbefragbar vorgegeben, sondern aus dem in der Geschichte werdenden Dasein errungen, also hermeneutisch zu erschließen. Ihre Veränderung kann besser oder schlechter ausfallen, was zu beurteilen eine „positive Zusammenarbeit" mit den „Natur- und Kulturwissenschaften vom Menschen" erfordert: Plessner gibt das Beispiel von der Erkenntnis „der Wirkungseinheit der Person zwischen Leib und Körper, Körper und Geist" im biomedizinischen Kontext zwischen Arzt und Patient, wodurch auch die „Erkenntnistheorie und Ontologie vor neue Aufgaben"

(APA, 48) gestellt werden. Der dritte Grundsatz bezieht sich auf die geschichtliche Situation, in der die überweltlichen Autoritäten zerfallen sind und die inner-weltlichen Autoritäten angesichts von Individualisierung und Pluralisierung strittig bleiben (APA, 41 mit Verweis auf sein Buch VN). Er „bestimmt die Funktion der Philosophischen Anthropologie, die sich ihrer theoretischen Grenzen im Hinblick auf ihre praktische Verantwortung gegen die Unergründlichkeit des Menschenmöglichen bewusst ist" (APA, 39 mit Verweis auf MNA, 44). Daher können die Strukturformeln für die Erkenntnis der Wesensverfassung „keinen abschließend-theoretischen, sondern nur einen aufschließend-exponierenden Wert" beanspruchen: In dieser Sicherung der Unergründlichkeit des Menschen komme „der Ernst der Verantwortung vor allen Möglichkeiten" zum Ausdruck, in denen sich der Mensch „verstehen und also sein kann" (APA, 39).

Nach der phänomenologischen und hermeneutischen Methode bringt Plessner erneut auch eine bestimmte Art und Weise von Dialektik zur Sprache, die zweifellos auf Hegels *Phänomenologie des Geistes* anspielt, ohne Hegels syste-matisch positive Fassung des Absoluten als Geist Gottes zu beanspruchen. Die moderne Skepsis gegen jede Autorität rechne mit einer Selbsttäuschung, die durch ihre reflexive Rückführung auf ein bestimmtes Subjekt behoben werden könne, was sich von Kant über Marx und Nietzsche bis Freud oft genug wiederholt hat. Diese Skepsis sei auch gegen die „Selbstvergötterung des Menschen" im Namen der „Fortschritte" an „Verfügungsgewalt" durch Wissenschaft und Technik zu richten (APA, 50), womit die Kritik immanent einsetzt. Aber die *Verwirklichung* dieser Skepsis *überwinde* sie auch, denn sie bringe Anderes zum Vorschein, als in der dualistischen Skepsisart an alleiniger Selbsttäuschung eines Subjekts erwartet werde. Die Verwirklichung dieser Skepsis lasse die „*Grenze*" klarwerden, „bis zu der sich der Mensch als Mensch in Frage stellen kann": Ohne ihre Verwirklichung wird man „den Verdacht gegen das Recht, vom Menschen als einem besonderen und auf seinen Gattungscharakter verpflichteten Wesen zu sprechen, nicht los-werden." (APA, 45) Der durch seine „Destruktion" führende Begriff des „Men-schen" habe „Wagnischarakter" und erfordere den „Mut zur rückhaltlosen Skepsis als einer Methode des Menschen, sich durch Selbstentsicherung wiederzufinden" (APA, 37, 46). So heißt es denn zusammenfassend kursiv: „*Die im Sinne ihrer Überwindung verwirklichte Skepsis ist allein möglich als Philosophische Anthropo-logie*" (APA, 41).

Es kann hier nicht nebenbei die breite und tiefe Diskussion über den Zu-sammenhang zwischen Plessners Natur- und Geschichtsphilosophie ausgetragen werden. Der Konsens sollte aber m. E. zumindest darin bestehen, dass nicht einmal der Arbeitsplan der *Stufen* ohne die geschichtsphilosophischen Studien als erfüllt angesehen werden könnte. Das Programm der *Stufen* geht von Anfang an deutlich über den in ihnen geplanten Teil einer philosophischen Biologie hinaus.

Umso mehr gilt für diejenigen Autorinnen und Autoren, die die Gleichrangigkeit der Geschichts- mit der Naturphilosophie in einer insgesamt gebrochenen Lebensphilosophie Plessners (Mitscherlich 2007) oder den hermeneutischen Primat der geschichtsphilosophischen Verwirklichung des Soziokulturellen (Lindemann 2009 u. 2014; Schürmann 1997; 2011 u. 2014; Wunsch 2014) vertreten, dass die *Stufen* vom Standpunkt der in *Macht und menschliche Natur* explizierten Hermeneutik her einzuordnen sind. Unter dem Primat der Hermeneutik wurde Plessners Philosophische Anthropologie von vielen wichtigen Autoren seit langem explizit gelesen (Bollnow 1956; Habermas 1958; Honneth/Joas 1980; Schnädelbach 1983).

14.2 Zur aktuellen Diskussion über die *Stufen*

Beaufort hat die jüngere Diskussion über die *Stufen* damit eröffnet, dass er das natur-konstitutionstheoretische Verfahren der *Stufen* vom Standpunkt der gesellschaftlichen Konstruktion der Natur aus kritisierte (Beaufort 2000). Ich habe in meiner Einführung diese Diskussion im Überblick dargestellt (s.o. 1. 4), darunter insbesondere auf Mitscherlichs Herausarbeitung der „doppelseitigen Deduktion" (Mitscherlich 2007) und auf Grenes Herausstellung der naturphilosophischen Originalität von Plessners *Stufen* verwiesen (s.o. 1. 2). Wunsch fasst die gegenwärtige Diskussion dahingehend zusammen, dass die exzentrische Positionalität ein Prinzip der Ansprechbarkeit als Mensch bzw. Person darstelle, nicht aber als ein Prinzip der Konstitution im Sinne empirischer Kriterien von Gegenständen zu verstehen ist. Zudem trete in *Macht und menschliche Natur* das ethische Prinzip von der Verbindlichkeit der Unergründlichkeit explizit hinzu, das zu politischer Orientierung entfaltet werde. Das Prinzip der Ansprechbarkeit und das der Verbindlichkeit von Unergründlichkeit begrenzten sich gegenseitig (Wunsch 2014, 231–235, 237–238, 258–264). Eine Ausnahme in der gegenwärtigen Diskussion über die systematischen Aufgaben in Plessners Philosophischer Anthropologie stellt Fischer dar, der Plessner von der Wirkungsgeschichte des Ausdrucks „Philosophische Anthropologie" im Werk von Arnold Gehlen her liest. Bei Gehlen liegt indessen (auch laut dessen Selbstauskünften) überhaupt keine phänomenologische und dialektische Hermeneutik vor, sondern eine „Philosophie", die „Empirien" zum „Thema" Mensch „integriert" (Gehlen 1986, 142–143). Fischer vertritt daher auch für die Plessner-Lektüre einen Primat der vertikalen Biophilosophie über die horizontale Kulturphilosophie (Fischer 2008, 549). Ich hatte demgegenüber von Anfang an das Gesamtwerk Plessners unter dem geschichtsphilosophischen Prinzip der Unergründlichkeit, d. h. gemäß der Öffnung der Frage in die Zukunft des Ganzen personalen Lebens, rekonstruiert, was sich mit dem Primat einer Philosophie der offenen Fraglichkeit personalen Lebens in der gebrochenen und daher geistoffenen Natur bestens verträgt (Krüger 1999, 30 – 32, 265 – 270; Krüger 2015). Man verwechsle diese Naturphilosophie nicht mit Gehlens philosophischer Biologie als dem funktionalen Maßstab für die Sozial-und Kulturanthropologie. Die exzentrisch gebrochene und geistoffene Natur ist etwas anderes als dieser Maßstab (vgl. dagegen Mitscherlich 2007, 13–14).

Die Fraglich*keit* der personalen Lebenssphäre, bevor (logisch gesehen) *sich* personale Lebewesen etwas und jemanden fragen können, rührt aus dem exzentrischen Bruch mit Körpern (in Raumzeit) und Leibern (in Raum- und Zeithaftigkeit) in das Nichts (der Raumzeit) und das Nirgendwo, Nirgendwann (der Raum- und Zeithaftigkeit) her (s. o. 12. 1). Alle Versuche, auf diese Fraglichkeit in der exzentrischen Positionalität durch eine positive Auswahl aus den Potentialitäten des Geistes der Mitwelt zu antworten, schließen diese Fraglichkeit nicht vollständig ab (Krüger 2006a u. 2006b). Sie geht als die Gestelltheit in den Bruch nicht darin auf, sich dem Bruch zu stellen und seine Überbrückung zu vollziehen. Personale Lebewesen schaffen nicht diese Gestelltheit in den Bruch ab, sondern schaffen es, in dieser Gestelltheit in dem Bruch zum Stehen zu kommen, indem sie die Überbrückung in diese Gestelltheit vollziehen. Das sich dem Bruch Stellen und seine Überbrückung Vollziehen verwirklicht die exzentrische Positionalität geschichtlich, d. h. auch nie vollständig und ein für alle Mal, als ob die Fraglichkeit verschwände, die das geschichtliche Fragen und Antworten ermöglicht und erfordert (s. o. 12. 2 – 12. 4). Schürmann spricht das Problem zwischen der „Gestelltheit" und dem „Vollzug" in der exzentrischen Positionalität an, in dem die Fraglichkeit besteht, weshalb Plessner die Gestelltheit und den Vollzug, sich in ihr stellen zu können, stets von Neuem in Sozial-, Kultur- und Geschichtsphilosophie „verteilt" (Schürmann 2014, 103–104). Erst die eine Art und Weise von Verteilung, die es schon naturphilosophisch im Beharren gegen das Werden gibt (134), in Personenrollen und deren geschichtliche Verwirklichung in Gemeinschafts- und Gesellschaftsformen ermöglicht es dem konkreten Individuum, den Hiatus des Nichts im Vollzug wirklich überbrücken zu können.

Die naturphilosophische Einsicht in den Hiatus und seine Verschränkungsnot hat Plessner auch im Auge, als er im Februar 1928 seinem Freunde Josef König, der gerade von Heideggers *Sein und Zeit* wie viele Zeitgenossen begeistert ist und dann bis 1933 zu Heideggers Philosophie wechseln wird, versucht zu erklären, worin die Differenz seiner Philosophie zu der von Heidegger besteht. „Hier finde ich den eigentlich schwachen Punkt Heideggers, der noch an einen ausgezeichneten Weg (der Ontologie) glaubt in der Rückinterpretation der Frage auf den angeblich sich Nächsten: den Fragenden (als ob wir fragen könnten, wenn wir nicht gefragt wären!)" (KP, 176; so auch V). Dieses Gefragtsein lässt sich nicht in diejenigen Frage-Antwort-Relationen auflösen, die Personen geschichtlich durch Zuordnungen einrichten, weshalb diese Einrichtungen geschichtlich veränderlich bleiben. Das „Gefragtsein jeder gestellten Frage" ist „eine andere Verklammerung als die von Subjekt und Objekt, Noesis-Noema etc." (KP, 177). Die von Plessner freigelegten „sphärischen Strukturen" sind „gegen den Gegensatz von Existenz und Sein, Zuhandenheit und Vorhandenheit, Subjekt und Objekt, Innen und Außen gleichgültig" (KP, 177). Sie erfüllen den Sinn dessen, „was ohne wissenschaftliche Restriktion von uns natura sive mundus genannt wird" (KP, 177). Man dürfe dasjenige Schaffen, das das personale Leben auszeichnet, um sich seinem Gestelltsein in den Bruch der Natur gewachsen zu zeigen, nicht übertragen auf die Natur – in einer ganz anderen „Weite dessen, was hier Natur bedeutet" (KP, 177) –, als könne sie nichts Anderes sein denn die vom Menschen oder von (seiner idealen Verlängerung) Gott geschaffene Welt. „Darin sehe ich mein eigentliches philosophisches Ziel: Ersetzung des apokalyptischen Weltbegriffs, d. h. desjenigen Begriffs, der Welt als der Möglichkeit nach ens creatum fasst" (KP, 179). Daran gemessen stehe Heidegger noch im Banne der alten Tradition des Subjektivismus (V), der in der Moderne zu der oben genannten „Selbstvergötterung" des Menschen führt und damit die nächste Apokalypse heraufbeschwört.

Heute ist seit Jahrzehnten die ökologische Problematik als Folgenakkumulation der Selbstermächtigung der Moderne zur Beherrschung der Natur bekannt und unter dem Titel des *Anthropozäns* ausgerufen worden. Noch immer soll die Natur nur Umwelt sein, die dem ontologischen Zentrum des je eigenen Selbstseins zu dienen hat, letzteres möge nur besser seine langfristigen statt kurzfristigen Interessen berücksichtigen. Natur auf gleicher Augenhöhe mit dem Geiste, wie bei Plessner, darf es so noch immer nicht geben (Block 2016), es sei denn negativ als Rache der Natur in einer Apokalypse (so ist die Natur noch immer anthropomorph gedacht, wie man sich auch Gott so vorgestellt hat) oder im Sinne einer Schickung des späten Heideggers. Heidegger hat in seiner Kehre das Sein gegen das Dasein verselbständigt, um auf diese Weise selber die Fraglichkeit vor (logisch) dem geschichtlichen Fragen und Antworten thematisieren zu können. In den letzten Jahren rührt sich auch wieder ein verstärktes Bedürfnis der Philosophie nach einem Realismus, der dem Konstruktivismus im Dienste des individuellen und kollektiven Selbstsein-Könnens Grenzen setzt. Aber oft wird dabei noch der neue Realismus an die Unmittelbarkeit der Erfahrung durch Konfusion von Merleau-Pontys Leib mit Heideggers Dasein geknüpft, als ließe sich nicht mit Plessner die vermittelte Unmittelbarkeit (s. o. 12. 2) der Beziehungen in der exzentrischen Positionalität einsehen (Dreyfus/Taylor 2016).

Dieses ökologische und jenes realistische Unterfangen sind nur zwei aktuelle Beispiele dafür, wie lohnenswert es sein kann, die Jahrzehnte anhaltende Kontroverse zwischen Plessner und Heidegger auf ihrem hohen Niveau verstehen zu lernen. Umso erfreulicher ist es, dass in jüngster Zeit die beiden großen Antipoden der deutschsprachigen Philosophien des 20. Jahrhunderts, eben Heideggers und

Plessners Philosophien, endlich in eine Diskussion versetzt werden. In diese aktuelle Rekonstruktion werden inzwischen so viele Philosophien, Biologien und Medizin-Konzeptionen einbezogen, dass eine ganze diskursive Formation zur Philosophie der Lebensexistenzen im Hinblick auf ihre bio-medizinische Erforschung zum Vorschein kommt. Sie beinhaltet auch die philosophischen Positionen von Hans Driesch, Max Scheler, Ernst Cassirer, Georg Misch, Nicolai Hartmann, Karl Löwith, Hannah Arendt, Theodor W. Adorno, Max Horkheimer, Josef König (Schmitz 1996; Krüger 1999; 2001; 2009; 2012; 2016; Damm/Gutmann/ Manzei 2005; Schloßberger 2005; Großheim 2013; Schürmann 2011 u. 2014; Wunsch 2014), aber ebenso die Positionen führender Biologen und Mediziner von Karl Jaspers, Jakob von Uexküll über Frederik Jakobus Johannes Buytendijk und Viktor von Weizsäcker bis zu Adolf Portmann, den Gestaltpsychologen u. v. a. (Köchy/Michelini 2015; Danzer 2011 u. 2012). Plessners naturphilosophische Kombination aus Anschauung (qualitativer Erfahrung), Verstehen und dialektischer Krisis ist vom Grundansatz erneut fruchtbar, wenn man heutzutage insbesondere den Verstehensproblemen in der Exzentrierung und Rezentrierung personaler Lebewesen im Unterschied zu apersonalen Lebewesen nachgeht. Dies hat sich sowohl in der vergleichenden Hirn- und Verhaltensforschung gezeigt (Krüger 2010) als auch in dem Versuch, die Spezfik psychischer Krankheiten von personalen Lebewesen zu begreifen (Heinz 2014). Plessners hermeneutische Offenheit in der Interpretation der exzentrischen Positionalität, wodurch er den Zirkel des Menschseins kategorial überwunden hat, hat auch sozialphilosophische Früchte ermöglicht (Lindemann 2009 u. 2014).

14.3 Zum Bedürfnis nach einer Philosophischen Anthropologie im weiten Sinne

Folgt man der modernen Verwirklichung der exzentrischen Positionalität im Sinne der anthropologischen Grundgesetze (s. o. 12), also hinsichtlich des wesentlichen Zusammenhanges zwischen personaler Lebensform und der sie ermöglichenden Welt, dann entstehen unter dem Aspekt der natürlichen Künstlichkeit anthropologische Fragen in den erwartbaren Grenzen dieser Verwirklichung. Es gilt dann nicht nur im ökologischen Verhältnis zur äußeren Natur die Grenzfrage zu beantworten, wie personale Lebensformen in die unbelebte und belebte Natur durch natürliche Künstlichkeit nachhaltig eingepasst werden können, darunter insbesondere das Verhältnis zu pflanzlichen und tierlichen Lebensformen zu gestalten ist. Es geht dann auch im Verhältnis zur eigenen Natur personalen Lebens durch natürliche Künstlichkeit um die Einrichtung von Grenzöffnungen und Grenzschließungen für die Zugehörigkeit zum Kreis der Personen, insbesondere am

Lebensanfang und am Lebensende, und zur Ermöglichung eines guten Lebens für Personen. Schließlich folgen aus der technologischen Vergegenständlichung von natürlicher Künstlichkeit solche Fragen wie die nach dem Verhältnis künstlicher und kommunikativer Intelligenz zu dem personalen Geist in der personalen Lebenssphäre. Lindemann spricht von einem „Quadrat" anthropologischer Fragen, über deren Lösung ein geschichtlicher Kampf zur Einrichtung von „Grenzregimen" zwischen Öffnung und Schließung der jeweiligen Grenze entbrennt (Lindemann 2009, 83–84, 123–124, 126–127). Unter dem Aspekt des zweiten anthropologischen Grundgesetzes der vermittelten Unmittelbarkeit kann man in der Tat erwarten, dass die moderne Verwirklichung der personalen Lebenssphäre generationenweise zu stets erneuten Wellen an Expressivität führt, statt je vollständig und für alle verbindlich nach einem bestimmten Maßstab durchrationalisiert werden zu können, wodurch der Konflikt zwischen Gemeinschaftsformen und Gesellschaftsformen erneut ausbricht und der Verschränkung bedarf (s. o. 12. 3). Auch dies führt geschichtlich zu vorläufigen Spektren zwischen der Schließung und Öffnung der Grenze, wer zum Kreis der Personen in der personalen Lebenssphäre grundsätzlich, vorrangig, nebenrangig etc. gehört. Unter dem Aspekt des dritten anthropologischen Grundgesetzes vom utopischen Standort lässt sich die stets erneute generationenweise Herausbildung von Utopien erwarten, die exzentrische Lebewesen in religiösen und areligiösen Formen bewegen, ohne dass es zu einer endgültigen Überwindung dieser Pluralität von Formen durch eine einzige Form ein für alle Mal und für alle kommen kann.

Mir scheint, dass sich all diese kategorialen Erwartungen, die sich im Hinblick auf die moderne Verwirklichung der exzentrischen Positionalität aus Plessners Philosophischer Anthropologie ergeben, in den letzten Jahrzehnten von neuem bestätigt haben. Im heute allgemeinen, von Plessner ganz unabhängigen Sprachgebrauch erscheinen Fragen als anthropologische, wenn es um die Unterscheidung menschlicher Lebewesen von anderen Lebewesen oder Akteursarten innerhalb einer Gemeinsamkeit mit diesen geht. So wird die Frage gestellt, was uns Menschen denn von Affen oder intelligenten Robotern unterscheide, wobei die Intelligenz als Vergleichsmaßstab an Gemeinsamkeit vorausgesetzt wird. So berechtigt solche Fragen empirisch für bestimmte isolierende Kontexte sind, sie führen normative Fragen mit sich, da sie für die betroffenen Lebensformen als ganze praktisch relevant sind. In der weithin üblichen Arbeitsteilung zwischen empirischen und normativen Fragen entsteht so das Bedürfnis nach einer Integration zwischen den empirischen Fragen, die zusammengestellt einen anthropologischen Realitätskontakt halten mögen, und den philosophischen Fragen, die zu normativen Lösungen für die praktischen Probleme führen sollen. Wächst sich dieses Integrationsbedürfnis über einzelne anthropologische Fallgruppen hinausgehend aus, tendiert es dazu, eine philosophische Anthropologie zu werden.

Dieses Bedürfnis nach einer philosophischen Anthropologie im weiten Sinne artikuliert sich in einem allgemein üblichen Sprachgebrauch, der terminologisch variabel ist und nicht an die spezielle, aber gleichnamige Strömung anschließen muss, die von Max Scheler und Helmuth Plessner begründet worden ist (Schnädelbach 1983). Die echten Sachfragen der Philosophischen Anthropologie im engeren Richtungssinne werden ihren Voraussagen gemäß expressiv variabel immer erneut geschichtlich artikuliert.

Dies sei – den Ausblick auf eine weitere Diskussion abschließend – an drei Beispielen verdeutlicht, die m. E. eine gewisse Repräsentativität beanspruchen dürfen. Plessners *Stufen* beginnen mit einer Konfrontation zwischen dem dualistischen Mainstream moderner Philosophie und der lebensphilosophischen Gegenströmung, um aus diesem Gegensatz zwischen einem einerseits Rationalität versprechenden Dualismus und andererseits einem intuitivem Monismus alles irrational Lebendigen durch Verschränkungen heraus zu gelangen. Je nachdem, in welche problemgeschichtlichen Bindungen die heute Philosophierenden zunächst kontingent hineinwachsen, entsteht das Grundproblem der Überwindung von entweder einem solchen Dualismus oder einem derartigen Monismus in innovativen Integrationsformen stets erneut. Man kann die *Familienähnlichkeit* der systematischen Problemlage leicht erkennen, ohne sich die lebensgeschichtlich kontingente Ausgangslage der betroffenen Philosophierenden schulpolitisch vorwerfen zu müssen.

Martha Nussbaum hatte früh einen neoaristotelischen Abstand zum neuzeitlichen Dualismus und seinen modernen Durchführungen, weshalb sie auf ihre Weise Max Schelers Thema von der Sinnordnung des personalen Gefühlslebens, d. h. von Liebe und Hass, von Scham und Ressentiment, von Mitfreude und Mitleid, wieder entdecken konnte (Schloßberger 2005), ohne dass Scheler für sie persönlich wichtig gewesen wäre (Nussbaum 2014). Stattdessen schloss sie problemgeschichtlich insbesondere an Michel Eyquem de Montaigne und Johann Gottfried Herder sowie systematisch an John Rawls Theorie der Gerechtigkeit an. Ihre philosophisch-anthropologische Integration zielt nicht mehr nur auf eine traditionelle Verteilungsgerechtigkeit der Dinge ab, sondern auf die Gerechtigkeit in den Chancen, dass Menschen die ihrer Gattung spezifischen Fähigkeiten (*capabilities*) ausbilden können. Hier liegt ein Problem des Überganges von normativ ermöglichenden Fragen und empirischen Fragen in beide Richtungen vor, zu dessen Lösung Plessner ein methodisch aufwendiges Verfahren im Zeichen des *homo absconditus* entwickelt hat, der Nussbaum systematisch fehlt.

Otfried Höffe hat demgegenüber Kant nicht wie üblich dualistisch gelesen, wodurch man erst durch Herder auf die Fragen einer philosophischen Anthropologie der Gemeinsamkeit alles Lebendigen und der geschichtlichen Vervollkommnung von Humanität kam (vgl. Krüger 2009, 4. u. 9. Kap.). Höffe hat das ebenfalls bei Kant vorhandene Anliegen einer Integration von transzendentalen Ermöglichungsfragen mit den empirischen Fragen der anthropologischen Menschenkenntnis zu einer metaphysischen Wissenschaft entfaltet. Daraus erwächst eine zugleich transzendental und pragmatisch verfahrende philosophische Anthropologie, die Höffe insbesondere rechts- und staatsphilosophisch (Höffe 1999) sowie für das der Moderne konstitutive Thema der Freiheit (Höffe 2015) durchgeführt hat. Seine Politische und Rechts-Philosophie entfaltet den normativ nötigen Schutz, der die Unergründlichkeit des Menschen ermöglicht (Höffe 1992 u. 1993). Auch hier eröffnet sich ein interessantes Diskussionsfeld, wie genau die metaphysische Integration der transzendental ermöglichenden und der empirisch pragmatischen Fragen erfolgt (Krüger 2009, 3. Kap.). Dazu lädt Plessners Verfahren der Kombination von phänomenologischer, geschichtlich-hermeneutischer und kategorial-dialektischer Methode in einer Metaphysik der Negativität des Absoluten (s. o. 1. 3) ein.

Schließlich hat auch die hermeneutische Ontologie des Selbst- und Weltverständnisses von Charles Taylor auf die erneute Entdeckung der *Human Condition* zurückgeführt. Seine Rekonstruktion des geschichtlichen Wandels dieses Verständnisses während des letzten halben Jahrtausends hat nicht nur Plessners Abheben auf die Expressivität im weiten Sinne als den Motor geschichtlicher Veränderungen und darunter die moderne Stimme der Natur bestätigt (Taylor 1994), ohne Plessner näher gekannt zu haben. Taylor hatte früh durch Merleau-Pontys Leibesphänomenologie, die ihrerseits auch unter Einfluss Plessners entstanden war (s. o. 1. 2), eine Distanz vom dualistischen Mainstream modernen Philosophierens gewonnen, die offen war für dasjenige, das er später das für Anderes und Fremdes „poröse" Selbst im Unterschied zum gegenüber Anderem und Fremdem „abgepufferten" Selbst nennen sollte (Taylor 2009, 79, 899). Vor allem aber steht seine Rekonstruktion im Einklang mit dem, was Plessner den utopischen Standort im weiten Sinne (s. o. 12. 3) nennt: Die Lage des Menschen im Ganzen bleibe durch allen geschichtlichen Wandel hindurch prekär und dilemmatisch, so sehr jede der traditionellen und reformerischen Religionsformen, der anti-humanistischen und humanistischen Bewegungen an die Erlösung des Menschen durch die jeweils eigene Utopie im Gegensatz zu den anderen glaube und dadurch auch das Gegenteil bewirke (Taylor 2009, 1058 ff., 1116 ff.). Taylor spricht von einer „tragischen Ironie" in der *conditio humana* (Taylor 2009, 1156), die zu einem Vergleich mit denjenigen Grenzerfahrungen einlädt, die Plessner das gespielte und ungespielte „Lachen und Weinen" (LW) nannte. Was bei Taylor unter den Tendenzen, sich dieser Lage zu stellen, fehlt, ist die Option, Natur in sich gebrochen und daher geistoffen verstehen zu können, die sich in den klassischen Pragmatismen und der Philosophischen Anthropologie Plessners artikuliert hat (Krüger 2001).

Literatur

Bollnow, Otto Friedrich 1956/2009: „Das Wesen der Stimmungen", in: Ders., Studienausgabe in 12 Bänden, hrsg. v. Ursula Boelhauve, Gudrun Kühne-Bertram, Hans-Ulrich Lessing u. Frithjof Rodi, Bd. 1, Würzburg, Königshausen & Neumann.

Dreyfus, Hubert/Taylor, Charles 2016: Die Wiedergewinnung des Realismus, Berlin, Suhrkamp.

Gamm, G./Gutmann, M./Manzei A. (Hrsg.), Zwischen Anthropologie und Gesellschaftstheorie. Zur Renaissance Helmuth Plessners im Kontext der modernen Lebenswissenschaften, Bielefeld, transcript Verlag.

Gehlen, Arnold 1986: Anthropologische und sozialpsychologische Untersuchungen, Reinbek b. Hamburg, Rowohlt Taschenbuch Verlag.

Großheim, Michael 2013: „Heidegger und die Philosophische Anthropologie", in: Thomä, D. (Hrsg.), Heidegger-Handbuch. Leben – Werk – Wirkung, Stuttgart/Weimar, Metzler Verlag, S. 333–337.

Habermas, Jürgen 1958: „Anthropologie", in: Diemer, A./ Frenzel, I. (Hrsg.): Das Fischer-Lexikon: Philosophie, Frankfurt a. M., Fischer Verlag, S. 18–35.

Höffe, Otfried (Hrsg.) 1992: Der Mensch – ein politisches Tier? Essays zur politischen Anthropologie, Stuttgart, Philipp Reclam jun.

Höffe, Otfried 1993: Kategorische Rechtsprinzipien. Ein Kontrapunkt der Moderne, Frankfurt a. M., Suhrkamp.

Höffe, Otfried 1999: Demokratie im Zeitalter der Globalisierung, München, Verlag C. H. Beck.

Höffe, Otfried 2015: Kritik der Freiheit. Das Grundproblem der Moderne, München, Verlag C. H. Beck.

Honneth, Axel/Joas, Hans 1980: Soziales Handeln und menschliche Natur. Anthropologische Grundlagen der Sozialwissenschaften, Frankfurt a. M., Campus Verlag.

Köchy, Kristian/Michelini, Francesca (Hrsg.) 2015: Zwischen den Kulturen. Plessners „Stufen des Organischen" im zeithistorischen Kontext, Freiburg/ München, Verlag Karl Alber.

Lindemann, Gesa 2014: Weltzugänge. Die mehrdimensionale Ordnung des Sozialen, Weilerswist, Velbrück Wissenschaft.

Misch, Georg 1930: Lebensphilosophie und Phänomenologie. Eine Auseinandersetzung der Dilthey'schen Richtung mit Heidegger und Husserl, Bonn, Friedrich Cohen Verlag.

Nussbaum, Martha C. 2014: Politische Emotionen. Warum Liebe für Gerechtigkeit wichtig ist, Berlin, Suhrkamp Verlag.

Schmitz, Hermann 1996: Husserl und Heidegger, Bonn, Bouvier Verlag.

Schnädelbach, Herbert 1983: Philosophie in Deutschland 1831–1933, Frankfurt a. M., Suhrkamp Verlag.

Schürmann, Volker 1997: „Unergründlichkeit und Kritik-Begriff. Plessners Politische Anthropologie als Absage an die Schulphilosophie", in: Deutsche Zeitschrift für Philosophie 45, S. 345–361.

Taylor, Charles 1994: Quellen des Selbst. Die Entstehung der neuzeitlichen Identität, Frankfurt a. M., Suhrkamp Verlag.

Taylor, Charles 2009: Ein säkulares Zeitalter, Frankfurt a. M., Suhrkamp Verlag.

Wunsch, Matthias 2014: Fragen nach dem Menschen. Philosophische Anthropologie, Daseinsontologie und Kulturphilosophie, Frankfurt a. M., Vittorio Klostermann.

Für die übrige erwähnte Literatur siehe die Auswahlbibliographie am Ende des Bandes.

Auswahlbibliographie

vom Herausgeber

Für die Texte von Helmuth Plessner siehe Zitierweise und Siglen am Anfang des Bandes. Die folgende Sekundärliteratur bezieht sich nicht auf Philosophische Anthropologie im Allgemeinen oder nicht einmal auf alle Aspekte des Gesamtwerkes von Plessner, sondern auf seine Philosophische Anthropologie mit dem Fokus auf sein Buch *Die Stufen des Organischen und der Mensch*:

1 Bücher zu Plessners Gesamtwerk und den *Stufen*

Borsari, Andrea/Russo, Marco (Hrsg.) 2005: Helmuth Plessner. Corporeità, natura e storia nell'antropologia filosofica, Salerno, Rubbettino Editore.

Beaufort, Jan 2000: Die gesellschaftliche Konstitution der Natur. Helmuth Plessners kritisch-phänomenologische Grundlegung einer hermeneutischen Naturphilosophie in ,Die Stufen des Organischen und der Mensch', Würzburg, Königshausen & Neumann.

Fischer, Joachim 2016: Exzentrische Positionalität. Studien zu Helmuth Plessner, Weilerswist, Velbrück Wissenschaft.

Haucke, Kai 2000: Plessner zur Einführung, Hamburg, Junius Verlag.

Köchy, Kristian/Michelini, Francesca (Hrsg.) 2015: Zwischen den Kulturen. Plessners „Stufen des Organischen" im zeithistorischen Kontext, Freiburg/München, Verlag Karl Alber.

Krüger, Hans-Peter 1999: Zwischen Lachen und Weinen. Bd. I: Das Spektrum menschlicher Phänomene, Berlin, Akademie Verlag.

Mitscherlich, Olivia 2007: Natur *und* Geschichte. Helmuth Plessners in sich gebrochene Lebensphilosophie, Berlin, Akademie Verlag.

Mul, Jos de (Ed.) 2014: Plessner's Philosophical Anthropology: Perspectives and Prospects, Amsterdam, Amsterdam University Press.

Pietrowicz, Stefan 1992: Helmuth Plessner. Genese und System seines philosophisch-anthropologischen Denkens, Freiburg/München, Verlag Karl Alber.

Redeker, Hans 1993: Helmuth Plessner oder die verkörperte Philosophie, Berlin, Duncker & Humblot.

Russo, Marco 2000: La Provincia dell'Uomo. Studio su Helmuth Plessner e sul Problema di un'Antropologia Filosofica, Napoli, Instituto Italiano per gli Studi Filosofici.

Schürmann, Volker 2014: Souveränität als Lebensform. Plessners urbane Philosophie der Moderne, Paderborn, Wilhelm Fink Verlag.

2 Bücher mit Bezug auf Plessners Philosophische Anthropologie

Arlt, Gerhard 2001: Philosophische Anthropologie, Stuttgart, J. B. Metzler.

Block, Katharina 2016: Von der Umwelt zur Welt. Der Weltbegriff in der Umweltsoziologie, Bielefeld, transcript Verlag.

DOI 10.1515/9783110552966-015

Bohlken, Eike/Thies, Christian (Hrsg.) 2009: Handbuch Anthropologie. Der Mensch zwischen Natur, Kultur und Technik, Stuttgart, J. B. Metzler.

Bollnow, Otto Friedrich 2009: Das Wesen der Stimmungen (1956), in: Ders., Studienausgabe in 12 Bänden, hrsg. v. Ursula Boelhauve, Gudrun Kühne-Bertram, Hans-Ulrich Lessing u. Frithjof Rodi, Bd. 1, Würzburg, Königshausen & Neumann.

Cassirer, Ernst 1995: Zur Metaphysik der symbolischen Formen, hrsg. v. John Michael Krois et al., Hamburg, Felix Meiner Verlag.

Danzer, Gerhard 2011: Wer sind wir? – Anthropologie für das 21. Jahrhundert – Mediziner, Philosophen und ihre Theorien, Ideen und Konzepte, Berlin – Heidelberg, Springer Verlag.

Danzer, Gerhard 2012: Personale Medizin, Bern, Verlag Hans Huber.

Dux, Günter/Wenzel, Ulrich (Hrsg.) 1994: Der Prozess der Geistesgeschichte. Studien zur ontogenetischen und historischen Entwicklung des Geistes, Frankfurt a. M., Suhrkamp.

Ebke, Thomas 2012: Lebendiges Wissen des Lebens. Zur Verschränkung von Plessners Philosophischer Anthropologie und Canguilhems Historischer Epistemologie, Berlin, Akademie Verlag.

Edinger, Sebastian 2017: Das Politische in der Ontologie der Person. Helmuth Plessners Philosophische Anthropologie im Verhältnis zu den Substanzontologien von Aristoteles und Edith Stein, Berlin, De Gruyter.

Eßbach, Wolfgang/Fischer, Joachim/Lethen, Helmuth (Hrsg.) 2002: Plessners „Grenzen der Gemeinschaft". Eine Debatte, Frankfurt a. M., Suhrkamp.

Fischer, Joachim 2008: Philosophische Anthropologie. Eine Denkrichtung des 20. Jahrhunderts, Freiburg/München, Verlag Karl Alber.

Gadamer, Hans-Georg 1990: Wahrheit und Methode. Grundzüge einer philosophischen Hermeneutik (1960), Tübingen, J. C. B. Mohr.

Gamm, Gerhard/Gutmann, Mathias/Manzei, Alexandra (Hrsg.) 2005: Zwischen Anthropologie und Gesellschaftstheorie. Zur Renaissance Helmuth Plessners im Kontext der modernen Lebenswissenschaften, Bielefeld, transcript Verlag.

Gehlen, Arnold 1993: Der Mensch. Seine Natur und seine Stellung in der Welt (1950), in: Gesamtausgabe, hrsg. v. Karl-Siegbert Rehberg, Bd. 3, Textkritische Edition, Frankfurt a. M., Vittorio Klostermann.

Grene, Marjorie 1974: The Understanding of Nature. Essays in the Philosophy of Biology, Dordrecht, Holland, D. Reidel Publishing Company.

Habermas, Jürgen 2001: Die Zukunft der menschlichen Natur. Auf dem Weg zu einer liberalen Eugenik?, Frankfurt a. M., Suhrkamp Verlag.

Hartmann, Nicolai 1933: Das Problem des geistigen Seins. Untersuchungen zur Grundlegung der Geschichtsphilosophie und der Geisteswissenschaften, Berlin, De Gruyter.

Haucke, Kai 2003: Das liberale Ethos der Würde. Eine systematisch orientierte Problemgeschichte zu Helmuth Plessners Begriff menschlicher Würde in den „Grenzen der Gemeinschaft", Würzburg, Königshausen & Neumann.

Heidegger, Martin 1973: Kant und das Problem der Metaphysik (1929), Frankfurt a. M., Vittorio Klostermann.

Heinz, Andreas 2014: Der Begriff der psychischen Krankheit, Berlin, Suhrkamp Verlag.

Höffe, Otfried (Hrsg.) 1992: Der Mensch – ein politisches Tier? Essays zur politischen Anthropologie, Stuttgart, Philipp Reclam jun.

Höffe, Otfried 1993: Kategorische Rechtsprinzipien. Ein Kontrapunkt der Moderne, Frankfurt a. M., Suhrkamp.

Holz, Hans Heinz 2003: Mensch – Natur. Helmuth Plessner und das Konzept einer dialektischen Anthropologie, Bielefeld.

Honenberger, Phillip (Ed.) 2016: Naturalism and Philosophical Anthropology. Nature, Life, and the Human between Transcendental and Empirical Perspectives, New York, Palgrave Macmillan.

Honneth, Axel/Joas, Hans 1980: Soziales Handeln und menschliche Natur. Anthropologische Grundlagen der Sozialwissenschaften, Frankfurt a. M., Campus Verlag.

Iser, Wolfgang 1993: Das Fiktive und das Imaginäre. Perspektiven literarischer Anthropologie, Frankfurt a. M., Suhrkamp.

Kirchhoff, Thomas/Karafyllis, Nicole et. al. (Hrsg.) 2017: Naturphilosophie. Ein Lehr- und Studienbuch, Tübingen, Mohr Siebeck.

Köchy, Kristian/Michelini, Francesca (Hrsg.) 2015: Zwischen den Kulturen. Plessners „Stufen des Organischen" im zeithistorischen Kontext, Freiburg/München, Verlag Karl Alber.

Krüger, Hans-Peter 2001: Zwischen Lachen und Weinen. Bd. II: Der dritte Weg Philosophischer Anthropologie und die Geschlechterfrage, Berlin, Akademie Verlag.

Krüger, Hans-Peter 2009: Philosophische Anthropologie als Lebenspolitik. Deutsch-jüdische und pragmatistische Moderne-Kritik, Berlin, Akademie Verlag.

Krüger, Hans-Peter 2010: Gehirn, Verhalten und Zeit. Philosophische Anthropologie als Forschungsrahmen, Berlin, Akademie Verlag.

Krüger, Hans-Peter/Lindemann, Gesa (Hrsg.) 2006: Philosophische Anthropologie im 21. Jahrhundert, Berlin, Akademie Verlag.

Lindemann, Gesa 2002: Die Grenzen des Sozialen. Zur soziotechnischen Konstruktion von Leben und Tod in der Intensivmedizin, München, Fink Verlag.

Lindemann, Gesa 2009: Das Soziale von seinen Grenzen her denken, Weilerswist, Velbrück Wissenschaft.

Lindemann, Gesa 2014: Weltzugänge. Die mehrdimensionale Ordnung des Sozialen, Weilerswist, Velbrück Wissenschaft.

Meuter, Norbert 2006: Anthropologie des Ausdrucks. Die Expressivität des Menschen zwischen Natur und Kultur, München, Wilhelm Fink Verlag.

Merleau-Ponty, Maurice 1966: Phänomenologie der Wahrnehmung, aus dem Frz. übers. u. eingeführt v. R. Boehm, Berlin, De Gruyter.

Merleau-Ponty, Maurice 1976: Die Struktur des Verhaltens, aus dem Frz. übers. u. eingeführt v. B. Waldenfels, Berlin – New York, De Gruyter.

Misch, Georg 1994: Der Aufbau der Logik auf dem Boden der Philosophie des Lebens. Göttinger Vorlesungen und Einleitung in die Theorie des Wissens, Hrsg. v. Gudrun Kühne-Bertram u. Frithjof Rodi, Freiburg/München, Verlag Karl Alber.

Plas, Guillaume/Raulet, Gerad (Hrsg.) 2011: Konkurrenz der Paradigmata. Zum Entstehungskontext der philosophischen Anthropologie, Nordhausen: Verlag T. Bautz.

Raulet, Gerard 2006: La philosophie allemande depuis 1945, Paris, Sorbonne edition.

Raulet, Gerard/Plas, Guillaume 2014: Philosophische Anthropologie nach 1945. Rezeption und Fortwirkung, Nordhausen, Verlag T. Bautz.

Richter, Norbert A. 2005: Grenzen der Ordnung. Bausteine einer politischen Philosophie des Handelns nach Plessner und Foucault, Frankfurt a. M., Campus Verlag.

Schloßberger, Matthias 2005: Die Erfahrung des Anderen. Gefühle im menschlichen Miteinander, Berlin, Akademie Verlag.

Schmieg, Gregor 2017: Realität, Relation, Leben: Systematik und Methode in der Genese von Helmuth Plessners Naturphilosophie, Dissertation in Philosophie, Albert-Ludwigs-Universität, Freiburg.

Schmitz, Hermann 1996: Husserl und Heidegger. Bonn, Bouvier Verlag.

Schnädelbach, Herbert 1983: Philosophie in Deutschland 1831–1933, Frankfurt a. M., Suhrkamp Verlag.

Schürmann, Volker 1999: Zur Struktur hermeneutischen Sprechens. Eine Bestimmung im Anschluss an Josef König, Freiburg/München, Verlag Karl Alber.

Schürmann, Volker 2011: Die Unergründlichkeit des Lebens. Lebens-Politik zwischen Biomacht und Kulturkritik, Bielefeld, transcript Verlag.

Seitter, Walter 2012: Menschenfassungen. Studien zur Erkenntnispolitikwissenschaft, Weilerswist, Velbrück.

Spaemann, Robert 1998: Personen. Versuche über den Unterschied zwischen ‚etwas‘ und ‚jemand‘, Stuttgart, Klett-Cotta.

Waldenfels, Bernhard 1994: Antwortregister, Frankfurt a. M., Suhrkamp Verlag.

Wunsch, Matthias 2014: Fragen nach dem Menschen. Philosophische Anthropologie, Daseinsontologie und Kulturphilosophie, Frankfurt a. M., Vittorio Klostermann.

Ziegler, Klaus (Hrsg.) 1957: Wesen und Wirklichkeit des Menschen. Festschrift für Helmuth Plessner, Göttingen, Vandenhoeck & Ruprecht.

3 Artikel zu Plessners Philosophischer Anthropologie in den *Stufen*

Beaufort, Jan 2000: „Gesetzte Grenzen, begrenzte Setzungen. Fichte'sche Begrifflichkeit in Helmuth Plessners Phänomenologie des Lebendigen", in: Deutsche Zeitschrift für Philosophie 48, S. 213–236.

Dallmayr, Fred 1974: „Plessner's Philosophical Anthropology. Implications for Role Theory and Politics", in: Inquiry 17, S. 49–72.

Delitz, Heike 2005: „Spannweiten des Symbolischen. Helmuth Plessners Ästhesiologie des Geistes und Ernst Cassirers Philosophie der symbolischen Formen", in: Deutsche Zeitschrift für Philosophie 53, S. 917–936.

Eßbach, Wolfgang 1994: „Der Mittelpunkt außerhalb. Helmuth Plessners philosophische Anthropologie", in: Dux, G./Wenzel, H. (Hrsg.): Der Prozess der Geistesgeschichte. Studien zur ontogenetischen und historischen Entwicklung des Geistes, Frankfurt a. M., Suhrkamp, S. 15–44.

Fahrenbach, Helmuth 1970: „Heidegger und das Problem einer ‚philosophischen Anthropologie'", in: Klostermann, Vittorio (Hrsg.): Durchblicke. Martin Heidegger zum 80. Geburtstag, Frankfurt a. M., Klostermann, S. 97–131.

Fahrenbach, Helmuth 1991: „‚Lebensphilosophische' oder ‚existenzphilosophische' Anthropologie? Plessners Auseinandersetzung mit Heidegger", in: Dilthey-Jahrbuch 7, S. 71–111.

Fischer, Joachim 2000: „Exzentrische Positionalität. Plessners Grundkategorie der Philosophischen Anthropologie", in: Deutsche Zeitschrift für Philosophie 48, S. 265–288.

Gamm, Gerhard 2015: „La condition humaine. Über das kritische Interesse am Menschen – Th. W. Adorno", in: Rölli, M. (Hrsg.): Fines hominis? Zur Geschichte der philosophischen Anthropologiekritik, Bielefeld, transcript Verlag, S. 137–157.

Gerhardt, Volker 2003: „Die rationale Wendung zum Leben. Helmuth Plessner: Die Stufen des Organischen und der Mensch", in: Fischer, J./Joas, H. (Hrsg.): Kunst, Macht und Institution, Studien zur Philosophischen Anthropologie, soziologischen Theorie und Kultursoziologie der Moderne, Festschrift für Karl-Siegbert Rehberg, Frankfurt a. M., Campus, S. 35–40.

Grene, Marjorie 1966: „Positionality in the Philosophy of Helmuth Plessner", in: The Review of Metaphysics 20, S. 250–277.

Großheim, Michael 2013: „Heidegger und die Philosophische Anthropologie", in: Thomä, Dieter (Hrsg.): Heidegger-Handbuch. Leben – Werk – Wirkung. Stuttgart/Weimar, Metzler Verlag, S. 333–337.

Habermas, Jürgen 1958: „Anthropologie", in: Diemer, A./Frenzel, I (Hrsg.): Das Fischer-Lexikon: Philosophie, Frankfurt a. M., Fischer Verlag, S. 18–35.

Habermas, Jürgen 1987: „Aus einem offenen Brief an Helmuth Plessner" (1972), in: Philosophisch-politische Profile, Frankfurt a. M., Suhrkamp, S. 137–140.

Hubig, Christoph 2015: „‚Alle Anthropologie, auch die philosophische, hat den Menschen schon als Menschen gesetzt'. Die Anthropologiekritik Martin Heideggers", in: Rölli, Marc (Hrsg.): Fines hominis? Zur Geschichte der philosophischen Anthropologiekritik, Bielefeld, transcript Verlag, S. 101–118.

Krüger, Hans-Peter 2012: „De-Zentrierungen und Ex-Zentrierungen. Die quasi-transzendentalen Unternehmungen von Heidegger und Plessner heute", in: Ebke, Th./Schloßberger, M. (Hrsg.): Dezentrierungen. Zur Konfrontation von Philosophischer Anthropologie, Strukturalismus und Poststrukturalismus, Internationales Jahrbuch für Philosophische Anthropologie, Bd. 3, Berlin, Akademie Verlag, S. 17–48.

Krüger, Hans-Peter 2013a: „Die säkulare Fraglichkeit des Menschen im globalen Hochkapitalismus. Zur Philosophie der Geschichte in der Philosophischen Anthropologie Helmuth Plessners", in: Schmidt, Ch. (Hrsg.): Können wir der Geschichte entkommen? Geschichtsphilosophie am Beginn des 21. Jahrhunderts, Frankfurt a. M., Campus Verlag, S. 150–180.

Krüger, Hans-Peter 2013b: „Personales Leben – Eine philosophisch-anthropologische Annäherung", in: Römer, I./Wunsch, M. (Hrsg.): Person: Anthropologische, phänomenologische und analytische Perspektiven, Münster, mentis, S. 123–145.

Krüger, Hans-Peter 2014: „Mitmachen, Nachmachen und Nachahmen. Philosophische Anthropologie als Rahmen für die heutige Hirn- und Verhaltensforschung", in: Mitscherlich-Schönherr, O./Schloßberger, M. (Hrsg.): Das Glück des Glücks. Internationales Jahrbuch für Philosophische Anthropologie, Bd. 4, Berlin, De Gruyter, S. 225–243.

Krüger, Hans-Peter 2015: „Die Unergründlichkeit des geschichtlichen Lebens", in: Mitscherlich-Schönherr, O./Schloßberger, M. (Hrsg.): Die Unergründlichkeit der menschlichen Natur, Internationales Jahrbuch für Philosophische Anthropologie, Bd. 5, Berlin, De Gruyter, S. 15–32.

Krüger, Hans-Peter 2016a: „Kritische Anthropologie? Zum Verhältnis zwischen Philosophischer Anthropologie und Kritischer Theorie", in: Deutsche Zeitschrift für Philosophie 64, S. 553–580.

Krüger, Hans-Peter 2016b: „Lebens-philosophische Anthropologie als das fehlende Dritte. Zu Peter Gordons *Continental Divide*", in: Deutsche Zeitschrift für Philosophie 64 (4), S. 644–654.

Krüger, Hans-Peter 2016c: „Vom Ende des Menschen. Foucaults Wette auf den *homo absconditus*", in: Buschmann, A. et al. (Hrsg.): Literatur leben. Festschrift für Ottmar Ette, Frankfurt a. M., Vervuert, S. 379–386.

Lindemann, Gesa 2011: „Der menschliche Leib von der Mitwelt her gedacht", in: Deutsche Zeitschrift für Philosophie 59, S. 591–604.

Lindemann, Gesa 2014: „Von der Kritik der Urteilskraft zum Prinzip der offenen Frage", in: Deutsche Zeitschrift für Philosophie 62, S. 382–408.

Löwith, Karl 1957: „Natur und Humanität des Menschen", in: Ziegler, K. (Hrsg.): Wesen und Wirklichkeit des Menschen. Festschrift für Helmuth Plessner, Göttingen, Vandenhoeck & Ruprecht, S. 58–87.

Orth, Ernst Wolfgang 1996: „Philosophische Anthropologie als Erste Philosophie. Ein Vergleich zwischen Ernst Cassirer und Helmuth Plessner", in: Orth, E. W.: Von der Erkenntnistheorie zur Kulturphilosophie. Studien zu Ernst Cassirers Philosophie der symbolischen Formen, Würzburg, Königsausen & Neumann, S. 225–252.

Richter, Nobert A. 2001: „Unversöhnte Verschränkung. Theoriebeziehungen zwischen Carl Schmitt und Helmuth Plessner", in: Deutsche Zeitschrift für Philosophie 49, S. 783–799.

Schmitz, Hermann 1996: „Anthropologie ohne Schichten", in: Barkhaus, A. et al. (Hrsg.): Identität, Leiblichkeit, Normalität. Neue Horizonte des anthropologischen Denkens, Frankfurt a. M., Suhrkamp, S. 127–145.

Schmitz, Hermann 2003: „Die Grenzen des „exzentrischen" Subjekts. Rezension von H. Plessner, Elemente der Metaphysik. Eine Vorlesung aus dem Wintersemester 1931–32", in: Deutsche Zeitschrift für Philosophie, 51, S. 873–876.

Schürmann, Volker 1997a: „Unergründlichkeit und Kritik-Begriff. Plessners Politische Anthropologie als Absage an die Schulphilosophie", in: Deutsche Zeitschrift für Philosophie 45, S. 345–361.

Schürmann, Volker 1997b: „Anthropologie als Naturphilosophie. Ein Vergleich zwischen Helmuth Plessner und Ernst Cassirer", in: Rudolph, E./Stamatescu, I. O. (Hrsg.): Von der Philosophie zur Wissenschaft. Cassirers Dialog mit der Naturwissenschaft, Hamburg, Felix Meiner Verlag, S. 133–170.

Schürmann, Volker 2006: „Positionierte Exzentrizität", in: Krüger, H.-P./Lindemann, G. (Hrsg.): Philosophische Anthropologie im 21. Jahrhundert, Berlin, Akademie Verlag, S. 83–102.

Schürmann, Volker 2011: „Würde als Maß der Menschenrechte. Vorschlag einer Topologie", in: Deutsche Zeitschrift für Philosophie 59, S. 33–52.

Shusterman, Richard 2010: „Soma and Psyche", in: Journal of Speculative Philosophy, New Series, Vol. 24, Number 3, (2010), pp. 205–223.

Wunsch, Matthias 2015: „Anthropologie des geistigen Seins und Ontologie des Menschen bei Helmuth Plessner und Nicolai Hartmann", in: Köchy, K./Michelini, F. (Hrsg.): Zwischen den Kulturen. Plessners „Stufen des Organischen" im zeithistorischen Kontext, Freiburg/München, Verlag Karl Alber, S. 243–271.

4 Biographisches zu und „Selbstdarstellung" von Helmuth Plessner

Dietze, Carola 2006: Nachgeholtes Leben: Helmuth Plessner 1892–1985, Göttingen, Wallstein Verlag.

Plessner, Helmuth 1985: „Selbstdarstellung" (1972), in: GS X: Schriften zur Soziologie und Sozialphilosophie, Frankfurt a. M., Suhrkamp Verlag, S. 302–341.

Plessner, Monika 1995: Die Argonauten auf Long Island. Begegnungen mit Hannah Arendt, Th. W. Adorno, Gershom Scholem und anderen, Berlin, Rowohlt.

Schüßler, Kersten 2000: Helmuth Plessner. Eine intellektuelle Biographie, Berlin, Philo. Verlagsgesellschaft.

Hinweise zu den Autoren

Jan Beaufort lehrt als Privatdozent an der Universität Würzburg und an der Hochschule Ost-westfalen-Lippe. Seine Forschungsgebiete sind Anthropologie, Sozialphilosophie, Geschichts-philosophie und Ethik. Im Jahr 2000 erschien mit *Die gesellschaftliche Konstitution der Natur* sein Hauptbeitrag zur Plessner-Forschung. Darin bezieht er Plessners Wendung zum Objekt auf dessen These von der Unaufhebbarkeit gesellschaftlicher Entfremdung. Seither befasst er sich schwerpunktmäßig mit Problemen der überlieferten Zeitrechnung und mit Methodenfragen der Historischen Chronologie. Er arbeitet eng mit dem Bremer Wirtschafts- und Sozialwissen-schaftler Gunnar Heinsohn zusammen, dessen ungewöhnliche Thesen zur Chronologie des ers-ten Millenniums er übernimmt. Jüngste Veröffentlichung ist *Die Redatierung des Ammian-Tsu-namis.*

Ralf Becker, geb. 1975, Studium der Philosophie, Psychologie und Germanistik in Trier, Stipen-diat der Studienstiftung des deutschen Volkes, Promotion 2002 in Trier und Habilitation 2010 in Kiel. 2010–2012 Vertretungsprofessuren in Kiel und Jena, 2012–2015 Gastprofessur in Ulm, seit 2016 Universitätsprofessor für Philosophie an der Universität Koblenz-Landau, Campus Landau. Ernst-Bloch-Förderpreis 2009. Buchveröffentlichungen (Auswahl): Sinn und Zeitlichkeit (2003); Der menschliche Standpunkt (2011); Hg. (mit Joachim Fischer und Matthias Schloßber-ger) Philosophische Anthropologie im Aufbruch (2010); Editionen von Schriften Ernst Cassirers und Ernst Blochs; Aufsätze und Artikel zu Philosophischer Anthropologie, Kulturphilosophie, Hermeneutik, Begriffsgeschichte, Erkenntnistheorie und Wissenschaftsphilosophie.

Thomas Ebke, seit 10/2014 wissenschaftlicher Mitarbeiter am Lehrstuhl für Politische Philoso-phie und Philosophische Anthropologie der Universität Potsdam; 2013 bis 2014 Feodor-Lynen-Stipendium der Alexander-von-Humboldt-Stiftung an der ENS Paris; 2011 bis 2013 Postdoc am DFG-Graduiertenkolleg „Lebensformen/Lebenswissen" (Potsdam/Frankfurt Oder). 2012 Promo-tion in Philosophie an der Universität Potsdam mit der Arbeit „Lebendiges Wissen des Lebens: Zur Verschränkung von Plessners Philosophischer Anthropologie und Canguilhems Histori-scher Epistemologie" (Berlin: Akademie Verlag 2012); weitere Publikationen: „Dezentrierun-gen. Zur Konfrontation von Philosophischer Anthropologie, Strukturalismus und Poststruktura-lismus" (hrsg. gemeinsam mit Matthias Schloßberger, Berlin: Akademie Verlag 2012); Übersetzung von sowie Vorwort zu: Georges Canguilhem, „Leben und Regulation" (Berlin: Au-gust Verlag 2016). Redakteur des Internationalen Jahrbuchs für Philosophische Anthropologie (Berlin: de Gruyter).

Hans-Peter Krüger, Professor für Politische Philosophie und Philosophische Anthropologie am Institut für Philosophie der Universität Potsdam; Fellowships am Institute of Philosophy der University of California at Berkeley (1989), Wissenschaftskolleg zu Berlin (1990–91) und Center for Philosophy of Science der University of Pittsburgh/USA (1992–93); Gastprofessuren an den Instituten für Philosophie der Jagiellonen Universität Kraków/Polen (2002), der Universität Wien (2003) und am Swedish Collegium for Advanced Studies in Uppsala (2005–06); Mither-ausgeber der Deutschen Zeitschrift für Philosophie, des Internationalen Jahrbuchs für Philoso-phische Anthropologie und der Buchreihe Philosophische Anthropologie (alle de Gruyter Ver-lag Berlin); Präsident der Helmuth-Plessner-Gesellschaft (2005–2011) und seither Mitglied ihres Wissenschaftlichen Beirats. Bücher: Zwischen Lachen und Weinen. Bd. I: Das Spektrum menschlicher Phänomene (1999). Band II: Der dritte Weg Philosophischer Anthropologie und die Geschlechterfrage (2001). Philosophische Anthropologie als Lebenspolitik. Deutsch-jüdische und pragmatistische Moderne-Kritik (2009). Gehirn, Verhalten und Zeit. Philosophische Anthropologie als Forschungsrahmen (2010), alle Akademie Verlag Berlin.

Gesa Lindemann, Professorin für Soziologie an der CvO Universität, Oldenburg, Studium der Soziologie und Rechtswissenschaft in Berlin. Promotion in Bremen. Habilitation in Frankfurt am Main Forschungsschwerpunkte: Philosophische Anthropologie, Sozial- und Gesellschaftstheorie, Soziologie der Menschenrechte, Methodologie der Sozialwissenschaften. Publikationen: Das Soziale von seinen Grenzen her denken, Weilerswist, 2009; Weltzugänge. Die mehrdimensionale Ordnung des Sozialen, Weilerswist 2014; Herausgabe eines Schwerpunkthefts der Zeitschrift „Artificial Intelligence and Society" zum Thema „Going beyond the laboratory. Social robotics in everyday-life (gemeinsam mit: Hironori Matsuzaki, Ilona Straub (2015); Von der Kritik der Urteilskraft zum Prinzip der offenen Frage, in: Deutsche Zeitschrift für Philosophie 62(3) 2014: 382–408.

Olivia Mitscherlich-Schönherr ist z. Zt. Habilitandin am Institut für Philosophie der Universität Potsdam und Generalsekretärin der Helmuth Plessner-Gesellschaft. Sie ist Autorin der Monographie „Natur und Geschichte. Helmuth Plessners in sich gebrochene Lebensphilosophie" (Berlin 2007) und Mitherausgeberin (zusammen mit Dieter Thomä und Christoph Henning) von „Glück. Ein interdisziplinäres Handbuch" (Stuttgart 2011) sowie (mit Matthias Schloßberger) der Bände vier und fünf des „Internationalen Jahrbuchs für Philosophische Anthropologie" zu den Themen „Das Glück des Glücks" (Berlin 2014) und „Die Unergründlichkeit der menschlichen Natur" (Berlin 2015).

Gérard Raulet (geb. 1949): Professor für deutsche Ideengeschichte an der Universität Paris-Sorbonne. Direktor des Forschungszentrums „Philosophie politique contemporaine" am CNRS (1999–2003), derzeit Direktor der „Groupe de recherche sur la culture de Weimar" an der Stiftung Maison des Sciences de l'Homme (Paris). Veröffentlichungen über Aufklärung, Kritische Theorie und zeitgenössische politische Philosophie – u. a.: Positive Barbarei. Kulturphilosophie und Politik bei Walter Benjamin, Münster, Westfälisches Dampfboot 2004. Critical Cosmology. Essays on Nations and Globalization, Lanham MD, Lexington Books 2005. Das Zwischenreich der symbolischen Formen. Ernst Cassirers Erkenntnistheorie, Ethik und Politik im Spannungsfeld von Historismus und Neukantianismus, Frankfurt am Main et al., Peter Lang 2005. Philosophische Anthropologie. Themen und Positionen, Band 7: Philosophische Anthropologie nach 1945. Rezeption und Fortwirkung, Nordhausen, Verlag T. Bautz 2014 (Hg. mit Guillaume Plas).

Volker Schürmann ist seit 2009 Professor für Philosophie, insbesondere Sportphilosophie an der Deutschen Sporthochschule Köln. Studium der Mathematik, Philosophie und Erziehungswissenschaften in Bielefeld; Promotion (1992) und Habilitation (1998) in Philosophie an der Universität Bremen. Von 2001 bis 2009 Hochschuldozent und wissenschaftlicher Mitarbeiter an der Sportwissenschaftlichen Fakultät der Universität Leipzig. Arbeitsschwerpunkte: Philosophische Anthropologie, Hermeneutik, Sportphilosophie und Modernetheorien. Jüngste Veröffentlichungen: Praxis denken. Konzepte und Kritik (Hg., zus. m. Th. Alkemeyer u. J. Volbers; Wiesbaden: Springer 2015); Souveränität als Lebensform. Plessners urbane Philosophie der

Moderne (Paderborn: Fink 2014); Zur Struktur hermeneutischen Sprechens. Eine Bestimmung im Anschluß an Josef König (Freiburg/München: Alber 1999).

Georg Toepfer ist Leiter des Forschungsbereichs LebensWissen am Berliner Zentrum für Literatur- und Kulturforschung. Er studierte Biologie in Würzburg und Buenos Aires, schloss das Biologiestudium mit einem Diplom ab und wurde an der Universität Hamburg im Fach Philosophie promoviert, in dem er sich an der Universität Bamberg auch habilitierte. Seine Arbeitsschwerpunkte sind die Geschichte und Philosophie der Lebenswissenschaften, zurzeit insbesondere Fragen zu den wandernden Grenzen der Biologie im Verhältnis zu den Geistes- und Kulturwissenschaften. Wichtige Publikationen: Historisches Wörterbuch der Biologie. Geschichte und Theorie der biologischen Grundbegriffe (3 Bde., 2011), Philosophie der Biologie (hg. zus. m. Ulrich Krohs, 2005), Zweckbegriff und Organismus. Über die teleologische Beurteilung biologischer Systeme (2004).

Matthias Wunsch ist Gastprofessor für Philosophie am Humboldt-Studienzentrum der Universität Ulm. Zuvor hat er an seinem DFG-Projekt „Personale Lebensform und objektiver Geist" an der Universität Kassel gearbeitet. Seine Forschungsschwerpunkte liegen in der Philosophie des Geistes, der Kognition und der Person, der Philosophischen Anthropologie und Tierphilosophie, der Bio-, Kultur- und Sozialphilosophie, der Metaphysik und Ontologie sowie der Wissenschaftsphilosophie und Erkenntnistheorie. Zu seinen Buchpublikationen gehören: Einbildungskraft und Erfahrung bei Kant (2007); (Hrsg. mit I. Römer), Person: Anthropologische, phänomenologische und analytische Perspektiven (2013); Fragen nach dem Menschen. Philosophische Anthropologie, Daseinsontologie und Kulturphilosophie (2014); (Hrsg. mit K. Köchy und M. Böhnert), Philosophie der Tierforschung, 2 Bände (2016).

Personenregister

Sachregister

www.ingramcontent.com/pod-product-compliance
Lightning Source LLC
Chambersburg PA
CBHW071734270326
41928CB00013B/2677